张玉龙　李萍　石磊　主编

Stealth Materials

隐身材料

化学工业出版社
·北京·

本书重点介绍了隐身材料的主要类型、特性与应用，较为详细地介绍了雷达吸波隐身材料、可见光隐身材料、红外隐身材料、激光隐身材料和多频谱兼容隐身材料的主要种类和特性，涂覆型和结构型隐身材料结构的选材、制备、性能与应用。

本书可供材料研究人员、武器装备与尖端设备设计人员、隐身制品的设计与制造人员、管理与销售人员及教学人员参考使用，也是军事爱好者学习隐身材料的首选读物，还可作为培训教材使用。

图书在版编目（CIP）数据

隐身材料/张玉龙，李萍，石磊主编. —北京：化学工业出版社，2018.2
ISBN 978-7-122-31351-5

Ⅰ.①隐… Ⅱ.①张…②李…③石… Ⅲ.①隐身材料-研究 Ⅳ.①TB34

中国版本图书馆CIP数据核字（2018）第009141号

责任编辑：韩霄翠　赵卫娟　仇志刚　　装帧设计：王晓宇
责任校对：边　涛

出版发行：化学工业出版社（北京市东城区青年湖南街13号　邮政编码100011）
印　　装：北京虎彩文化传播有限公司
710mm×1000mm　1/16　印张17¼　字数325千字　2018年5月北京第1版第1次印刷

购书咨询：010-64518888　　售后服务：010-64518899
网　　址：http://www.cip.com.cn
凡购买本书，如有缺损质量问题，本社销售中心负责调换。

定　　价：98.00元　

编委会名单

前言 FOREWORD

隐身技术又称目标特征信号控制技术，是通过控制装备或人体信号特征，使其难以被发现、识别和跟踪打击的技术。按照所使用的探测波来划分，隐身技术可分为雷达吸波隐身技术、可见光隐身技术、红外隐身技术、激光隐身技术和多频谱兼容隐身技术等。通常所采用的隐身措施与手段主要有隐身外形技术、隐身材料技术、无源干扰技术、有源隐身技术等。其中，隐身材料技术是具有长期有效性和行之有效性的隐身手段，在隐身技术中显得尤为重要，也是世界各国研究发展的重点。经过科研工作者的长期努力，隐身材料以涂覆型和结构型结构方式广泛地在各国武器装备和尖端装备与设施上应用，并显示出良好的隐身效果。可以说隐身材料技术是隐身技术中技术含量较高、效果极佳、发展前景极为光明的技术。

为了普及隐身材料技术的基础知识，推广并宣传隐身材料技术的研究与应用成果，在广泛收集国内外文献资料的基础上，组织编写了本书。书中较为详细地介绍了隐身材料基础知识，雷达吸波隐身材料、可见光隐身材料、红外隐身材料、激光隐身材料和多频谱兼容隐身材料等的理论基础，隐身材料种类与特性，涂覆型和结构型隐身材料的制备、性能与应用等内容，是材料研究人员、武器装备与尖端设备设计人员、隐身制品的设计与制造人员、管理与销售人员及教学人员的必读之书，也是军事爱好者学习隐身材料的首选读物，也可作为培训教材使用。

本书突出实用性、先进性和可操作性，理论叙述从简，着重用实用数据和实例说明问题，注重由浅入深、循序渐进，语言简练，结构层次清晰，信息量大、数据可靠。若本书的出版发行能对我国的隐身材料技术研究与发展有一定的促进作用，那么，编者将感到十分欣慰。

由于水平有限，书中不妥之处在所难免，敬请读者批评指正。

编著者

2017. 8

目录 CONTENTS

第一章 概述

01 Chapter

第一节 简 介

隐身技术是现代武器装备发展中出现的一项高新技术，是当今世界三大军事尖端技术之一，是一门跨学科的综合技术，涉及空气动力学、材料科学、光学、电子学等多种学科。它的成功应用标志着现代国防技术的重大进步，具有划时代的历史意义。对于现代武器装备的发展和未来战争将产生深远影响，是现代战争取胜的决定因素之一。世界军事强国已把隐身技术提升到与电子信息战技术同等地位来发展。

近年来，隐身技术发展迅速，已在飞机、导弹、舰船、坦克装甲车辆以及军事设施中应用，并取得了明显的效果。

一、基本概念

隐身技术又称为“低可探测技术”，是指通过弱化呈现目标存在的雷达、红外、声波和光学等信号特征，最大限度地降低探测系统发现和识别目标能力的技术。通过有效地控制目标信号特征来提高现代武器装备的生存能力和突击能力，达到克敌制胜的效果。

二、隐身技术的主要类型与分类

根据探测器的种类不同，隐身技术可分为雷达隐身、红外隐身、声波隐身和可见光隐身等技术。图 1-1 所示为隐身技术的分类。

采用隐身技术可达到的目的与效果如下。

① 减少雷达回波。通过精心设计武器装备外形，减少雷达波散射截面(RCS)，使结构吸波材料或贴片或涂层吸收掉部分雷达波或透过部分雷达波，以

实现隐身的目的。

② 减少红外辐射。适当改变发动机排气系统，减少发射热量。采用多频谱涂料和防热伪装材料，改变目标的红外特征，以实现红外隐身。

③ 降低噪声。使用低噪声发动机，并运用消声隔声蜂窝状或泡沫夹层结构，控制信号特征，达到声波隐身的目的。

④ 伪装遮障。涂覆迷彩涂料、视觉伪装网、施放遮蔽烟幕，降低目视特征达到可见光隐身的目的。

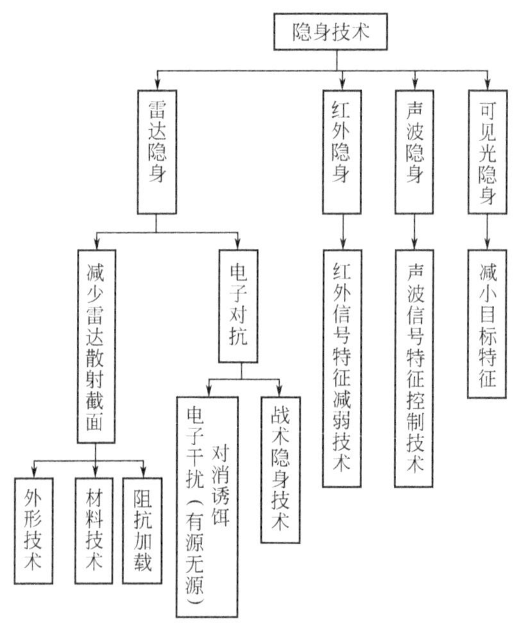

图 1-1 隐身技术的分类

第二节 面临的战场威胁与任务

隐身技术是未来信息化战争中实现信息获取与反获取、夺取战争主动权的重要技术手段，是攻防对抗双方取得战略、战役、战术和技术优势的重要内容，也是新一代武器装备的显著技术特征。隐身性能已成为现代主战武器装备的重要战技指标之一，是军队战斗力生成的重要增长点之一。随着信息技术的飞速发展和战场环境的复杂变化，隐身武器的出现对战争模式已经带来了重要影响，并成为战争中决定胜负的一个重要因素。

一、武器装备主要战场威胁分析

在现代战场上，随着探测、控制、弹药技术的长足发展，先进侦察系统和精

确打击系统已经对地面武器装备构成了不可忽视的威胁。这种威胁具有全方位、大纵深、全天候、多层次等显著特点。因此，在高技术战争中，先进侦察系统和精确打击系统构成了地面武器装备的主要战场威胁环境。

1. 先进侦察技术构成的威胁

各种高新技术的广泛应用，使得现代军事侦察技术种类繁多。按侦察平台可分为天基侦察、空基侦察、海基侦察、陆基侦察。

① 天基侦察。天基侦察主要依托的平台是各种军用卫星，是一种重要的战略侦察手段。其中，对装甲装备构成直接威胁的主要有侦察卫星，包括成像侦察卫星、电子侦察卫星、海洋监视卫星等。目前，美国是拥有军事卫星最多的国家，其功能配系较全。

② 空基侦察。空基侦察主要指各种航空侦察装备（也称空中侦察装备），是军事侦察系统的重要组成部分，它包括有人驾驶侦察机、无人侦察机、侦察直升机、预警机、侦察气球和飞艇等侦察平台，以及安装在平台上的各种雷达、电子探测器材等侦察设备。

③ 海基侦察。目前，各国海上的侦察装备是由水面舰艇、潜艇等平台携带有关传感器（包括雷达、声呐、电子支援设备、光电设备）组成的侦察系统。这些系统虽然专用于侦察目的，但大都是包括武器、指挥和控制等功能的综合系统。对于地面两栖装备，可能遇到的海基侦察手段有各种舰载或岸基雷达。未来还有雷达与指挥控制综合系统、主动式被动相控阵雷达、高频表面波雷达。

④ 陆基侦察。地面侦察装备主要包括装甲侦察车、战场雷达、地面传感侦察系统和无人地面侦察车等。这些侦察系统可与海基、空基、天基侦察资源共同构成陆战侦察体系，及时为地面部队提供准确的战场态势和目标信息。表 1-1 列出了典型的陆基侦察装备。

2. 精确打击技术构成的威胁

精确打击技术是各种高新控制技术和弹药技术相结合的产物。地面武器装备面临的精确打击火力基本可以分为两类，一类是精确制导导弹，另一类是末敏弹。

（1）精确制导技术

精确制导技术的发展集中体现在导弹导引体制的变化上。现已发展的制导技术主要有毫米波制导、红外制导、激光制导、电视制导、微波制导、光纤制导等。这些技术的应用，使反坦克导弹对装甲目标实施精确打击成为可能。尤其是毫米波的使用以及红外导引头/探测器技术的发展，使导弹的精确制导有了引人注目的发展。表 1-2 列出了国外研制的几种新型反坦克导弹。

表 1-1 陆基侦察装备

载体	设备类型	举例	典型装备	备注
装甲侦察车		美国 M3“骑兵”侦察车、英国“弯刀”和“佩刀”侦察车、法国 AMX-10RC(6×6)侦察车、德国“山猫”(8×8)侦察车以及俄罗斯“山猫”侦察车	战场监视雷达、热像观察装置、激光测距仪、地面导航系统	
战场雷达	侦察雷达	美国 AV-PPS-5 雷达、AN-TPS-5XX 雷达；英国“姆斯塔”和 ZB298 战场监视雷达；法国 RB12A 战场监视雷达		厘米波段，分远程、中程、近程
	测试雷达			
	炮位侦察雷达	美国 20 世纪 80 年代初装备的 AN-TPQ-36 和 AN-TPQ-37 炮位侦察雷达	电扫描的相控阵体制	作用距离可达 30km、扇扫范围 90°
地面传感侦察系统		美国 20 世纪 80 年代装备的“伦巴斯”系统	传感器、中继器和监视器	探测范围几米至几百米
无人地面侦察车		美国“萨格”(Sarge)监视、侦察地面设备	彩色和增强型黑白摄像机	遥控距离达 4km

表 1-2 国外最新研制的几种反坦克导弹

名称	国别	工作波段	发射平台	射程/m
“沃斯普”(WASP)	美国	94GHz	机载	
“幼畜”AGM-65H	美国	末段 8mm 波	机载	
“海尔法-2”(Hellfire-2)	美国	激光 1.06μm 和红外制导	直升机或地面车辆	8000
“陶氏”系列(TOW)	美国	红外与毫米波复合制导	车载	65～3750
“霍特”(HOT)	欧盟	1μm、10μm 双色红外	地面、车载或直升机	75～4000
“米兰”(MILAN)	欧盟	红外热像与可见光相机	地面、车载或直升机	25～1920
AT-5“Spandrel”	印度	红外主被动	车载	25～2000

(2) 末敏弹技术

末敏弹是末端敏感弹药的简称。这里的“末端”是指弹道的末端，而“敏感”是指弹药可以探测到目标的存在并被目标激活。末敏弹专门用于攻击集群坦克的顶部装甲，是一种以多对多的反集群装甲和火炮的有效武器。末敏弹除了具有常规炮弹间瞄射击的优点以外，还能在目标区上空自动探测、识别并攻击目标，实现“打了不用管”，是一种具有优化性价比的智能炮弹。尽管末敏弹的命中概率低于导弹的命中概率，但要高于常规炮弹，且其成本较低，因此具有广阔的应用前景。世界上较为典型的末敏弹如表 1-3 所列。

表 1-3 几种典型的末敏弹举例

名称	弹径/mm	敏感器类型	名称	弹径/mm	敏感器类型
SADARM	155	双色红外、3mm 波主被动	ZEPL	155	红外、毫米波
SMART155	155	双色红外、3mm 波主被动	EPHRA	155	红外、毫米波
BONUS	155	红外、毫米波	MXM838	203	毫米波
ACED	155	双色红外、3mm 波主被动	AIFS	203	红外、毫米波

二、探测与反隐身技术

1. 雷达探测技术

雷达反隐身技术是指使雷达探测、跟踪、定位隐身目标而采用的技术。通过采取扩展雷达的工作频段、改进雷达的探测性能、发展新技术体制雷达等途径，可提高雷达的反隐身能力。现在要提高雷达的反隐身探测能力有两个途径：一是改进现有雷达本身的探测能力；二是研制新型雷达或使用新的探测方法。

雷达探测距离的增加必须从提高雷达接收信号处理能力入手，力争使雷达的灵敏度提高几个数量级。可以通过采用超高频和毫米波超高速集成电路、单片集成电路技术、计算机数据处理技术、数字滤波、电荷耦合器件、声表面滤波和光学方法等先进技术来提高信号处理能力。在此基础上，再通过雷达联网来提高现有雷达的反隐身能力。另外提高探测隐身目标能力的先进技术还包括频率捷变技术、扩频技术、低旁瓣或旁瓣对消、窄波束、置零技术、多波束、极化变换、伪随机噪声、恒虚警电路等技术。还可以通过功率合成技术和大时宽脉冲压缩技术，来增加雷达的发射功率。

(1) 超宽带雷达

超宽带雷达的定义：雷达发射信号的分数带宽大于 0.25 的雷达。超宽带雷达的发射脉冲极窄，峰值功率很高、频谱分布在很宽的范围内，具有相当高的距离分辨力，能够有效对付采用雷达吸波材料和平滑外形等隐身技术的隐身目标。有以下几点优势和能力：①测距分辨率可高达厘米量级；②具有能够识别和区分各目标的重要能力；③发射的脉冲包含许多频率，能够突破窄频段吸波材料的吸波效应；④具有对单个或多个目标的高分辨率成像能力；⑤具有较强的穿透植被、土壤和墙壁的能力；⑥具有一定对抗电子对抗的能力。美国和俄罗斯在超宽带雷达的研制方面已走在前列，充分研究和总结超宽带技术在各方面的进展，有助于形成一个完整的理论体系，加速超宽带产品的开发。

(2) 超视距雷达

当前隐身系统主要对抗频率为 0.2～29GHz 的厘米波雷达，超视距雷达工作波长达 10m，靠谐振效应探测目标，几乎不受现有雷达波吸收材料的影响。同时，超视距雷达波是经过电离层反射后照射到飞行器上的，因此它成了探测隐身武器的有力工具。国外实验表明，超视距雷达可以发现2800km外、飞行高度150～7500m、雷达截面为0.1～0.3m^2的目标。

（3）双基地或多基地雷达

多基地雷达的发射机和接收机处在不同的地方，最简单的多基地雷达是由一部发射机和一部接收机组成的双基地雷达。多基地雷达利用目标的侧向或前向反射回波，从不同的方向对隐身飞机进行探测，破坏了隐身武器通过减少后向反射进行隐身的目的。测试表明，利用前后向反射探测的雷达截面值比仅利用后向反射的高约15dB。多基地雷达的发射站和接收站相对目标之间的夹角越大，就越有可能捕获到隐身目标。由于多基地雷达的接收机是被动接收，所以不会受到定向干扰和反辐射导弹的威胁。

（4）双波段雷达和多种探测装置融合

美国反隐身导弹技术的核心是频带相隔较宽的双波段雷达系统。这种雷达使用一个频率非常低的频段，探测远距离目标；使用另一个频率较高的频段，对目标进行非常精确的测量和定位。最后把融合的雷达信息与由光学和红外探测装置得到的部分数据进行综合，构成能精确确定和分析目标的多频谱系统。

（5）机载和浮空器载雷达

隐身飞行器的隐身重点一般放在鼻锥方向±45°范围内，机载或浮空器载探测系统通过俯视探测，容易探测隐身目标。美国空军的E-3A预警机的S波段脉冲多普勒雷达在高空巡航时可发现100km距离以内、雷达截面为0.1～0.3m^2的目标。

飞艇和气球等浮空器也有可能作为反隐身平台。1996年，美国批准“联合陆地攻击巡航导弹空中网络探测器”计划，这种在气球平台上载有监视雷达和跟踪照射雷达的系统能探测、跟踪、辅助拦截低空巡航导弹，可连续工作32天。Mark7-CS对流层系留气球雷达，高度3000m，采用TPS-63雷达，探测隐身巡航导弹的距离为56km。

2. 红外探测技术

红外探测是利用特定波段的红外线来实现对物体目标的探测与跟踪，红外探测技术是将不可见的红外辐射线探测出并将其转换为可测量的信号。任何物体，只要其温度高于热力学零度，就会发出红外辐射，就能被红外探测设备所探测，因此红外探测技术有其独特的优点，从而在军事国防和民用领域得到了广泛的研究和应用。

红外探测技术的主要优点在于符合隐身飞机自身高度隐蔽性的要求，即被动探测、不辐射电磁波，而且由于工作波长较微波雷达短3～4个数量级，可以形成高度细节的目标图像，目标分辨率高。随着隐身技术的发展，红外探测系统正

逐步成为新一代战斗机的主要传感器之一，与电磁微波雷达处在了同样重要的位置。

到目前为止，红外探测技术已发展到第四代，现已大批装备的主流产品是采用扫描焦平面4N或6N阵列的第二代前视红外系统。扫描焦平面阵列（FPA）是碲镉汞多元线列并联扫描技术的进一步发展。它不仅增加线列的单元数量，而且增加线列（行）数，形成串并扫描，同时采用多级时间延迟和积分（TDI）技术把串联扫描同一行单元的光电信号依次延迟并相加。它采用阻抗低的光伏型碲镉汞材料，能与硅电荷耦合器电路低耗耦合。碲镉汞多元焦平面阵列与硅电荷耦合器中间由铟柱连接形成夹层结构从而制成混成双片焦平面阵列红外探测器。

扫描焦平面阵列的优点在于降低了噪声等效温差（NETD）和最小可分辨温差（MRTD），因而使前视红外的探测距离增大50%甚至1倍。但是，它的探测单元数量仍然不够多，满足不了全视场成像的要求，属于扫描线列与凝视焦平面阵列之间的过渡型。

第三代前视红外的标志是凝视焦平面阵列。与第二代产品相比，增加了探测单元的数量，取消了光机扫描器；利用微电子技术把探测阵列和各种信息处理电路集成在一个芯片或混成在两个芯片上，消除大量从杜瓦瓶内向外的引线；以新型中、长波红外探测材料，替代难加工且昂贵的碲镉汞。凝视焦平面阵列被认为是热成像（包括前视红外）技术的一次革命，成为第三代热成像器的标志。在最新的机载光电探测系统中，已经开始大范围地采用第三代凝视型前视红外，如LANTIRN2000、LITENING Ⅱ等项目中，都采用了3～5μm的红外焦平面器件。

第四代前视红外体现在中波和长波波段的同时工作能力，最近出现的多量子阱红外探测器为这种双波段探测器提供了一种方法。具有不同光谱灵敏度的多量子阱层可以在纵向集成的结构中生长，通过在多量子阱叠层的中波红外和长波红外部分产生分开的接触层，实现了精确的像元匹配。多量子阱技术为人们提供了一种容易生产的多色焦平面阵列。这种技术允许人们对两种或者更多的颜色同时进行积分和读出，每一种颜色都在同一个焦平面阵列上得到像元配准。这种像元配准多色焦平面阵列提高了系统的性能，同时也大大简化了系统其他元件的设计，简化了现有多色设计中的多个焦平面阵列、扫描器、制冷器等，可降低系统的成本，减轻系统的重量，缩小体积，并能减轻计算机的处理负担，从而可以应用于更多的军事领域。

3. 利用声学探测装置探测隐身飞机和导弹

为了成功地对付B-2轰炸机，要求在25～200mile（40～320km）远处进行探测、跟踪、杀伤。为此，美军提出了声学探测系统。

声学探测系统的基本探测装置是麦克风，由5个扬声器组成的探测器阵列可以探测 8km 外的 B-2 轰炸机的声音，能够粗略估计信号到达的方向。每个探测器阵列将探测和方向信号传送给中央设施进行最后处理。为了保证 B-2 轰炸机在 15min 内（飞行 240km）处于被跟踪状态，要求“警戒线”覆盖 544km^2 地区，这需要 27000 个探测器阵列。此外，战术、干扰和其他设计问题也将降低该系统的效能。但这并不说明声探测系统没有用，而是说明其比较复杂。

4. 激光探测技术

激光探测是将激光信号通过探测器转换成电信号的过程，在激光接收以及激光测距、通信、跟踪、制导、雷达等研究和应用中具有重要的作用，有直接探测和外差探测两类。直接探测的方法比较简单实用，普遍用于可见光和近红外波段。外差探测方法能提高信噪比和对微弱信号的探测能力，但设备比较复杂，且要求信号有很好的相干性，主要用于中、远红外波段。随着激光技术在武器装备中的应用，侦察敌方激光制导炸弹、激光测距等激光信号，对于提高己方生存能力和重点目标的防御能力具有重要意义，已成为各国武器装备和技术发展的热点。

5. 紫外探测技术

早在 20 世纪 50 年代，人们即开始了对紫外探测技术的研究。紫外探测技术是继红外和激光探测技术之后发展起来的又一军民两用光电探测技术。紫外告警探测器是通过探测导弹尾翼中的紫外线辐射来探测目标的。紫外告警设备是战术飞机等作战平台用来对来袭导弹进行逼近告警的一种光电探测装备，即通过探测来袭导弹尾焰的紫外辐射，以判断威胁方向及程度，实时发出警报信息，提示驾驶员或者自动选择合适时机，实施有效干扰，采取规避等措施，对抗敌方导弹的攻击。

尽管红外制导是目前导弹的主流制导方式，但随着红外对抗技术的日趋成熟，红外制导导弹的功效将受到严重威胁。为了反红外对抗技术，制导技术正在向双色制导方面发展，这其中也包括红外-紫外双色制导方式。

高灵敏度、低噪声紫外探测器件的研制是紫外探测技术的另一关键。目前，紫外探测器有如下几类：紫外真空二极管、分离型紫外光电倍增管（UV-PMT）、成像型紫外变像管、紫外增强器及紫外摄像管等。而最新的一种是带微通道的光电倍增管（MCP-PMT），它具有响应速度快、抗磁场干扰能力强、体积小、质量轻且供电电路简单等特点。目前，带有 MCP 结构的近贴式聚焦型紫外变像管及增强器以及与之相应的自扫描阵列也已经出现，并被用于紫外探测卫星、空间防务及火箭-导弹尾焰紫外探测等方面。

国外在固体紫外探测器件方面亦有发展，目前增强型硅光电二极管、GaAsP 和 GaP 加膜紫外固体器件、GaN 紫外探测器、紫外 CCD（UV-CCD）等器件都已在开发研究之中。

6. 无源微波探测系统

无源探测系统本身并不发射电磁波，而仅仅依靠被动地接收其他辐射源的电磁信号对隐身目标进行跟踪和定位。按照所依靠辐射源的不同，无源探测系统分为两类。

① 通过接收被探测目标辐射的电磁信号对其跟踪和定位。隐身飞机在突防的过程中，为了搜索目标、指挥联络等，必然使用机载雷达等电子设备，电子设备发出的电磁波有可能被无源雷达发现。

② 利用电台、电视台甚至民用移动电话发射台在近地空间传输的电磁波，通过区分和处理隐身目标反射的这些电磁波的信号，探测、识别和跟踪隐身目标。此方法的优点：第一，民用电视发射机和中继站网、移动电话发射台，在实战中被敌方攻击的可能性小；第二，接收站不以辐射方式工作且机动性强，不易对其探测和攻击，生存能力强；第三，信号源是 40～400MHz 的低频、波长较长的电磁波，有利于探测隐身目标和低空目标；第四，该系统简单，尺寸小，可以安装在机动平台上；第五，该系统可以昼夜和全天候工作；第六，价格低廉。

但是，这种被动探测方法需要解决一系列技术问题，主要是必须在无线电发射机直接辐射信号背景上鉴别出很弱的目标反射信号（衰减千万分之一至万分之一）。此外，为测定目标角坐标需要高速测量和信号幅相特性处理设备，需要新一代超高性能信息处理机。目前，美国、法国和德国正在研制这种探测技术的系统。

美国洛克希德·马丁公司研制的这种跟踪飞机、直升机、巡航导弹和弹道导弹的新型被动探测系统，称为“隐蔽哨兵”。它实际是一个无源接收站，利用商业调频无线电台和电视台发射的 50～800MHz 连续波信号能量，检测和跟踪监视区内的运动目标。该系统由大动态范围数字接收机、相控阵接收天线、每秒千兆次浮点运算的高性能商用并行处理器和软件等组成。大约 2.5m 的面阵天线安装在建筑物侧面，能获得关于频率反射能量的精确方向。该测试系统采用标准电视接收天线，一个平面阵能覆盖 105°方位，仰角 50°，横向视角 60°内覆盖最好。要求覆盖 360°方位则需要用多个面阵，它们可共用一个处理器，但更新速率会降低。该系统的核心是“无源相干定位”技术。该系统的早期实验证明，它跟踪 $10m^2$ 小目标的距离可达 180km，改进后可达 220km。该系统经过改进后，最终能同时跟踪 200 个以上的目标，间隔分辨力为 15m。

法国“汤姆森-CSF”公司研制了“黑暗”探测系统，配置在巴黎市郊，它从 20km 外的埃菲尔铁塔上以及距巴黎 180km 的电视发射机信号中获得目标信息。据报道，该系统与典型的空间探测雷达的指标可一比高低。

德国西门子公司将移动电话设施作为对付隐身飞机的雷达系统。该系统将移动电话基站作为“发射机”，用于照射空中目标，使用手提箱大小的接收机系统截获目标反射的信号。通过计算接收到的几个基站的信号之间的相位差，就能提供飞机的位置。

无源探测雷达系统将朝着高精度、高速度、组网型、小型化的方向发展，而实现高精度快速探测有赖于电磁环境监测、大动态数字接收机、直达波对消、微弱信号检测、机动目标检测、多平台组网等多项关键技术的突破。

总之，采用雷达、红外、紫外、激光等技术的综合型复合光电探测器系统，并不断拓展其响应频谱范围，降低虚警率和提高多传感器数据融合能力，才能满足未来战场反隐身探测技术的需要。根据目前我国经济状况和军队装备水平的现实情况，提高现有雷达的探测能力和信号处理质量不失为一种效费比较高的反隐身手段。

第三节　隐身技术

一、低 RCS 外形技术

外形隐身技术是提高装备产品隐身性能的一项重要技术，是目前隐身技术中最有效的技术途径之一。外形隐身并不能吸收雷达波，而是通过精确的外形设计将雷达波能量反射到较低威胁的方向上，以减小高威胁方向上的雷达回波。以飞行器为例，常用的外形隐身设计方法包括翼身融合技术、座舱与机身融合、V 形尾翼、取消吊舱和副油箱等技术措施。此外，还可对一些强散射源进行低 RCS 外形处理，例如发动机进气道和尾喷口、雷达舱和天线等。

常见的低可见平台的上体表面通常由多个梯形或矩形平面封闭而成，如搭载天线，则通常采用嵌入式天线，从而使整个平台外形浑然一体。此外，平台上层建筑大多数平面均相对于垂线倾斜几度，且在设计中取消了大量的同向排列平面，而采用特定的构型布置。以上措施都可作为隐身平台外形设计的方法。

但是，采用单一的外形隐身设计方法对降低整体的 RCS 指标并不理想，因此需综合采用各种隐身设计，并不断研究新的隐身技术，从而满足现代战争越来越高的要求。图 1-2 所示为外形设计在减缩 RCS 方面的一个应用。

二、目标特征信号控制技术

目标特征信号控制技术（又称隐身技术）是集空气动力学、材料学、电磁学、工程物理等诸多技术的一门综合性交叉学科，介绍如何减少武器系统的目标特征信号，使其难以被探测系统发现和跟踪的各种技术，其中包括雷达特征信号控制技术、声频特征信号控制技术、红外特征信号控制技术、磁特征信号控制技术等。

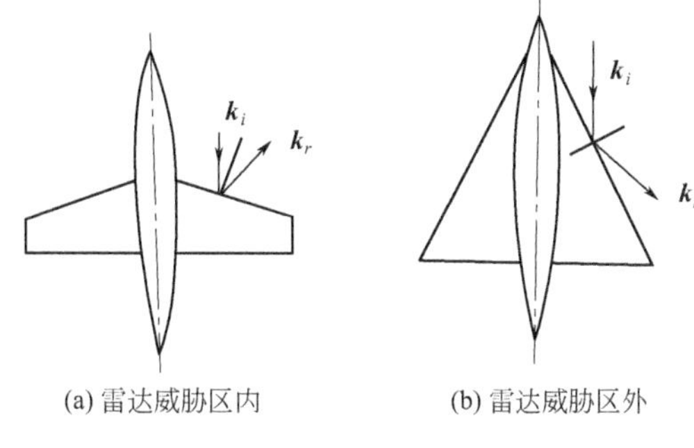

图 1-2 倾斜外形使回波偏离雷达威胁区

由于不同武器系统的作战环境各不相同，其隐身设计的侧重点也就有所不同，因此必须综合分析威胁条件和可达性要求，对隐身、气动、结构等指标进行综合考虑，组合各项隐身技术，使武器达到预期的隐身效果。

在隐身飞行器的总体设计中，需要考虑气动与隐身外形之间的矛盾等众多因素，如采用S进气道或埋入式进气道和矢量推力技术对发动机推力影响很大，降低了发动机的效率，从而影响飞行器的航程和负载能力；非常外形对武器系统结构强度设计提出了新的要求；吸波材料将增加飞行器的质量，采用保形技术将武器安排在机舱内，将减少武器的有效载荷，天线、进气道的位置应兼顾作战环境要求，发动机的安排有利于红外特征信号抑制等。

在隐身舰船的设计中，应主要考虑雷达隐身，兼顾红外及磁特征信号控制。雷达隐身以采用外形技术为主，舰船侧面的船体应向外或向内倾斜一定角度，上层建筑则采用大倾角设计，避免角反射器，同时对船侧覆贴吸波材料，排气管应安排在接近水线，以便于将废气直接排入水中。对舰艇表面的传感器及武器系统必须采用专门的隐身措施；如对雷达、通信天线加装频率选择表面，舰炮及导弹发射架用涂有吸波材料的倾斜外壳遮挡起来。采用这些措施后势必降低舰船对威胁的探测能力，减少武器装载数量，降低舰船的作战能力。同时，船体覆贴吸波材料后维护困难。

潜艇的隐身设计以声频特征信号控制为主，兼顾磁、雷达、红外和尾流化学特征信号控制。研究的重点放在低噪声流线外形设计、新型推进系统、浮筏隔振、管路噪声以及声隐身材料（如消声瓦）等方面。应注意采用减振浮筏或消声瓦材料将减少潜艇的可用空间、增加潜艇质量、降低有效载荷，同时，应考虑采用磁性材料制造潜艇外壳或内部安装消磁系统。

坦克等路上战车所面临的威胁主要包括毫米波雷达、红外以及可见光指令制导导弹，因此要求坦克的隐身以雷达、红外隐身为主，兼顾可见光隐身。采用外形技术降低战车雷达目标特征信号的同时，应考虑合理安排排气/冷却管的位置，减少排气中的粒子杂质，并采用兼顾雷达、红外隐身材料进一步降低武器特征信号。

工事、机库等设施的隐身设计应以雷达隐身为主，兼顾红外、可见光隐身，主要采用复杂的外形布局和应用兼顾雷达、红外复合隐身材料为主。

目前的探测系统仍以雷达为主，因此隐身技术研究仍以雷达目标控制信号为主，声、光、红外等特征信号控制为辅，逐步向多功能隐身方向发展。

三、雷达目标特征信号控制技术

1. 雷达有源隐身技术

近年来雷达有源隐身技术越来越受到专家们的青睐，它是指利用有源手段使武器装备规避声、光、电、热等探测设备探测的一种技术，其实现的主要技术途径如下。

① 电子欺骗和有源干扰。利用电子干扰机可使作战飞机的生存能力提高40%以上，主要措施：a. 用先进计算机鉴别战斗机可能遭到威胁的探测工作频率，用这种频率发射脉冲，使敌方探测器上出现虚假信号；b. 在兵器上安装干扰机，不断发射干扰信号；c. 采用先进的诱饵系统，这种诱饵能辨认敌方雷达或红外探测信号，并能快速产生对抗信号，使敌方误认为诱饵是真目标。美国正在研究一种新型诱饵，它能发射甚高频（VHF）、特高频（UHF）和微波信号，可以模仿隐身飞机目标。

② 使用低截获概率探测器。在保证完成任务的情况下，尽量减少机载设备辐射信号被截获的机会，如自动管理发射功率，一旦捕获到目标，立即自动将辐射能量降低到跟踪目标所需能量的最小值；在时间、空间和频谱方面控制信号的发射，并快速改变其发射频率等。美国B-2、F-22等隐身飞机都装有低截获概率雷达。

③ 采取有源对消法。利用在目标上装备有源对消电子设备，产生与雷达反射波同频率、同振幅但相位相反的电磁波来减弱或消除反射波，从而使敌方雷达接收不到目标反射波信号。为此，飞机上需要安装传感器，它必须能测量出被对消信号的频率、波形、强度和方向，信息系统的软件需含有各种角度和频率下飞机的雷达反射率详细数据的复杂信号处理系统，首先预测入射波如何反射，然后产生并发射一个合适的对消信号。

2. 雷达吸波材料

吸波材料技术的发展和运用是实现武器系统隐身的重要措施之一，是隐身技术发展的关键。

（1）常见非结构型吸波材料

① 铁氧体吸波涂料。铁氧体吸波材料已广泛应用于隐身技术，如TR21高空侦察机上使用了铁氧体吸波涂层。研究表明，在较低温度下，通过硬脂酸凝胶

法可制备六角晶系铁氧体纳米晶，其电磁参数易于调节、介电常数较低、粒度均匀，吸波性能优于铁氧体微粉。由于氧化铁只能用于250℃以下，而飞行器在飞行时与空气摩擦产生高温，因此西方国家研制出了锂镉铁氧体、锂锌铁氧体、镍镉铁氧体、陶瓷铁氧体等新型铁氧体材料。

② 多晶铁纤维吸波材料。这种材料是通过涡流损耗等多种机制损耗电磁波能量；因而可以实现宽频带高吸收，而且可比一般吸波涂料减重40%～60%。美国3M公司研制的吸波涂料中使用了直径为0.26μm、长度为6.5μm的多晶铁纤维。据报道，在法国战略导弹与再入式飞行器上应用了该涂料。

③ 金属微粉吸波材料。金属微粉吸波材料具有微波磁导率较高、温度稳定性好等特点。它主要通过磁滞损耗、涡流损耗等吸收损耗电磁波，主要有两类，一类是羰基金属微粉，包括羰基铁、羰基镍、羰基钴，粒度一般为0.5～20μm；另一类是通过蒸发、还原有机醇盐等工艺得到的磁性金属微粉，种类有Co、Ni、CoNi、FeNi等。

(2) 目前应用的主要吸波复合材料

复合材料领域呈现出一派勃勃生机，在航空航天工业中，先进复合材料正大放异彩。含铁氧体的玻璃钢材料质轻、强度和刚度高，日本已将它装备在空对舰导弹（ASM-1）的尾翼上，其弹翼也将使用这种材料改装，使其隐身性能大为提高；一种由美国道化学公司研制的材料型号为Fibalog，是在塑料中加入玻璃纤维而制成的玻塑材料，有较好的吸收雷达波特性；碳纤维复合材料，已广泛应用于航空航天工业，日本东丽公司过去生产的T-300是应用最广泛的代表性碳纤维，据报道，美国航天飞机上3只火箭推进器的关键部件枣喷嘴以及先进的MX导弹发射管等，都是用先进的碳纤维复合材料制成的；碳化硅纤维、碳化硅-碳纤维复合材料，是一种属于电阻型的雷达吸波材料，通过材料电阻来衰减电磁波；混杂纤维增强复合材料，隐身飞机上可能较多地采用了该材料，以增加吸波效果、拓宽吸波频带；结构陶瓷及陶瓷基复合材料将有望在高推比发动机上使用，美国用陶瓷基复合材料制成的吸波材料和吸波结构，加到F-117隐身飞机的尾喷管后，可以承受1093℃的高温，而法国Aleole公司采用由玻璃纤维、碳纤维和芳酰胺纤维组成的陶瓷复合纤维制造出无人驾驶隐身飞机；特殊碳纤维增强的碳-热塑性树脂基复合材料具有极好的吸波性能，能使频率为0.1MHz～50GHz的脉冲大幅度衰减，现在已用于先进战斗机（ATF）的机身和机翼，其型号为APC（HTX）。另外APC-2是CelionG40-700碳纤维与PEEK复丝混杂纱单向增强的材料，特别适宜制造直升机旋翼和导弹壳体，美国隐身直升机LHX已经采用此种复合材料。

(3) 新型隐身材料

新型隐身材料已成为隐身技术发展的亮点，现用的一些新颖独特的隐身材料和方法如下。

① 薄荧光板。装上这种荧光板的飞机如果不产生尾流，在晴朗的天空背景下几乎看不到。

② 电致变色薄膜。其隐身机理是利用装在飞机各个侧面上的光敏接收器，随时测出天空与地面间亮度的差异，然后指令飞机适时调节蒙皮的亮度和色调等，以使其与上方的天空或下方的地面相匹配。美军目前实验的蒙皮用能够吸收雷达波的电磁传导性聚苯胺醛复合物材料制造，不充电时，它透光，并能改变亮度和颜色。

③ 闪烁蒙皮。通过一种能使可见光谱和红外光谱的强度发生闪烁的特殊涂料，在瞬间改变飞机的图像和红外辐射强度，来干扰对方的红外制导导弹。

④ 导电高聚物吸波涂料。研究具有微波电、磁损耗性能的高聚物越来越引起世界各国的重视。美国 Hunstvills 公司研制出一种苯胺与氰酸盐晶须的混合物，悬浮在聚氨酯或其他聚合物基体中，这种材料可以喷涂，也可以与复合材料组成层合材料，不必增加厚度来提高吸波的频带宽度。此外，这种吸波涂层透明，适用于座舱盖、导弹透明窗口及夜视红外装置电磁窗口的隐身，减少雷达回波。法国研究的聚吡咯、聚苯胺、聚-3-辛基噻吩在 3cm 波段内均有 8dB 以上的吸收。美国用视黄基席夫碱盐制成的吸波涂层可使目标的 RCS 减缩 80%，而密度只有铁氧体的 10%。

⑤ 电路模拟吸收体和 R 卡。电路模拟吸收体是 20 世纪 80 年代研究的一种吸波机理和方法，它运用等效电路技术对电阻片的电感、电容等参数进行分析和设计，以衰减大部分入射能量。这种吸波体一般用于吸收宽频带电磁波，目前已用于隐身飞机座舱盖、隐身雷达天线罩的设计。R 卡吸波材料，是电阻性薄膜和纤维织物。这些材料由介质基体材料与非常薄的真空沉积层、溅涂金属或金属陶瓷组成。R 卡可利用沉积厚度逐渐变化和/或电阻率逐渐变化的材料构成分级涂层。R 卡用于机翼时，能较好地满足气动外形的要求，在吸收前缘表面的次行波方面也很有效。

⑥ 手性吸波材料。手性吸波材料是近年开发的新型吸波材料，由基体和掺入其中的一种或多种不同特征参数的手性媒质构成。与一般吸波材料相比，手性吸波材料具有吸波频率高、吸收频带宽的优点，并可通过调节旋波参量来改善吸波特性。美国、法国和俄罗斯非常重视手性材料研究，在微观机理研究方面已取得较大进展，并通过实验证实了旋波特性。目前，实验室已能制出面积为 $0.1\mu m^2$、厚 0.005mm 的薄膜样品，薄膜厚度均匀，正在尝试制造面积更大的薄膜。

四、红外及可见光特征信号控制技术

随着红外探测技术的发展，特别是红外成像技术日益成熟，使得各种军事目

标的生存和安全受到严重威胁，特别是运动目标，如飞机、坦克和导弹等拥有大功率动力源，运动时，会产生强烈的红外辐射，甚至某些高速运动目标在飞行过程中，它们的外壳与大气摩擦而产生的热也是红外辐射源。红外特征信号控制包括红外特征信号建模及预估、红外辐射抑制技术、红外隐身材料研制等几个方面。

在红外特征信号建模方面，美国已开发出相当成熟的红外特征信号估算软件，并用于实际武器系统红外特征信号预估。其他国家也正在研究或将要发展具有自身特色的红外特征信号软件及红外辐射抑制理论。

红外隐身材料技术是控制武器系统的红外特征信号技术研究的重要组成部分，主要原理是隔热、温控或使红外辐射能量集中于红外探测系统工作波长3～5μm和8～14μm两个波段以外的频段上，如隔热、吸收涂料，低发射率薄膜，温控（如红外迷彩涂料)、降温（利用物体升华、膨胀、重复改变结构、变频等手段消耗内部热量）涂料等。

红外隐身材料主要有涂料型和薄膜型。如添加多种填料的能透射射频反射红外的涂料、以玻璃微珠为介电核外层涂敷其他材料制成的红外隐身材料等。红外隐身织物因其价格低廉，使用方便，工艺稳定，易于批量生产且可实现厘米波、毫米波兼容可见光、远红外、热红外多频谱隐身功能，而被广泛运用。经研究发现，近红外的反射特性与中远红外的辐射特性是红外隐身必须兼备的性能，仅满足其一，很难在高科技条件下实现红外隐身的目的。因此，实现宽频谱红外隐身性能相兼容的复合材料研发是红外隐身的发展趋势。

可见光特征信号控制手段主要采用迷彩、伪装技术，在武器系统表面涂上与背景颜色相近的迷彩，或者在武器表面罩上伪装网。此外，正在研究各种新的可见光隐身方法，如美国研究一种电致变色涂覆材料，用不同的电压控制时，材料将显示出不同的特性，使武器颜色随背景颜色变化。

红外及可见光隐身技术广泛应用于飞机、导弹、舰艇、坦克等武器系统的总体设计。F-22、“科曼奇”RAH-66隐身直升机、AGM-129巡航导弹等均是飞行器应用红外隐身技术的典型例子。

五、声频特征信号控制技术

在各种武器系统中，舰艇受到声频探测威胁最为严重。因此，潜艇的低噪声要求是声频隐身的重点研究内容。

舰艇产生的噪声的频率从几赫兹到40kHz左右，有推进系统噪声、机械装置及设备噪声、水动力噪声等几类。舰艇机械装置及设备的减振降噪手段包括：采用柔性连接重新设计管路系统，或者利用减振方法，或者采用消声材料将舰艇包围起来达到降噪的目的。水动力噪声控制对实现潜艇隐身很重要，主要的措施包括：设计低噪声艇体外形，使其保持线型的光顺性；对流体流经首、尾部产生过渡的部位进行仔细设计，控制流体分离。

为实现舰艇的安静化，主要是采用消声瓦技术手段降低其自身的噪声辐射，避免被敌方主动探测声呐探测到。消声瓦实际上是一种由黏性橡胶合成的一种材料，其中加进了一定量的微型金属粒子，并在合成体内部形成大量小的空腔；在声频作用下消声瓦发生变形，使声能转换成热能耗散掉。这样消声瓦安装在舰艇外壳上时，能吸收主动探测声呐信号，降低舰艇被主动声呐装置发现的概率，同时，将消声瓦安装在机械设备上，还可以吸收自身的噪声辐射。

美国一直在开展潜艇噪声预报和测量研究，评价噪声控制和有源减振技术研究，开发降低声频特征信号的新型低成本材料，选定先进的设计方案和材料，研究、设计和分析低水流噪声传感器，应用一种先进复合材料研制一种隔声结构来显著降低船头声呐本身的噪声。俄罗斯在单轴螺旋桨的噪声性能预报、推进性能预测、低噪声设计方面，已有一套完整的可供工程应用的方法和程序。从相继服役的美国、俄罗斯、英国、法国、瑞典等国家的先进隐身舰船、安静型潜艇来看，舰艇噪声水平将下降到120dB以下，如美国的“海浪”级核潜艇的噪声将降到90～100dB的水平。

随着声频探测技术以及声控兵器的发展，航空航天飞行器、陆上战车的声频隐身也将得到重视。

六、其他目标特征信号控制技术

磁信号也是兵器的一种重要的特征信号。为避免受到磁性水雷和鱼雷等武器的威胁，舰艇的磁特征信号控制显得尤为重要。目前，各国已开始重视利用低磁性材料建造舰艇的外壳和舰面设备（如桅杆、塔台、舰炮围壳等），如新型的隐身舰艇将采用碳纤维或玻璃钢复合材料制作外壳，也可以在舰艇船壳内采用消磁设备对舰体消磁。

七、新型的隐身技术

1. 集可见光、红外及雷达等于一体的多频谱RAM兼容隐身材料

这将是今后研究的主要方向之一。有资料透露，在雷达隐身材料上用阴极雾化法沉积上一层几千微米到几个微米厚的陶瓷金属，可使3～5μm及8～12μm的红外发射系数小于0.4。为最大限度降低雷达隐身材料的红外发射率，还可采用二维光栅，它是一种厚度极小的金属膜，红外发射系数小于0.2。

2. 等离子体技术

等离子体技术是近年来新兴的一种技术，可利用其来控制目标的RCS指标，该技术的核心是如何产生等离子体。

等离子体可认为是电离的“气体”，是指气体在特定的外界因素（如喷气式飞机的射流，放射性同位素，超高音速飞行器的激波等）的作用下，生成由自由电子、阳离子和少量中性粒子构成的集合，整体呈中性的物质状态，是物质的第四态。

通过研究人员的理论研究及大量实验发现，等离子体对电磁波具有良好的吸收和耗散作用，这一点与隐身技术的需求不谋而合，因而得到了隐身设计师们的极大关注。

经过对等离子体的深入探索，研究人员掌握了可有效产生等离子体包层，并可实现良好隐身的两种方法，但这两种方法各有优劣。

① 应用等离子体发生器。应用等离子体发生器的优点是在不改变武器结构的条件下获得良好的隐身效果，使用方便。但缺点是，等离子体发生器安装位置处的隐身效果将大打折扣，而且发生器的电源功率大小也会受到限制。

② 应用放射性同位素。该技术方法是指将适量的放射性同位素涂抹在武器装备需要隐身的部位。该技术的难点是很难控制放射性同位素的辐射剂量。剂量过小，则不能产生足量密度和厚度的电子；剂量过大，雷达波就在包层中具有临界电子密度的位置被反射回去，达不到隐身的目的。

3. 有源隐身技术

有源隐身技术，指的是通过有源方式控制电、声、热等信号，从而躲避探测设备探测的技术，又称之为主动隐身技术。

以上提到的外形、吸波材料的方法指的是无源（被动）隐身技术，也就是通过改变平台的外形结构，涂覆透波、吸波材料等措施，尽量减小威胁区域内电磁、红外、可见光、声波等信号的能量，降低目标的信号特征，最终实现目标的隐身。鉴于无源隐身技术手段受目标自身的限制，国内外学者们开始着眼于研究如何通过有源的方式，实现目标的隐身。图 1-3 给出了一个有源隐身的基本原理图。

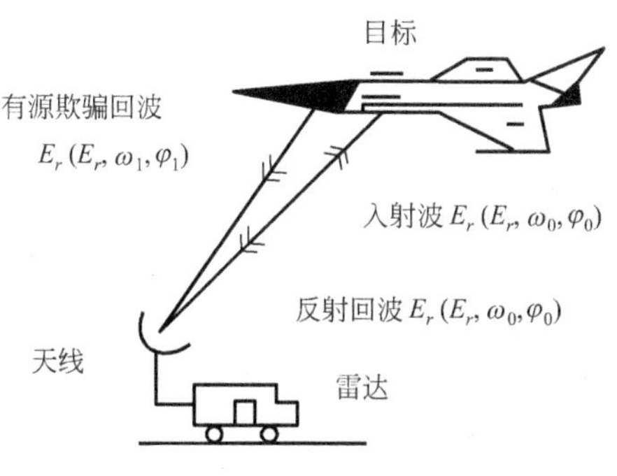

图 1-3 有源隐身基本原理

常见的技术实现途径有以下 4 种。

① 电子欺骗和干扰。利用干扰机施行电子欺骗和干扰，可以提高武器装备平台40%以上的存活率。具体的实施方式是：首先计算出武器装备平台可能或正在遭受威胁的雷达的工作频率，然后通过发射出与敌方雷达对应的脉冲，制备出虚假的信号来干扰敌方雷达；也可以采用更为方便的诱饵系统，该诱饵可以准确地辨认出敌方雷达，并可快速响应，产生实时对抗信号，从而实现诱骗的目的。

② 使用低截获概率雷达。该技术指的是：在保证已经完成自身工作任务的前提下，尽可能控制自身电磁信号被敌方截获的概率。如：自适应控制己方雷达天线的发射功率，在雷达捕获到敌方目标之后，将天线的辐射能量立即降低到可跟踪目标的最小功率，从而保护己方不被发现。

③ 采取有源对消法。有源对消的基本原理就是，在敌方雷达探测方向上，主动发射电磁波，并与己方产生的散射相互对消，从而保证敌方雷达接收机始终位于合成方向图的零点，从而实现隐身的目的。成功的有源对消装备有加载在B-2隐身轰炸机的ZSR-63电子战设备，该设备主动发射电磁波，与照射在机体上的雷达信号相干对消。

④ 采用特殊照明系统和电致变色材料。美国计划在2025年采用有源技术来实现卫星的隐身（即卫星伪装）。计划采用的方式是，采用纳米智能薄膜（robot films）伪装卫星，此薄膜可检测辐射在卫星上的能量，且能够通过改变自身结构来吸收辐射能量，从而实现卫星的隐身。

4. 天线隐身技术

天线是一种极其特殊的散射目标，与常规目标不同的是天线必须首先保证其自身工作电磁波的准确发射和接收。既要发射、接收电磁波，又不能散射电磁波，使得天线系统的隐身成为隐身技术中难以解决的关键问题之一。

对于天线的隐身而言，可针对不同的研究对象采取综合的隐身措施，例如时域隐身、空域隐身、带外隐身和正交极化隐身等。

修形方法是广泛应用于各种天线的一种有效地实现天线隐身的方法。超宽带天线、喇叭天线及微带天线等均可以利用修形方法来减缩天线的RCS，实现天线的隐身。具体的方法有：通过分析天线表面辐射和散射状态下的电流分布，在保证不影响辐射电流或者影响很小的前提下，通过对天线外形的改变，减小金属覆盖面积，从而减小天线的结构项散射。

近年来，随着超材料技术的迅速发展，超材料应用于天线RCS减缩之中已成为发展的必然趋势。利用超材料吸波体的吸波特性可有效地降低天线的结构模式项散射，从而显著减小天线的RCS。

基于无源对消原理，利用具有极化转换特性的超材料也可显著减小天线的RCS。另外，也可利用超材料对电磁波的选择作用来降低天线的RCS。

除上述方法之外，还可通过在天线上加载特殊结构来实现天线的隐身。例如，加载导波结构（基片集成波导结构）将电磁能量导引到低威胁角域，降低雷达对目标的探测概率；或者加载谐振结构减缩天线 RCS 等。此外，将不同减缩天线 RCS 的方法有机地结合在一起，可进一步有效地实现天线的隐身。

除此之外同时具有良好低可观测性/低截获概率（LO/LPI）特性的天线系统已成为必然，其具备的特征有：灵活而精确的幅相控制能力，特殊设计的低副瓣特性（形状和指向）。较宽的工作带宽，良好的各态阻抗匹配特性等。

5. 纳米技术

纳米材料研究处于近代材料科学的前沿，由于纳米材料的特殊结构引起的量子尺寸效应、隧道效应、小尺寸和界面效应，从而呈现出奇特的电磁、光热以及化学等特性，使一些纳米材料具有极好的吸波特性，具备宽频带、兼容性好、质量小、厚度薄等特点。如纳米级的氧化铝、碳化硅材料可以宽频带吸收红外光；某些纳米金属粉对于雷达波不仅不反射，反而具有很强的吸收能力。可用这些纳米隐身材料制成吸波薄膜、涂层或复合材料。法国科学家研制出的纳米 CoNi 超微吸波材料，是由多层薄膜叠合而成的结构，具有很好的磁导率和吸波性能。法国还报道了一种由填充纳米微屑及胶黏剂组成的宽频吸波涂层，这种纳米微屑由厚度 3nm 的光定形磁性超薄层和厚度为 5nm 的绝缘层堆叠而成，这种由多层薄膜叠合而成的材料具有很好的磁导率，与胶黏剂复合而成的涂层在 50MHz～50GHz 内具有良好的吸波特性。日本用二氧化碳激光法研制出一种在厘米和毫米波段都有很好吸波性能的硅/碳/氮和硅/碳/氮/氧复合吸收剂。目前，世界军事发达国家正在研究覆盖厘米波、毫米波、红外、可见光等波段的纳米复合材料。

6. 仿生技术

海鸥虽与燕八哥的形体大小相近，但它的 RCS 比燕八哥大 200 倍。蜜蜂的体积小于麻雀，但它的 RCS 反而比麻雀大 16 倍。有关科学家正在研究这些现象，试图采用仿生技术，寻求新的隐身技术。

7. “微波传播指示”技术

这种技术利用计算机预测雷达波在大气中的传播情况。大气层的变化（如湿度、温度等的变化）能使雷达波的作用距离发生变化，使雷达覆盖范围产生“空隙”（盲区），同时雷达波在大气里传播时要形成“传播波道”，其能量集中于“波道内”，“波道”之外几乎没有能量。如果突防兵器在雷达覆盖区的“空隙”内或“波道”外通过，就可避开敌方雷达的探测而顺利突防。

8. 智能隐身材料（RAM）

智能隐身材料是在纳米材料基础上发展起来，由纳米材料与纳米传感器、纳米计算机组合而成的一种新型材料。它同时具有感知功能、信息处理功能和对信号作出最佳响应的功能，并具有自动适应环境变化的优点。据报道，国外研究的一种用于卫星隐身的灵巧材料，采用微型作动器和发动机作为肌肉，用传感器作为神经中枢和存储器，通过计算机网络控制材料对环境或威胁作出响应。预计未来几年内，这种新型隐身材料将使隐身武器能够实现自检、自监控、自修复、自校正和自适应。

总之，隐身技术的研究与发展主要是实现以下两个目的，现以地面装备为例说明。

（1）可使装备战场生存能力提高

现代战争，地面作战仍将是基本的作战方式之一。地面武器装备是各种兵器的主要打击对象。以主战坦克为例，根据我们对未来战争中主战坦克各部位被弹概率研究的结果，坦克装甲车辆面临的威胁是全方位的（表 1-4），尤其装备顶部，中弹概率达到了 20%。

表 1-4　现代战争中主战坦克各部位被弹概率

中弹部位	车体				炮塔			
	正面	侧面	顶部	后部	正面	侧面	顶部	后部
被弹概率	0.4405	0.0619	0.1219	0.0463	0.1574	0.0773	0.0717	0.0230
总计	0.6706				0.3294			

从前面的战场威胁分析可以看出，现代战争中由于各种高技术兵器的广泛使用，使得对各种目标的发现、识别及精确打击变得非常容易。传统武器装备的战场生存空间几乎不复存在。自从海湾战争以来的数次局部战争已经充分地证明了这一点。

因而，为了提高地面武器装备的战场生存能力和作战效能，人们不得不改变传统的防护观念。现代装备防护观念可以表达为：避免被探测、避免被识别、避免被命中、避免被击毁和避免击毁后的二次效应。装备的战场生存能力可用下式表达：

$$\text{装备生存能力}=\frac{1}{\text{被探测概率}\times\text{被识别概率}\times\text{被命中概率}\times\text{被击穿概率}\times\text{被击毁概率}}$$

由此可见，在各种攻击武器具有极大威力的今天，要提高地面装备的战场生存能力，就必须尽可能地降低被探测概率和被识别概率。

（2）可使武器装备作战效能充分发挥

作为当今军事装备技术发展的主要高新技术特征之一，隐身技术在武器装备上的应用将大大提高它们在现代战场上的生存能力和突防能力。为现代武器装备作战效能的充分发挥奠定基础，这主要体现在两方面。

① 隐蔽战略企图。战争中，“主攻佯动”、“十面埋伏”、“围城打援”、“声东击西”等奇招妙计无不借助黑暗、地形和简易的伪装技术得以实现。而在当今的高科技战场环境中，战场的透明度空前增大，战略企图一旦被敌方察觉、识破，战争的胜负也就可想而知了。因此，依靠隐身技术，提高装备的隐身效能，使敌方的高科技装备变成“睁眼瞎”，是隐蔽战略企图、达成作战行动突然性的必然手段，是提高战争胜算的必然途径。

② 降低装备的战损率。随着现代科学技术的发展，装备的防护水平有了大幅度的改善。尽管如此，面对捕获与命中率很高、威力强大的各种武器弹药，其防护水平仍然存在相当大的差距。以主战坦克为例，虽然坦克装甲车辆是集火力、机动、防护于一体的坚固堡垒，面对日益发展的各种反坦克武器，仅仅依靠其坚固的装甲防护，也同样不堪一击。即使达到 60t 级的主战坦克，也抵挡不住具有 1400mm 穿甲能力的反坦克导弹的攻击。

装备隐身效能的提高，可以大大降低各种精确打击系统对装备的捕获能力，缩短其有效作用距离，使制导系统的轨迹控制精度降低，增加精确打击系统的射击误差，从而使装备的战场生存能力相应提高。在战术对抗中，由于隐身措施可以降低敌方观瞄系统的有效作用距离，为占据作战的主动权创造了有利条件，因而对降低装备战损率，保持优势及强大的装备对抗能力和部队持续作战能力有非常重要的意义。

第二章　吸波剂与隐身材料

02 Chapter

第一节　微粉吸波剂

一、简介

（一）吸波材料的分类与吸波原理

微波吸收材料是一种重要的功能材料，它在隐身技术、微波通信、微波暗室、抗电磁辐射以及防止电磁污染等方面得到了广泛的应用。吸波材料按其承载能力可分为结构吸波材料和涂层吸波材料两大类。结构吸波材料是一种多功能复合材料，它不但能够有效地吸收雷达波，同时还用于结构件，具有复合材料质轻高强的特点，其结构多为导电纤维混编的复合材料。涂层吸波材料具有施工简单、使用方便、易于维护、可设计性强等优点，一直受到隐身技术研究与设计人员的重视，然而与结构吸波材料相比，吸波涂层所增加的附加质量及它们的吸收频带较窄的缺点也使其应用受到一定程度的限制。因此如何克服这一难题成为涂层吸波材料研究的关键。

雷达吸波材料简称吸波材料，是指能吸收投射到它表面的电磁波能量，或通过材料的电磁损耗使其能量转化为热能或其他形式的能量而耗散掉的一类材料。根据吸波机理的不同，吸波材料的损耗介质可以分为电损耗型和磁损耗型 2 大类：电损耗型吸波材料主要通过介质的电子极化、离子极化或界面极化来吸收、衰减电磁波，如钛酸钡类；磁损耗型吸波材料主要通过磁滞损耗、畴壁共振和后效损耗等磁极化机制来吸收、衰减电磁波，如铁氧体、羰基铁等。

吸波材料吸收电磁波的基本要求主要有 2 条：一是入射电磁波最大限度地进入材料内部而不是在其表面就被反射，即要求材料的表面阻抗匹配；二是进入吸

波材料内部的电磁波能迅速被吸收而衰减掉，即材料的衰减特性。

吸波材料的吸收特性一般用介电常数 ε 和磁导率 μ 表征，其能量损耗 $\tan\delta$ 可由式(2-1)、式(2-2) 表示：

$$\varepsilon=\varepsilon'-j\varepsilon'',\quad \mu=\mu'-j\mu'' \tag{2-1}$$

$$\tan\delta=\tan\delta_e+\tan\delta_m=\varepsilon''/\varepsilon'+\mu''/\mu' \tag{2-2}$$

式中，ε'和ε''分别为介电常数实部和虚部；μ'和μ''分别为磁导率实部和虚部；δ_e与δ_m分别为电损耗角与磁损耗角；$\tan\delta_e$为电损耗；$\tan\delta_m$为磁损耗。

材料对电磁波的吸收取决于ε''与μ''，当ε''与μ''均为零时，材料电磁波损耗为零。由此可以看出，材料的ε''、μ''和$\tan\delta$越大，吸波性能越好。增大吸收剂的ε''和μ''，对于提高其吸波性能具有决定作用。而增加吸收剂在基体中的体积分数也可以提高材料的$\tan\delta$，相比而言，提高吸收剂体积分数比提高吸收剂的ε''、μ''更易实现。

（二）微波吸波材料的发展趋势

1. 低维化

为探索新的吸收机理和进一步提高吸波性能，纳米微粒、纤维、薄膜等低维材料日益受到重视，研究对象集中在磁性纳米、纳米纤维、颗粒膜与多层膜。它们具有吸收频带宽、兼容性好、吸收强、质量轻等优点，极具发展潜力。

2. 复合化

根据目前吸波材料的发展现状，一种类型的材料很难满足日益提高的隐身技术所提出的“薄、宽、轻、强”的综合要求，因此需要将多种材料进行各种形式的复合以获得最佳效果，其中采用有机/无机纳米复合技术可以方便地调节复合物的电磁参数以达到阻抗匹配的要求。

3. 多频谱兼容化

目前的反雷达探测隐身技术主要是针对厘米波段雷达，覆盖的频率段有限。例如，谐振型吸波材料只能吸收一种或几种频率的雷达波；介电型吸波材料与磁性吸波材料主要覆盖范围大致分别在厘米波段的低端和高端。而近年来随着先进红外/紫外探测器、米波段雷达、毫米波段雷达等新型先进探测器的相继问世，以及装备部队使用，给原有的隐身手段提出了新的严峻挑战。这就要求隐身材料具备宽频带吸波特性，即用同一种隐身材料对抗多种波段的电磁波源的探测。

4. 智能化

智能型材料是一种具有感知功能、信息处理功能、自我指令并对信号作出最佳响应的功能材料。这种可根据环境变化调节自身结构和电磁特性并对环境作出最佳响应的概念为隐身材料的设计提供新的思路和方法。

二、铁氧体吸波剂

1. 简介

铁氧体是发展最早、应用最广的吸波材料。由于铁氧体在高频下有较高的磁导率，且电阻率也较大，电磁波易于进入并快速衰减，因而被广泛地应用在雷达吸波材料领域中。铁氧体吸波涂料因为价格低廉，吸波性能好，即使在低频、厚度薄的情况下仍有良好的吸波性能，在米波至厘米波范围内，可使反射能量衰减17～20dB。作为吸波材料应用最为广泛的是尖晶石型铁氧体，尖晶石型铁氧体的介电常数ε'和磁导率μ'比较低，用纯铁氧体难以满足高性能的雷达波吸收材料的要求，但是把铁氧体粉末分散在非磁性体中而制成的复合铁氧体，则可以通过铁氧体粉末的粒径、铁氧体粉末与非磁性体的混合比以及铁氧体组成来控制其电磁参数。

铁氧体具有畴壁共振损耗、磁矩自然共振损耗和粒子共振损耗等特性，其作用机理可概括为对电磁波的磁损耗和介电损耗。铁氧体复合材料具有较好的频率特性，其相对磁导率较大，相对介电常数较小，适合制作匹配层，在低频带拓宽方面具有良好的应用前景。其主要缺点是密度大、温度稳定性差、频带窄。纳米金属粉吸波复合材料具有微波磁导率较高、温度稳定性好的优点。从分析金属的电子能级跃迁、原子相对振动的光学波、原子的转动能级和原子磁能级可以看出，具有铁磁性的金属超细微粒与电磁波有强烈的相互作用，具备大量吸收电磁波的条件。多晶铁纤维具有独特的形状，各向异性，可在很宽的频带内实现高吸收频率，除此而外它的最大特点是面密度低，吸收与入射角无关。铁氧体的吸波性能与其化学组成、成型工艺、颗粒形状大小、使用频率等密切相关。一般来说，烧结温度较高，呈盘片状且粒径适中的铁氧体吸波性能较好。但对大多数铁氧体来说，由其电磁性能所决定的特征峰落在0.25～3GHz内。

2. 铁氧体的微波吸收机理

在交变磁场作用下，磁性介质的损耗机制主要有以下几种。

（1）涡流损耗

当通过导体的磁通量随时间发生变化时，导体内部会形成涡流，产生涡流损耗，从而使得电磁能转化为热能形式被损耗掉。

（2）磁滞损耗

磁滞是指当铁磁材料的磁性状态发生变化时，磁化强度滞后于磁场强度，它的磁通密度B与磁场强度H之间呈现磁滞回线关系。经一次循环，每单位体积铁芯中的磁滞损耗等于磁滞回线的面积。产生磁滞损耗的内在机理为畴壁的不可逆移动。

(3) 磁共振

磁体中的磁偶极子以固有频率振动，当外加磁场与该固有频率相同时，将引起磁共振，致使材料强烈吸收电磁波。

(4) 剩磁效应

由于磁通密度 B 的变化要比外加磁场滞后一个相位角，因此当外加磁场变为零时，磁体中磁通密度 B 却不为零，从而产生剩磁。若要使磁通密度 B 变为零，须外加反向磁场，这个消除剩磁的过程将消耗磁场的能量。

3. 铁氧体材料的种类及特点

铁氧体是一种具有铁磁性的金属氧化物，价格便宜、化学稳定性好，是发展最早、研究最多、较为成熟的吸波材料。早在 20 世纪 40 年代初期，铁氧体就已经作为微波吸收材料使用。按晶体结构的不同，铁氧体主要分为尖晶石型、石榴石型和磁铅石型 3 大类，如表 2-1 所示，它们均可用作吸波材料。

磁铅石型铁氧体属于六角晶系，共有 6 种相似结构的六角晶系铁氧体，分别为 M、W、X、Y、Z 和 U 型，如表 2-2 所示。研究表明，磁铅石型铁氧体材料的吸波性能最好。这是因为它具有吸收剂的最佳形状——片状结构；此外，它具有较高的磁性各向异性等效场，故有较高的自然共振频率。

表 2-1　铁氧体材料的类型

结构	晶系	实例	主要应用
尖晶石型	立方	$NiFe_2O_4$	软磁、巨磁、旋磁与压磁材料
石榴石型	立方	$Yi_3Fe_3O_{12}$	旋磁、磁声、磁泡与磁光材料
磁铅石型	六角	$BaFe_{12}O_{19}$	旋磁、永磁与超高频软磁材料
钙钛石型	立方	$LaFeO_3$	磁泡材料
钛铁石型	三角	$MnNiO_3$	目前尚无实用价值
氯化钠型	立方	EuO	强磁半导体与磁光材料
金红石型	四角	CrO_2	磁记录介质

表 2-2　磁铅石型铁氧体的晶体结构

符号	分子式	晶胞结构	氧密集层
M	$AFe_{12}O_{19}$	$(B_1S_4)_2$	10
W	$AMe_2Fe_{16}O_{27}$	$(B_1S_6)_2$	14
X	$A_2Me_2Fe_{23}O_{46}$	$(B_1S_4B_1S_6)_3$	36
Y	$A_2Me_2Fe_{12}O_{22}$	$(B_2S_4)_3$	18
Z	$A_3Me_2Fe_{24}O_{41}$	$(B_2S_4B_1S_4)_2$	22
U	$A_4Me_2Fe_{36}O_{60}$	$(B_4S_2B_1S_4B_1S_4)_2$	48

4. 适用吸波剂的品种与特性

(1) 磁铅石型铁氧体吸波剂

六角晶系磁铅石型铁氧体的吸波性能最好，主要因为六角晶系磁铅石型铁氧体具有片状结构，而片状是吸收剂的最佳形状；其次六角晶系磁铅石型铁氧体具有较高的磁晶各向异性等效场，因而有较高的自然共振频率。根据铁磁学理论，没有掺杂的磁铅石钡铁氧体的矫顽力很高，属硬磁材料，随着掺杂元素掺量的增加，钡铁氧体的矫顽力、顽磁性和磁化强度均逐渐下降，其磁特性已接近软磁铁氧体材料，有利于提高铁氧体材料的吸波性能。本书主要介绍尖晶石型和磁铅石型铁氧体两种类型吸波剂的发展现状。

磁铅石型铁氧体一般由 BaO、$Me^{2+}O$ 和 Fe_2O_3 三种氧化物复合而成，Me^{2+} 为二价金属离子，Fe^{3+} 可以由其他离子取代，近期的研究工作更多地集中在六角晶系铁氧体材料，M、W 型六角晶铁氧体的研究开展较多。

在 M 型六角晶系铁氧体吸收剂的研究中 $BaFe_{12}O_{19}$（Ba-M）的研究较早，Ba-M 具有很高的磁晶各向异性场 H_A（$H_A=1.7\times10^4$Oe），可以作为厘米波和毫米波段吸收剂。而且 Ba-M 型磁粉的 μ' 和 μ'' 具有较明显的共振吸收峰，通过掺杂能够进一步展宽频带，Co^{2+} 和 Ti^{4+} 的加入可以明显降低磁晶各向异性场，因而 $BaCo_xTi_xFe_{12-2x}O_{19}$ 的自然共振频率随 x 的增加移向低端，其共振吸收峰可以在 2～40GHz 内移动，$\mu'=0.6\sim1.5$，$\mu''=0.3\sim0.9$。

研究了在 8～12.4GHz 频率内 CoTi 掺杂 M 型钙铁氧体 $Ca(CoTi)_xFe_{12-2x}O_{19}$ 和 NiTi 掺杂 M 型钙铁氧体 $[Ca(NiTi)_xFe_{12-2x}O_{19}]_{96.0}[La_2O_3]_{1.0}$ 吸波材料的电磁性能及吸波性能。随 CoTi 或 NiTi 量的增大，介质损耗不断增大，磁损耗基本不变，共振频率移向低频，匹配厚度不断增大；用 CoTi 掺杂，且 $x=0.2$、匹配厚度为 2.35mm 时，其最大反射率为 32dB 左右。小于 −10dB 的有效带宽近 2.5GHz；用 NiTi 掺杂，且 $x=0.4$、匹配厚度为 4.15mm 时，其吸波性能最好，最大反射率为 −32dB 左右，小于 −10dB 的有效带宽覆盖整个 X 波段。对 $BaCo_xTi_xFe_{12-2x}O_{19}$ 的研究表明在 X 波段存在吸收峰，且对不同的 x 值，其峰值有变化。

用固相合成法制备了 Sc 和 CoTi 取代的六角钡铁氧体吸收剂粉末，其工作频率可以在 5～70GHz 内调整。

在六角晶系铁氧体的各种形式中，W 型铁氧体不仅磁晶各向异性场（H_A）高，而且具有高的比饱和磁化强度，所以具有自然共振频率高、工作频带宽的特点，在共振频率附近，μ' 和 μ'' 较高，并且可以通过改变材料的成分来调整 μ' 和 μ''，因此近年来人们对 W 型六角铁氧体进行了较多的研究。

将高纯度的 $BaCO_3$、ZnO、Fe_2O_3 和 Co_3O_4 按预定的化学计量比混合，利用传统陶瓷工艺制备 $(Zn,Co)_2W$ 型钡铁氧体，实验表明，组分为 $BaZn_{1.1}Co_{0.9}Fe_{15}O_{27}$ 的样品在 3.72～7.77GHz 损耗大于 10dB。在 6GHz 时出现峰值损耗 24dB。午丽娟等利用柠檬酸溶胶凝胶法制备 W 型 $Ba(Zn_{1x}Co_x)_2Fe_{16}O_{27}$（$x=0$，0.2，0.4，0.6，0.8，1.0）六角铁氧体，比单一的 Co_2-W 或 Zn_2-W 型在 12～18GHz 波段吸波效果好，而且随着 Co^{2+} 含量的增加，小于 −10dB 的有效带宽和吸收峰值都明显增大。$x=0.8$ 时，有效带宽可拓宽到 12～18GHz 整个

波段，吸收峰值可提高到－20dB。用溶胶-凝胶法制备了W型$Ba(Zn_xCo_{1-x})_2Fe_{16}O_{27}$六角铁氧体。在Ku波段（12.4～18GHz）测量了铁氧体与环氧树脂复合材料的电磁参数，并计算了单层复合材料的微波吸收性能。结果表明，$Ba(Zn_{0.2}Co_{0.8})_2Fe_{15}O_{27}$（$x=0.2$），层厚为2mm的单层铁氧体复合材料具有优良的宽频吸收性能；在整个Ku波段，反射率都小于－10dB，吸收峰位于14.1GHz，峰值约为－20.0dB。通过研究掺杂对锶铁氧体基复合材料吸波特性的影响发现：在Sr铁氧体＋MnZn铁氧体＋NiZn铁氧体＋Cu粉（试样1）、Sr铁氧体＋MnZn铁氧体＋Cu粉（试样2）和Sr铁氧体＋MnZn铁氧体＋NiZn铁氧体（试样3）三个试样中，试样2在8GHz和试样3在18GHz附近存在吸收峰，此外试样1在10GHz附近还存在两个吸收峰，且最大反射率－24～－18dB。这表明通过同时掺入几种不同类型的吸收介质，会产生部分的累积效果，其吸收频带也明显增加，而且最大反射率也明显增加，对展宽材料的有效吸收带宽是非常有利的。

（2）尖晶石型铁氧体吸波材料

国内外尖晶石型铁氧体吸收剂的研制都已有很长的历史。制备了Ni-Zn铁氧体，在200MHz～1GHz的频段内，$\mu'>10$，$\mu''>30$，e'在10～20，e''很小，涂层厚度为4mm时吸收率$R<-10$dB，Cho等研究了NiZnCo尖晶石铁氧体，发现随着Co^{2+}含量的增加，共振频率移向高端。国内对尖晶石型铁氧体的研究也已有定型产品，以柠檬酸和金属盐为原料采用有机凝胶-热分析法成功制备了$Mn_{0.2}Zn_{0.8}Fe_{2x}Ce_xO_4$（$x=0\sim0.04$）系列铁氧体纤维，由于稀土离子$Ce^{3+}$具有较大的离子半径，当$Ce^{3+}$进入Mn-Zn铁氧体尖晶石晶格后，导致其晶格常数和晶格尺寸随掺杂量的增加而略微增大，但其纤维结构没有明显变化。另外，Ce^{3+}掺杂对Mn-Zn铁氧体中A-O-B超交换作用、阴离子的分布以及电子自旋之间的耦合作用也产生了一定程度的影响，致使Mn-Zn铁氧体的饱和磁化强度增大，矫顽力下降，软磁性能有所提高。由于尖晶石型铁氧体磁晶各向异性场（H_A）很小，使其应用频率受到限制，其在微波频段（大于108Hz）磁导率及吸收特性总体上不如六角晶系铁氧体，显著提高尖晶石型铁氧体的微波磁导率无论在理论上还是实际上都受到限制。

（3）纳米铁氧体吸波材料

相对于常规材料，纳米材料的界面组元所占比例大、纳米颗粒表面原子比例高，不饱和键和悬挂键多，大量悬挂键的存在使界面极化，吸收频带展宽；纳米材料量子尺寸效应使电子能级分裂，分裂的能级间距正处于微波的能量范围（$10^{-4}\sim10^{-2}$eV），为纳米材料创造了新的吸收通道；纳米材料中的原子和电子在微波场的辐照下，运动加剧，增加电磁能转化为热能的效率，从而提高对电磁波的吸收性能。因此，纳米材料具有优异的吸波性能。

纳米钡铁氧体的吸波效果均好于常规尺寸材料，其中粒径为 76nm 的材料对微波的最大反射衰减可达 28dB，大于 10dB 的吸收带宽达 6GHz，在整个 6.8～18GHz 的频率范围内，吸收都大于 5dB。将化学共沉淀法和机械球磨法结合起来制备出组分为 $Ba(Zn_{0.5}Co_{0.5})_2Fe_{16}O_{27}$ 的纳米 W 型钡铁氧体，将含质量分数 75％的样品粉末和环氧树脂混合压制成外径为 7mm、内径为 3mm、厚度为 3～4mm 不等的圆环进行吸波性能测试，研究结果表明，样品吸收峰随厚度的减小有向高频移动的趋势，这样就可以通过改变涂层厚度，从而改变吸收剂的适用频率。用溶胶-凝胶法合成了组分为 $Ba(Zn_{0.7}Co_{0.3})_2Fe_{16}O_{27}$ 的纳米 W 型钡铁氧体样品，XRD 测试表明样品平均颗粒尺寸约 65nm，相对于常规方法制备的平均颗粒尺寸为 5μm 的微米级样品而言，其吸波能力显著高于后者，损耗大于 10dB 的频带宽 5GHz，而后者仅为 3.5GHz；峰值损耗值更是达到了 28.5dB。

用化学共沉淀法制备了纳米 $Ni_{0.5}Zn_{0.5}Ce_xFe_{2-x}O_4$（$x=0$，0.005，0.01，0.015）铁氧体吸波材料，用 AV3618 型微波矢量网络分析仪测试了样品在8.2～12.5GHz 范围内的微波吸收特性，实验结果表明：稀土元素的含量影响材料的吸波性能，当 $x=0.01$ 时，纳米 $Ni_{0.5}Zn_{0.5}Ce_xFe_{2-x}O_4$ 铁氧体的吸波性能最佳。对于 $Ni_{0.5}Zn_{0.5}Ce_{0.01}Fe_{1.99}O_4$ 铁氧体吸波材料，当涂层厚度为 1mm 时，在测试频段内有三个吸收峰，第一吸收峰位于 8.8GHz 处，其吸收峰值为 15.4dB，第二吸收峰位于 9.5GHz 处，其吸收峰值为 14.8dB，第三吸收峰位于 11.6GHz 处，其吸收峰值为 13dB，10dB 以上带宽达 3.8GHz。

（4）复合型铁氧体吸波材料

近年来，铁氧体与其他材料复合的吸波材料研究也比较多，在铁氧体良好的吸波性能的基础上解决了单一吸收剂吸收频带窄的问题。

以铁氧体为吸收剂的吸波材料也存在一定缺陷，如面密度较大，为降低其密度，改善其分散性，将钡铁氧体用溶胶-凝胶法包裹在陶瓷空心球上，颗粒粒径为 80nm，最大吸收为 31dB，大于 10dB 吸波带宽为 4GHz，材料的密度仅为 $1.8g/cm^3$。采用柠檬酸盐溶胶-凝胶法在多孔玻璃微珠表面形成厚度小于 1μm 的六角磁铅石型钡铁氧体 $BaFe_{12}O_{19}$ 层，采用聚合物乳液与复合粉体制备了 1.8mm 厚的涂层，该涂层在 5～18GHz 内微波反射损失大于－8dB，在 6GHz 处最大吸收为 15dB。

以环氧树脂为基体，聚苯胺、纳米钡铁氧体颗粒为主要添加剂，制备高性能复合吸波材料。通过分析知道，复合吸波材料的介电损耗因子范围为 0.87～1.79，磁滞损因子范围为 0.159～0.402，在 2.6～4.0GHz 频率范围内介电损耗影响较大。因此，复合材料的吸波性能在 2.6～4.0GHz 频率范围内随频率的增大逐渐提高。

采用原位掺杂聚合法，用聚苯胺对粒径在 60～80nm 的 M 型钡铁氧体颗粒

($BaFe_2O_{19}$) 进行包覆，得到了具有棒状结构的复合材料，通过吸波性能测试发现：材料的反射率随着频率的增大而迅速下降，在 4.87GHz 时，达到最小值 −64.2dB；随着频率的进一步增大（4.87～9.00GHz），反射率又迅速上升到 −26.34dB，形成一个波峰。之后，频率再增大，反射率几乎保持恒定，大约为 −25dB，低于 −20dB 的吸收带宽是 15.07GHz（2.68～17.75GHz），具有非常好的宽带吸收功能。

采用高分子凝胶法制备了纳米镍铁氧体，然后用热压法制备了镍铁氧体/聚苯乙烯复合材料。在 X 波段，复合材料的复介电常数和复磁导率值随着镍铁氧体煅烧温度的升高而增大，最小反射率系数值随温度的升高而降低。1000℃煅烧的镍铁氧体所制备的镍铁氧体/聚苯乙烯复合材料在 −11.47GHz 处最小反射率为 −12.67dB，大于 10dB 的带宽为 2.63GHz。

用溶胶-凝胶法制备了 La、Ce、Zn 掺杂锶铁氧体 $Sr_{0.7}La_{0.15}Ce_{0.15}Fe_{11.7}Zn_{0.3}O_{19}$ 纳米晶粉，再通过原位聚合反应法制备了掺杂锶铁氧体/聚苯胺复合材料，研究结果表明，聚苯胺包覆于掺杂锶铁氧体粒子表面，其微波吸收性能优良，具有磁损耗和电损耗协同作用；复合样品厚度为 2.6mm 时；吸收峰接近 −40dB，峰值频率高于 12.4GHz，大于 10dB 吸收带宽预计达到 5.5GHz。

进一步改进铁氧体吸波性能的途径：①超细化铁氧体颗粒并多孔化；②采用磁性材料包覆技术；③发展复合型铁氧体涂层。

日本在研制铁氧体吸波材料方面处于世界领先地位，日本研制的铁氧体/氯丁橡胶或铁氧体/氯磺化聚烯等吸波涂料，当涂层厚度为 1.7～2.5mm 时，对 5～10GHz 的雷达波反射衰减达 30dB。日本还研制出一种由“阻抗变换层＋低阻抗谐振层”组成的双层结构宽频高效吸波涂料，其中变换层由铁氧体和树脂混合组成，谐振层由铁氧体导电短纤维和树脂组成，可吸收 1～2GHz 的雷达波，吸收率为 20dB，这是迄今为止最好的吸波涂料。

美国研制了系列铁氧体吸波涂料，主要成分是锂镉、镍镉和锂锌铁氧体，它在厘米波段到分米波段，可使雷达波反射衰减达 20dB。例如，磁损耗介质型雷达吸波涂料有美国 Condictron 公司的铁氧体系列涂料，厚 1mm，在 2～10GHz 内衰减达 10～12dB，耐热达 500℃；Emerson 公司的 Eccosorb Coating 268E 厚度 1.27mm，单位面积质量 4.9kg/m^2，在常用雷达频段 1～16GHz 内有良好的衰减性能，衰减达 10dB。然而，磁损型涂料的实际质量通常为 8～16kg/m^2，因而降低质量是亟待解决的重要问题。据报道，国内铁氧体吸波材料的水平在 8～18GHz 频率范围内，全频段反射率达到 −10dB，面密度约 5kg/m^2，厚度约 2mm。

三、羰基铁吸波剂

1. 羰基铁粉吸波剂与吸波材料

羰基铁（carbnyl iron）吸波剂是目前最为常用的雷达波吸波剂之一，它是一种典型的磁损耗型吸波材料，磁损耗角可达40°左右，与高分子胶黏剂复合成的吸波涂料具有吸收能力强、应用方便等优点。

羰基铁吸波剂近年发展较快，有资料报道，在各种吸波涂料中羰基铁类电磁波吸收涂料的使用性能最优异。广泛运用的羰基铁吸波剂有粉状和针状两种。粉状羰基铁密度大、电损耗和磁损耗也比较大，但是由于其介电常数ε'值很高，电磁参数难于匹配，使用中可通过表面处理技术降低介电常数ε'值，增大吸收和拓展带宽。但是由于羰基铁吸收剂密度大，在涂料中体积占空比一般都大于40%，因此导致这种吸波涂料仍存在面密度大的缺点。与粉状羰基铁相比，针状羰基铁颗粒细、密度小，国外报道的针状羰基铁吸波涂层兼具宽频、高吸收和质轻等优点。欧洲研制了一种新型吸波涂料，这种吸波涂料采用以针状羰基铁单丝为主的多晶铁纤维作为吸收剂，可在很宽的频带内实现高吸收率，由于这种吸收剂体积占空比为25%，因此质量可减轻40%～60%。

羰基铁颗粒通常与高聚物复合而成雷达吸波材料，与掺杂铁氧体复合材料相比，羰基铁/聚氯丁二烯基复合材料在较低的X波段有较强的吸收能力。另外，经硅烷偶联剂处理的羰基铁磁性粒子复合高聚物还可以用于准微波频段1～3GHz的电磁波吸收。研究人员发现，增大磁粉含量能增大复合材料的磁导率和介电常数，从而减小匹配厚度。而在复合材料基体的选择上，高聚物介电常数的实部ε'越大、虚部ε''越小，其匹配厚度越小，材料比较容易实现薄型化；另外，介电常数实部往往又随虚部的增大而增大。综合考虑以上两方面的因素，应选取介电常数处于交叉区域的高聚物，并尽量选择具有较低ε'值和较高ε''值的种类。

2. 羰基铁粉/铁氧体吸波材料

在W型铁氧体中掺杂羰基铁粉，能改善铁氧体复数磁导率的频散效应及涂层的阻抗匹配效应，从而减小铁氧体的匹配厚度、展宽吸收频带并使吸收率显著提高。当复合介质中羰基铁粉与铁氧体的质量比为0.3时，样品在满足厚度匹配的条件下理论吸收峰值为−61.88dB，吸收率$A<-10$dB的带宽可达7.48GHz，并且在涂层厚度为2mm时，仍具有能满足使用要求的微波衰减能力，是一种性能优异的微波吸收材料。

四、磁性微球吸波剂

磁性微球包括磁性高分子微球、磁性无机-无机复合微球、磁性金属合金微球。尤其以磁性高分子微球居多。磁性微球具有很多优良特性，如具有磁响应性，在外加磁场的作用下可以很方便地分离；具有电磁吸波性能，可有效避免电磁波的干扰；粒径小，表面积大，表面特性多样，易于吸附，可以通过共聚、表面改性赋予其表面多种反应性功能基团（如—OH、—COOH、—CHO、

—NH_2、—SH 等)，进而可以结合各种功能物质，使物质同时具有多种功能。因此，磁性微球在航空、航海、通信等领域有广阔的应用前景，特别在细胞分离、固定化酶、靶向药物、免疫测定磁共振成像的造影等生物医学领域有着广泛应用。

1. 磁性微球的结构特征

磁性微球由磁性物质和高分子或无机材料复合而成。磁性物质包括 Fe_3O_4、γ-Fe_2O_3、$CoFe_2O_4$、$BaFe_{12}O_{19}$、Pt、Ni、Co 等，其中 Fe_3O_4 使用最多；高分子材料包括合成高分子材料和天然高分子材料，无机材料 SiO_2 使用较多。目前研究最多的磁性微球主要有共混式、核壳式、夹心式、空心式四种。

2. 磁性高分子微球的品种与特点

磁性高分子微球，是将无机磁性粒子（Fe、Co、Ni 及其氧化物等）与有机高分子结合形成的一种复合微球。制备高分子磁性微球的方法很多，主要根据磁性微球的结构来区分，有以下几种。

(1) 共混式磁性高分子微球

① 用悬浮聚合法合成共混式磁性高分子微球，是通过将磁性粒子直接分散于含有聚合物单体、稳定剂、引发剂等的混合体系中进行聚合反应制得。磁性物质均匀地分布于复合微球中。

在疏水性 Fe_3O_4 磁流体存在下，以甲基丙烯酸甲酯（MMA）为聚合单体，二乙烯苯（DVB）为交联剂，过氧化苯甲酰（BPO）为引发剂，聚乙烯醇（PVA）为稳定剂，采用喷雾式悬浮聚合法制备了磁性聚甲基丙烯酸甲酯微球。

利用喷雾装置将上述磁流体、单体、交联剂、引发剂共混形成的油相，喷雾形成均匀油相液滴，将其加入到含有稳定剂的水相中恒温聚合，制得微球。在聚合反应过程中，Fe_3O_4 磁流体纳米粒子均匀分散于聚甲基丙烯酸甲酯（PMMA）微球中。

传统的悬浮聚合法中，通常采用机械搅拌将液滴破碎分散，使制备的磁性微球粒径大，微球的尺寸和磁含量分布不均匀，致使磁性微球在溶液和磁场中表现的行为各不相同。喷雾式悬浮聚合可通过喷雾装置得到磁含量和粒径分布均匀的微球。

也有用改进的悬浮聚合法制备了表面含羟基功能团的聚苯乙烯磁性微球。磁性粒子均匀地分布于高分子中。

② 以聚苯乙烯和二氯甲烷为油相，十二烷基苯磺酸钠（SDBS）为表面活性剂，采用溶剂挥发法制备了磁性聚苯乙烯微球。以聚苯乙烯溶解于二氯甲烷为油相，将 Fe_3O_4 粒子加入油相，超声分散，加入表面活性剂（SDBS），调节适当 pH 值。将混合溶液加入到水相，机械搅拌，水浴恒温，使油相溶剂完全挥发，Fe_3O_4 粒子被分散包覆于聚苯乙烯微球中。制得的微球平均粒径在 20～60μm。

采用溶剂挥发法制备磁性微球，微球的粒径与磁响应性能与制备微球的温度、搅拌速率、水溶液的 pH 值、磁粉的用量等操作参数有关。

（2）核壳式磁性高分子微球

① 共沉淀法是金属离子在碱性条件下与高分子共沉淀，一步反应生成磁性高分子微球的方法，即：

$$2Fe^{3+}+Fe^{2+}+8OH^{-} \longrightarrow Fe_3O_4+4H_2O$$

先通过单体聚合反应，聚合得到 PS-AAEM 颗粒的分散剂，再把配制好的 Fe^{3+}、Fe^{2+}溶液加入 PS-AAEM 的分散剂中，然后滴加 $NH_3 \cdot H_2O$。Fe_3O_4 粒子在聚苯乙烯（PS）-乙酰乙酸基甲基丙烯酸乙酯（AAEM）表面沉积，制得 PS-AAEM 为核心、Fe_3O_4 粒子为壳层的磁性微球。微球的磁性能通过改变 $FeCl_2$ 和 $FeCl_3$ 的浓度或改变 PS-AAEM 核心的尺寸来控制。

把一定配比的 $FeCl_2$、$FeCl_3$ 与葡聚糖（dextran T-10）共混，然后滴加 $NH_3 \cdot H_2O$。在超声连续辐射下水浴加热，制得以 Fe_3O_4 为核、dextran 为壳的磁性微球。

把一定配比的 $FeCl_3 \cdot 6H_2O$、$FeCl_2 \cdot 6H_2O$ 与配体［如：二亚乙基三胺五乙酸（DTPA）或乙二胺四乙酸（EDTA）等］组成的混合液体加入到改性后被加热到 75℃的葡聚糖 T-40 溶液中，并快速滴加 $NH_3 \cdot H_2O$，制备了葡聚糖为壳、氧化铁为核的磁性微球。

通过种子生长的方法制得了以 PS 粒子为核心、Fe_3O_4 为壳的磁性微球。以聚合了少量 Fe_3O_4 粒子的微球为种子，通过向溶液［含有 $FeCl_2$/六次甲基四胺（HMTA）、KNO_3 和一缩二乙二醇（DEG）］中缓慢注射 Fe^{3+} 溶液，使溶液中的 Fe^{3+} 浓度发生改变，Fe_3O_4 粒子在种子微球表面逐渐沉积。壳层 Fe_3O_4 的厚度可以通过注射的速度和注射溶液的量来控制，在 0～60nm 范围内可控。经检测，当壳层控制在小于 15nm 时，微球表面出现超顺磁性。

共沉淀法是早期制备磁性复合微球的方法，利用该法制备磁性复合微球的优点是方法简单、易于操作，但是制得的复合微球的粒径分布较宽，粒径大小不易控制，且形状不规则，因此在应用时受到了很大的限制。

② 异相聚合法包括分散聚合、乳液聚合、悬浮液聚合三种。是将磁性粒子用表面改性剂、偶联剂、引发剂等处理后分散到含有聚合物单体的溶剂中进行聚合反应。通常以磁性粒子为活性中心进行单体聚合。

以苯乙烯（St）和丙烯酸为共聚单体，以氧化苯甲酰（BPO）为引发剂，用分散聚合法制得了含羟基的磁性物质为核、高分子为壳的复合微球，微球粒径为 1～5μm，核心 Fe_3O_4 10nm 左右。分散聚合法对于合成大粒径、单分散的磁性高分子具有较大优势。

用聚乙二醇（PEG）处理 Fe_3O_4 磁流体，然后加入聚合反应的引发剂过硫酸钾（KPS），充分搅拌后静置、溶胀。然后分散到苯乙烯（St）单体与稳定剂、分散剂的混合溶剂中制成乳化体系，进行乳液聚合制得磁性物质为核、高分子为壳的复合微球。乳液聚合可在提高聚合速率的同时提高分子量，聚合产物的粒径小（0.05～0.2μm），比常见悬浮液聚合产物的粒径（50～200μm）要小得多。但是，产物中留有乳化剂等杂质难以完全除净，有损生物相容性。

以聚乙二醇为分散稳定剂，改善了磁性氧化铁粒子的稳定性和表面的亲疏水环境，采用预先吸附-溶胀的办法，在磁性氧化铁粒子表面积聚了足够的引发剂和苯乙烯等单体，确保单体聚合围绕着磁粒子表面进行，制备出粒径较大且分布均匀的磁性聚苯乙烯微球，粒径可达 312μm。

③ 化学镀法是指不加外电流，经控制化学还原法进行的金属沉淀过程，有置换法、接触镀法和还原法三种。在颗粒表面包覆时，一般选用还原法，即在溶液中添加的还原剂被氧化后能提供电子，还原沉淀出金属来包覆颗粒。

分别用化学镀法制备出了聚苯乙烯丙烯腈 P(St-*co*-AN)Ni 磁性微球。核心粒径 400nm 左右，壳层 Ni 的厚度 10～15nm。

主要制备过程：首先通过乳液聚合法制备聚苯乙烯丙烯腈 P(St-*co*-AN) 高分子微球，在 P(St-*co*-AN) 胶体中加入 $NiCl_2$ 溶液，搅拌加热得到被激活的 P(St-*co*-AN)Pd 共聚物，同时加入 $NiCl_2$ 酸性溶液，还原 Pd^{2+} 得到 P(St-*co*-AN)Ni 复合微球。

④ 超声制备的磁性微粒。超声波作用于溶液时，由于“空化”现象可以产生局部瞬间很高的温度与压力，可以使固体颗粒破碎而形成纳米粒子，同时其二级效应可有效地使两相体系乳化，为亲水表面引入憎水物质提供了可能。

以纳米级的 Fe_3O_4 磁液作为磁核，在非水体系的纤维素（DMAC）/LiCl 溶液中，利用超声波的二级乳化效应来分散体系，制备出了纳米尺度的核壳型磁性纤维素微球。S. Avivi 也用超声的方法制备出了磁性蛋白质微球。

制备高分子磁性微球还有一些其他的方法，如超声搅拌冷冻干燥法、乳化交联法、无乳聚合法、反相悬浮聚合法、化学键合-吸附法等，都能制得核壳型磁性高分子微球。

⑤ 夹心式磁性高分子微球。逐层组装是指以胶粒为核心在其表面交替吸附沉淀多层不同电性的微粒。

首先是把 PDADMAC 的溶液加入到含 SiO_2 微球的悬浮液中，搅拌、吸附使 SiO_2 的表面包裹一层 PDADMAC，通过离心、水洗、重分散除去过量的 PDADMAC。然后把 Fe_3O_4 磁流体加入到制备好的被包覆的微球悬液中，Fe_3O_4 在 PDADMAC 表面沉淀，沉淀除去未沉淀的 Fe_3O_4，再去吸附 PDADMAC高分子层，如此往复，制得 Fe_3O_4 与 PDADMAC 交替出现的多层核壳结构的磁性微球。

Frank Caruso 也用逐层组装法制备出了以聚苯乙烯为核的多层磁性高分子微球（PS-PDADMAC-Fe_3O_4）。

逐层组装制备的高分子微球，粒度可控制，大小均匀，磁含量一致，但制备工艺过于复杂。

3. 空心磁性微球品种与特点

（1）模板法空心磁性微球

模板法制备空心磁性微球的基本原理是：以胶粒球形模板为核，通过组装、吸附、沉淀反应，溶胶-凝胶作用等手段在模板核外包覆一层一定厚度的前驱体，形成核/壳复合结构微球，热处理或溶剂解除模板，就得到所需材料的空心微球。

（2）喷雾热分解法空心磁性微球

将 $BaNO_3$、$FeNO_3$ 的混合溶液在碱性条件下共沉淀，干燥制得钡铁氧体的前驱体粉末，使用氧乙炔喷雾煅烧，收集，沉降分级获得空心微球。利用前驱体粉末在乙炔火焰（中心温度约 2000℃）中自身受热时的温度梯度，使得颗粒表面和内部物质分解速度不一致，表层分解快，形成无定形的外膜层，内部物质慢，分解生成的高温气体迅速膨胀，随气流向外膨胀，里层分解的氧化物颗粒随气流沉积在内膜表面，使膜层变厚，形成以无定形氧化物为壳的 $BaFe_{12}O_{19}$ 空心微球。

4. 无机-无机磁性复合微球

用该法制备了以 SiO_2 为核、Fe_3O_4 为壳的磁性微球，粒径在 20～30μm，是一种良好的用于体内使用过热原理治疗肿瘤的热磁材料。

首先在高频的交变热场中细化 Fe_3O_4 到 20～30μm，然后用 HF 溶解 Fe_3O_4，除去过量的 Fe_3O_4，得到饱和 Fe-HF 溶液，把制备好的 SiO_2 玻璃微球浸泡于 Fe-HF 溶液中，24 天后缓慢加热至 400℃，即可制得 SiO_2/Fe_3O_4 磁性微球。涉及的反应有：

$$Fe^{3+} + \text{氟络合物} + mH_2O \rightleftharpoons \beta\text{-}FeOOH + nHF \quad ①$$

$$SiO_2 + 6HF \longrightarrow [SiF_6]^{2-} + 2H_2O + 2H^+ \quad ②$$

由于反应②的进行消耗了 HF，使反应①的平衡向右移动，生成的 β-FeOOH 沉淀于 SiO_2 的表面，通过热处理，β-FeOOH转化为 Fe_3O_4。

5. 金属-无机磁性微球

用逐步合成法合成了以 Ni 为核心、SiO_2 为壳的磁性微球，平均粒径 85nm。

首先用金属丝爆破法制备 Ni 微粒：如图 2-1 所示，在 34kV 的脉冲高压下，金属丝的电流密度达到 $107A/cm^2$，在几十微秒的时间内即可使 Ni 丝爆破，形成粒度在 43～96nm 范围内、平均粒度为 75nm 的 Ni 浆。

然后，在超声辐射下使用 MPTS 对 Ni 进行预处理，使单一的 3-巯基丙基三

甲氧基硅烷（MPTS）包裹在 Ni 颗粒的表面，用合成的 Ni-MPTS 复合微球与 TEOS、$NH_3 \cdot H_2O$ 反应制得 Ni/SiO_2 微球。

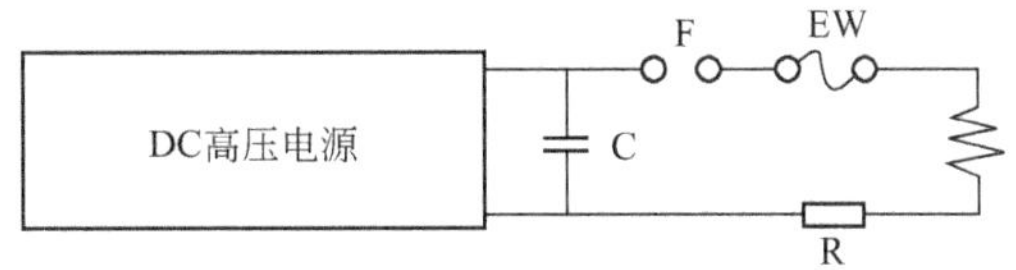

图 2-1 金属丝爆破法制备 Ni 微粒

五、$BaTiO_3$ 及其隐身材料

$BaTiO_3$ 具有优良的介电性能、极化效应且化学稳定性好、成本低廉，是一种很有前途的雷达波吸收剂，国内外学者对 $BaTiO_3$ 吸收剂进行了广泛的研究。$BaTiO_3$ 的复介电常数实部主要与偶极子极化和界面极化有关，其损耗则主要是与极化相关的弛豫所引起的，球磨时间、球磨工艺、粉体粒度等对 $BaTiO_3$ 的介电性能都会有一定的影响。提高吸波效率和拓宽吸波频段是 $BaTiO_3$ 吸收剂目前研究和发展的重点。制备了 $BaTiO_3$/环氧树脂复合吸收材料，测试了其在 8～18GHz 频段内对雷达波的吸收性能，发现当 $BaTiO_3$ 体积分数为 20％时吸波性能最佳，有效带宽（＜－10dB）达 10GHz；当 $BaTiO_3$ 含量为 30％时，吸波峰有所改进，在 12.8GHz 处达到－18dB，但有效带宽降低，他们从吸波机理方面对此进行了解释。有人对 $BaTiO_3$ 与 Ni、Co、Ni-Co、$CoFe_2O_3$ 复合粉末的制备工艺及涂层的吸波性能进行了研究。研究表明，含针状和薄片状 Ni 颗粒的 $BaTiO_3$/Ni 复合粉体与石蜡的复合体，在 1.7mm 的匹配厚度下最小反射损耗值达－50.3dB，并且针状和薄片状颗粒的微波吸收能力显著优于球状颗粒；$BaTiO_3$/Co-Ni 复合粉体的复介电常数和复磁导率依赖于镀层成分。Co、Ni 物质的量比为 3∶1 和 1∶3 时，相应粉体与石蜡的复合体在较小的厚度下表现出良好的吸波效果。特别地，当 Co、Ni 物质的量比为 3∶1 时，在 9.8～18GHz 频段内的电磁波吸收率高于 90％，而厚度仅为 1mm；通过溶胶-凝胶法制备的 $BaTiO_3$/$CoFe_2O_4$ 复合粉体，随着 $BaTiO_3$ 相对含量的增加，$BaTiO_3$ 包覆层均匀性降低，缺陷浓度增大。复合粉体的组分改变对复介电常数的影响较大而对复磁导率的影响相对较小。当 $BaTiO_3$ 体积分数为 70％时，吸波性能达最佳，在 1.2mm 厚时石蜡基复合体的最小反射损耗值为－41dB。

研究人员对稀土掺杂 $BaTiO_3$ 的电磁性能进行了研究，发现 Nd、La 掺杂对钛酸钡的电磁性质与吸波性能的改变最大，当 La 掺杂量为 0.6％、涂层厚度为 2mm 时，最小反射损耗值在 9.8GHz 处达到－41dB，有效带宽达 1.7GHz。

六、铁（镍）氮化物

铁（镍）氮化物具有高电阻率、高的抗氧化性、耐腐蚀性以及作为软磁性材料的高铁磁性，它与高分子基体复合成涂层，有望成为一种新型高效吸波材料。有人通过固-气反应合成了 Fe_xN（$x=4$，3）纳米粒子、γ'-$Fe_{2.6}Ni_{1.4}N$ 纳米粒子和 γ'-$Fe_{1.7}Ni_{2.3}N$ 包覆 γ-$Fe_{1.7}Ni_{2.3}$ 纳米复合粒子，测试了其在 2～18GHz 范围内的电磁参数。Fe_4N/Fe 和 Fe_3N/Fe_4N 纳米粒子分别在 3.6～11.2GHz 和 4.6～13.6GHz 范围内反射损耗值小于－10dB，对应的匹配厚度分别为 1～2.99mm 和 0.83～2.49mm。在 4.6～7.6GHz 和 7.0～9.2GHz 范围内反射损耗值小于－20dB。镍的掺杂导致其自然共振频率向低频移动。不同含量的 γ'-$Fe_{1.7}Ni_{2.3}N$ 包覆 γ-$Fe_{1.7}Ni_{2.3}$ 纳米复合粒子分别在 2～6.4GHz 和 3.6～7.8GHz 范围内反射损耗值小于－10dB，最小的反射损耗值为－53.5dB 和－35.4dB。在不同温度制备出了 Fe_4N 质量分数超过 95%的吸收剂粉末，其中 540℃制备的 Fe_4N 吸收剂可以实现较高的吸收剂体积分数，由该吸收剂粉末、环氧树脂和固化剂制备的 2mm 厚的吸波材料可以实现在 3GHz 反射率低于－18dB。

七、SiC、Si/C/N 及其隐身材料

陶瓷材料具有优良的力学性能和热物理性能，它耐高温、强度高、蠕变低、膨胀系数低、耐腐蚀性强，且化学稳定性好，常被用作高温吸波材料。有人采用大气等离子喷涂的方法制备了一系列陶瓷涂层，并对其电磁性能做了测试分析。碳化硅（SiC）耐高温、质量轻、韧性好、强度大、吸波性能好，而且使用温度范围宽，是应用广泛的一类陶瓷类高温吸波材料，其常作为添加剂或复合材料基体使用。

有人利用溶胶-凝胶法制备 SiO_2/SiC 复合粉体，吸波性能测试表明，SiO_2/SiC 复合粉体具有一定的吸波效果，20%（体积分数）含量的 SiO_2/SiC 复合粉体样品在 18GHz 时反射率达－2.07dB，$BaTiO_3$、Fe_3O_4 的加入实现了复合吸波效果，$V(SiO_2/SiC):V(BaTiO_3):V(Fe_3O_4)=6:2:2$，在 5.75GHz 时反射率达到－13.97dB，合格带宽为 10.08GHz。

有人研究了掺杂碳化硅对纳米炭黑/环氧树脂复合涂层吸波性能的影响，在质量分数为 5%的炭黑中添加 50%（质量分数）的碳化硅制备厚度为 2mm 的涂层，反射衰减率在 7.5～13.5GHz 宽频范围内均优于－10dB，吸收峰最大值达－40dB。研究发现，将碳化硅颗粒填充到碳纳米管/环氧树脂复合材料中可提高其吸波性能，碳化硅颗粒的填充量存在最佳值为质量分数 6%，此时复合材料在 632～13.36GHz 频率范围内对电磁波有低于－10dB 的反射率，有效带宽达到 7.04GHz，最大反射衰减－27.3dB。

有人研究了由 SiC(N) 纳米吸收剂制备的 SiC(N)/LAS 吸波材料的介电性能，材料中形成的碳界面层使得吸波材料的复介电损耗明显升高，提高了吸波材料对电磁波的吸收能力，从而降低吸波材料对微波的反射率，使材料表现出优异

的高温吸波性能。还有人以硅溶胶为黏结剂、氧化铝为主要填料、纳米 Si/C/N 复相粉体为吸收剂，制备了一系列不同吸收剂含量的耐高温吸波涂层。当纳米 Si/C/N 复相粉体的质量分数为 2.92%，涂层厚度为 1.6mm、1.7mm、1.8mm 时，最高吸收峰随着厚度的增加向低频移动，反射率均小于－4dB。

八、石墨、炭黑吸波剂

国内目前关于石墨的研究主要集中在与磁性金属微粉和铁氧体掺杂方面，和铁氧体颗粒吸收剂相比，石墨具有相对宽的吸波带宽。研究人员为了提高石墨的表面阻抗匹配能力，改善其吸波性能，采用化学镀镍的方法对石墨进行了表面改性，结果表明，改性后的石墨介电常数有所降低，磁导率有所升高，介电常数和磁导率更加接近，阻抗匹配能力得到提高。吸波频带得到提高，最大吸收峰向高频移动。

有人采用层状无机物和石墨涂层的复合，制备了双层复合吸波涂层。当层状无机物和表层石墨的质量分数分别为 11%和 16.6%时，小于－5dB 和－10dB 的有效频带宽度分别为 5.36GHz 和 3.12GHz。石墨烯自身具有良好的导电性能，特别是用化学方法制备出的石墨烯由于有大量缺陷和官能团存在，能够产生费米级别的局域化态，这些均有利于对电磁波的衰减，为石墨烯成为性能优异的吸收剂开辟了道路。哈尔滨工业大学将吸波性能良好的镍钴粉体分散在氧化石墨溶液中，利用 Hummer 氧化制备石墨烯与磁性金属的复合物，分别在不同石墨烯磁性金属含量和不同复合物厚度的情况下测定其吸波性能。

炭黑的损耗主要是介电损耗，如乙炔炭黑填充到橡胶中，在橡胶内部形成导电链和局部导电状态，达到对电磁波的吸收。利用浆料刷涂的方法将高温吸收剂乙炔炭黑固定到 SiC 纤维上，然后制备成具有吸波性能的 2D-SiC_f/SiC 复合材料，炭黑填料含量提高，吸收率曲线向低频方向移动，但是复合材料的介电常数频散特性比较差，小于－10dB 的带宽比较窄，适合在频段要求不高的情况下使用。

用钛酸酯偶联剂对炭黑表面进行处理，并以丙烯腈-苯乙烯-丁二烯聚合物（ABS）为基体，制备了层板复合材料。制备成型的炭黑吸波复合材料最高吸收峰达到－21.76dB，具有较好的吸波效果。偶联剂一方面可以降低炭黑粒子之间的结合力，增加炭黑粒子的分散性；另一方面可以使炭黑粒子和 ABS 基体更紧密地结合在一起。炭黑作为吸波剂，和石墨一样具有抗氧化性差、单一使用下频带窄等问题，近年来对炭黑和石墨的研究变少，但是作为传统经典的吸收剂材料，在隐身材料领域还是有不可替代的作用。此外将炭黑、石墨与其他新型吸收剂复合使用，还是有很广阔的应用前景。

九、导电高分子吸波剂

（一）简介

导电高聚物由于其独特的物理化学特性而受到科研工作者的高度重视。导电高聚物的电磁参数、吸波性能等与高聚物的结构、室温导电率、掺杂剂性质、微观形貌、涂层结构等因素有关。另外，将介电损耗的导电高聚物与磁损耗为主的无机介质复合在一起可望发展成一种兼有两种损耗机理的新型吸波材料。

导电高聚物（ICPs）是由共主链的绝缘高分子通过化学或电化学方法与掺杂剂进行电荷转移复合而成的。美国宾夕法尼亚大学的 Heeger A J、MacDiarmid A G 和日本筑波大学的白川英树发现采用 I_2 或 AsF_5 掺杂的聚乙炔薄膜有很好的导电性。之后，人们又相继开发了聚吡咯、聚苯胺、聚噻吩等导电高聚物。经过后续多年的研究，导电聚合物在掺杂方法与机理，材料的分子设计与合成，结构与电、磁、光等物理性能及相关机理，导电机理，可溶性和加工性，实用化和技术探索等诸多方面都取得了很大的进步，并正向可实用化方向快速发展。导电高聚物有加工性好、密度低、结构多样化、电磁参量可调以及可分子设计性等独特优点，满足吸波材料薄、轻、宽、强的要求，在吸波领域有着广阔的发展前景。

（二）聚苯乙炔

在导电性高分子中，目前最引人注目的是聚苯乙炔。结晶的聚苯乙炔是一种半导体，具有 π-共轭体结构，经掺杂后是一类重要的半导体材料，有良好的非线性光学性质，作为发光二极管的新材料引起人们的极大兴趣。高分子导电需要具备两个条件：①电荷载体；②可供电荷载体自由运动的分子轨道。

由于大多数有机分子本身并不含有电荷载体，故导电离子所必需的电荷载体须由“掺杂”过程来提供，而导电高分子链中的共轭结构为这些电荷载体的自由运动提供了分子轨道，故共轭双键或共轭双键与带有未成键 p-轨道的杂质原子（N、S 等）的耦合是高分子导电的必要条件。共轭结构一方面为高分子导电提供了必要条件；另一方面由于本身固有的刚性和易氧化性而导致导电高分子材料加工性能差、稳定性低，使得这类材料难以实用化。

自从 1990 年剑桥的科学家首次制成 PPV 聚合物发光二极管以来，聚合物发光二极管得到了迅猛的发展，目前发光效率可达 5%～6%，亮度可达 1000cd/m^2 以上，已达到实用要求。但其使用寿命为 20000～30000h，比无机材料发光二极管短，其最大的问题是未能实现全色显示。Philips 公司和日本已推出了单色发光二极管产品，用于汽车仪表盘和收音机的显示屏。相信在不久的将来，聚合物发光二极管的新型彩显将得到广泛的应用。

用以下方法制备可溶性导电高分子：①引入侧基；②共聚；③中间体转换。制备掺杂的聚乙炔，最好的方法是在适当支撑电解质存在下，采用聚乙炔的电化学反应法，也可用真空掺杂法。P型掺杂一般在真空条件下（$1.33\times10^{-3}\sim1.33\times10^{-2}$Pa）在气态掺杂剂（$I_2$、$AsF_5$、$H_2SO_4$）中进行，如含有四个甲氧基（TMPV）单元的共聚物膜，容易用 I_2 和 $FeCl_3$ 掺和，所有未掺杂膜电导率一般小于 10^{-7}S/cm，掺杂后电导率迅速提高。现以 HCl 为催化剂，经 I_2 掺杂后，电导率为 76S/cm。

用多种掺杂剂均能对 PPV 进行有效掺杂，电导率由 10^{-12}S/cm 上升到 10～100S/cm。一般来说，各种掺杂剂所得最大电导率依次为 $I_2 > FeCl_3 > Br_2 > H_2SO_4 > O_2$。将 PDMOPV 暴露于空气中（$O_2$ 掺杂），其电导率可达 10^{-4}S/cm。这些结果说明，大体积取代基的共聚体能使聚合物堆积密度变小，使 I_2 容易接近，掺杂性提高，电导率也增大。不过含不同共聚单体时，取代基的电子和空间效应及形态变化将对控制掺杂聚合物的电导率产生影响。

（三）聚苯胺

自从第一种导电高聚物——掺碘的聚乙炔发现以来，人们又陆续开发出了聚苯胺、聚吡咯、聚噻吩等导电高分子材料。在众多的高分子材料中，聚苯胺有原料易得、合成简便、耐高温及抗氧化性能良好等众多优点。聚苯胺由还原单元 $\left[\!-\mathrm{NH}-\mathrm{C_6H_4}-\mathrm{NH}-\mathrm{C_6H_4}-\!\right]$ 和氧化单元 $\left[\!-\mathrm{C_6H_4}-\mathrm{N}=\mathrm{C_6H_4}=\mathrm{N}-\!\right]$ 构成，其结构式为：$\left[\!-\mathrm{C_6H_4}-\mathrm{NH}-\mathrm{C_6H_4}-\mathrm{NH}-\!\right]_y$、$\left[\!-\mathrm{C_6H_4}-\mathrm{N}=\mathrm{C_6H_4}=\mathrm{N}-\!\right]_{1-y}$，式中 y 用于表征聚苯胺的氧化还原程度。不同的 y 对应于不同的结构、组分、颜色及电导率，完全还原型（$y=1$）和完全氧化型（$y=0$）都为绝缘体，只有氧化单元数和还原单元数相等（$y=0.5$）的中间氧化态通过质子酸掺杂后可变成导体。

聚苯胺的主要缺点是不溶、不熔，这成为其应用前景中的致命问题，现今这一问题已得以解决。UNIX 公司通过选择合适的有机酸掺杂制得的聚苯胺可溶于一些普通有机溶剂，且还可获得有一定热塑性的聚苯胺。

聚苯胺的导电性是人们最关注的研究内容，其导电机理同其他导电高聚物的掺杂机制完全不同。质子酸掺杂没有改变聚苯胺链上的电子数目，只是质子进入高聚物链上使链带正电。为维持电中性，对阴离子也进入高聚物链，如图 2-2 所示。

通过质子酸掺杂后，其电导率可提高 12 个数量级。商用聚苯胺（Versicon）的电导率一般为 2～4S/cm。通过质子酸掺杂和氨水反掺杂，可实现聚苯胺导体和绝缘体之间的可逆变化。聚苯胺的电导率与温度亦有依赖关系，在一定温度范围内服从 VRH 关系，即：

$$\sigma(T)=CT^{1/2}\exp(-T_0/T)^{1/4} \tag{2-3}$$

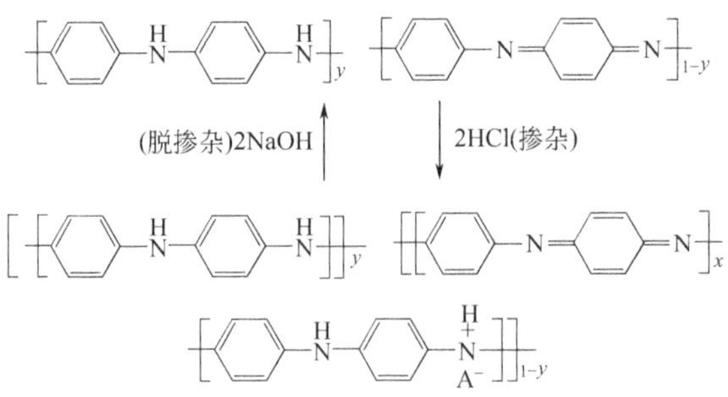

(脱掺杂)2NaOH

2HCl(掺杂)

$A^-=Cl^-$、ClO^-，$0\leqslant x\leqslant 1, 0\leqslant y\leqslant 1$

图 2-2　聚苯胺的导电机理

x—聚苯胺的掺杂程度；A—对阴离子

随着温度的升高，其电导率可从室温的 10S/cm 增至 235℃的 10^3S/cm。电导率与电位的关系也十分有趣，当电位在－0.2～＋0.8V_{VS}·SCE 间变化时，电导率也随之呈“N”形变化，即在低电位和高电位处电导率很低，而在 0.4V 左右其电导率最高，二者可差 6 个数量级，这一特性在制造半导体器件上是有价值的。聚苯胺的电导率与 pH 有强烈的依赖关系，当 pH＞4 时，电导率与 pH 有关，且其值呈绝缘体性质；当 2＜pH＜4 时，电导率随溶液 pH 的降低（掺杂度增加）而迅速增加，其值表现为半导体特性；当 pH＜2 时，电导率与 pH 无关，呈金属特性。聚苯胺受光辐射时可产生光电流，具有显著的光电转换特性。Volkov 指出聚苯胺是一种 P 型半导体，在 80nm 的聚苯胺薄膜下可记录到 0.15～0.25$\mu A/cm^2$ 的光电流。聚苯胺在不同光源情况下的响应非常复杂，与光强和聚苯胺的氧化态有密切关系。聚苯胺对光的响应非常迅速。

在激光作用下，聚苯胺表现出突出的非线性光学特性，其三阶非线性光学效应强烈地依赖于其主链结构、链的取向和构象、掺杂程度以及压力和聚合条件等诸多因素。

由于掺杂离子在聚苯胺分子链之间往往形成柱状阵列，随着掺杂浓度的提高，后继嵌入的掺杂离子可能进入此前形成的阵列中，也可能形成新的阵列，并导致大分子链相互分离。因此，聚苯胺在不同氧化态下体积有显著不同，对外加电压有体积响应，这一特性对制造人工肌肉有特殊用途。

高电导率及高介电常数的聚苯胺在微波频段能够有效地吸收电磁辐射。由于结晶程度、拉伸长度及掺杂程度不同，聚苯胺的 $\tan\delta$ 值也不相同，当掺杂的聚苯胺处于无定形态时，其 $\tan\delta$ 最大。聚苯胺的这一特性可用于远距离加热器及电磁屏蔽材料。

（四）聚吡咯

1. 简介

聚吡咯（PPY）与其他异电聚合物相同，具有良好的导电性、化学稳定性和

耐低温特性，采用电化学或化学氧化法合成制备比较简单易行。但聚吡咯的力学性能不好，为了改善其力学性能和进一步提高其导电性能，在对聚吡咯进行掺杂阳离子溶液聚合或氧化聚合研究的同时，还通过添加通用聚已内酰胺纤维或聚酯纤维、三氯化铁、纳米粉体等方法，使聚吡咯制品力学性能得到改善，导电性能进一步提高，更接近实用化。

导电聚合物是功能高分子材料领域中较为引人注目的研究对象。自 Diaz 首次用电化学法制备出导电聚吡咯薄膜以来，已合成了一系列导电的杂环和芳环聚合物。由于电化学或化学氧化法合成聚吡咯具有制备简便、稳定性好、导电性能高等优点，近年来人们对聚吡咯的研究较多。在掺杂阳离子的溶剂聚合或氧化聚合中，由于掺杂剂、溶剂及氧化剂对聚吡咯膜的导电性能影响很大，水溶液电聚合法近来引起人们注意。通过电化学法，在两种不同支持电解质的水溶液中合成了导电聚吡咯薄膜，具有纯度高、导电性能好和一次成膜等特性。

2. 薄膜性能特征

① 复合膜的界面结构。经过吡咯原位电化学聚合，聚合物电解质膜有两层结构；其中亮色区域为聚吡咯层，暗色区域为聚合物固体电解质层。这是因为聚吡咯层电子导电性好，接收电子能力强，从而颜色较亮。在聚吡咯层和聚合物固体电解质层界面处的微观结构中，颜色较亮的枝状聚吡咯穿插到颗粒状的聚合物固体电解质中，说明复合膜中聚吡咯层和固体电解质层在界面处形成了相互穿插渗透的固/固密接界面结构，显然这种结构有利于二者界面电化学掺杂、脱掺杂反应的进行，能改善界面电化学性能。

② 聚吡咯单层膜及复合膜的循环伏安行为。图 2-3(a) 和图 2-3(b) 所示分别为单层聚吡咯膜和聚吡咯聚合物固体电解质双层复合膜在固体电解质中的循环伏安曲线。从图 2-3(a) 所示可看出，聚吡咯单层膜在聚合物固体电解质中的循环伏安曲线在扫描速率较小（10mV/s）时，显示出电活性物质的特征。从图 2-3(b) 所示可看出，聚吡咯复合膜在聚合物固体电解质中的循环伏安曲线在扫描速率为 100mV/s 时，出现了明显的氧化还原峰，表面体系中发生了快速可逆的电化学掺杂、脱掺杂反应。

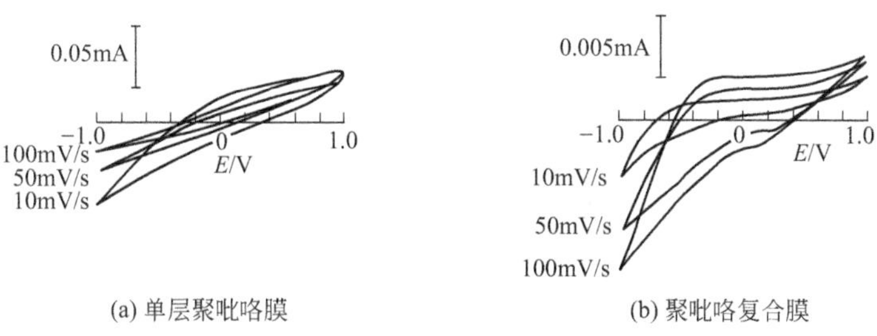

图 2-3 聚吡咯单层膜及复合膜在固体电解质中的循环伏安性能

③ 聚吡咯单层膜及复合膜的交流阻抗响应。交流阻抗法是研究作为电极的杂环导电聚合物的氧化还原反应过程的必备手段。

当用单层聚吡咯膜代替不锈钢作电极时，没有相应的界面电化学掺杂、脱掺杂反应特征出现，体系仍表现为受扩散控制。这是因为单层聚吡咯膜和聚合物固体电解质间的固/固机械接触界面不能使吡咯进行有效的电化学掺杂、脱掺杂反应，整个体系仍受聚合物固体电解质中离子的传递与扩散控制。当用聚吡咯复合膜作电极时，在低频阶段出现了相应的界面电化学反应特征，表明体系中电极和电解质界面间发生了快速可逆的电化学掺杂、脱掺杂反应。这是因为复合膜中聚吡咯和聚合物固体电解质间形成了相互穿插渗透固/固密接界面结构，这种界面结构有利于电化学掺杂、脱掺杂反应中离子和电子传递，提高了界面电化学反应速度，电化学反应速度大于聚合物固体电解质中离子的传递速度，体系受界面电化学掺杂、脱掺杂反应控制；从而在交流阻抗谱上表现出界面电化学反应特征。

3. 聚吡咯导电纤维

① 导电复合纤维聚吡咯/PA-6 及聚吡咯/PET 的电导率见表 2-3。随氧化剂浓度的提高，溶液中的离子数目也相应增加，Fe^{3+} 的 PY 值也大，加快了初始反应速率，使反应生成聚吡咯的聚合度加大，提高了掺杂度。同时，氧化剂温度的提高，使纤维的溶胀状态较好，有利于掺杂离子的渗透，从而提高了电导率。

② $FeCl_3 \cdot 6H_2O$ 溶液的浓度及温度对导电复合纤维力学性能的影响见表 2-4。

表 2-3 聚吡咯/PA-6 和聚吡咯/PET 的电导率

温度/℃	氧化剂浓度(质量分数)/%	复合纤维的电导率/(S/cm)	
		聚吡咯/PA-6	聚吡咯/PET
40	5	0.0048	—
	10	0.019	0.0032
	40	0.12	0.34
25	5	—	—
	10	0.0037	0.048

表 2-4 聚吡咯/PA-6 和聚吡咯/PET 复合纤维的力学性能

聚合物	温度/℃	氧化剂浓度/%	拉伸强度/MPa	断裂伸长率/%	弹性模量/MPa
PA-6	40	0	605.4	215.8	2805.4
		5	464.8	214.6	2165.9
		10	468.6	216.0	2167.6
		10	268.9	150.6	1785.5
PET	40	0	873.9	146.6	5961.6
		5	805.5	148.6	5420.4
		10	693.5	175.0	3962.8
		40	237.0	222.7	1064.1

从表2-4中可看出，随$FeCl_3$浓度的增加，聚吡咯/PA-6及聚吡咯/PET导电复合纤维的拉伸强度下降。这是由于$FeCl_3$浓度增加，复合在PA-6帘子线及PET纤维表层的聚吡咯越多，对纤维的规整性及结晶性的破坏越厉害。另外，连续气相聚合反应前的干燥温度均在100℃以上，在机械卷绕装置的带动下，浸过$FeCl_3$水溶液的纤维内部含有Fe^{3+}和Cl^-，在通过干燥管时，类似于经过拉伸作用，使得导电复合纤维发生形变并断裂，导致其强度及模量都下降。

（五）聚噻吩

1. 简介

聚噻吩是近年来研究较多的五元杂环导电聚合物，其合成方法可分为化学合成法和电化学合成法。化学合成法由于具有设备简单、可大规模生产和重现性较好等特点而受到人们重视。噻吩的化学聚合多采用格氏偶联法来制备，也有人用特殊催化剂通过卤代噻吩来聚合。此外，2,2′-联噻吩亦被用作单体来制备聚噻吩。

2. 水溶性导电聚噻吩的制备与掺杂行为

通常聚噻吩是不溶、不熔的，这极大地限制了它的结构表征和广泛应用。因此，解决其可溶性和加工性是深入开展基础研究和实用化的关键。近十年来，可溶性导电高分子的研究发展很快并取得突破性进展，其中3-位取代的聚噻吩是用结构修饰方法实现兼顾导电性和可溶性的最成功的实例。通过有噻吩的3-位引入对pH值敏感的羟基，合成了水溶性的聚噻吩，并进一步用其首次合成了导电聚噻吩水凝胶，这为材料的推广应用铺平了道路。

（1）合成方法

聚3-羧甲基噻吩（P3TAA）及其水凝胶按化学交联的方法合成，高分子溶液由0.06moL/L磷酸缓冲液（pH=7）配制而成。聚3-羧甲基噻吩凝胶膜按水凝胶制备方法，将聚3-羧甲基噻吩、交联剂等用二甲基亚配成混合溶液，滴加到薄玻璃片上，通过旋涂法制成厚度约2μm的凝胶膜。掺杂剂碘用0.2mol/L碘化钾溶液制成水溶液，高氯酸采用质量分数为60%的溶液通过稀释制成各种浓度的水溶液。

（2）水凝胶的掺杂行为

用化学交联方法合成了聚3-羧甲基噻吩水凝胶，其交联密度（DCL）定义为交联剂的物质的量占高分子物质的量的百分数。凝胶在水中溶胀，交联密度为5、7和10的水凝胶的溶胀度（水溶胀的凝胶对其干燥状态的质量比）分别为8.4、5.7和4.3。这些水凝胶柔软有弹性，表现出大多数水凝胶的弹性行为。当将聚3-羧甲基噻吩水凝胶浸在质量分数为60%的高氯酸溶液中时，凝胶的颜色从紫红色变为黑色，而且有些收缩，这表明高氯酸与聚噻吩凝胶产生了掺杂反应，从而使凝胶变为具有自由载流子的掺杂状态。

(3) 凝胶的电导率及电驱动化学机械行为

对用质量分数为60%的高氯酸溶液掺杂的聚3-羧甲基噻吩水凝胶的电导率进行测定，结果表明，对于干燥状态下的凝胶，其电导率只包含电子电导率，而溶胀状态的凝胶则包含电子和离子两种电导率。从表2-5中可以看出，经过高氯酸处理的干燥凝胶的电子电导率为10^{-4}S/cm，比未掺杂的凝胶提高了4个数量级，这显然是由于掺杂的作用。值得注意的是，经过高氯掺杂的溶胀凝胶显示了最高为10^{-2}S/cm的电导率，这表明水溶胀聚3-羧甲基噻吩水凝胶通过掺杂可得到较高的电导率。对电场下凝胶的化学机械行为初步进行了研究，结果发现，在电场下聚3-羧甲基噻吩水凝胶在掺杂剂碘的碘化钾溶液中产生弯曲运动，且向负极弯曲，这与电解质凝胶在相反电荷表面活性剂中的弯曲方向正好相反。

表 2-5　P3TAA 凝胶的电导率

P3TAA 凝胶	脱极化/(S/cm)	极化/(S/cm)
水溶胀态	$(4.0\sim7.0)\times10^{-4}$	$4.0\times10^{-3}\sim2.0\times10^{-2}$
干态	7.0×10^{-8}	$3.0\times10^{-4}\sim1.0\times10^{-3}$

3. 聚3-丁基噻吩(PBT)的制备与导电稳定性

聚3-羧基噻吩由于其良好的导电性、溶解及熔融加工性以及较好的稳定性而有望在众多的领域里获得应用。近几年，聚3-烷基噻吩在作为微波吸收材料、电致发光材料、场效应二极管方面的应用上取得了一些进展。不论应用于何种场合，材料的稳定性特别是大气环境中的稳定性是制约材料应用的一个重要方面。因此，研究聚3-烷基噻吩的导电稳定性就显得特别重要。

由于不同长度的烷基链会影响聚3-烷基噻吩的性能，如烷基链长会使电导率下降，而烷基链短又会影响其加工性，故选择具有适当烷基链长的噻吩十分重要。经研究认为，聚3-丁基噻吩较为合适，其结构式如下：

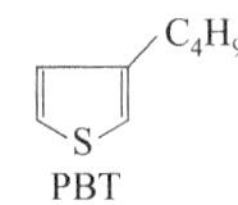

PBT

(1) 制备方法

聚3-丁基噻吩采用3-丁基噻吩单体的氧化聚合法制备，得到的聚合物粉末经洗涤、脱掺杂后用氯仿溶解。溶解部分采用溶液浇膜法制备厚0.01mm的薄膜，以$FeCl_3 \cdot 6H_2O$的硝基甲烷熔液掺杂，洗涤、干燥后制得薄膜。

(2) 导电稳定性

共轭性聚3-丁基噻吩(PBT)的导电性是由掺杂而产生的，决定其导电性的是在掺杂过程中高分子主链上形成的极化子、双极化子或孤子。固然可用微观的方法研究极化子、双极化子或孤子的性质，但对于宏观性质的电导率而言，材料的物理结构或化学结构的变化同样会影响其性能，可见研究电导率的变化仍是一

种较为全面的方法。研究结果表明：对于同一种高分子主链，采用不同的掺杂剂，材料的稳定性是不同的，因此通过测试电导率能够全面地研究影响电导率的因素。

图 2-4 所示为 $FeCl_3 \cdot 6H_2O$ 掺杂的 PBT 的电导率随温度的变化情况。该样品的室温电导率为 10～50S/cm，而采用无水 $FeCl_3$ 掺杂的样品的电导率为 1～10S/cm，这与 M. T. Loponen 等的研究结果一致。从图中可以看到，在升温过程中，电导率会稍有升高，这可能是由于薄膜中多余的 $FeCl_3$ 对聚合物链的重新掺杂引起的；当升温至 140℃时，变化规律不大一样，以 140℃温度为界限。图 2-5 所示为掺杂样品和未掺杂样品的 TGA 图，两者的降解温度均大于 400℃。与未掺杂的样品相比，掺杂样品在 138℃处有一吸热峰，而文献报道的 PBT 的玻璃化转变温度低于 50℃，熔化温度则高于 200℃。因此，对应的 DSC 图上的 138℃处的峰不可能是玻璃化转变温度，也不可能是熔化温度。结果如图 2-4 和图 2-5 所示，认为掺杂的 PBT 在 140℃发生了反离子和高分子主链的解离，解离之后高分子主链以及反离子会和空气中的水、氧气等发生化学反应，从而引起电导率的急剧下降。

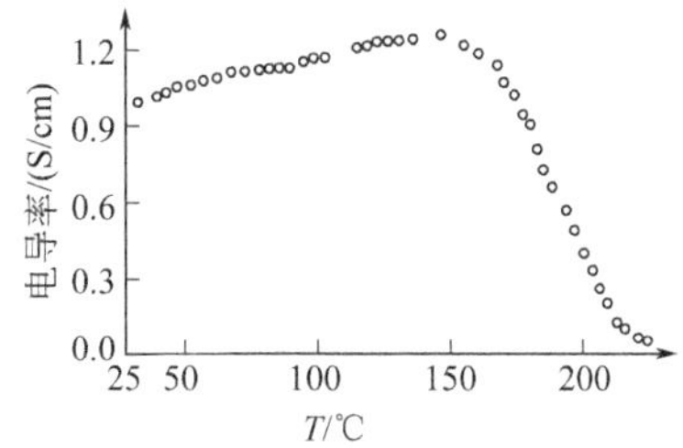

图 2-4 在加热情况下的掺杂 PBT 的电导率 σ/σ_0 变化曲线

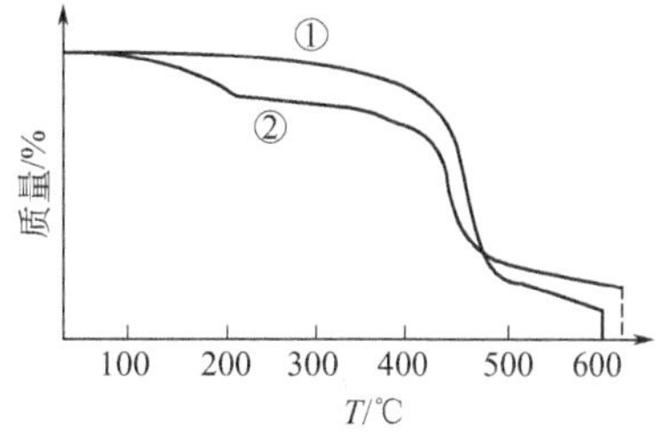

图 2-5 PBT 的 TGA 曲线

①—未掺杂样品的 PBT；②—掺杂样品的 PBT

在室温至 140℃的温度范围内的电导率测试结果表明，在较长的时间内(24h 以上)，电导率的下降较少，如 110℃处理 10h，电导率下降不到一个数量级。图 2-6 所示为不同温度下的归一化的电导率（σ/σ_0）与加热时间的关系。从图 2-6 所示的曲线看出：120℃和 140℃的 σ/σ_0 下降呈平滑的曲线，而 160～200℃的曲线则呈现指数型曲线。M. Granstrom 等认为电导率的下降是由链的几何构型发生了变化以及侧链的老化引起的。测试结果也同样用该说法解释 PBT 在 140℃以下 σ/σ_0 的变化规律，而高于 140℃时未发现有任何除氧气、氮气、水汽等以外的其他气体，在 160～200℃时则明显可以检测到 HCl 气体，证明掺杂剂反离子 $FeCl_4$ 发生了解离。同时还发现，经热处理后的样品脱掺杂后在同一溶剂中的溶解性比未热处理的样品有所下降，从而证明经高于 140℃处理主链的结构同样发生了变化。XPS 的测试结果发现，反离子经热处理后生成了 $FeCl_2$，而主链结构的变化则认为是发生了交联，也可能产生 $\rangle C=O$ 。红外光谱和核磁共振证实了有 $\rangle C=O$ ，而且首次发现噻吩环中的硫也会产生高价态。

综上所述，认为 $FeCl_3$ 掺杂的 PBT 于室温至 200℃处理，在 140℃时高分子链会和反离子解离，进而反离子和高分子链均会发生化学变化，从而引起其电导率的下降。

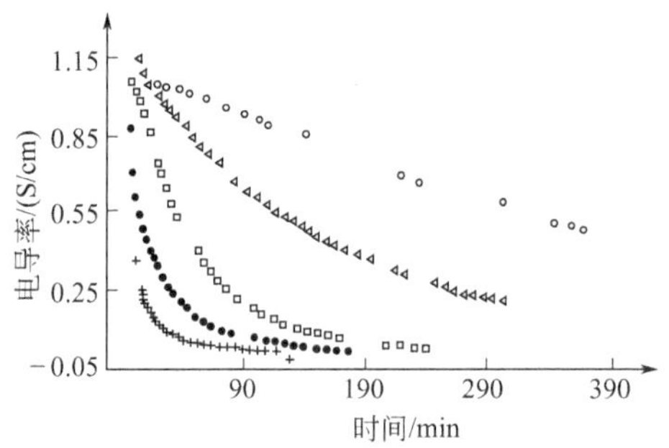

图 2-6 掺杂 PBT 的电导率与加热时间的关系

∘—120℃；▵—140℃；▫—160℃；•—180℃；+—200℃

（六）作为隐身材料的研究

导电高聚物是由具有共轭 π 键的高聚物经化学或电化学“掺杂”使其由绝缘体转变为导体的一类高分子材料，其导电机制一般认为是掺杂导电高聚物的载流子是孤子、极化子和双极化子等。构成共轭高聚物主链的碳原子有 4 个价电子，其中 3 个为 σ 电子，余下的一个价电子为 π 电子轨道，与聚合物所组成的平面相垂直。随 π 体系的扩大，被电子占据的 π 成键轨道和空的 π 反键轨道之间的能隙减小，经过掺杂，形成激发态，受电场的作用时电子定向极化形成电流。

导电高聚物有相对高的电导率 σ 和介电常数 ε 以及易于通过化学加工来控制 σ 和 ε，电导率可在绝缘体、半导体和金属态范围内变化，电磁参量依赖于高聚物的主链结构、室温电导率、掺杂剂、掺杂度、合成方法和条件等因素。导电高聚物的吸波性能与其电磁参数如介电常数、电导率等因素有关，其对电磁波的吸收主要是依靠电损耗和介电损耗。导电高聚物在雷达波的作用下，一方面材料被反复极化，分子电偶极子力图跟上场的振荡而受到分子摩擦；另一方面由于材料电导率不为零，在材料中形成感应电流而产生焦耳热，从而使得电磁波能量被耗散。材料良好的电导率有利于电磁波的吸收，但高的电导率同时会增加材料表面对电磁波的反射。导电高聚物的电导率通过化学方法极易调节，可获得吸波材料所需的最佳电导率。

自 20 世纪 90 年代开始，美、法、日等国相继开展了导电高聚物雷达吸收材料的研究，设想将其作为未来隐身战斗机及侦察机的“灵巧蒙皮”，及巡航导弹头罩上的可逆智能隐身材料等。法国研究了聚吡咯、聚苯胺、聚-3-辛基噻吩在0～20GHz内的雷达波吸收性能，发现吸波性能随雷达波频率变化而变化，平均衰减值为－8dB，最大衰减值可达到－36.5dB，且频宽为3.0GHz。成功地用化学氧化法在纸基质上制备大面积的聚吡咯膜，该膜具有很好的柔韧性，在雷达波X波段表现了极好的吸收性能和宽频吸收特性，材料阻抗和吸波特性随频率和入射角变化。利用十二烷基苯磺酸掺杂的聚苯胺与乙丙橡胶共混制成的复合材料，厚度3mm，在X波段反射率低于－6dB，峰值达到－15dB。

导电高聚物作为一种新型的吸波材料，质量轻、力学性能好、组成与结构容易控制、电导率变化范围很宽，在电磁波吸收方面显示出很强的设计适应性。在较早的研究中表明，单独的导电聚合物材料吸收频带较窄，为适应未来隐身材料高效、宽带、质量轻、适应性强的特点，还需改善导电高聚物的磁损耗性能。发现可以将导电高聚物与无机磁损耗物质复合来提高导电高聚物的磁损耗性能，使其兼具电损耗与磁损耗的性能，展宽吸收频带。另外，导电高聚物放置在大气中，它的室温电导率会随时间而逐渐降低，而且掺杂剂本身不稳定，也影响了导电高聚物的适用温度范围。

十、纳米吸波剂

（一）纳米吸波剂的类型

纳米吸波剂材料是指材料组分的特征尺寸在纳米量级（1～100nm）的材料，该材料由“颗粒组元”和“界面组元”两种组元组成。近年来纳米材料的发展为吸波材料又提供了新的可能性。纳米材料由于本身颗粒小，使得界面组元所占比例极大，尺寸效应和界面效应对材料的性能产生重要的影响。它的独特结构和许多奇特的性质，表现在力学、光学、磁学、热学以及化学等方面，纳米材料极高的电磁波吸收性能更是引起了人们的广泛关注，纳米材料在具备良好的吸波功能的同时，兼备了宽频带兼容性好、质量轻和厚度薄等特点，英、美等国都将其列入新一代隐身材料加以研究。在微波场的辐射下，纳米材料中的原子、电子运动加剧，促使磁化，使电磁能转化为热能，从而增加了对电磁波的吸收性能。美国研制出的“超黑色”纳米吸波材料，对雷达波的吸收率可达99%。此外，金属超细粉Al、Co、Ti、Cr、Nd、Mo、18-8不锈钢粉等，以及Ni包覆Al粉也属于这一类，它同有机高分子胶黏剂结合成薄膜，在我国已有小规模应用。法国研制出的一种由胶黏剂和纳米微屑填充材料组成的宽频微波吸收涂层，其主要吸波功能在于其中的Co、Ni合金＋SiC粉碎为纳米级的粉料，制成薄膜后再叠合，这种由多层薄膜叠合而成的结构具有很好的磁导率，在50MHz～50GHz都具有良好的吸波性能，据称目前国外正在致力于研究可覆盖厘米波、毫米波、红外、可见光等波段的纳米复合材料，并提出了单个吸收粒子匹配设计机理，这样可以充分发挥单位质量损耗层的作用。

（1）纳米金属与合金吸波剂

主要是纳米金属与纳米合金的复合粉体，以 Fe、Co、Ni 等纳米金属与纳米合金粉体为主，采用多相复合的方式，其吸波性能优于单相纳米金属粉体，吸收率大于 10dB 的带宽可达 3.2GHz，谐振频率点的吸收率大于 20dB，复合体中各组元的比例、粒径、合金粉的显微结构是其吸波性能的主要影响因素。

（2）纳米金属氧化物磁性超细粉吸波剂

这类吸收剂有单一氧化物和复合氧化物两类，前者主要有 Fe_2O_3、Fe_3O_4、ZnO、Co_3O_4、TiO_2、NiO、MoO_2、WO_3 等纳米磁性超细粉；后者主要有 $LeFeO_3$、$LaSrFeO_3$ 等纳米磁性超细粉。这些金属氧化物（还有某些非金属材料）的纳米超细粉在细化过程中处于表面的原子数目越来越多，增强了纳米材料的活性。在微波场的辐射下，原子和电子的运动加剧，促进磁化，使电能转化为热能，从而增加了对电磁波的吸收，并兼具透波、衰减和偏振等多种功能。它不仅具有良好的电磁参数，而且可以通过调节粒度来调节电磁参数，这有利于达到匹配和展宽频带的目的。美国研制出一种称为“超黑色”的纳米吸波材料，对电磁波的吸收率大于 99%。

（3）纳米碳化硅吸收剂

碳化硅陶瓷材料具有良好的力学性能和热物理性能，特别是其耐高温、强度高、耐腐蚀、相对密度小、电阻率高，而且它的吸波性能好，能减弱发动机的红外信号，是应用广泛、发展很快的吸波剂之一。用这种吸波剂制出的吸波材料，在高温下电磁性能稳定，特别适合于工作温度高达 1000℃ 的发动机。纳米碳化硅的吸收频带更宽，对毫米波段和厘米波段都有很好的吸收效果。纳米碳化硅与磁性纳米吸波剂（如纳米金属粉等）复合后，吸波效果还能大幅度提高，纳米量级的碳化硅晶须加入到纳米碳化硅吸波剂中，其吸波效果也有很大提高。例如，利用超声波将平均粒径为 30nm 的超细金属镍粉均匀地分散到聚碳硅烷中，通过熔融纺丝、不熔化处理和烧结，制备出一种掺混型碳化硅陶瓷纤维，这种纤维具有良好的力学性能，电阻率连续可调，可与环氧树脂复合制出三层结构的吸波材料，这种结构吸波材料的微波吸收性能良好。在 8～12.4GHz 范围内反射衰减达 −12dB 以上，最大时为 −23dB，小于 −20dB 的频带宽约 2.0GHz，这表明这种纳米镍粉掺混型碳化硅纤维是一种很有实用价值和应用前景的结构吸波材料用吸波剂。

（4）纳米石墨吸波剂

纳米石墨常被用来与纳米碳化硅等吸收剂复合使用。纳米石墨作为吸波剂可用来制作石墨-热塑性复合材料和石墨-环氧树脂复合材料，这些材料在低温下仍

保持韧性。

(5) 纳米 Si/C/N 和 Si/C/N/O 吸收剂

纳米 Si/C/N 吸波剂的主要成分是碳化硅、氮化硅和自由碳等物质，主要靠碳化硅和自由碳吸收和衰减雷达波，靠氮化硅的含量来调节整体电阻率。纳米 Si/C/N/O 吸收剂的主要成分是 SiC、Si_3N_4、Si_2N_2O、SiO_2 和自由碳。最近的研究表明，Si/C/N 和 Si/C/N/O 纳米吸波剂不仅在厘米波段，而且在毫米波段也有很强的吸波性能。

(6) 纳米导电高聚物吸波剂

导电高聚物结构多样化，具有密度低、物理和化学性能独特的特点，其电导率可在绝缘体、半导体和金属导体的范围内变化，其中聚乙炔、聚吡咯、聚噻吩和聚苯胺等就是具有导电结构的高聚物。这些导电聚合物的纳米微粉具有非常好的吸波性能，它与纳米金属吸波剂复合后吸波效果更好。与无机磁损物质或超微粒子复合能够制出新型轻质宽频的微波吸收材料。美国开发出一种易喷涂的雷达吸波材料，它可以对付在 5～200GHz 频带工作的雷达。这种吸波涂层以高聚物为基体，用氰酸酯晶须和导电高聚物聚苯胺的复合体作吸波体。其中氰酸酯晶须极易均匀地悬浮于聚合物基体中，而且也具有极好的吸波特性。这种涂层具有涂层薄、易维护、吸收频带较宽等优点。

(7) 纳米金属/绝缘介质膜吸波剂

这是一种金属沉积到绝缘介质膜上制成的吸波剂，金属膜与绝缘介质膜的厚度均保持在纳米量级。法国最近研制成功了一种宽频微波吸收涂层，该涂层由胶黏剂和纳米级微屑填充材料组成。填充微屑由超薄不定形磁性薄膜和绝缘层堆叠而成，磁性层厚度为 3nm，绝缘层厚度为 5nm，绝缘层可以是碳或无机材料。这种吸波涂层的具体制法是采用真空沉积法将钴镍合金与碳化硅沉积在基体上，形成超薄的电磁吸收夹层结构，再将这种超薄的夹层结构粉碎成碎屑与胶黏剂混合。据报道，这种由多层膜叠合而成的夹层结构具有很好的磁导率，与胶黏剂复合制成的材料电阻率大于 51Ω·cm，在 50MHz 的宽频范围内具有良好的吸波性能。

(8) 纳米金属膜/绝缘介质吸波剂

这类吸波剂是把纳米量级的金属膜沉积到绝缘介质球上，即在中空玻璃球的表面利用溅射成膜技术生成多层纳米颗粒膜吸收剂。例如，以 3μm 左右玻璃球为载体，镀上以 Ni、Al、W 等为损耗层的薄膜（10nm 左右），体积充填率为 50%左右时，涂层密度为 0.4～0.6g/cm^3，其中金属损耗层的质量分数为 0.01%。目前，采用球形多层颗粒膜作吸波剂，在厚度为 2mm 时，8～19GHz，吸收率为 10dB；厚度为 2.5mm 时，8～18GHz，吸收率为 20dB。采用这种颗粒膜作吸波剂可以克服金属、铁氧体材料密度大的缺点，充分发挥单位质量损耗层材料的作用。填充这种吸波剂的吸波材料质量轻、吸波能力强。

(9) 纳米氮化物吸波剂

纳米氮化物吸波剂主要有氮化硅和氮化铁等，纳米氮化硅在 $10^2 \sim 10^6$ Hz 时有比较大的介电损耗。纳米氮化铁具有很高的饱和磁感应强度而且有很高的饱和磁流密度，有可能成为性能优良的纳米雷达波吸收剂。

纳米雷达波吸收剂作为一类新型吸收剂还正处于研制阶段，然而，潜力很大，有可能出现更大突破。针对吸波材料在“薄、轻、宽、强”等性能方面的更高要求，磁性纳米微粒、纳米颗粒膜和多层膜将成为新一代的实用型波收剂。

(二)作为隐身材料的研究

纳米颗粒尺寸为 1～100nm，纳米颗粒除了具备上述纳米材料的共性外，其优异的吸波性能还来源于：①随着颗粒的细化，颗粒的表面效应变得突出，纳米颗粒的界面极化和多重散射成为重要的吸波机制；②纳米颗粒量子尺寸效应使纳米颗粒的电子能级发生分裂，其间隔正处于微波能量范围（$10^{-5} \sim 10^{-2}$eV），从而导致新的吸波通道。纳米涂料指的是将纳米颗粒用于涂料当中获得具有某些特殊功能的涂料。一方面纳米涂料在常规的力学性能如附着力、抗冲击、柔韧性方面会得到提高；另一方面有可能提高涂料的耐老化、耐腐蚀、抗辐射性能。此外，纳米涂料还可能呈现出某些特殊功能，如自清洁、抗静电、隐形吸波、阻燃等性能。目前用于涂料的纳米颗粒有三类：一是金属氧化物；如 TiO_2、ZnO_2、Al_2O_3、Fe_2O_3 等；二是纳米金属粉末，如 Al、Tl、Cr、Nd、Mo 等；三是无机盐类，如 $CaCO_3$ 以及层状硅酸盐等，如一维的纳米级黏土。

纳米粉体独特的结构使其自身具有量子尺寸效应、宏观量子隧道效应和界面效应等，将其作为填料制备的电磁屏蔽涂料具有频带宽、兼容性好、面密度低、涂层薄的特点。纳米金属粉体吸波复合材料具有微波磁导率较高、温度稳定性好(居里温度高达 770K)。磁性纳米颗粒、纳米颗粒膜和多层膜是纳米材料用作隐身材料的主要形式。磁性纳米颗粒具有较高的矫顽力，具有铁磁性的金属纳米颗粒与电磁波有强烈的相互作用，可引起大的磁滞损耗，增加了对电磁波的吸收。美国研制出的“超黑粉”纳米吸波材料，对雷达波的吸收率大于 99%。法国研制的金属纳米微屑作填充剂的吸波材料在 50MHz～50GHz 都有良好的吸波性能。法国科学家研制出的纳米 CoNi 超微吸波材料，大大超过金属微粉磁导率理论极值 3 的限制。国内有关磁性铁氧体纳米微粒的合成及其性能研究的文献比较多，例如，采用化学共沉淀法制备了平均粒径为 5nm 的 Fe_3O_4 超微颗粒，研究了该超微颗粒磁性能、粒度与工艺条件的关系；有研究者合成了纳米 Fe_3O_4 颗粒，并对其粒径及分布作了较为深入的研究，讨论了在测定时分散剂的种类和浓度对测定结果的影响；还有研究者研究了 10nm 和 100nm 两种粒度的 Fe_3O_4 在

1～1000MHz 频率范围内的电磁波吸收效能，结果表明 10nm 的 Fe_3O_4 吸波能力大于 100nm 的吸波能力，得出纳米级 Fe_3O_4 的粒度越小吸波效能越高的结论。

纳米软磁金属及合金具有较大的饱和磁感，高的磁滞损耗、高的矫顽力而造成涡流损耗高、居里点及使用温度高、吸波频率宽等性能。研究表明，纳米颗粒对微波吸收能力较非纳米级粒子强得多，许多纳米物质如纳米氧化铝、氧化钛、氧化硅、碳化硅等对红外有很强的吸收，而且有微波红外吸收兼容、宽频带吸收、反射率很低的性质。纳米物质的高效吸波性能也将有利于减轻材料的质量。例如，纳米 SiC 不仅吸波性好且有耐高温、相对密度小、韧性好、强度高、电阻率大、能削弱红外信号等优点，它与碳粉、纳米金属粉等结合吸波性能更佳。研究者们在 SiC 中添加 N、O 等元素增强其半导体性能，其吸波性能也很好。由于 SiC 具有优良的力学性能及物理化学稳定性，人们对其吸波性能寄予很大的希望。

有研究者通过实验对纳米材料 Fe_3O_4/SiC 的相对复磁导率 μ_r、相对复介电常数 ε_r、磁损耗正切和电损耗正切在不同频率范围内进行了测试，结果表明 Fe_3O_4 样品在 1.4GHz 附近有较强的磁损耗，在 12GHz 和 14.6GHz 附近出现了较强的介电损耗，SiC 样品在 10GHz 和 15GHz 附近出现了较强的介电损耗。通过对满足一定条件的单、双层吸波材料在频率 8～18GHz 范围内吸波效能的优化设计与仿真，发现 Fe_3O_4 的吸波效能主要表现在 Ku 波段（12～18GHz），而 SiC 的吸波效能主要表现在 X 波段（8～12GHz），其中单层反射损耗最低达约 －25dB，反射损耗低于 －10dB 的带宽接近 5GHz，双层反射损耗最低峰值约 －53dB，反射损耗低于 －10dB 的频带宽度约为 4GHz。针对优化结果结合实验条件制备了相应的单、双层纳米吸波涂层，并利用微波暗室对实验涂层样品进行了吸波效果测量，结果表明所研制的双层吸波材料具有更好的吸波性能。美国空军在 2002 年实验的一种新型纳米级磁性雷达吸波材料（AHFM），其除了具有更好的吸波性能外还可显著减小维修量。它是一种永久性覆层，隐身飞机上约 90％的可卸蒙皮板用这种材料处理，固定这些板的固紧件也涂有这种材料。技师可简单地卸下固紧件和蒙皮板来检修轰炸机内部的系统，所用的方法基本上与检修非隐身军用机相同。

对于装备表面的吸波涂层而言，除了要有吸波效应外，还必须具备足够的力学性能。用刚性纳米颗粒对力学性能有一定脆性的聚合物增韧是改善聚合物力学性能的另一种可行性方法。随着无机颗粒微细化技术和颗粒表面处理技术的发展，塑料的增韧改性彻底冲破了以往在塑料中加入橡胶类弹性体的做法，而弹性体韧性往往是以牺牲材料宝贵的刚性、尺寸稳定性、耐热性为代价的。从复合材料的观点出发，若颗粒刚硬且与基体树脂结合良好，刚性无机颗粒也能承受拉伸应力，起到增韧增强作用。对于超微无机颗粒增韧改性机理一般认为：①刚性无机颗粒的存在产生应力集中效应，易引发周围树脂产生微开裂，吸收一定的变形功；②刚性颗粒的存在使基体树脂裂纹扩展受阻和钝化，最终终止裂纹不致发展为破坏性开裂；③随着填料的微细化，颗粒的比表面积增大，因而填料与基体接触面积增大，材料受冲击时，由于刚性纳米颗粒与基体树脂的泊松比不同，会产生更多的微开裂，吸收更多的冲击能并阻止材料的断裂。但若填料用量过大，颗粒过于接近，微裂纹易发展成宏观开裂，体系性能变差。

采用纳米刚性颗粒填充高聚物树脂，不仅会使材料韧性、强度方面得到提高，而且其性能价格比也将是其他材料不能比拟的。另外由于某些工程塑料价格较高，人们希望尽量利用加工及生产过程中的二次料，但热塑性树脂经二次加工后各种性能均会有不同程度的下降，利用刚性纳米颗粒对废料进行一定的改性后可有效提高热塑性工程塑料的废料利用率和降低成本，从而可缓解资源短缺以及环境污染等问题。以 $CaCO_3$、SiO_2 等为代表的高聚物/刚性纳米颗粒复合材料已经获得了广泛的生产和应用。

此外，金属氧化物纳米粉同高聚物复合往往具备常规材料没有的特性。如果用这些纳米材料与高聚物复合将会得到具有一些特异功能的高分子复合材料，将其用于各种高技术产业将会有广阔的发展空间。金属纳米粉体对电磁波有特殊的吸收作用。铁、钴、氧化锌粉末及碳包金属粉末可作为军用高性能毫米波隐身材料、可见光-红外线隐身材料和结构式隐身材料，以及手机辐射隐蔽材料。另外，铁、钴、镍纳米粉有相当好的磁性能；铜纳米粉末的导电性优良；氧化锌纳米粉体具有优良的抗菌性能。用它们与高聚物复合将可以给高聚物树脂带来许多新的功能，使其能更广泛地应用于军事、航空航天、电子等高、精、尖产业及传统产业的技术进步和升级换代，服务于社会的进步与发展。

（三）研究进展

近年来对纳米材料的研究不断深入，纳米吸波材料具有良好的吸波性能的同时，兼备了质量轻、宽频带、兼容性好、厚度薄等特点，引起各国军界研究人员的极大兴趣，并开始以纳米材料为新一代隐身材料的探索和研究工作。

纳米薄膜一般具有薄膜和纳米的两重性，是由纳米晶粒组成的准二维系统，它具有约占50%的界面组元，因而显示出与晶态、非晶态物质均不同的崭新性质，如吸收能力、室温电导率、热稳定性、掺杂效应等均有很大改观。目前，国内外研究的纳米薄膜吸收剂主要包括纳米金属膜（Fe、Ni、Co 等及各种合金）和绝缘介质膜（碳、碳化物、氧化物等与磁性纳米粒子结合）。

纳米金属膜/合金膜一般为多晶薄膜或非金属薄膜，金属如 Fe、Ni、Co 等本身具有一定的电磁特性，加工至纳米尺寸后，兼具纳米吸波材料的特性；而绝缘介质膜多为电损耗材料和磁损耗材料在纳米尺寸复合而成，弥补了单一材料在电损耗或损耗衰减上的不足，并且可能表现出两种复合组分都不具有的综合效

应，提高了材料的微波吸收性能。所以，纳米薄膜或纳米多层膜材料具有优异的电磁特性，其高频（从超高频到微波频段）复数磁导率实部μ可在 0～100 范围内调解。法国最新研制成功一种宽频吸波涂层，它由胶黏剂和纳米微屑填充材料构成。纳米级微屑由超薄不定形磁性薄层及绝缘层堆叠而成，磁性层厚为 3nm，绝缘层厚为 5nm，这种多层薄膜叠合而成的夹层结构具有很好的微波磁导率，其磁导率的实部和虚部在 0.1～10GHz 宽频带内均大于 6。与胶黏剂复合成的吸波涂层在 50MHz～50GHz 频率范围内具有良好的吸波性能。

纳米薄膜吸收剂作为新型吸收剂的优势在于制备方法的多样化，可选材料种类繁多，可以将不同吸波机理、不同吸波频段的吸波材料进行复合，形成纳米多晶膜或纳米粒子薄膜，实现材料的多种吸波机理、宽频段的高性能吸收。

纳米粉体的颗粒小于 100nm，纳米粉体所具有的小尺寸效应、表面效应和量子尺寸效应，使纳米粉体具有一系列优异的物理、化学特性。金属和金属氧化物在细化为纳米粒子时，比表面积增大，处于颗粒表面的原子数越来越多，悬挂键增多，界面极化和多重散射成为重要的吸波机制。金属纳米粉对电磁波特别是高频至光波频率范围内的电磁波具有优良的衰减性能。研究了平均粒径大小为 10nm 的 γ-(Fe,Ni) 合金的微观结构和微波吸收特性，该材料在厘米波段和毫米波段均具有优异的吸收性能，最高吸收率可达 99.95%；同时，金属 Al、Co、Ti、Cr、Nd、Mo 等的超细粉屑作为微波吸收剂也有报道。用沉淀-氧化法合成了粒晶在 20～80nm 范围内的，晶粒可调、分布窄的聚合物包覆的 Fe_3O_4 微球，并对其性能和应用进行了探索，进一步研究了 Fe_3O_4/聚苯胺纳米复合材料的微波吸收性能。对晶粒为 10nm 和 100nm 两种 Fe_3O_4 微粒在 1MHz～1GHz 频率范围内的电磁波吸收性能进行了研究，认为随着微波频率的增大，纳米级 Fe_3O_4 的吸波能力逐渐增加，但 10nm Fe_3O_4 的吸波能力大于 100nm Fe_3O_4 的吸波能力，且粒度越小，磁损耗越大，吸波效能越高。

（四）碳纳米管吸波剂

1. 简介

碳纳米管（carbon nanotubes）以其独特的结构和物理化学性质受到人们的广泛关注，碳纳米管的发现是材料科学领域极具代表性的突破，碳纳米管一经问世就成为物理、化学和材料科学界的研究热点。科学家们预测，碳纳米管将成为 21 世纪最有前途的一维纳米改性剂。

（1）碳家族

自然界中的晶态碳有金刚石、石墨、富勒烯及球烯，如图 2-7 所示。金刚石为正四面体有序排列的立方晶体。石墨中的碳构成平面晶层结构，进而形成六方晶体。球烯是由几十个碳原子组成的球形分子，能溶解于有机溶剂，是一种特殊形态的富勒烯。

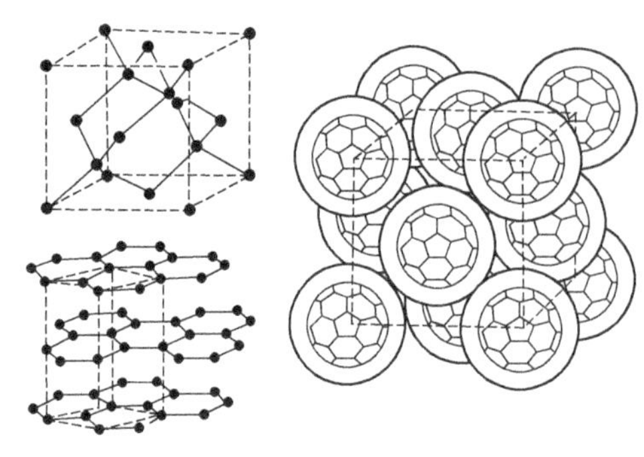

图 2-7 金刚石、石墨、球烯
（虚线代表晶胞）

（2）富勒烯

20 世纪 80 年代，碳的又一种同素异形体——富勒烯家族的发现是世界科技发展史上的一个里程碑。富勒烯（Fullerenes）是笼状原子簇的总称，包括 C_{60}/C_{70}（buck-min-ster-fullerene）分子、碳纳米管、洋葱状（onion-like）富勒烯、富勒烯内包括金属微粒等，它们的不同形态结构如图 2-8 所示。十余年来，由于富勒烯在超导、非线性化学、催化剂及纳米复合材料等诸多领域显示出十分诱人的潜在应用前景，而受到世界范围的广泛关注。富勒烯的研究涉及物理、化学、材料等相关领域，是一个前沿性的多领域交叉学科。近年来的研究主要集中在富勒烯的制备、结构表征、物性测试、制备和实际应用等的开发研究中。

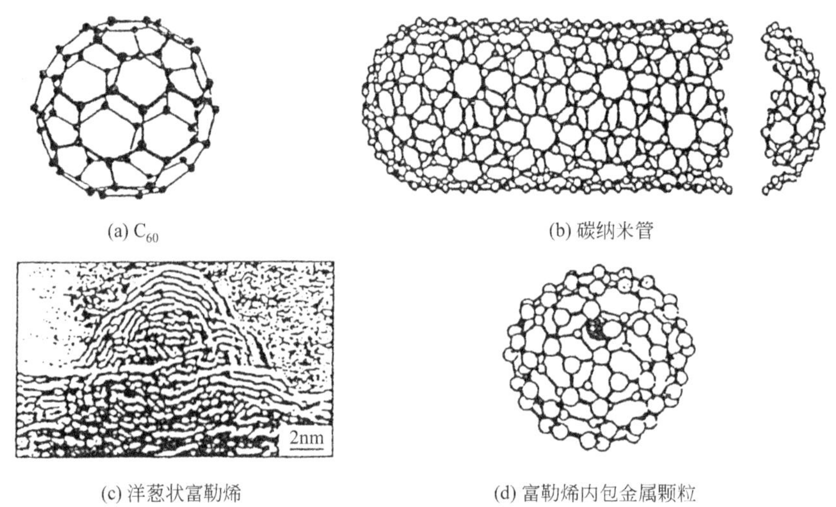

(a) C_{60}　(b) 碳纳米管　(c) 洋葱状富勒烯　(d) 富勒烯内包金属颗粒

图 2-8 不同形态富勒烯结构及模型

（3）碳纳米管

C_{60} 中的碳-碳键能低于石墨中的碳-碳键能，稳定的 C_{60} 分子在空间紧密排列构成 C_{60} 晶体。C_{60} 与随后发现的碳纳米管有许多结构的相似性。其后，球状或椭球状的 C_{70}、C_{76}、C_{78} 等被相继发现，构成球烯一族。

1991 年，日本 NEC 公司的饭岛博士在氩气直流电弧放电后的阴极碳棒上发现一种由碳原子构成的直径几纳米、长几微米的中空管，即碳纳米管，也称作巴基管，如图 2-9 所示。Thomas 给碳纳米管的定义是：由单层或多层石墨片卷曲

而成的无缝纳米管。碳纳米管是典型的富勒烯，其结构与球烯和石墨类似，为 sp^2 杂化的碳构成弯曲晶面，最短的碳-碳键长 0.142nm，碳纳米管的长径比为 100～1000。理论计算表明，碳纳米管的能量略高于 C_{60}，稳定性与石墨相仿，套管间的结合能约为石墨层间结合能的 80%，这类碳纳米管极易形成且形态多样。

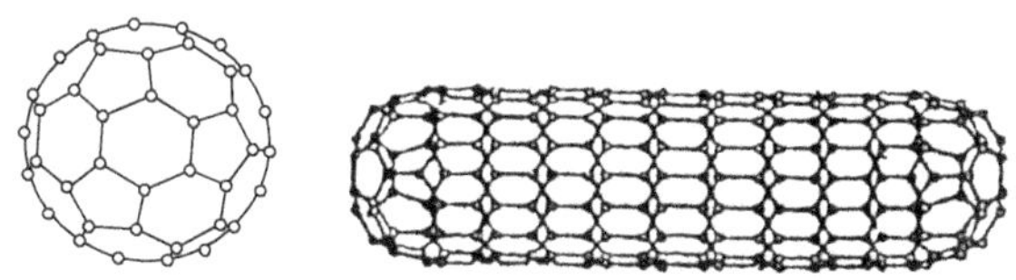

图 2-9　C_{60} 与碳纳米管模型

碳纳米管分单层和多层两类。圆柱形多层碳纳米管由几个到几十个单层管构成，相邻管间距为 0.34nm，接近石墨层间距（0.335nm）。碳原子六角形排列和碳层间距反映出碳纳米管所保留的石墨特征。

碳纳米管的形态除了六角形以外，五边形与七边形在碳纳米管的生长中也扮演了重要角色。在碳纳米管六角形延伸过程中，五边形的出现导致碳纳米管凸出，七边形的出现使碳纳米管凹进。碳纳米管有螺旋形与非螺旋形两类，共边六角形平行或垂直于管轴方向时称非螺旋管，否则为螺旋管，如图 2-10 所示。螺旋管管轴不与管壁上的石墨六角形任何碳-碳键平行或垂直。多层碳纳米管形成时，层间易形成陷阱中心而捕获各种缺陷，因而多层碳纳米管上缺陷较多，易形成弯曲结构，单层管不存在这类缺陷。

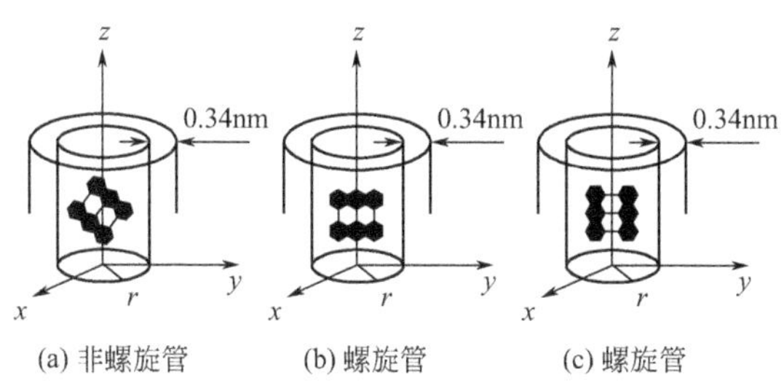

图 2-10　非螺旋管与螺旋管

碳纳米管形态多样，有圆柱形、线圈形、环形、竹节形等。Ivanov 用 Co 或 Fe 催化热解 C_2H_2 发现了许多线圈形碳纳米管，其直径为几纳米到几十纳米，线圈直径与螺距在数十到数百纳米。有科学家在 Ni/Al_2O_3 催化剂中加入适量 Cu，进行甲烷裂解，可制得规则的竹节状碳纳米管。Itch 研究了各种尺寸环形管存在的可能性，但至今未有实验证据，其模型见图 2-11。使用有机气体热解法，用表面均匀分布着纳米 Fe/SiO_2 颗粒的薄膜状 SiO_2 基底代替嵌有纳米铁颗粒的介孔 SiO_2 基底，实现了碳纳米管的顶部生长，可以得到长 2mm 的超长定

图 2-11 碳纳米管的形态

向碳纳米管列阵。

2. 性能

碳纳米管具备下列基本性能。

① 比表面积大。随着材料粒径的减小，比表面积增大，表面原子数亦随之增多，使表面能量与体积能量之比增大，这种表面效果导致材料力学性能、热传导性、催化性能、破坏韧性等均比一般材料优异。

② 光学性能改变。如软片上溴化银微粒粒径为10nm时，有25%是表面离子，这种表面离子效应使溴化银具有感光显影的效果。又如TiO_2、ZnO、PbO等金属氧化物纳米微粒，加入化妆品或某些材料中，便具有吸收紫外线的效果。金属形成纳米微粒后，其光线反射率高，可完全吸收可见光。

③ 电学性能改变。铜是良导体，而纳米级的铜不导电；绝缘的SiO_2在20nm时开始导电。

④ 光电性能改变。如半导体硅晶通电是不发光的，但多孔质硅晶纳米材料可发出耀眼的光。

⑤ 磁性能改变。如纳米磁性材料的巨磁电阻效应。磁记录媒体、磁致冷效应等方面的研究已有重大突破。

⑥ 力学性能改变。如用纳米微晶可制造摔不断的陶瓷刀；纳米微晶金属可制成超高强度的超级金属。

3. 碳纳米管作为吸波剂的研究

(1) 碳纳米管镀镍

采用化学镀工艺在碳纳米管表面镀镍，所用碳纳米管是用竖式炉浮游法制备的，碳纳米管的外径为40～70nm，内径为7～10nm，长度为50～100μm。首先在室温下对碳纳米管进行粗化、敏化、活化、还原（表2-6），在碳纳米管表面涂覆一层高活性的过渡金属钯（Pd），然后用表2-7所列配方在碳纳米管表面镀镍，镀液的pH=8.2～8.5，温度为85℃以上。

表 2-6 碳纳米管表面活化处理工艺

工艺名称	化学试剂	浓度/(g/L)	时间/min
预处理	NH_4F (3.5%～5.5%)	20	30
催化剂催化	$SnCl_2 \cdot H_2O$	10	
活化	HCl(37%) $PdCl_2$ HCl	40 0.5 0.25	5 30
还原	H_3BO_3 $NaH_2PO_2 \cdot H_2O$	20 10	 30

表 2-7 碳纳米管表面化学镀镍的镀镍液配方

化学试剂	浓度/(g/L)	化学试剂	浓度/(g/L)
$NiCl_2 \cdot 6H_2O$	45	$C_6H_8O_7 \cdot H_2O$	45
$NaH_2PO_2 \cdot H_2O$	20	$NO_2B_4O_7 \cdot 10H_2O$	10
NH_4Cl	70		

(2) 吸波材料制备与测试

将镀镍碳纳米管与环氧树脂混合，环氧树脂的牌号为 601，固化剂为聚酰胺，环氧树脂和聚酰胺的配比为 100∶35，混合均匀后，把混合物涂覆于 2nm 厚的铝板上，制成吸波涂层。吸波性能测试采用反射率弓形测试系统，扫描范围 2～18GHz，最大衰减为 40dB。

(3) 吸波性能（表 2-8）

在含碳纳米管的吸波涂层中，碳纳米管作为偶极子在电磁场的作用下，会产生耗散电流，在周围基体的作用下，耗散电流被衰减，从而电磁波能量转换为其他形式的能量，主要为热能，这是碳纳米管偶极子吸波涂层的主要吸波机理。

表 2-8 镀镍碳纳米管的吸波性能与未镀镍碳纳米管的对比

碳纳米管	吸收峰/dB	频率宽度 ($R<-5$dB)/GHz	频率宽度 ($R<-10$dB)/GHz	吸收峰/GHz	涂层厚度/nm
镀镍碳纳米管	−11.85	4.60	2.23	14.00	0.97
未镀镍碳纳米管	−22.89	4.70	3.00	11.40	0.97

4. 应用研究

碳纳米管表现出优良的吸波性能，同时具有质量轻、兼容性好、吸波频带宽等特点，是新一代最具发展潜力的吸波材料。碳纳米管具有高导性，比表面积大，用它们制得的复合材料有吸波和承载的双重功能。碳作为偶极子在电磁场的作用下耗散电流，在周围基质的作用下，耗散电流被衰减，电磁波能量转换成热能等形式。例如采用竖式催化裂解法制备出碳纳米管，然后采用氢氧化钾

（KOH）进行活化，使碳纳米管的比表面积从 24.5m^2/g 提高到 360.1m^2/g，而且碳纳米管的各种类型的空结构都得到增加；微波吸收性能的研究表明，采用氢氧化钾进行活化，碳纳米管的吸收性能优于未活化碳纳米管的吸收性能，活化还可以使碳纳米管的微波吸收能力加强，吸收频率宽化。

碳纳米管基本上可分为单壁型和多壁型两类。纳米管的结构决定它们是具有金属性还是具有半导体性质。大约三分之二的单壁纳米管属于半导体型，三分之一属于金属型。至于多壁纳米管，由于各层壳的性能的叠加，难以做出明显区别，但大体上是金属型。碳纳米管表现出金属或半导体的性质，并且拥有特殊的螺旋结构和手性特性，从而使其具有特殊的电磁效应。

把碳纳米管与聚合物复合不仅可以对聚合物起增强作用，而且将碳纳米管与高聚物复合能够得到一种性能优良的宽带吸波材料。研究表明，添加质量分数为8%的聚酯基复合材料在 8～40GHz 波段有明显的吸波性能，随着材料厚度的增加，吸收峰向低频移动。研究发现，碳纳米管/聚酯基复合材料由于其手性特性在毫米波段表现出明显的吸收特性。碳纳米管良好的吸波特性，意味着可以设计出既吸收厘米波又吸收毫米波的雷达波吸收材料。

碳纳米管的力学性能相当突出。现已测出多壁纳米管的平均弹性模量为1.8TPa。碳纳米管的弹性模量实验值为 30GPa 与 50GPa。尽管碳纳米管的弹性模量如此之高，但它们的脆性不像碳纤维那样高。碳纤维在约 1%变形时就会断裂，而碳纳米管要到约 18%变形时才会断裂。碳纳米管的层间剪切强度高达500MPa，比传统碳纤维增强环氧树脂复合材料高一个数量级。在电性能方面，碳纳米管用作聚合物的填料具有独特的优势。加入少量碳纳米管即可大幅度提高材料的导电性。与以往为提高导电性而向树脂中加入的炭黑相比，碳纳米管有高的长径比，因此其体积含量可比球状炭黑减少很多。多壁碳纳米管的平均长径比约为 1000；同时，由于纳米管的本身长度极短而且柔曲性好，它们填入聚合物基体时不会断裂，因而能保持其高长径比。

碳纳米管结构对其介电性能影响很大。碳纳米管晶化程度越好，介电常数降低幅度和磁导率实部增大幅度越大。非晶碳的存在使碳纳米管的 ε_r' 和 ε_r'' 在某些频段偏高。多壁碳纳米管的 ε_r'、ε_r'' 比单壁碳纳米管的大许多，其电损耗、磁损耗增加比较明显；阵列多壁碳纳米管与聚团多壁碳纳米管相比，其电损耗、磁损耗均增加。研究表明，碳纳米管具有较强的压阻效应，当形变量从 0 增加到 3.2%时，碳纳米管的电导率从 10^5S/cm 下降到 10^{-7}S/cm，且变化可逆。爱尔兰学者的研究表明，在塑料中掺入 2%～3%的多壁碳纳米管使电导率提高了一个数量级，从 10～12S/m 提高到了 102S/m。通过对碳纳米管结构、排列方式及外应力的改变，可以达到控制吸收剂介电性能的目的。

除改变碳纳米管结构和排列方式外，也可对碳纳米管进行改性。常用的改性方法有填充和表面镀层。最常用的填充和表面镀层物质是磁性金属，如 Fe、Co、Ni 等。目前一般采用在碳纳米管表面镀镍的方法，改善碳与基体材料结合性差的缺点，通过加强碳纳米管表面的氧化、敏化、活化处理调整传统化学镀镍溶液配方和条件，使反应在尽可能低的速率下进行。例如，有研究人员用竖式炉浮游法制备的碳纳米管的外径为 40～70nm，内径为 70～10nm，长度为 50～1000μm，碳纳米管呈直线状，用化学镀方法在碳纳米管的表面镀上一层均匀的过渡金属镍。碳纳米管吸波涂层在厚度为 0.97mm 时，在 8～18GHz，反射率 $R<-10$dB 的频宽为 3.0GHz，反射率 $R<-5$dB 的频宽为 4.7GHz。镀镍碳纳米管吸波涂层在厚度为 0.97nm 时，反射率 $R<-10$dB 的频宽为 2.23GHz，反射率 $R<-5$dB 的频宽为 4.6GHz。

十一、手性吸波剂

手性是指一个物体与其镜像不存在几何关系对称性，且不能通过任何操作使物体与其镜像完全重合。手性材料是一种双（对偶）各向同性（异性）的功能材料，其电场与磁场相互耦合。手性吸波材料分为本征性手性材料和结构性手性材料。本征性手性材料通过本身的几何形状（如螺旋状线等）使其成为手性体，而结构性手性材料是通过其各向异性的不同部分与其他部分形成一定的角度关系而产生手性行为使其成为手性材料。理论研究认为手性材料参数可调，对频率敏感性小，可达到宽频吸收与小反射要求。

手性吸波材料是近年来开发的新型吸波材料。自 1987 年首次提出“手性材料具有用于宽频吸波材料的可能性”以来，手性吸波材料在国外受到广泛重视。手性吸波材料的主要特征是电磁场的交叉极化。电磁波通过手性吸波材料时，会出现旋光性和圆的二向色性。理论研究认为，手性吸波材料与普通材料相比，有两个优势：一是调整手性参数比调节介电常数和磁导率容易，易于实现阻抗匹配，满足无反射的要求，大多数材料的介电常数和磁导率很难在较宽的频带上满足反射要求；二是手性吸波材料的频率敏感性比介电常数和磁导率小，容易实现宽频吸波。具有手性特性的材料，能够减少入射电磁波的反射并能吸收电磁波。国外将手性吸波材料附于金属表面的实验结果表明：它与一般吸波材料相比，的确具有吸波频率高、吸收频带宽的优点，在提高吸波性能、扩展吸波带宽方面具有很大潜能，特别是在微观机理研究方面取得较大进展，并通过实验证实了旋波特性。

雷达吸波型手性吸波材料研究的重点是在基体材料中掺杂手性结构物质形成的手性复合材料。手性吸波涂层是在基体树脂中掺和一种或多种具有不同特性参数的手性媒质，即在普通介质中掺入随机取向分布的手性微体如小螺旋。目前，国内外均采用金属导体、陶瓷和聚苯胺作手性微体，用单组分或复合组分树脂作基体来制作复合手性吸波材料。由于只有与入射波长尺寸相近的手性吸波材料才能与入射波相作用，因此基体中掺杂的手性物质应具有与微波波长同量级的特性尺寸，但从实际应用考虑特征尺寸的范围为0.01～5mm更合适，这样便于将手性掺杂物嵌入基体中。在手性雷达吸波材料领域，国外还在不断研究新的手性雷达吸波材料，如具有螺旋结构、旋光性结构并利用其旋光色散特性吸收电磁波能量的手性聚合材料。

用于微波波段的手性吸波材料都是人造的。例如，应用于吸波的本征手性材料有螺旋形碳纤维等。国外实验室内已能制出面积为0.1μm^2、厚5μm的手性薄膜样品，薄膜厚度均匀，目前正在尝试制造面积更大的薄膜。结构手性吸波材料可由多层纤维增强材料构成，其中纤维可以是碳纤维、玻璃纤维、Kevlar纤维等，可将每层的纤维方向看作该层的轴线，将各层纤维材料以角度渐变的方式层合时，构成结构手性吸波材料，因此这一技术较适用于纺织复合材料。日本已经制作出直径在数微米的螺旋状碳纤维，他们将这种材料混入聚甲基丙烯酸甲酯聚合物基体中，测量其对于W波段电磁波的吸收性能，发现在一定添加比例（1%～2%）时材料对电磁波有着强烈的吸收性能，随着螺旋长度和在聚合物基体中含量的变化其吸波频宽和在不同波段上的吸收能力都产生变化。据认为这种材料对电磁波的吸收很大程度上是由于入射电磁波可能在螺旋状的碳纤维内激发起感生电流，从而大大增强了其对于电磁波的吸收和消耗能力，入射电磁波在通过这些手性吸波材料时发生偏振，变成平面的或圆偏振波，其中的左旋波和右旋波经反射和散射后大大减弱。这种材料非常有希望应用于化学纤维的复合纺丝，制取吸波纺织品。但是目前这种材料的生产成本非常高昂，难以得到大规模的推广应用。

十二、放射性同位素吸波剂

放射性同位素吸波涂料又称有源吸波材料或主动等离子隐身材料，是研制超薄层、宽频带、高效能的吸波涂料的途径之一，它利用钋210（Po-210）、锔242（Cm-242）和锶90（Sr-90）等同位素射线产生的等离子体来吸收雷达波。其原理是通过放射性同位素衰变辐射的高能粒子，轰击周围空气分子，形成等离子屏，等离子区中的自由电子在入射电磁波的电场作用下将产生频率等于电磁波载波频率的强迫振荡，在振荡的过程中，运动的电子与中性的分子、原子以及离子发生碰撞，增加了这些粒子的动能，从而把电磁场的能量转变为媒质的热量。等离子可吸收高于自己频段的电磁波，对低于自己频段的电磁波则产生绕射、散射、皮射，造成雷达的测量误差。在1～20GHz宽频带内雷达反射波可衰减20dB。

放射性同位素吸波涂层非常薄和轻，具有吸收频带宽、反射衰减率高、耐用

性好和能承受高速空气动力等优点。另外放射性同位素吸波涂层还可以吸收红外辐射、声波等，是理想的多功能吸波涂料。美国研制出一种名为ATRSBS的化合物，它吸收雷达电磁波后转化为热能，起到雷达隐身的作用。然而放射性同位素吸波涂层的缺点也很明显，首先等离子体本身产生的电磁波极易被敌方无源被动探测系统发现；其次，等离子体屏蔽雷达探测信号的同时也屏蔽了飞行器自身的导航、通信、火控等电磁系统，使飞行器和外界失去了联系；此外放射性涂料对其乘员和维护保障人员有很大的危害。

十三、视黄基席夫碱盐吸波剂

1. 简介

由于有机材料密度小，且吸收频带的调节余地较大，因此，研制新型有机高分子微波吸收体已引起人们的较大兴趣。美国研制了一种视黄素席夫碱有机聚合物，该材料的吸收频带宽，能减少雷达反射系数约80%。

采用维生素A（V_A）与一系列胺类化合物反应，生成各种视黄基席夫碱及其金属络合物。通过IR、ESR、NMR和Mössbauer谱图的表征，确证其基本结构。其物性、电性、磁性和吸波性能的测定表明，视黄基席夫碱是一种半导体物质，其铁络合物是一种半导体顺磁性物质。这类材料的密度约为1.1g/cm^3，当吸收衰减大于10dB时，用波导法测得试样1的频宽为8.8～11.2GHz、12.2～14.0GHz，试样2的频宽为14.6～18.0GHz。

2. 制备工艺

所用的原料是用维生素A醋酸酯结晶加精制植物油制成的油溶液，因而先用粗玻璃砂漏斗抽滤，使维生素A醋酸酯与油分离，在一定条件下，将维生素A醋酸酯水解，生成维生素A_1；氧化维生素A_1，生成视黄醛；将合成的视黄醛与不同的二胺反应，生成相应的视黄基席夫碱；最后，在一定条件下，合成相应的视黄基席夫碱盐。

将34.0g V_A醋酸酯溶于乙醇-水中，在氮气下于80℃碱性条件下水解反应5h，制成28.8g维生素A_1（V_{A1}，即产物Ⅰ）。在25℃避光，振荡。按MnO_2、V_{A1}质量比为4∶1～5∶1，用20.0g MnO_2氧化5.0g V_{A1}，通过薄层色谱跟踪分析。1天后有视黄醛色斑，至6天后V_{A1}色斑完全消失，制成视黄醛（Ⅱ）。在80℃，以乙醇-苯为溶剂，将7.0g视黄醛加热回流共沸脱水后分别与0.41g乙二胺及0.75g对苯二胺反应至无水出现，制成两种视黄基席夫碱产物Ⅲ3.2g和产物Ⅳ3.1g。

将$FeCl_3 \cdot 6H_2O$在120℃烘烤脱水，取5.06g $FeCl_3$溶于25.0mL无水乙醇。向装有电动搅拌、回流冷凝管、温度计、恒压滴液漏斗的四口烧瓶中依次加入4.3g产物Ⅲ、0.83g乙二胺、45mL无水乙醇溶液，搅拌并开始水浴加热。向恒压滴液漏斗中加入 $FeCl_3$ 的乙醇溶液，待烧瓶中温度升至 80℃，开始滴加 $FeCl_3$ 的乙醇溶液，并控制滴液速度为 2 滴/s，滴后再回流加热约 4h，放置冷却滤出沉淀，用无水乙醇洗 3～4 次，加热干燥，得土黄色粉末状固体。在二氯甲烷中重结晶，得 2.8g 产物Ⅴ，产率 58.6%。

在四口烧瓶中依次加入 4.3g 产物Ⅳ、2.4g 对苯二胺、45mL 无水乙醇。搅拌并开始水浴加热。向恒压滴液漏斗中加入 $FeCl_3$ 的乙醇溶液。待烧瓶中温度升至 80℃，开始滴加 $FeCl_3$ 的乙醇溶液，并控制滴液速度为 2 滴/s，滴完后再回流加热约 4h，放置、冷却、滤出沉淀，用无水乙醇洗 3～4 次，加热干燥，得黑色粉末状固体，在二氯甲烷中重结晶，得 2.8g 产物Ⅵ，产率 55.7%。

3. 吸波性能

视黄基席夫碱盐类是由多种视黄基席夫碱盐组成的、在线形多烯主链上含有连接二价基的双链碳-氮结构的有机聚合物，这类高极化盐类材料结构中的双联离子位移，具有很强的极性，能迅速使电磁波转换成热能散发出去，因而具有吸波功能。组合不同的盐类，可吸收不同频率的电磁波，因此它吸收频带宽，能使武器装备的雷达散射波衰减 80%，而质量只有铁氧体的 1/10。有报道称这种涂层已用于 B-2 轰炸机。

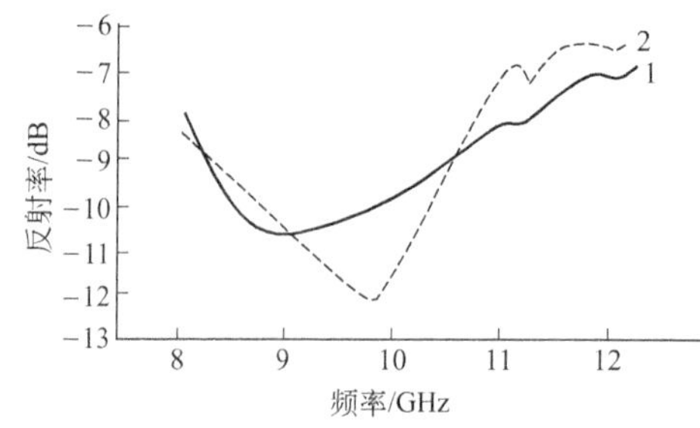

图 2-12　吸收剂反射率随频率的变化曲线
1—样品Ⅴ；2—样品Ⅵ

图 2-12 是吸收剂反射率随频率变化的计算曲线。

当视黄基席夫碱与金属离子形成络合物后，其正、负电荷通过双键的重组能够很容易地沿着分子的共轭链移动，从而使材料的复介电常数和复磁导率发生改变，进而影响到材料的吸波性能。由图 2-12 可见样品Ⅴ、Ⅵ的反射率小于－9dB 的频带为 8.4～10.7GHz，并且样品Ⅵ对电磁波的衰减效果较样品Ⅴ好。9.0GHz 下测得样品Ⅴ的电损耗角正切值为 0.24，磁损耗角正切值为 0.18，说明在其吸收频带下，其对电磁波的衰减不仅表现在电损耗上，还表现在磁损耗上；样品Ⅵ的电损耗角正切值为 0.22，磁损耗角正切值为 0.17，说明在其吸收频带下，其对电磁波的衰减和样品Ⅴ一样，对电磁波的衰减既有电损耗，又有磁损耗。另外，芳香族视黄基席夫碱盐的吸波性能优于脂肪族，因为芳香族的大 π 键参与共轭，使化合物具有更多的 π 电子，并能生成比较理想的共平面金属络合物。

表 2-9 列出了各种视黄基席夫碱试样在吸收衰减为 10dB 以上所展现的频带。

表 2-9　试样微波吸收的频带

样　　品	吸收频带/GHz
视黄基席夫碱-1	8.8～11.2 与 22.0～14.0，稳定且较宽
视黄基席夫碱-2	14.6～18.0，中间有一段较弱
视黄基席夫碱-3	12.8～16.8，强而宽
视黄基席夫碱-4	14.8，附近有很窄吸收
视黄基席夫碱-5	14.2～17.4，强而宽
视黄基席夫碱铁络合物-1	16.8～17.4
视黄基席夫碱铁络合物-2	10.4～11.2 与 13.0～14.8
视黄基席夫碱铁络合物-3	12.3～14.2

注：1. 视黄基席夫碱与环氧树脂的质量比约为 1，视黄基席夫碱铁络合物与环氧树脂的质量比约为2∶1。

2. 试样厚度为 2～4mm。

由表 2-9 可知，视黄基席夫碱-1、视黄基席夫碱-2、视黄基席夫碱-3 存在着较宽而强的吸收带，特别是芳香族的优于脂肪族的。这是由于芳香族大 π 键参与共轭，电子离域更大，使电损耗增大。

第二节　纤维吸波剂

一、多晶铁纤维吸波剂

1. 简介

传统的吸收剂已经应用了半个多世纪了，但吸收材料从本质上讲，无论吸收机理还是吸收剂的种类都没有大的突破。多晶铁纤维吸收剂是满足“薄、轻、宽、强”吸波材料的理想吸收剂之一，国际上对多晶铁纤维的研究始于 20 世纪 70 年代后期。吸收剂体积占空比为 25%、厚度为 1mm 的多晶铁纤维吸波涂层在 3～18GHz 宽频带内反射系数低于－5dB。

多晶铁纤维吸波材料已用于战略防御部队的导弹和载人飞行器，但具体的数据比较少。

我国在多晶铁纤维的研究上也做了不少工作，但目前无论从制备还是应用上都存在许多需要解决的问题。羰基多晶铁纤维的制备方法主要有拉拔法、机械切削法、磁场引导生产法和化学合成法。制备过程的关键是控制纤维的直径、长度及含碳量，国内报道较多的是磁场引导法制备直径小于 10μm 的铁纤维。

对于多晶铁纤维吸收性能的研究报道，多数都只是从理论上进行了推导，认为多晶铁纤维电磁参数具有显著的各向异性，有些学者从理论上推导了多晶铁纤维的电磁参数的表达式，并通过数值计算证明了多晶铁纤维的轴向磁导率大于径向磁导率，轴向介电常数大于其径向介电常数。但是，这些理论推导及证明都是在假设多晶铁纤维的直径相同且均匀的条件下得到的，而实际情况又不可能符合该假设，所以，PIF电磁参数的各向异性究竟对涂层的吸收性能有何影响，在雷达波吸收涂层中如何体现有待进一步研究。

2. 制备方法

优质多晶铁纤维的制备是实验的前提，也是多晶铁纤维实际应用必须解决的问题。

磁性金属纤维（铁、镍、钴及其合金等磁性金属纤维）的制备方法目前主要有拉拔法、切削法、熔抽法和羰基热分解法等，但从本质上讲，前三种都属于物理方法，制备5μm以上的金属纤维技术比较成熟，而要制备更细的金属纤维则十分困难。新近还有学者提出磁场引导水溶还原法，但该方法不能连续大批量生产，而本实验采用的磁引导金属有机物气相分解法（MOCVD）能连续大批量制备长径比可控的多晶铁纤维，很好地解决了高质量多晶铁纤维的制备技术问题。

3. 性能与影响因素

多晶铁纤维吸波材料吸波性能的主要影响因素之一是它的微波磁导率 μ' 和 μ''，而理论研究表明，影响多晶铁纤维微波磁导率的因素主要有纤维的本征磁导率、电导率、直径和长径比等。

（1）组分对微波磁导率的影响

分别制备不同组分的三种纤维镍、羰基铁和钴纤维，镍纤维的直径为2～5μm，羰基铁和钴纤维的直径为1～3μm，三种纤维的长径比均为15～25。将纤维均匀分散于石蜡中制备电磁参数测试样品，利用以HP8510B矢量网络分析仪为基础的材料电磁参数测试系统测试样品的微波磁导率。测试表明：上述三种纤维中，羰基铁纤维的微波磁导率最高。表2-10列出了测试样品中纤维体积占空比为20%时，三种纤维在2GHz频率处的微波磁导率测试结果。由表2-10可知，羰基铁纤维的 μ' 显著大于镍纤维和钴纤维，羰基铁纤维的 μ'' 显著大于钴纤维。图2-13给出了体积占空比为10%时羰基铁纤维和钴纤维的S波段磁导率测试结果。由图2-13可知，在整个2.6～3.95GHz频率范围内，羰基铁纤维的 μ' 和 μ'' 均大于钴纤维。

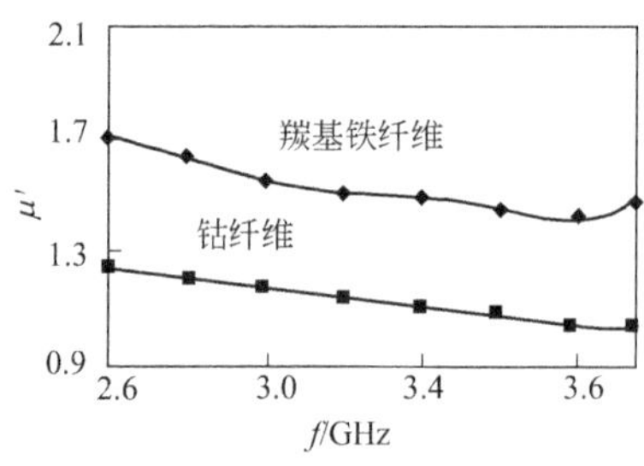

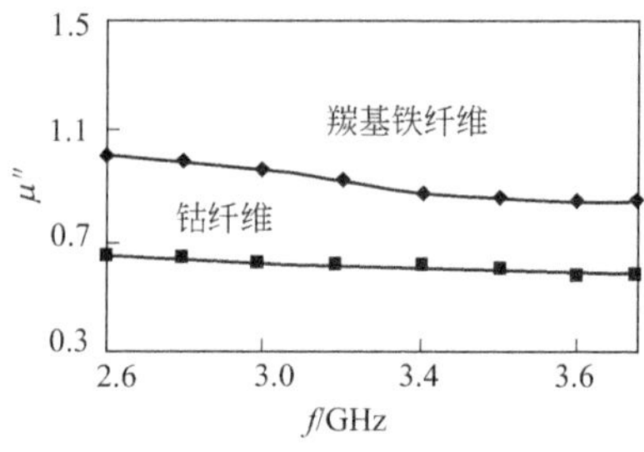

图2-13 羰基铁纤维和钴纤维的微波磁导率

表 2-11 列出了镍、羰基铁和钴纤维的电导率和 2GHz 频率处的本征磁导率 μ_i'。表中的数据表明，在镍、羰基铁和钴三种纤维中，羰基铁的本征磁导率 μ_i' 最高，电导率 σ 最低。可见，选择具有较高 μ_i' 和较低 σ 的材料制备多晶铁纤维时可以获得较高的微波磁导率。

表 2-10　体积占空比为 20%时三种纤维的微波磁导率（测量频率 2GHz）

磁导率	镍纤维	羰基铁纤维	钴纤维
μ'	1.56	2.52	1.89
μ''	1.10	1.13	0.49

表 2-11　三种纤维的本征磁导率和电导率

组分	镍纤维	羰基铁纤维	钴纤维
μ_i'(2GHz)	8.0	12.0	9.5
σ/(MS/m)	14	10	11

（2）纤维直径对微波磁导率的影响

选择羰基铁材料，制备直径为 1～3μm 的细纤维和直径为 4～6μm 的粗纤维，两种纤维的长径比均为 15～25。分别将上述细纤维和粗纤维均匀分散于液态石蜡中，制备 S 波段波导测试样品，两个样品中纤维的体积占空比均为 10%。分别对上述两个样品进行测试，测试结果如图 2-14 所示。由图可知，在整个 2.6～3.95GHz 频率范围内，细纤维的 μ' 和 μ'' 均大于粗纤维的 μ' 和 μ''。可见减小纤维直径是提高多晶铁纤维微波磁导率的有效途径之一。上述结论与理论结论一致，其主要原因在于纤维越粗，纤维内的电磁波趋肤效应越显著。

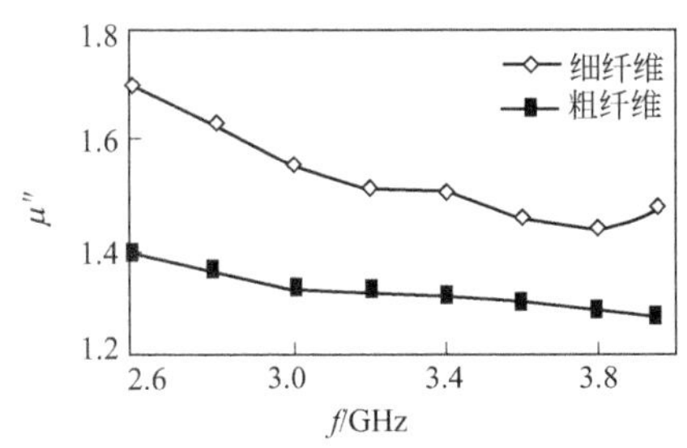

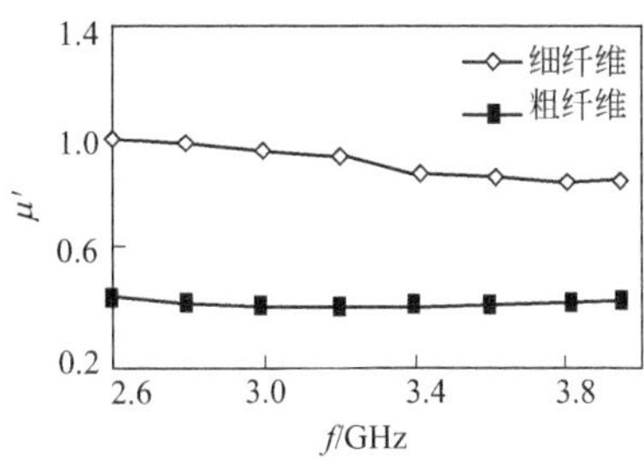

图 2-14　纤维直径对微波磁导率的影响

（3）纤维长径比对微波磁导率的影响

选择羰基铁材料，分别制备长径比为 15～25 的长纤维和长径比为 5～15 的短纤维，两种纤维的直径均为 4～6μm。对这两种纤维的微波磁导率进行测试，当体积占空比为 10%时，X 波段的测试结果如图 2-15 所示。如图可知，在整个 8.2～12.4GHz 频率范围内，长纤维的 μ' 和 μ'' 均略大于短纤维的 μ' 和 μ''。可见当长径比不是很大时，多晶铁纤维的微波磁导率随长径比的增大而增大，其

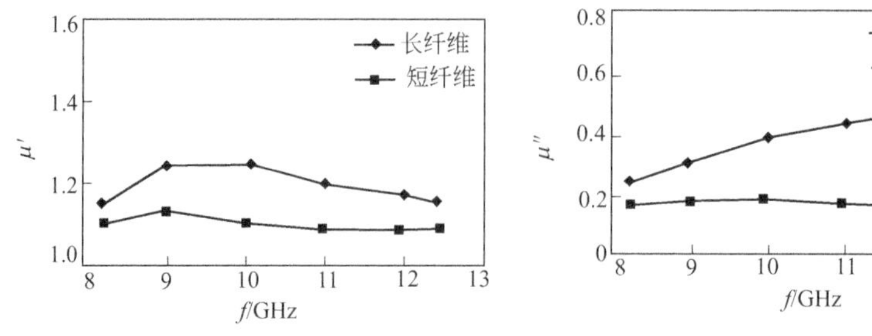

图 2-15　长径比对多晶铁纤维微波磁导率的影响

主要原因在于长径比越大，纤维轴向的退磁效应就越弱。

提高纤维长径比有利于提高纤维的磁导率，但纤维过长容易弯曲变形。上述测试结果表明，虽然纤维长径比由 5～15 显著提高到 15～25，但磁导率的提高并不显著。因此，制备多晶铁纤维时长径比范围可以较大（5～25）。

4. 一种新的多晶铁纤维

以前面的研究为基础，通过选择最佳组分、进一步减小纤维直径及控制长径比等措施，研制了一种新的多晶铁纤维——9901# 纤维。该纤维的直径约为 0.5～2μm，长径比为 5～20。当体积占空比为 30%时，9901# 纤维的微波磁导率测试结果如图 2-16 所示。图 2-16 表明，9901# 纤维具有较高的微波磁导率，2GHz 频率处 μ'为 4.65，在 2～5GHz 频率范围内 μ''均大于 2.50。

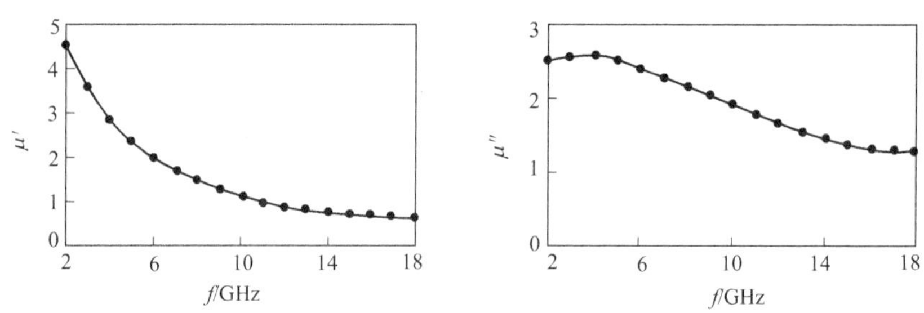

图 2-16　9901# 纤维的微波磁导率测试结果

二、碳纤维吸波剂

（一）主要品种与性能

1. 聚丙烯腈基碳纤维

聚丙烯腈（PAN）碳纤维和石墨纤维是 PAN 原料经预氧化、碳化和石墨化等工艺制备而成的，其中含碳量在 99%以上者为石墨纤维。

PAN 的结构形态为纤维的截面呈圆形，纤维直径为 25～100nm，每根纤维由众多约 5nm 的石墨微晶组成，而微晶的基面沿着纤维中心轴呈现非常有规则的排列。

（1）制备方法

将聚丙烯腈原丝经预氧化、碳化、石墨化等阶段制得高强度、高模量纤维。石墨化的温度不高，在 1000～1500℃制得的称为碳纤维，在 3000℃下制得的称为石墨纤维。但常常也将二者统称为碳纤维，其生产流程如下：

丙烯腈聚合⟶纺丝⟶聚丙烯腈原丝⟶预氧化（200～300℃）⟶碳化（1000～1500℃）⟶碳纤维⟶石墨化（2800℃以上）⟶石墨纤维

（2）性能

碳纤维是纤维状的碳素材料，所以具有碳素材料的特性，如密度小、导热、导电、自润滑性等。此外碳纤维是纤维材料中比模量最高的纤维，拉伸强度与玻璃纤维相近，弹性模量是玻璃纤维的 4～5 倍。

① 电学性能。碳纤维和石墨纤维具有较好的导电性能，电阻率为 10^{-2}～$10^{-4}\Omega\cdot cm$。

② 热性能。碳纤维和石墨纤维的线胀系数小，在纤维轴方向，高模型为 $-1\times10^{-6}K^{-1}$，高强型为 $-0.5\times10^{-6}K^{-1}$；在横向约为 $16.8\times10^{-6}K^{-1}$。纤维在 3000℃非氧化气氛的高温下不熔化、不软化。此外，碳纤维的热导率高，在纤维轴方向的热导率为 83.7～125.6W/(m·K)，纤维的横向热导率低为 0.84W/(m·K)，并随着温度上升而下降，在 1500℃时的热导率为常温时的15%～30%。

③ 化学性能。碳纤维和石墨纤维能被强氧化剂氧化，但耐酸、碱性很好，如将纤维置于酸液中 200d 后，测其弹性模量、纤维直径和拉伸强度时，发现在质量分数为 50%盐酸、硫酸和磷酸中无明显变化；在质量分数为 50%硝酸中略有膨胀；在次氯酸溶液中仅仅直径减小。此外，还能耐油、苯、丙酮等介质。

另外，它还具有防原子辐射、吸收气体和使中子减速等特性。

2. 黏胶基（或人造丝基）碳纤维

黏胶基碳纤维的基体链节是纤维素二糖剩基，每个葡萄糖剩基含有三个羟基，在碳化活化之前要进行脱水处理，使羟基脱水，转化为耐热的梯形结构。黏胶基碳纤维含碳率为 90%（质量分数）以上，石墨纤维含碳量接近 100%（质量分数），其截面呈无规则形或锯齿形态。

（1）制备方法

由人造丝制备碳纤维和石墨纤维的基本工艺如图 2-17 所示。

（2）性能

黏胶基碳纤维密度小、导热性差、碱金属含量低（一般仅为 28～60mg/kg），这些都使其作为烧蚀材料很有利。

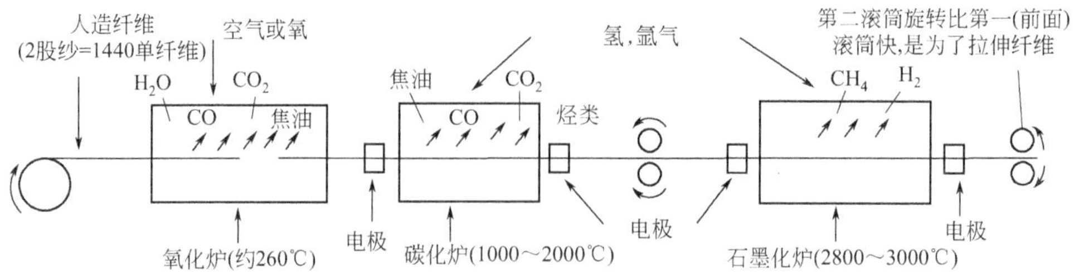

图 2-17　由人造丝制造碳纤维和石墨纤维的生产线

黏胶基碳纤维的密度为 1.3～1.9g/cm^3，拉伸强度为 0.69～3.40GPa，拉伸弹性模量为 690～760GPa。它的电导率与弹性模量有非常直接的关系，即随着弹性模量的提高，几乎是线性增大的。当弹性模量为 70GPa 时，电导率为 400S/cm，弹性模量为 760GPa 时，电导率约为 1900S/cm。其他性能与聚丙烯腈基纤维相似。

3. 沥青基碳纤维与石墨纤维

沥青基碳纤维是由 PVC 热解沥青、木质素沥青和煤油沥青为基料制成的碳纤维。这种碳纤维含碳量较高，即使热处理温度达 1000℃，其含碳量也在 99%以上，纤维的横断面结构如图 2-18 所示，有径向结构、洋葱皮结构和无规结构。一般情况下纤维为混合结构，其中以径向和无规结构为主，洋葱皮结构较少。

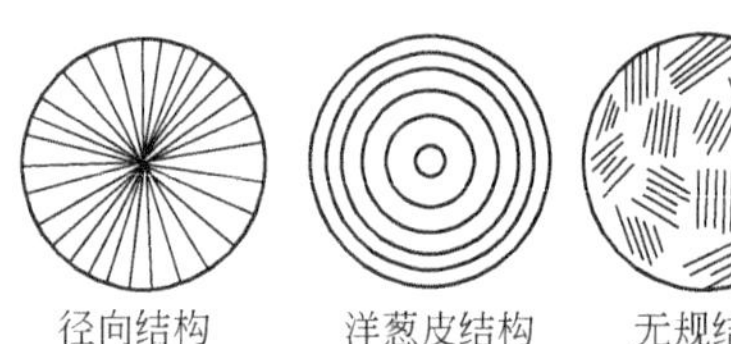

图 2-18　沥青基碳纤维横断面结构图

（1）制备方法

沥青基碳纤维的制备方法有：

① 通用型（低性能）各向同性法；② 中间相沥青制取碳纤维；③ 预中间相法制取碳纤维；④ 潜在中间相沥青制取碳纤维。

（2）性能

沥青基碳纤维的拉伸强度与弹性模量受热处理温度影响较大。如热处理温度为 1700℃时，强度为 1.38GPa，弹性模量为 210GPa；热处理温度为 3000℃时，强度为 2.20GPa，弹性模量为 700GPa。

（二）应用研究

碳纤维（carbon fiber）对吸波结构具有特殊意义。碳纤维电阻率较低，是雷达波的强反射体，必须经过特殊处理，调节其电阻率才能使其具有吸波性能，只有经过特殊处理的碳纤维才能吸收雷达波。碳纤维的吸波性与碳化温度有关。随着碳化温度的升高，碳纤维电导率逐步增大，易作为吸波材料的导电性反射材料和增强体，但低温处理的碳纤维，由于其晶化程度低，结构更加疏松散乱，是电磁波的吸收体。有人把在500～1000℃烧成的聚丙烯腈碳纤维与环氧树脂复合，以此作为中间层制得结构型吸波材料，测得其反射衰减大于20dB的频带是8～12GHz。通过改变碳纤维原料、截面形状以及表面改性都有望获得理想的吸波性能，例如，美国“潘兴”弹道导弹头部玻璃钢的增强体为黏胶基碳纤维。

有很多方法可以使碳纤维具有吸收雷达波的适宜的电阻率。国外对碳纤维做了大量改良工作，如改变碳纤维的横截面形状和大小，制备出棱角、方形、三角形、三叶形等多种横截面的纤维。它们比圆形截面纤维具有更高的韧性和强度，与基体树脂的复合也更优良。B-2等隐身飞机上使用的碳纤维为特殊截面，它们与玻璃纤维、PEEK树脂纤维混杂编织成三向织物，可获得如同微波暗室结构而具有优良的吸透波性能。

碳纤维表面改性方法包括：在碳纤维表面沉积一层有微小空穴的碳粒或碳膜，表面喷涂一层金属镍等均可改善其电磁性能，使碳纤维具有一定的吸波性能。对碳纤维进行表面改性，在碳纤维表面掺入一层吸波介质，或在其表面涂覆掺有电磁损耗物质的树脂，沉淀一层微小孔穴的碳粉，喷涂镍或经氟化物处理都能大大提高碳纤维的吸波性能。研究表明，在碳纤维/树脂基吸波结构材料中，碳纤维的体积分数应在30%～70%，最好为编织体；树脂基体最好为不饱和聚酯、聚酰亚胺、聚酰胺、聚乙烯、聚丙烯等热固性或热塑性树脂，其中以环氧树脂与碳纤维的结合最好，且在某些特定条件下具有很好的宽频吸收曲线。此外，还可对纤维进行表面处理，例如在碳纤维表面镀镍可提高复合材料吸波性能；用红外线辐射加热法制备的金属包裹的碳纤维/树脂基复合吸波材料是一种薄、轻型的吸波材料，通过对纤维进行表面处理，改善碳纤维的电磁特性，以利于吸波结构。

研究表明，在碳纤维复合材料中，当电场方向与纤维方向垂直时，碳纤维是雷达波的反射材料；当电场方向与纤维方向平行时，碳纤维能吸收雷达波。为了使雷达隐身涂料充分发挥效能，吸波纤维（导电载体）的尺寸应与雷达工作波长相匹配，其次涂层宜为多层，每层中纤维应平行，而上下层纤维应互为垂直，而且纤维中心之间最佳距离为0.5～2.0倍波长，即入射波长与纤维中心距离相等或接近，使得雷达波反射不回去。研究结果表明：微量碳纤维/树脂复合吸波材料中，碳纤维的间距、含量对吸波性能有重要影响。其中碳纤维垂直排布吸波材料的吸波性能优于平行、正交排布方式，它在12～18GHz内有较好的反射衰减。碳纤维间距为4mm，纤维规格为1000根/束时最大吸收峰达－20dB，有效频带宽度约为8GHz。等幅同相天线阵模型和碳纤维垂直排布衍射模型分别可以较好地模拟碳纤维平行排布和垂直排布吸波材料结构。

在微波吸收复合材料中，加入导电短纤维或金属丝，能引起吸波特性的变化，如果设计得当能获得具有良好吸波性能的材料。例如在含铁氧体损耗介质的环氧树脂基体中，加入平均长度为 3μm 的镀镍碳纤维，可以大大提高其吸波性能。导电短纤维在吸波材料中起半波谐振子的作用，在导电短纤维近区存在似稳感应场，此感应场激起耗散电流，在铁氧体的作用下，耗散电流被衰减，从而电磁波能量转换为其他形式的能量，主要为热能。这些导电短纤维加入到吸波复合材料中后，均可改变材料的介电性能，增大等效介电常数的虚部，通过改变纤维的尺寸大小、含量和复合材料的厚度，可以得到各种不同性能的复合材料。此外，碳纤维表面还可以包覆镀聚苯胺，或将碳纤维做成中空状纤维，以改善碳纤维的电磁性能参数。

碳纤维与玻璃纤维、SiC 纤维混合使用吸波性能较好，能在宽频范围内有效衰减雷达波。碳/碳复合材料也可以制成吸波材料，美国威廉斯国际公司研制的碳/碳复合材料适用于高温部位，能很好地抑制红外辐射并吸收雷达波，还可制成机翼前缘、机头和机尾。特殊碳纤维增强的碳/热塑性树脂基复合材料具有极好的吸波性能，能够使频率为 0.1MHz～50GHz 的脉冲大幅度衰减，现在已用于先进战斗机（ATF）的机身和机翼，其型号为 APC。另外 APC-2 是 Calion G40-700 碳纤维与 PEEK 复丝混杂纱单向增强品种，特别适宜制造直升机旋翼和导弹壳体，美国隐身直升机 LHX 已经采用此种复合材料。

国内研究人员采用热压法制备出微量碳纤维、碳化硅纤维和黏胶基活性碳毡作为吸波剂的系列纤维/环氧树脂复合吸波材料，系统地研究了碳纤维平行、正交、垂直等不同排布方式对吸波材料吸波性能的影响和碳毡容性、感性电路模拟吸波材料的吸波特性。在此基础上把垂直排布碳纤维和感性排布碳毡复合混杂，设计制备碳纤维（毡）/树脂混杂复合材料，并且可以运用弓形法测试其吸波性能和力学性能。黏胶基活性碳毡感性排布吸波材料的网格大小和毡条宽度对吸波性能有重要影响，容性吸波材料的碳毡贴片大小及贴片间距对其吸波性能影响显著。该吸波材料在 9～11GHz 内出现－30dB 以下的最大反射衰减峰。综合碳纤维垂直排布和黏胶基活性碳纤维毡感性排布在不同频段各有优异吸收，把黏胶基活性炭毡（毡条宽 5mm，间距为 10mm）和碳纤维垂直排布（间距 8mm，1000 根/束）分块混杂后制备的树脂基吸波材料在 10～18GHz 都有大于－20dB 的反射衰减；炭毡（毡条宽 5mm，间距为 20mm）和垂直排布碳纤维（间距 4mm，1000 根/束）穿插排布获得均匀混杂吸波材料在 8～18GHz 内均有－10dB 以下的反射衰减。国内还研究了一种短切碳纤维（T300）与吸波剂和树脂的吸波涂层材料，选择合适的碳纤维长度及其相对应的最佳填充量，使涂层对电磁波具有较大的衰减作用，吸收频带变宽，同时又有一定的减重效果，提高了材料的力学性能。

总之，SiC 纤维和碳纤维是最常见的纤维吸波剂。SiC 纤维复合材料耐高温性能非常突出，力学性能、强度、韧性也十分优异；相比之下，碳纤维复合材料密度小、耐油性好，且也有很高的强度和模量。碳纤维的电阻率很低，SiC 纤维的电阻率很高，两者吸波效果均不佳。将 C、SiC 以不同比例复合，通过人工设计，控制其电阻率，便可制成耐高温、抗氧化、具有优异力学性能和良好吸波性能的 SiC/C 复合纤维。日本开发出一种用碳纤维增强的超轻质改性高聚物来代替传统的有机材料；制成在 30MHz 以上的频段吸波性能良好的阻燃性雷达波吸收材料。而碳纤维/环氧树脂复合材料被用作美军高性能战斗机的吸波表层，既有利于电磁能和静载荷的耗散，又能增强材料的力学性能。近年来国内外对纤维类结构型吸波高聚物的研究取得了一定进展，在复合材料结构上，发展出纺丝混杂、多层、多层夹芯等新型结构，例如，把在 500～1000℃烧成的聚丙烯腈碳纤维与环氧树脂复合作为结构型吸波材料的中间层，在整个 X 波段有大于 20dB 的反射衰减。

（三）新型吸波碳纤维

常用的碳纤维本身是雷达波的强反射体，并不吸收入射电磁波，只有通过特殊处理的碳纤维才具有吸波性能，碳纤维的处理主要以调节电阻率为目标，当前研究的热点主要有异形截面碳纤维、手性碳纤维。

1. 异形截面碳纤维

改变碳纤维的截面形状和大小，对吸收雷达波具有显著影响，异形截面碳纤维具有更加优异的力学性能和光电磁功能。研究表明，由横截面为三角形、四边形或多边形的碳纤维与玻璃纤维混杂编织而成的三维织物，具有良好的吸波性能。碳纤维的异形截面形式有角锥形、三角形、U 形、W 形、Y 形、箭形、中空三角形等多种类型。

目前在异形截面碳纤维研制中处于领先地位的主要有美国、日本和德国。美国 Clementon 大学的先进工程纤维中心对异形截面沥青基碳纤维进行了详细研究，发现其可以承受较大的压应力和纤维特有的转动惯量，而采用异形碳纤维与 PEEK 等树脂制成的复合材料可有效吸收雷达波，能使频率为 0.1～50GHz 的脉冲大幅度衰减。国内制备了力学性能优异的异形截面中间相沥青基碳纤维，并研究了其微波电磁特性，结果表明，这种碳纤维同时具有高的介电损耗和磁损耗，是一种非常有应用潜力的吸波碳纤维。哈尔滨工业大学采用 SEM、XRD 及 XPS 等测试了异形截面碳纤维和日本 Toray 公司 T300 碳纤维的表面形貌、组织结构及化学组成，并采用四电极法和网络法研究了两种碳纤维复合材料的电磁性能。国防科技大学以中空多孔聚丙烯腈（PAN）碳纤维为主要吸收剂，分别添加以炭黑、碳纤维和羰基铁粉为吸收剂的匹配层，制备了双层轻质雷达吸波材料，并考察了其吸波性能，所制备的材料在厚度为 2.90mm、密度为 1.28g/cm^3 时，在 4～18GHz 频率范围内反射率≤－8dB 的带宽为 11.42GHz，反射率≤－10dB 的带宽为 10.90GHz。有人制备了角锥高 1.5cm、底座高 0.35cm、尖顶角 45°的碳纤维与磁性微粉复合的小尺寸角锥形吸波材料，具有良好的吸波性能，材料在

2～18GHz 频率范围内的反射率在 −10dB 以下，3.72GHz 处峰值反射率达 −20.86dB。

2. 手性碳纤维

手性吸波复合材料是利用手性材料的旋光色散性吸收电磁波能量的。1987 年美国研究人员提出“手性具有用于宽频带吸波材料的可能性”，从此手性材料成为吸波材料研究的热门领域。手性材料具有两个优势：一是手性参数比介电参数和磁导率更易于调整；二是容易实现宽频吸波。结构手性复合材料可由多层纤维通过角度渐变的方式叠加制成。螺旋形碳纤维是典型的手性结构，具有特殊的微波吸收特性。国外用气相法制备出螺旋形碳纤维，详细研究了不同尺寸螺旋形碳纤维的吸波性能，并通过改变螺旋形碳纤维的尺寸使吸收峰移动。国内用催化裂解基板法成功制备了螺旋形导电磁纤维，并研究了它的微波电磁性能，研究表明导电螺旋手性碳纤维具有比较高的电磁损耗。有人还发明了一种制备螺旋碳纤维的新型合成方法，可成功制备出百克量级/次的螺旋碳纤维。

三、碳化硅纤维吸波剂

1. 碳化硅纤维

碳化硅纤维的突出优点是耐高温，是目前使用增强材料中工作温度最高的，用碳化硅纤维制备的先进复合材料能长期在高温下工作。在先进复合材料中，碳化硅纤维增强复合材料不像碳纤维复合材料和芳纶纤维复合材料这样普及并为人们所熟悉，但碳化硅纤维增强复合材料具有卓越的高温性能，在高技术领域特别是航天航空领域有广泛的应用前景。

碳化硅纤维有两种制备路线，一种方法是前驱体转换法；另一种是化学气相沉积法。前驱体转换法由日本东北大学矢岛圣使教授发明。日本于 1983 年完成批量生产开发，并以 NICALON 作为产品名称。1984 年，日本宇部兴产公司以低分子硅烷化合物与钛化合物合成有机金属聚合物，采用特殊纺丝技术，制成性能更好的含钛碳化硅纤维，称为 TYRANNO。1990 年初，美国 DOW CORNING 公司也开始生产。

化学气相沉积法是在连续的钨丝或碳丝芯材上沉积碳化硅。通常在管式反应器中用水银电极直接采用直流电或射频加热，把基体芯材（钨丝或碳丝）加热到 1200℃以上，通入氯硅烷和氢气的混合气体，经反应裂解为碳化硅，并沉积在钨丝或碳丝表面。采用这种工艺路线的有美国 TEXTRON SYSTEMS 公司（泰克斯特郎系统公司）、法国 SNPE 公司、英国 BP 公司和中国科学院金属研究所、石家庄新谋科技公司等。

碳化硅纤维是 β 形式的多晶结构，其表面结构非常光滑，Nicalon 纤维断面形状为圆形。

SiC 纤维拉伸强度和拉伸模量高，密度低，耐热性好，可在 1000～1100℃下空气中长期使用；与金属反应性小，浸润性好，在 1000℃以下几乎不与金属发生反应；纤维具有半导体性且随组成不同，其电阻率在 10^{-6}～10^{-1}Ω·cm 之间可调。以前驱体法制得的 SiC 纤维直径细，易编织成各种织物，耐腐蚀性能优异。尽管已工业化生产并以 NICALON 和 TYRANNO 为代表的 SiC 纤维具有上述一些特性，但其耐热性仍不能满足高温领域的应用要求。

研究表明，已生产的 SiC 纤维不是纯的 SiC，是由 Si、C、O 和 H 元素以不同质量分数组成，并且是由微晶 β-SiC 晶粒构成，而氧的存在，导致 SiC 纤维在 1300℃以上会释放 CO 和 SiO 等气体，以及 β-SiC 微晶长大，使纤维的力学性能降低。近些年来，广大科技工作者致力于降低纤维中的氧含量，并使其成为近似等化学组成的结构以提高 SiC 纤维的高温性能。已采用电子束辐照不熔化处理的超高相对分子质量干法纺丝以及添加元素如 Ti、Zr、B 等工艺，实现低氧含量 SiC 纤维的生产。

2. 研究与发展

国外发展最快的耐高温陶瓷纤维吸波材料是 SiC 纤维，SiC 纤维是继碳纤维之后开发的最重要的一种高性能纤维，其强度大、韧性好、热膨胀系数低、密度与硼纤维相当、耐高温性能特别好，能够在 1200℃下长期工作。用 SiC 可以制备具有宽频带吸收的结构吸波材料。此外，SiC 纤维还可以抗 γ 射线辐射以及高速粒子流和电子流的冲击，与各种基体（金属基、树脂基和陶瓷基）的浸润性、复合性好。它既能隐身又能承载，可成型成各种形状复杂的部件，是当代吸波材料另一主要的发展方向。

通常制备的 SiC 纤维是一种典型的透波材料，要使这种 SiC 纤维具有良好的吸波性能，必须降低其电阻率或调整磁导率，提高电磁损耗。当 SiC 纤维的电阻率在 10～153Ω·cm 之间时，属杂质型半导体，具有最佳的吸波性能。碳化硅的导电类型和电阻率值可以通过 B、P、Al、Si、O 以及退火和中子或电子辐照等方法来调整。例如，在 Nicalon-SiC 纤维中 Si、O、C 的物质的量的比为3∶1∶4，C 有一定过剩。三种元素以 SiO_2、SiC 和 C 的形式存在，SiC 约占 65%，SiO_2 约 15%，其余为自由碳。由于存在 SiC 和 C，所以碳化硅纤维具有一定的电导率，且随着热处理温度的升高，纤维的电导率升高。当碳化硅纤维的电阻率为 101～103Ω·cm 时，吸收雷达波的效果最好。研究表明，复合材料的电损耗与 SiC 纤维的体积分数、材料制备条件，尤其是纤维表面形成的富碳界面层有关。

常见的碳化硅纤维改性方法如下。

① 高温处理法。纤维在经过高温处理后，会析出大量游离碳粒子，使纤维的电阻率降低、介电损耗增加，从而具有一定的吸波性能。但在高温处理过程

中，纤维内部的 O 会与 C、Si 等元素反应，生成 CO_2、SiO_2 等物质，使纤维量下降，力学性能大幅降低。

② 表面处理法。通过在碳化硅纤维表面沉积或涂覆其他物质以改善纤维电磁性能。常用的沉积物质有碳、磁性金属、钡铁氧体等。但对于磁性沉积物，在高温下会失去磁性而导致碳化硅纤维吸波性能下降。

③ 掺杂异元素法。通过在 SiC 纤维内掺杂一些具有良好导电性的元素或物相以调节 SiC 纤维的介电损耗和吸波能力。掺杂的方法主要有物理掺杂法和化学掺杂法两种。

④ 改变纤维截面形状法。将碳化硅纤维制备成三叶形、半圆形或中空等截面形状后，其吸波性能得到不同程度的改善。另外，与圆形截面 SiC 纤维相比，异形截面 SiC 纤维的力学性能、纤维与基体间的复合性能等都有较大改善。

在 SiC 纤维内掺杂的方法主要有两种：一种是在前驱体中加入良好导电性或磁性的物质；另一种是在前驱体中加入有机金属化合物，在烧结过程中有机金属化合物分解生成金属微粒或金属碳化物，从而调节 SiC 纤维的微波电磁性能。例如，通过化学镀方法在 SiC 纤维表面镀上一层 1～5μm 的镍、钴和铁，调节其微波电磁性能，使 SiC 吸波性能得到明显改善。也有研究者发现随着烧结温度的升高和纤维内镍含量的增加，陶瓷纤维的电阻率下降，复电磁参数均增大，这种纤维与环氧树脂复合制成的复合材料对雷达波具有良好的吸收。

四、晶须吸波剂

晶须是短纤维状单晶无机增强材料，也就是说，晶须是完全晶体、单晶胞结构的新型材料，是短纤维的一种。

1948 年，美国发现了晶须，它是具有接近理论强度的高强单晶纤维。晶须的第一个生产公司是坦莫金尼蒂克（Themokinetic）纤维公司，1962 年该公司就生产晶须制品。到 1968 年，晶须制品已包括氧化物、碳化物和氮化物的高性能针状晶须、晶须棉、松纤维和晶须纸等。

结构形态：晶须用肉眼看是短纤维。它的直径非常小，因此不可能产生削弱晶体的缺陷，由于其内在的完整性，所以强度较高。

晶须随着所用材料及工艺的不同，有不同的横断面几何形状，见图 2-19。当晶体的横断面几何形状改变时，其长径比也略有增大，其倍数见图 2-19 中每

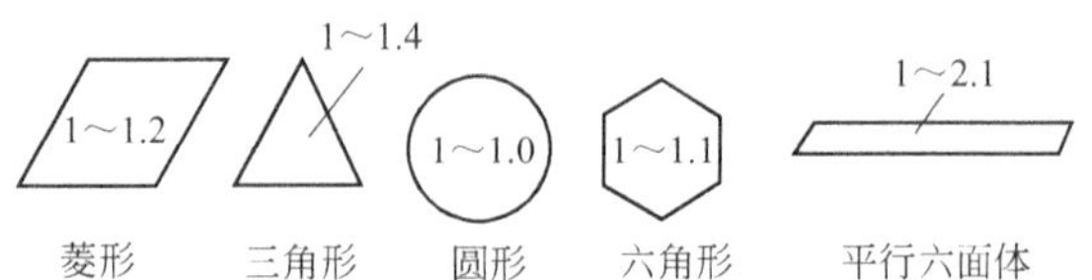

图 2-19　晶须横断面的几何形状

种几何形状内的数字。

晶须有陶瓷晶须和金属晶须等品种，它的最大直径是几微米到几十微米，长径化为 10：1～10000：1。晶须制品分类：①晶须棉，纤维直径是 1～30μm，长径比是 500：1～5000：1，表观密度约为 0.016g/cm^3；②松纤维，是原棉毡在掺和器中加工制成一种轻微交错的纤维块，纤维的长径比为 10：1～200：1；③毡或纸，杂乱排列的晶须纤维，长度在 250～2500μm。此外，还有混合晶须（其中包括高质量晶须混以细粒晶体材料和低长径比的晶须）、涂覆金属晶须、挤出取向晶须、“晶须化”石墨纤维等。

晶须兼有玻璃纤维和硼纤维的性能。它具有玻璃纤维的伸长率（3%～4%）和硼纤维的弹性模量（400～690GPa）。

在理论上，任何能结晶的材料都可能生成晶须，如陶瓷、金属甚至塑料。为此，有许多不同类型的实验晶须已制成，可用于特种用途。晶须除能增强树脂外，各类特种晶须还将使基体树脂具有特殊的电学、光学、磁学、介电、导电以及超导电等性能。

值得注意的是，国内外还开发了一种四针状氧化锌晶须，四根针从正四面体的重心向三维方向展开，这在数十种晶须中是独一无二的。氧化锌晶须是一种各向同性、单晶微纤维状的晶须，由于晶体结构相当完全，内部缺陷很少，因此具有高强度、高弹性模量、高增强、耐高温以及减振降噪等优良的功能。

由于四针状三维结构导电性能优异，不仅可用作抗静电材料、微波发热体材料，而且更是电磁波吸收体，在雷达工作的 5～18GHz 波段由它可吸收达 20dB 的电磁波，即 99%以上，是一种综合性能良好的雷达隐身涂料，因此会广泛应用于军事领域。

五、玄武岩纤维吸波剂

1. 玄武岩纤维

玄武岩矿石属火山岩浆矿石，它具有天然的化学稳定性。玄武岩矿石是富集的、熔融的和质量均匀的单组元原料。熔融、质量均匀化等过程皆是远古火山作用的结果。与玻璃纤维生产不同，玄武岩纤维的生产原料是天然且现成的。

近年来，为筛选适宜于生产连续玄武岩纤维的原料矿石进行过大量的研究工作，尤其是为了生产设定特性（如机械强度、化学和热稳定性、电绝缘性等）的玄武岩纤维，必须采用特定要求的矿石的化学组成和纤维成型性能。例如，生产连续玄武岩纤维所采用矿石的化学组成范围如表 2-12 所列。

非常遗憾的是，目前在中国对玄武岩矿石作为玄武岩纤维生产原料的研究工作尚未引起应有的重视。已掌握的玄武岩矿石化学组成分析数据说明，在中国的很多省份都有适合于连续玄武岩纤维生产的矿址，例如，四川、云南、黑龙江、

表 2-12　玄武岩矿石的化学组成范围

化学组分	SiO_2	Al_2O_3	Fe_2O_3	CaO	MgO	TiO_2	Na_2O	其他杂质
最低/%	45	12	5	4	3	0.9	2.5	2.0
最高/%	60	19	15	12	7	2.0	6.0	3.5

浙江、湖北、海南、台湾等省，其中某些省的矿石已经在工业实验装置上生产出连续的玄武岩纤维。

玄武岩矿石在地球表面上已存放了数百万年，经受着多种气候因素的作用，玄武岩矿石是最坚固的硅酸盐矿石之一，由玄武岩制造的纤维具有天然的强度和对腐蚀性介质作用的稳定性、耐用性、电绝缘性，玄武岩矿石是一种天然的环保型的洁净原料。

过去多年来，玄武岩纤维未能被广泛应用，主要原因是其生产工艺太复杂，而且又是新事物，工业生产技术尚未完全掌握。玄武岩纤维的生产工艺技术与玻璃纤维是不同的，具体表现如下：①玄武岩矿石的化学组分与玻璃体完全不同；②玄武岩矿石含有大量的铁的氧化物（FeO、Fe_2O_3），对热辐射而言它是不透明的；③玄武岩矿石是已存在的天然熔融体，也就是说，按化学组分而论质量是均匀化的；④玄武岩矿石的熔化过程与玻璃的熔化不同，可省去某些工序。

上述玄武岩矿石的特殊性决定了连续玄武岩纤维的生产工艺和技术装备的特点。最初建设的玄武岩矿石熔化炉力求与玻璃纤维生产的炉型类似，虽取得了一定的效果，但其生产成本大大高于玻璃纤维。

2. 作为吸波剂的研究

玄武岩纤维已经成为当今世界研究开发的一个热点课题。玄武岩纤维以天然玄武岩矿石为原料，将矿石破碎后加入熔窑中，经过高温熔融、均化，熔化后的原料直接流入成型通路，拉制成纤维。玄武岩纤维具有耐高温、耐腐蚀性好、热导率小等许多优良的物理化学特点。将玄武岩纤维与镍石蜡复合，可形成吸波性复合材料。

六、竹炭纤维吸波剂

1. 竹炭纤维

竹炭纤维是用竹材资源开发的又一个全新的具有卓越性能的环保材料。将竹子经过 800℃高温干燥炭化工艺处理后，形成竹炭，再运用纳米技术将其微粉化（纳米级竹炭微粉）经过高科技工艺加工，然后采用传统的化纤制备工艺流程，即可纺丝成型，制备出合格的竹炭纤维。黑漆漆的竹炭纤维，在日本市场有“黑钻石”的美誉。竹炭主要由碳、氢、氧等元素组成，质地坚硬、细密多孔、吸附能力强，其吸附能力是同体积木炭的 10 倍以上，所含矿物质是同体积木炭的 5 倍以上，因此具有良好的除臭、防腐、吸附异味的功能。纳米级竹炭微粉还具有

良好的抑菌、杀菌的功效。竹炭可以吸附并中和汗液所含有的酸性物质，达到美白皮肤的功效。而且竹炭还是很好的远红外和负离子的发射材料。它不仅具有自然和环保特性，更有远红外线发射、负离子、蓄热保暖等多种功能，适用于贴身衣物。竹炭的功能具有永久性，不受洗涤次数的影响。

竹炭是采用生长 5 年以上的毛竹，经过土窑烧制而成的，竹炭天生具有的微孔更细化和蜂窝化，然后再与具有蜂窝状微孔结构趋势的聚酯改性切片熔融纺丝而制成。该纤维与众不同之处，就是每一根竹炭纤维都呈内外贯穿的蜂窝状微孔结构，竹炭纤维的优异性能源于其内部的微多孔结构。

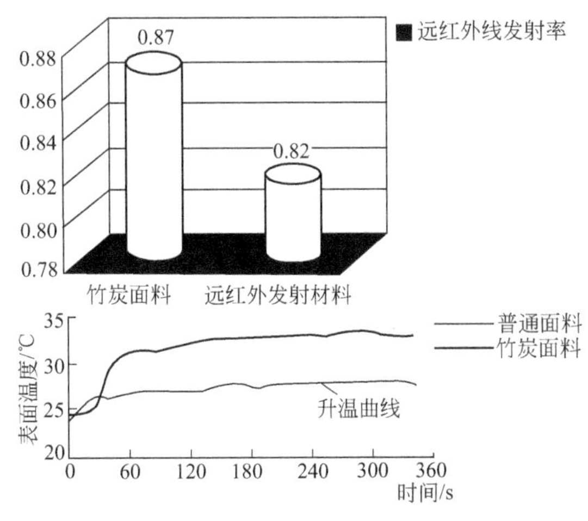

图 2-20　竹炭纤维远红外线发射性能

从图 2-20 可以看出，竹炭纤维的远红外线发射率高达 0.87，比远红外发射材料高出 0.05，升温速度比普通面料快得多，加上竹炭纤维的表面、截面均为蜂窝状微孔结构，故其红外发射率高。

2. 作为吸波剂的研究

竹炭纤维具有超强的吸附性能，将竹炭纤维与高聚物复合，形成竹炭纤维/高聚物复合体，在复合体内填加磁性介质，以调节电磁性能参数，从而制备成吸波复合材料。还可以将竹炭核壳同尖晶石铁氧体混合烧结，例如，同 $Ni_{0.5}Zn_{0.5}Fe_2O_4$ 混合制备成吸波材料。

第三节　新型吸波剂

一、等离子体吸收剂

等离子体吸波原理是在武器表面形成等离子云，当雷达发射的电磁波照射到等离子云上时，与等离子的带电离子相互作用，一部分能量就会被带电离子吸收，从而导致雷达发射的电磁波衰减，达到武器隐身的目的。产生等离子云的方式可以是采用等离子发生器、发生片或放射性同位素。可通过设计和控制等离子云能量、电离度、振荡频率和碰撞频率等参数来达到最佳的吸波效果。

在飞机、导弹、卫星等装备的特定部位，如强散射区可以采用等离子吸波涂料隐身。涂料以锶-90、锔-242等放射性同位素为原料，在飞行器飞行过程中放射出强 α 射线，高能粒子促使空气电离形成等离子层，其吸收性能在1～20GHz频带内损耗值可达－17dB厚度为0.025mm钋-210涂层，可使频率为1GHz的入射波衰减10%～20%。等离子体隐身技术不仅吸波频带宽、隐身效果好、使用简便，且无须对装备作任何结构和性能上的改变，就能使反射回雷达接收的能量很小，使敌方的雷达侦查系统难以侦探和发现，进而达到隐身的目的。

此外，金属微粉也具有一定的吸波作用，如将Fe-Ti-Si-Al复合微晶粉体与环氧树脂复合制备的3mm厚的吸波材料在593MHz～1.83GHz频带内损耗值均低于－10dB，1.5mm厚的 $Nd_3Fe_{66}Mn_2Co_{18}B_{11}$ 复合吸波材料在2.7GHz损耗值可达－6.9dB。

二、电路模拟吸波结构

将电路模拟结构引入到吸波材料中，可以在质量增加很小的情况下实现较好的电磁吸收。相比于传统的吸波材料，电路模拟吸波材料能很好地减小材料质量、提高吸波性能，此外电路模拟吸波材料可以很好地设计波阻抗匹配，实现宽频吸收。研究者提出了很多的改进方法，比如引入多种群进化，将神经网络算法与遗传算法相结合及提出了混合区间遗传算法、排序遗传算法等技术。但是电路模拟吸波材料通常有一定的频率选择特性，只能在某一频段内吸收电磁波。研究了含同轴线活性碳毡电路屏复合材料的微波吸收特性。电路屏的阵列单元间距存在最佳值，在同轴线内半径 a、外半径 b、间距 c 分别为3mm、15mm、7mm的条件下，此材料具有最佳的吸波效果，在7～18GHz内有－10dB的吸收。

三、自适应（智能）隐身吸波剂

1. 简介

隐身的根本目的是尽可能地降低目标和背景可探测特征的差别，使两者一致或接近。但是相对于目标而言，背景是十分复杂并且不断变化的，所以使用一成不变的隐身技术手段很难做到这一点。目前，能够适应背景环境条件的自适应隐身技术被认为是解决这一问题的重要方法。自适应隐身技术是指通过一定的技术手段，使目标的各种可探测特征自动地适应不同背景条件下隐身要求的新技术，而各种可探测特征的改变又是通过各种具有自适应隐身功能的材料来实现的，所以自适应隐身材料被认为是自适应隐身技术的关键环节，自适应隐身材料亦称智

能隐身材料。

2. 自适应隐身的基本原理

自适应隐身技术是一种基于自适应隐身材料的主动隐身技术。自适应隐身材料是一种系统，它可以感知不同背景条件下不同方位到达的电磁波或光波特性，对感知信息进行处理，并通过自我指令对信号做出最佳响应。

自适应隐身系统可以分为三个子系统：信号采集子系统、信号处理与控制子系统和目标可探测特征生成子系统，如图 2-21 所示。信号采集子系统主要由传感器和信号处理器构成，可分别采集目标和背景的光电特征信号；信号处理与控制子系统是中央控制系统，主要由微处理器和 A/D 转换器构成，对采集信号进行分析处理，根据背景的光电特征信号，对目标的可探测特征生成系统发出工作指令，并对其工作状态进行监控；目标可探测特征生成子系统是体现自适应隐身的功能主体，主要由功能材料构成，通过接受控制系统的指令进行工作。

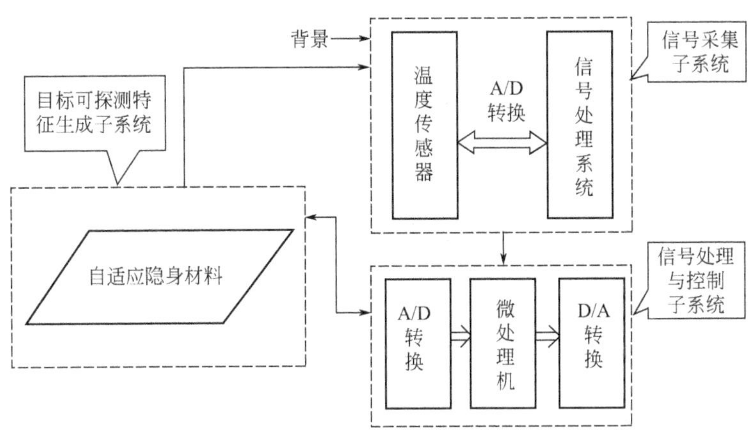

图 2-21 自适应隐身系统示意

在三个子系统中，由于现代信息技术的迅速发展，信号采集和信号处理与控制两个子系统的技术相对比较成熟，已经没有太大技术障碍。目前，该领域的技术重点和难点是目标可探测特征生成子系统，而材料又是其中的关键环节和主体部分。

3. 自适应隐身吸波剂

(1) 自适应隐身吸波剂的分类

根据目标的可探测特征所处的频段不同，当前研究的自适应隐身材料可分为可见光、红外和雷达隐身材料三大类。根据材料的工作原理不同，每大类材料又包含多种功能材料，如表 2-13 所列。

(2) 可见光自适应隐身材料

① 光致变色材料。光致变色材料是指能产生一定光色现象的材料，当其受

表 2-13　自适应隐身吸波剂分类

技术分类	可见光自适应隐身	红外自适应隐身	雷达自适应隐身
材料的主要种类	光致变色材料 光致亮度调节材料 电致变色材料 热致变色材料	相变控温材料 电致变温材料 电致变发射率材料 超吸水调温材料	电致变电磁参数聚合物 雷达自适应吸收体

到光辐射时会呈现一定的颜色，光辐射停止时会恢复到原来的颜色。光致变色材料包括无机物和有机物材料，工作原理各不相同。

a. 无机物。无机物的典型例子是光色玻璃，其原理是玻璃中掺杂的卤化物所产生的可逆光分解。

在光照条件下，AgCl 分解成有色的 Ag（原子）和 Cl（原子）被吸附在玻璃内；在暗处，两种原子又重新化合成无色的 AgCl。相对而言，适合隐身应用的无机光色材料种类不多。

b. 有机物。有机物的许多功能团对可见光都十分敏感，在光辐射的条件下会发生一系列化学变化，在没有光辐射的条件下，又发生逆向反应。这些物质往往都是含有大 π 共轭体系的化合物，在可见光区具有比较强的吸收，色彩丰富。这样，当这些化合物在有光辐射和没有光辐射的条件下就显示不同颜色，例如，对-二甲胺基偶氮苯类的顺反异构化反应：

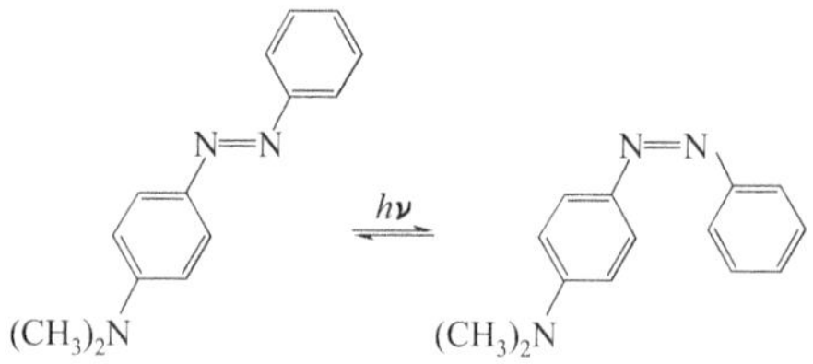

目前，国内外对有机物光致变色材料研究得比较多，主要有以下几种：螺吡喃类、俘精酸酐类、芳香族多环化合物、硫靛蓝类、紫精类化合物和光致变色聚合物。

美国研制了一种可见光自适应隐身材料，在聚氨酯分子中嵌入具有高活性的丁二炔链段，在一定的条件下，丁二炔发生聚合反应，生成聚丁二炔，形成具有自由电子的共轭结构，改变了整个材料的颜色和光强度；在材料系统中加入传感器和控制器，使用带有 SiC 光探测器的窄带通滤波器可以识别环境的波长和光强度，再将输出信号经模拟/数字转换器传输给微处理器进行识别和数据处理，并发出控制指令以改变材料的颜色和色强度，达到隐身的效果。

美国 Clemson 大学和 Geongia 理工学院等近年来正在探索一种利用光导纤维与变色染料相结合的技术。这种技术通过在光纤中掺入变色染料或改变光纤的表面涂层材料来自动控制纤维的颜色。美国军方认为采用这种技术可以实现服装颜色的自动变化。

② 光致亮度调节材料。可见光隐身不仅要求目标与背景的色度一致，亮度也要求一致。现在已经开发出一种涂层，在强光下，材料的晶粒变细，晶粒比表面积和散射系数增大，颜色变浅，即变亮；在弱光下，晶粒变粗，比表面积和散射系数降低，颜色变深，即变暗。所以，用类似这样的材料可以调节隐身器材的明暗度，降低隐身目标与背景的亮度对比度和目标的光学被发现概率。如果色度调节材料和亮度调节材料完美结合，就可以实现真正的可见光自适应隐身，但是光致亮度调节材料种类不多，应用受到限制。

③ 电致变色材料。当电流通过材料时，材料的吸收光谱发生持久而可逆的变化，称为电致变色材料，分无机物和有机物两大类。

a. 无机物。根据变色原理不同，可以分为两种。一种是由于电场作用发生电子交换引起着色或变色的材料。材料变色的过程包括形成颜色中心、杂质间电荷转移、Franz-Keldysh 效应引起的吸收红移效应和 Stark 效应等。例如，α-WO_3 和 NiO 组成的电致变色膜材料，前者有蓝色变色特性，后者呈灰色变色特性。基本原理：外加正向电压时发生电化学反应而着色，施加反向电压时发生逆向反应使其褪色。NiO 着色和褪色的电化学原理反应如下：

$$Ni_{1-x}O(\text{初始态})+yM^{+}+ye^{-}\longrightarrow M_yNi_{1-x}O(\text{褪色态})$$

$$M_yNi_{1-x}O(\text{褪色态})\longrightarrow M_{y-2}Ni_{1-x}O(\text{着色态})+2M^{+}+2e^{-}$$

另一种是电化学过程引起的着色或变色。电化学体系有两种使颜色发生变化的方法：显色法和隐色法。引起电化学变色的过程有：电致氧化还原反应，$A\pm ne\longrightarrow B$；电镀，在氧化还原过程中，金属离子沉积在电极上，形成一层固态金属而显色。此外，还有固态薄膜的电化学反应而引起的变色等。

b. 有机物。有机材料与无机材料相比具有以下优点：颜色多样；加工性好，可做成液态或高分子状态；响应速度可调，有望达到比无机材料更快的响应速度，而这一点对于电致变色材料是最重要的。但是有机材料耐久性差、寿命短，要达到 10^7 以上的变色次数比较困难。

目前，基础理论研究阶段的有机电致变色染料已基本完成，需要改进的是加工的手段和提高寿命的技术。现在有机染料理论上研究得比较透彻的有以下几类：紫精类（含吡啶盐）、芳香胺类（包括聚苯胺）、稀土二酞菁类化合物、导电高分子类。

2000 年，俄军对电致变色吸波薄膜等视频隐身技术进行了研究，发现这种薄膜不但具备吸波能力，而且能使炮身颜色与地面背景协调，实现武器装备的隐身。

美国空军研制了一种聚苯胺基复合材料，可用于调节飞机蒙皮的亮度和颜色，它通过安装在飞机各个侧面的可见光传感器控制其光电等特性，在不加电时它是透光的，在加电时可同时改变亮度和颜色。使用这种蒙皮的飞机，在飞行中从上往下看，它的上部颜色与地表的主体颜色相近；从下往上看，它的底部颜色与天空背景一致。美国佛罗里达大学研制出一种电致变色聚合物材料，将这种材料制成薄板覆盖在目标表面，板在加电时能发光并改变颜色，在不同电压的控制下会发出蓝、灰、白等不同颜色的光，必要时还可产生浓淡不同的色调，以便与天空的色调相一致，能够消除目标与背景的色差。美军纳蒂克研究、开发与工程中心正在研究一种高技术迷彩布料——自动变色布料。通过装在衣服上的微传感器的作用电激活染料或利用可产生动态视觉迷彩的生物技术，使这种布料可随不同地面或背景的变化而自动变色。

④ 热致变色材料。热致变色材料是在一定温度范围内颜色随温度的改变而发生明显变化的功能材料，同样可以分为无机物和有机物两大类。自 20 世纪 60 年代起，美军就开始关注热致变色材料的研究。

a. 无机热致变色材料。在这类材料中，Hg、Ag 金属的碘化物、络合物、复盐以及过渡金属的配合物是主要的可逆热致变色材料。根据其变色机理可以把无机热致变色材料分为以下几类：晶体转变型无机变色材料、位移转变型无机变色材料、失去结晶体水型无机变色材料。

b. 有机热致变色材料。热致变色材料自 20 世纪 80 年代以来逐渐趋于向低温和可逆两个方面发展，而低温可逆有机类热致变色材料综合性能最好，成为目前热致变色材料研究和应用的热点，热致变色化合物按结构可分为 5 类：螺环类可逆热色性化合物、席夫碱可逆热色性有机物、含有—CH ═CH—多芳环的可逆热色性有机物、通过电子转移表现出可逆热色性的有机物、其他可逆热色性有机物。热变色机理主要有分子间化学反应和分子内互变异构两大类型。例如，日本松井色素化学工业株式会社研究开发了以结晶紫内酯（CVL）和双酚 A 反应制得的热变色涂料。

席夫碱类化合物在不同温度范围有两种结构：烯醇式和顺酮式。在受热条件下，两者可以互变异构，导致颜色改变。烯醇式结构中的邻羟基在两种结构的转换中起关键作用，变化原理如下：

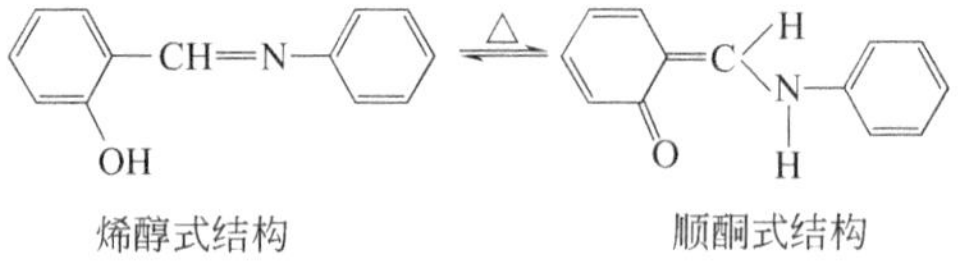

烯醇式结构　　顺酮式结构

此外，由于苯环上取代基不同，席夫碱类化合物具有多种衍生物，如含杂环的胺、甾族类胺和含邻羟基的双席夫碱等。这些衍生物的颜色和异构转变温度会随结构变化而变化。通过对这类物质的分子进行设计，例如，在苯环上引入不同取代基，就可以获得满足不同伪装需要的新材料。

英国科学家研制出了一种新型热敏化学隐身材料，该材料能在 28℃时变成红色，33℃时变为蓝色，低温时变为黑色，在20～100℃条件下具有色彩的全光谱变化性能。

（3）红外自适应隐身材料

随着现代军用探测技术的发展特别是红外前视系统、红外传感系统、被动式红外热成像仪的相继使用，使红外隐身变得越来越困难，各种军事目标的生存和安全受到严重威胁。因此，发展新型的红外隐身技术和材料就成为当务之急。

① 相变控温材料。物质的相变大多伴随着热量的变化，相变控温材料是一类相变温度在隐身需求的控温范围之内，并且相变热比较大的材料。当目标温度高于背景温度时，材料吸热由固相变成液相，或从一种晶相变成另一种晶相，降低目标表面温度；当目标温度低于背景温度时，材料放热，由液相变成固相，或返回到原来的晶相，目标表面温度升高。利用这种材料在相变过程中吸热和放热，调节目标的表面温度，使目标与背景的表面温度尽可能地一致；也可以利用相变控温材料对目标表面进行红外迷彩设计，在一定程度上能够达到红外自适应隐身的目的。但是对于薄膜层材料，在有持续热量供给的条件下，隐身效果有限。

② 电致变温材料。电致变温材料亦称热电转换材料，在红外伪装方面主要是利用热电材料的Peltier效应，对高温目标制冷。热电制冷的基本原理如图2-22所示，P型和N型半导体的一端与导体相连，组成一个热电偶。在电能驱动下两种载流子流向热端，电流由N型流向P型半导体的接头吸收热量，成为冷端；由P型流向N型半导体的接头释放热量，成为热端，产生制冷效果。

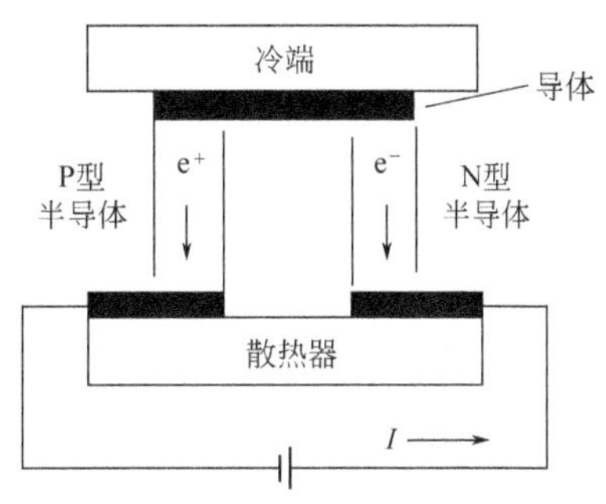

图2-22 热电制冷的基本工作原理

用热电材料制造的热电转换装置不使用制冷剂，无机械传动部分，故具有无泄漏、无污染、无噪声、寿命长、可微型化等突出优点，但是它的缺点也很明显，就是制冷效率低。对于半导体制冷，影响热电制冷效率的主要因素是材料的电导率和热导率。提高材料的热导率成为目前人们关注的焦点，其有效途径之一就是增加声子的散射机制。目前研究的材料主要有以下几种：Bi-Sb-Te-Se体系材料、Skutterudites结构型材料、Clathrates结构型材料、Half-Heusler结构型合金、Pentatellurides结构材料、无公度准晶体材料、薄膜及纳米结构材料等。

1995年P. Chandrasekhar对导电高分子电致变色材料的红外发射性能进行研究，发现其在中远红外宽频范围（0.4～45μm）具有可控的红外发射率变化（0.3～0.7），以适应背景的红外发射率，实现红外隐身。

2002年，美国豪科莫尔公司研制的第二代变色龙服装MKⅡ由“Intrigue”

材料经激光缝合而成，与第一代“ghillie”相比，质量更小，穿脱迅速，能反射红外线，对周围环境适应时间大大缩短，已由北约潜在客户进行实验。

美国陆军应用导电高分子电致变色材料（PEDT/PPS）制作士兵服装或武器装备的表面涂层，利用该材料在夜间或白天的红外发射率不同达到红外隐身的目的。

北京理工大学设计了一种红外自适应隐身材料系统，这种系统由红外传感器、电致变温材料和微处理器组成，实现了目标热像随背景自适应变化的功能。

此外，还有一系列其他自适应隐身新材料。例如，电致变发射率材料，通过调节电压等参数的大小，控制涂层的红外发射率，可使目标在红外热图中形成与所处背景类似的斑驳图案；超吸水调温材料，涂层中掺杂的“超吸水材料”不断吸收空气中的水分，然后在阳光下“缓慢蒸发”，降低隐身目标的表面温度，使其与背景的温度匹配，利用水的大热惯量实现自适应隐身。

（4）雷达自适应隐身材料

目前各种雷达设备仍是探测航空目标的主要手段，所以雷达隐身仍然是目前隐身技术发展的一个重点，其中雷达自适应隐身是其发展的一个重要方向。

① 电致变电磁参数聚合物。通过施加电压，对某些导电聚合物的电磁参数进行调节，以便满足雷达自适应隐身的需要。例如，英国一所大学研制了主要成分为 PANi·HBF_4、PEO（poly ethylene oxide）、12%（质量分数）银和 12%（质量分数）$AgBF_4$ 的导电聚合物，在外加电压条件下，它的电磁参数可以调节，其原理是发生如下反应：

$$\text{PANi}\cdot\text{HBF}_4+\text{Ag}\longrightarrow\text{PANi}\cdot\text{H}^0+\text{AgBF}_4$$

② 雷达自适应吸收体。这是专门针对雷达波的自适应隐身材料，能对雷达波的反射进行动态控制。例如，日本将导电玻璃纤维用于高频高效吸波涂料，它具有由电阻抗变换层和低阻抗谐振层组成的两层结构，其中谐振层是由铁氧体、导电短纤维与树脂组成的复合材料，该纤维可吸收 1～20GHz 的雷达波，吸收带宽达 50%，吸收率达 20dB 以上。英国 Tennat 和 Chambers 研究了用 PIN 二极管控制主动的 FSS（频率选择表面），实现了自适应的雷达吸波结构，能对 9～13GHz 频段的反射率进行有效的动态控制。

4. 自适应隐身吸波剂的发展

随着信息技术的迅速发展，侦察和制导技术日臻完善，在给传统的隐身技术带来严峻挑战的同时，也给自适应隐身技术的发展带来了前所未有的机遇。因此，自适应隐身材料必然是未来隐身技术领域重点关注并且必须有重大突破的研究方向。

① 发展新材料体系。从目前的研究状况来看，材料仍是制约自适应隐身的

主要因素，主要表现在材料的种类不多、可控性不足、灵敏度不够好。相比较而言，针对可见光隐身的有机材料较为齐全，但是要完全满足可见光隐身需要还有很大差距，例如叶绿素光谱特征的模拟等。因此，针对各种频段的隐身需要，开发诸如纳米材料、超颖材料等新材料体系可能是未来材料技术方面获得突破的关键所在。

② 材料的控制技术。自适应隐身技术的本质在于自动控制目标的可探测特征，实现途径就是对材料的特性进行控制的技术。从信息控制技术本身来看，信号的采集、处理与控制都比较成熟，但是如何对材料的参数进行设定以及材料与控制系统的衔接将是这方面的重点。

③ 探索主动传感新技术。主动传感技术是自适应隐身技术的一个重要方面，是目标主动获取背景信息并实施自适应功能的前提条件。这就要求一些传感器件必须具有十分灵敏的感应功能，而且对目标与背景的诸多信息能够进行感应。因此，今后必然要大力发展诸如分布式传感器和多传感器等能满足特殊隐身需求的新传感器。

第四节　隐身材料与结构设计

一、隐身材料用基体材料

吸波隐身材料常用的基体材料有树脂、橡胶和陶瓷等，用量最大的是树脂基体。各种常见吸波材料及其常用基体列于表 2-14。

表 2-14　常用吸波材料及其基体材料

<table>
<tr><th>类型</th><th colspan="2">吸波剂和基体材料</th></tr>
<tr><td rowspan="3">导电材料板材
（介电损耗类）</td><td>损耗型吸波剂</td><td>炭黑、石墨、胶体石墨、钢纤维、氧化铁
粉末类：Fe、Al、Ni 粉末，Ag 和 Ni 碎片等</td></tr>
<tr><td>基体材料</td><td>树脂：环氧、甲基丙烯酸树脂、酚醛、乙烯酯树脂、有机硅、聚酯、聚苯乙烯、聚氨酯泡沫、导电聚合物等</td></tr>
<tr><td colspan="2">填充石墨的橡胶板材；填充胶体石墨的聚氨酯泡沫塑料；填充炭黑的聚乙烯板材、聚丙烯、聚苯乙烯、乙烯酯树脂、聚碳酸酯、酚醛、环氧和聚氨酯等板材；填充铁粉的氯丁橡胶；填充铝碎片的橡胶</td></tr>
<tr><td rowspan="3">导电聚合物
（掺杂聚合物）</td><td colspan="2">聚合物：聚吡咯、聚苯胺、聚乙炔、聚噻吩、聚苯、聚丙烯噻吩、聚苯硫酯、聚对苯噻唑-PBT、PTFE、聚甲基丙烯酯甲酯、有机硅橡胶、丁二烯丙烯腈橡胶
掺杂剂：I_2、Br_2、$FeCl_3$、$ZrCl_4$、NO_2PF_6、NO_2SbF_6、SbF_5、AsF_5、O_2、Si 等</td></tr>
<tr><td colspan="2">含有碳微粒的导电纤维、涂覆 Ag 的陶瓷（SiO_2）微球</td></tr>
<tr><td colspan="2">导电 PE、含有炭黑和聚异丁二烯的聚乙烯共聚物、乙烯-丙烯酸乙酯共聚物；C_{60}、C_{70}</td></tr>
<tr><td>隔板</td><td colspan="2">泡沫塑料：聚氨酯泡沫、苯乙烯泡沫
聚酯类：PS、刨花板、层压木、蜂窝结构</td></tr>
</table>

续表

<table>
<tr><th>类型</th><th colspan="2">吸波剂和基体材料</th></tr>
<tr><td rowspan="3">吸波结构(RAS)</td><td>复合材料表层</td><td>纤维:D、E、R、S玻璃纤维、Revlar纤维、芳纶纤维
树脂:双层手性亚酸树脂、聚酯、环氧、聚酯亚酸、聚丙烯腈等
复合材料:树脂基复合材料;碳/碳复合材料、陶瓷基复合材料
超级塑料:纤维增强石墨表层、聚对苯噻唑等</td></tr>
<tr><td>素材</td><td>结构:含有碳或石墨/环氧的蜂窝结构;复合泡沫</td></tr>
<tr><td colspan="2">Revlar纤维增强夹层蜂窝结构:含有蜂窝隔板的混杂雷达吸波材料;碳纤维增强环氧/铝复合板材结构;金属合金纤维或硼纤维增强塑料或金属</td></tr>
<tr><td rowspan="2">磁性吸波剂</td><td>填料</td><td>铁氧体、Co铁氧体、Ni-Zn铁氧体、Ni-Mg-Zn铁氧体、Mg-Cu-Zn铁氧体、Cu-Zn-铁氧体、六角形铁氧体、铁磁材料及其氧化物、羰基铁等</td></tr>
<tr><td colspan="2">铁氧体或铁粉填充陶瓷或橡胶;铁磁材料填充苯甲基硅烷、二苯甲基硅烷、二甲基硅橡胶;铁粉球状喷漆等</td></tr>
<tr><td>手性吸波剂</td><td colspan="2">填料:金属螺旋微粒;基体:低损耗环氧树脂
手性吸波材料:螺旋微粒填充环氧塑料</td></tr>
<tr><td rowspan="2">其他</td><td colspan="2">吸波网:含有纤维和碳微粒的苯乙烯泡沫塑料(spongex),铁氧体-钛酸钡混合物作 $\mu=\varepsilon$ 吸波剂;Schiff盐类,可作为超宽频吸波剂</td></tr>
<tr><td>红外吸波剂</td><td>SiC纤维增强金属或塑料
C和SiC晶须增强铝或塑料
氧化铟锡(降低天线回波)</td></tr>
</table>

二、吸波隐身材料的设计

(一)设计原理

由于目前各国探测目标的手段主要为微波雷达，它利用电磁波在传播过程中遇见介质变化时将在界面产生感应电磁流，并向四周辐射电磁能的原理，通过分析雷达接收天线截获（或感应）的辐射电磁能，便可判断目标的距离、方位、大小、类型等。隐身的目的就是避免接收天线截获到此辐射能。首先应避免的是产生感应电流，这主要靠材料设计实现；其次是避免天线接收到电磁能的辐射，它主要靠外形设计实现。假设雷达发射的功率为 P_t，接收的辐射功率为 P_r，则有关系式：

$$P_r=P_tG^2\lambda^2\sigma/(4\pi)^3R^4 \tag{2-4}$$

式中，G 为天线增益（最大辐射方向的功率与平均值的比值）；λ 为电磁波波长；R 为目标距离；σ 为雷达散射截面。

这里取决于目标特性的只有雷达散射截面 σ，它与目标的大小、电磁特性参数（与形状、波长相关）及反射系数有关，而反射系数取决于界面材料的电性能及雷达波的波长、入射角和入射极化（电场与入射面的关系）。对于平面界面，当入射角垂直于界面时，垂直极化与平行极化的反射系数相等，即有：

$$R=(Z_2-Z_1)/(Z_2+Z_1) \tag{2-5}$$

式中，Z_1、Z_2 为两种介质的本征阻抗，由介质的介电常数 ε 和磁导率 μ 确定，即：

$$Z_1=\sqrt{\mu_1/\varepsilon_1},Z_2=\sqrt{\mu_2/\varepsilon_2}$$

由式(2-5) 可得不反射条件为：

$$Z_1=Z_2 \text{ 或 } \mu_1/\varepsilon_1=\mu_2/\varepsilon_2 \tag{2-6}$$

由此可见，从目标结构选材方面缩减雷达散射截面的途径为避免两种介质阻抗的剧烈变化，确保阻抗渐变或匹配，它可通过材料的特殊设计实现，即将材料设计成表面阻抗接近自由空间阻抗，随厚度增加，阻抗减小。其方法有两种：一为采用具有上述电特征的板层结构；二为在主体材料中加入具有相反电特征的物质微粒——导体加陶瓷等绝缘微粒，而绝缘体加金属微粒，且随厚度不同，微粒的密度不同。另外从能量守恒角度看，电磁波反射减小，折射必增大，如果不将其损耗，当其遇到其他界面（如蒙皮内部或内部结构）时还将反射。损耗的方法为将其转变成其他（如热）能，这也得通过特殊材料的特殊设计实现。目前常用的损耗电磁能手段有以下三种：一是介电物或微粒型，借助介电物或向微粒的分子在电磁作用下趋于运动，又将受限定电导率限制而将电磁能转换为热能损耗掉；二是磁化物或粒子型，借助内部偶极子在磁能作用下运动，同时受限定磁导率影响而将电磁能转变成热能损耗掉；三是反相干涉型，采用一定的结构形式使入射波相位与反射波相反来衰减电磁能。目前人们还在探讨其他途径，如利用异性同位素产生的等离子吸收电磁波从而获得高效能。

（二）设计理论

1. 传输线理论

吸波材料数学模型的建立和优化用得最多的就是多层传输线理论，如图 2-23所示。

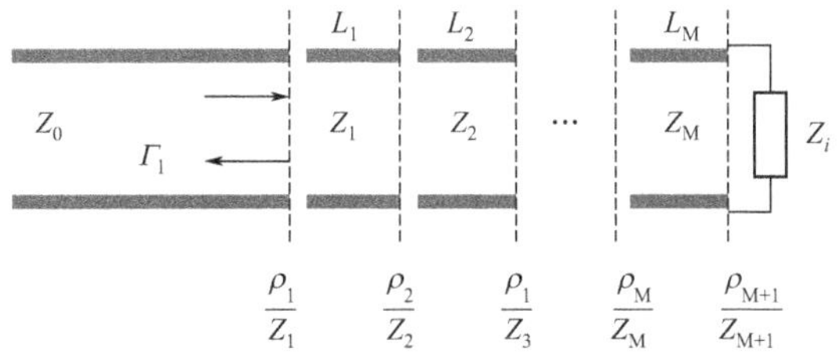

图 2-23 多段结构传输线

第 i 层的电长度 L_i：

$$L_i=\frac{n_i l_i}{\lambda_0}=\frac{l_i}{\lambda_i}(i=1,2,\cdots,M) \tag{2-7}$$

λ_i 是 i 部分的波长，δ_i 是单节相位厚度：

$$\delta_i=\beta_i l_i=2\pi L_i\frac{f}{f_0}=2\pi L_i\frac{\lambda_0}{\lambda}(i=1,2,\cdots,M) \tag{2-8}$$

波阻抗 $\overline{Z}_i$ 在连续接口处的递推关系为：

$$\overline{Z}_i=Z_i\frac{\overline{Z}_{i+1}+jZ_i\tan\delta_i}{Z_i+j\overline{Z}_{i+1}\tan\delta_i}(i=M,\cdots,1) \tag{2-9}$$

2. 单层吸波材料反射率计算

材料对电磁波的吸收，关键在于吸波材料与自由空间的阻抗匹配。电磁波在空气中传播遇到媒质时，由于媒质的阻抗与自由空间的阻抗不匹配，电磁波在空气与媒质界面发生反射和透射。透射波进入媒质内部与媒质发生相互作用，其电磁能量被转换成机械能、电能和热能等其他形式的能量。因此，吸波材料吸收电磁波必须满足两个条件：①电磁波入射到材料表面时能够最大限度地进入材料内部，即匹配特性；②进入材料内部的电磁波能迅速地几乎全部衰减掉，即衰减特性。

实现第一个条件的方法是采用特殊的边界条件。当电磁波从自由空间入射到阻抗为 Z_i 的吸波材料界面上时，吸波材料的反射系数为：

$$R=\frac{Z_0-Z_i}{Z_0+Z_i} \tag{2-10}$$

其中：

$$Z_0=\sqrt{\frac{\mu_0}{\varepsilon_0}},Z_i=\sqrt{\frac{\mu_i}{\varepsilon_i}}$$

式中，Z_0 为自由空间的特性阻抗；Z_i 为吸波材料的归一化输入阻抗；μ_0、ε_0 为自由空间的磁导率和介电常数；μ_i、ε_i 为材料的磁导率和介电常数。

若要反射系数为零，则要求 Z_0 与 Z_i 匹配，即：

$$\frac{\mu_0}{\mu_i}=\frac{\varepsilon_0}{\varepsilon_i}$$

实现第二个条件则要求吸波材料的电磁参量满足高损耗的要求。根据电磁波理论，用衰减系数 α 来表示单位长度上波的衰减量，其表达式为：

$$\mu_i=\mu'-i\mu'',\varepsilon_i=\varepsilon'-i\varepsilon''$$

$$\alpha=\frac{\omega}{\sqrt{2c}}\sqrt{(\mu''\varepsilon''-\mu'\varepsilon')\sqrt{(\mu'^2+j\varepsilon''^2)}} \tag{2-11}$$

式中，ω 为角频率；c 为电磁波在真空中的传播速度。要满足衰减特性，要求材料有较大的 α 值。由式(2-11) 可知，要求 ε''、μ''尽可能地大。

对吸波材料而言，通常用损耗因子来表征损耗大小，即：

$$\tan\delta_E=\frac{\varepsilon''}{\varepsilon'},\tan\delta_M=\frac{\mu''}{\mu'} \tag{2-12}$$

式(2-12) 为材料电损耗正切角值与磁损耗正切角值，电损耗正切角值 $\tan\delta_E$ 可反映材料的电损耗大小，磁损耗正切角值 $\tan\delta_M$ 可反映材料的磁损耗大小。

3. 多层吸波材料反射率计算

多层材料反射率的计算过程如下所述。每一层由 3 个参数限定：厚度、复介电常数和复磁导率，如图 2-24 所示。

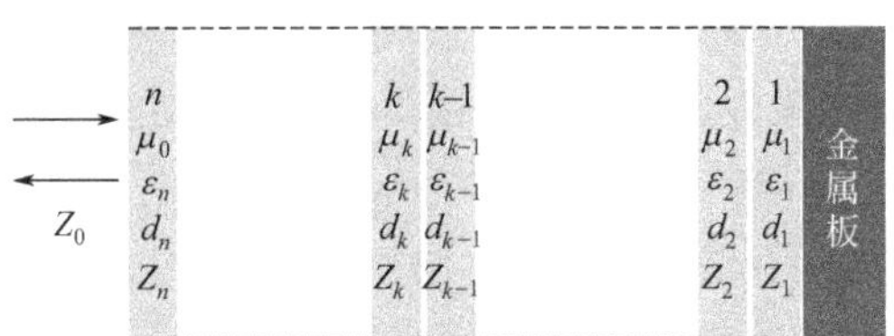

图 2-24　多层吸波材料的反射率模型

由材料的复介电常数和复磁导率，得到第 k 层的阻抗和传输系数，见式(2-13) 和式(2-14)：

$$Z_k=\sqrt{\frac{\mu_{rk}}{\varepsilon_{rk}}} \tag{2-13}$$

$$\gamma_k=i\frac{2\pi f\sqrt{\varepsilon_{rk}\mu_{rk}}}{C} \tag{2-14}$$

继而可以得到第 k 层的输入阻抗：

$$Z_{ink}=Z_k\frac{Z_{kin-1}+Z_k\tanh(\gamma_k d_k)}{Z_k+Z_{kin-1}\tanh(\gamma_k d_k)} \tag{2-15}$$

通过材料的输入阻抗可以得到电磁波反射率：

$$R=\frac{Z_{ink}-1}{Z_{ink}+1} \tag{2-16}$$

$$R.L.=20\lg|R| \tag{2-17}$$

从雷达吸波隐身材料的吸波机理来看，吸波材料与雷达波相互作用时可能发生的 3 种现象：①发生电导损耗、介电损耗和磁滞损耗；②电磁波与吸波粒子碰撞后发生散射作用；③作用在材料表面的初次反射波会与进入材料内的二次反射波发生干涉而抵消，从而使雷达回波能量衰减。

三、雷达吸波材料的结构类型及设计

按照雷达吸波材料的吸收机理，可以将其分为阻抗匹配型和谐振型两类吸波材料。

1. 阻抗匹配型吸波材料

(1) 锥体形吸波材料

锥体形吸波材料是典型的结构型吸波材料，材料的锥体结构使阻抗从空气到吸波材料底端有一个渐变的过程，但是其缺点是厚度大且容易碎裂。经过合理的设计和改进，这种吸波材料被广泛应用于微波暗室等领域。有人用有限元方法深入研究了这种吸波材料，如图 2-25 所示。

（2）匹配层吸波材料

匹配层吸波材料以锥形吸波材料为基础，能在不影响吸波效果的情况下减少材料的厚度。这种吸波材料是在入射与吸收之间设置一个阻抗匹配层。阻抗匹配层的阻抗值介于空气和吸收层之间，如图 2-26 所示。当匹配层的厚度为 λ/4 时，匹配效果最为明显。阻抗匹配层的阻抗优选为：

$$Z_2=\sqrt{Z_1Z_3} \tag{2-18}$$

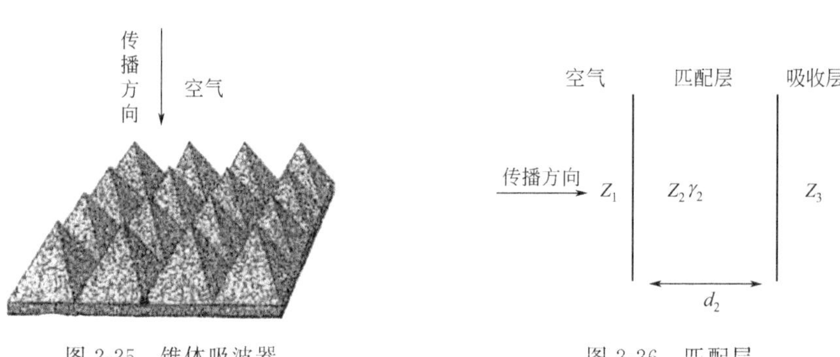

图 2-25　锥体吸波器　　图 2-26　匹配层

2. 谐振型吸波材料

谐振型吸波材料是利用干涉原理来降低电磁波的反射，也称为 λ/4 吸波材料，包括 Dallenbach 层、Salisbury 屏和 Jaumann 层。这类材料的阻抗与空气并不匹配，并且材料对厚度有一定要求，因此并不能完全吸收所有的电磁能。

（1）Dallenbach 层吸波材料

Dallenbach 层吸波结构由在导电板前放置的均匀有耗介质层构成，如图 2-27 所示。

研究发现，单层的 Dallenbach 结构无法得到宽频的吸波材料，因此，人们采用多层结构拓宽它的吸收频段。Mayer F. 用两层或多层吸收层增加吸收带宽，第一层为吸波材料与空气界面处的缺氧体层，第二层为含有金属的短纤维层。通过拉格朗日方法可以优化多层 Dallenbach 吸波材料，该方法已经被用来设计锥体形和 λ/4 吸波器。

（2）Salisbury 屏吸波材料

Salisbury 屏是将合适阻抗的电阻屏置于金属背底反射面的 λ/4 处，形成谐振型吸波结构，如图 2-28 所示。这种结构可以使从金属背底和阻抗层反射的电磁波相位相反，从而实现“零反射”。

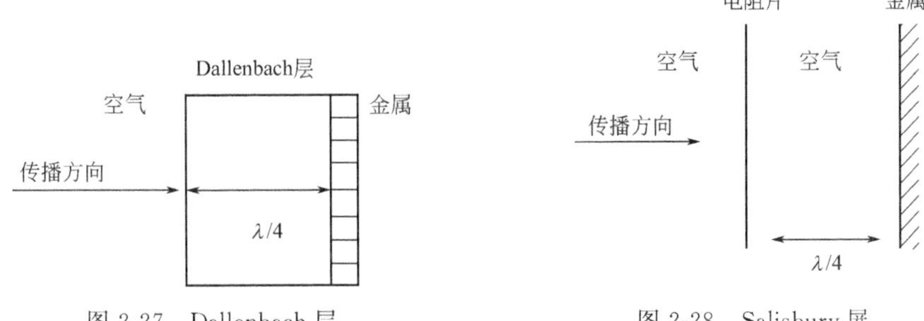

图 2-27　Dallenbach 层　　　　图 2-28　Salisbury 屏

当薄层电阻等于自由空间的阻抗时，最优 Salisbury 屏的厚度 d 为：

$$d=\frac{1}{Z_0\sigma} \tag{2-19}$$

式中，σ 为薄片的电导率；d 为电阻层厚度。

Salisbury 屏的吸波性能与吸波体的厚度、介质层的介电常数相关。吸波体的厚度和介电常数增大会导致电长度增加，使吸收峰向低频移动，实现低频强吸收。由 Salisbury 屏的结构可知，纯电损耗型材料的电阻膜应置于最大电场处，即距金属表面 $\lambda/4$ 处；而磁损耗型材料则置于最大磁场处，即金属表面为最好。由于电损耗屏必须置于金属面上方 $\lambda/4$ 处，这就导致吸波结构比较厚，所以这种结构只能适用于不限制材料尺寸的场合。另外，Salisbury 屏对谐振频率外的电磁波不能实现“零反射”，吸波频率的带宽较窄。导电聚合物也可作为吸波材料来设计制备 Salisbury 屏，并用光学传输矩阵法来研究其吸波性能。

(3) Jaumann 层吸波材料

在 Salisbury 屏的基础上，通过增加电屏薄片和隔离层时数量来改善吸收带宽，由此发展出了新的吸波材料，被称为 Jaumann 吸波材料，如图 2-29 所示。

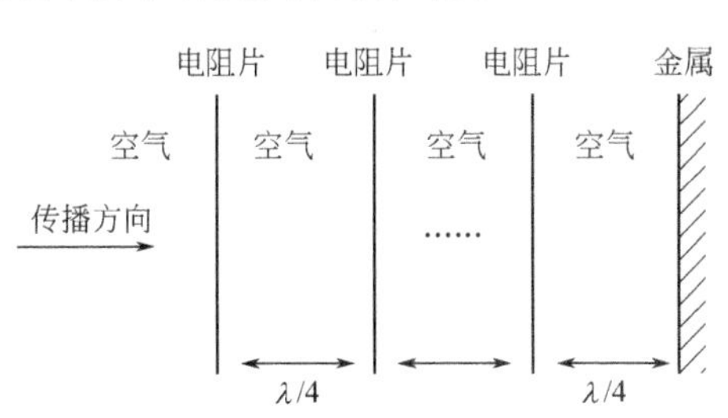

图 2-29　Jaumann 层

具有不同电磁特性的各层材料可以各种算法优化设计组合得到阻抗合适、性能较好的吸波材料。通过分析研究阻抗匹配特性，发现介质层递变组合可满足阻抗匹配条件，同时引入容抗和感抗等电抗因素能更好地改善其厚度/带宽比特性，也可采用递变介质阻抗结构来满足介质层阻抗连续变化的同时损耗增大的特性，进而实现结构吸波材料在较宽频段的谐振吸收。

多层 Jaumann 层吸波材料的内部结构由低损耗介质隔开。一个 6 层 Jaumann 层吸波材料在 7～15GHz 反射率可达－30dB。J. R. Nortier 等利用等效传输线理论研究了 7 层电阻片 Jaumann 型吸波体，结果表明该结构具有理想的吸收宽带。

四、涂覆型吸波材料的结构形式设计

合理的结构形式是达到理想吸波效果的关键因素之一，主要经历了单层、双层和多层涂覆结构的发展过程。

1. 单层涂覆结构

一般利用导电纤维、树脂及损耗介质混合均匀后直接热压成型或喷涂成型。在单层涂覆结构中，纤维含量和排列方向对复合层板介电性能产生影响：纤维与施加电场方向的夹角越大层板电击穿强度越高；纤维含量增加，其单向纤维复合层板的介电性能下降。投入研制开发的有铁氧体（烧结体）、酚醛树脂、钢丝制成的单层吸波涂层，由铁氧体粉末、聚乙烯树脂粉末和短钢丝经混炼后，在有机溶剂二甲苯中分散，加压制成的吸波材料等。但是单层涂层吸收频带窄，无法满足隐身对涂层质轻、宽频的要求，发展双层和多层涂覆结构才可能满足上述要求。

最早出现的吸波材料 RAM 是单层的。吸波材料不仅在突防技术中应用，经济发达国家为排除杂波干扰，在高层建筑、桥梁、铁塔、船舶等上都涂覆有吸波材料。如用铁氧体（烧结体）10%～80%，酚醛树脂 5%～80%，钢丝直径 10～100μm、长为 1～5mm，组成单层吸波涂层，此吸波材料的特点是给出了对钢丝的要求。

用铁氧体粉末 56%（质量分数）、聚乙烯树脂粉末 24%（质量分数）、短钢丝 20%（质量分数），经混炼后，在有机溶剂二甲苯中分散，制成宽 200mm、厚 3mm 毛坯板，在 250℃ 滚筒上加热，压力为 1.96MPa，可制成 200mm×200mm×2.8mm 的吸波材料。国内学者对复合材料中的纤维含量和排列方向对单向玻璃纤维/环氧复合层板介电性能影响开展研究。结果表明：纤维与施加电场方向改变，将导致复合层板电击穿强度发生很大变化，其夹角越大层板承受电击穿强度越高；纤维含量增加，其单向纤维复合层板的介电性能下降。

电波吸收体与新兴建筑的隔热材料、吸声材料等有同样的重要性。有的专利报道，铁氧体粉末、合成树脂和纤维按一定比例混合后呈一种膏状，涂刷在基体材料上放置的弹簧金属网上面，它的吸波反射衰减量为 14dB，频宽为 8～13GHz。用铁氧体粉末与炭黑混合后用合成树脂黏合，有专门的成型机械，可批量生产，在 8GHz 以上吸波性能变差，一般反射系数为 0.1。

采用氯丁橡胶“混凝土”的制法，它能在 7.5GHz 吸收雷达波。这种“混凝土”包括 150 份氯丁橡胶、3 份苯基-β-萘基胺、7.5 份氧化锌、6 份煅烧氧化镁、0.75 份硬脂酸、84 份半增强炭黑和 494 份二甲苯。先将苯基-β-萘基胺、氧化镁、氧化锌和炭黑在 43℃ 下的密闭式混炼机（班伯里混炼机）中混炼 3min，然

后降温到35℃并加入氯丁橡胶。之后在7min内将温度升到88℃，在88～93℃下混炼。将得到的混合物放入辊筒中并在室温下加入氧化锌，将混合物放在桨式搅拌器中并加入1/2二甲苯连续搅拌5.5h以上，将得到的含有33.7%（质量分数）固形物的“混凝土”过滤，去掉不溶的凝块。把171份（质量）这种含33.7%固形物的“混凝土”同12.6份石墨和42份甲苯混合（混合物在密闭容器中干燥16h），然后将混合物涂在玻璃板或橡胶板上（预先覆盖有0.025mm的聚乙烯薄膜），室温干燥30min。用同样的方法再涂9层，之后去掉玻璃板或橡胶板，最后在70℃下让溶剂挥发24h，在140℃下抽真空保温1h。将三层这种0.5mm厚、含11.9%（体积分数）石墨和22.7%（体积分数）炭黑的薄膜加压，就得到了对7.5GHz的微波具有良好吸收的膜片。

2. 双层和多层涂覆结构

为了降低面密度、展宽频带，目前研究较多的是电损耗和磁损耗材料相结合的双层和三层吸波涂层，这种电损耗材料的密度只有磁损耗材料的1/4～1/3。对于由变换层和损耗层构成的双层结构，其损耗层作为低阻抗的共振器能很好地吸收和衰减经由变换层入射采的电磁波而变换层作为1/4波长变换器和损耗层之间进行阻抗匹配。研究表明，采用电损耗材料与磁损耗材料相结合的双层涂层比单层涂层带宽大大增加。

为了进一步减重和展宽频带，研究了多层涂覆结构。如由导电纤维含量逐渐变化形成层板间阻抗渐变结构，或者发泡树脂中掺混损耗介质（铁氧体），以及通过控制发泡率来调整空隙含量，用导电纤维增强的多层泡沫夹层吸收结构。还设计了几何渐变结构、角锥（方锥或圆锥形）结构，目的都是一致的，沿吸收体的厚度方向缓慢改变有效阻抗以获得最小反射。

要使RAM获得所希望的带宽，采用较薄的单层吸收体是很难实现的，因为单层RAM很难兼顾对吸收体的两个基本要求：入射波尽可能大地进入涂层，其能量尽可能多地转化成热能。多层RAM的目的与使用锥形吸收体和其他几何过渡吸收体的目的是一样的，沿吸收体的厚度方向缓慢改变有效阻抗以获得最小反射。

不含导电纤维、只含损耗介质的阻抗变换层与含导电纤维的损耗层相结合的双层结构，广泛应用于建筑、桥梁和铁塔。如铁氧体和炭黑混合，与灰黑、钢丝都用酚醛树脂黏合，构成双层的吸波材料，在8GHz，反射系数为0.1，但在8GHz以下的微波频段，性能下降，应用有困难。为减少纤维的方向性对电磁波吸收的影响，铁氧体粉末56%（质量分数）、聚苯乙烯树脂粉末24%（质量分数）、不锈钢丝纤维20%（质量分数）均匀混合，使纤维呈同一方向，在250℃热压后，经80℃的滚筒在19.6MPa的压力下成型，切成一定尺寸的层板。另一块层板利用同样工艺方法制作，只是不锈钢纤维的方向与土块层板纤维垂直排列，构成成分类似、纤维互相成 90°的双层板，厚度 3.9mm，在 8～18GHz 的带宽内，反射系数为 0.1。

用导电纤维含量逐渐变化形成层板间阻抗渐变结构，或者发泡树脂中掺混损耗介质（铁氧体），以及通过控制发泡率来调整孔隙含量，用导电纤维增强的多层泡沫夹层吸波结构。

多层 RAM 的反射率计算具有参数多（n 层 RAM 具有 $5n$ 个参数）、计算公式复杂（无解析形式，计算要通过迭代）的特点，所以采用计算机进行设计是非常必要的。

由于多层 RAM 的参数优化计算机软件具有很强的针对性，所以软件在优化方法和目标函数的选择上，以及计算的繁简程度和所具有的功能上各不相同。如美国海军研究生院的一篇文章所介绍的就是利用简便直接的网格法，并以在一定厚度限制下的吸波带宽最大为目标函数。而欧洲航天局所介绍的一个多目标优化软件则复杂得多，质量、力学性能等多种因素都是考虑的对象，采用的是较复杂但速度快的简约梯度法。也有的学者把非线性问题转化为线性问题，然后进行优化。国外优化软件的另一个特点：优化计算多是与某一具体的吸波材料的设计相结合，出现这种情况的原因，一是由于吸波材料设计的复杂性，二是由于设计目标的差异。

飞行器的 RAM 研究的努力方向始终是寻求薄层、轻型、宽频的吸收体。众所周知，使用纯电介质损耗的 RAM 对非常低的频率特性来说会受到材料厚度的限制。相反，磁性 RAM 在低频时能提供非常显著的损耗。所以可以将渐变电介质和磁性吸波体相结合，这种吸波材料叫作混合 RAM。混合 RAM 还包括磁性和电路模拟吸收体、渐变介质和电路模拟吸收体、渐变介质和电路模拟吸波体的组合。当然，混合并非总是有利的，它同时要带来结构完整性和温度容限方面的限制和设计工艺复杂、成本高等缺点。

RAM 材料研究在材料的状态上也有新的设计，如绒毛状材料，其原理是利用吸收和散射的叠加。采用绒毛状结构，由于绒毛纤维的直径远远小于波长，可以形成瑞利散射，从而提高对电磁波的散射能力。此外，绒毛结构有利于降低有效 ε 使电磁参数趋近匹配。其他的结构形式有纳米膜材料等。这些将在今后的 RAM 材料研究发展中起非常重要的作用。总之，新材料、新思路、新设计是获得薄、轻、宽材料的重要手段。

3. 吸收型涂层结构

吸收型涂层的基本原理是利用介电物在电磁场作用下产生传导电流或位移电流，受到有限电导率限制，使进入涂层中的电磁能转换为热能损耗掉，或是借助磁化物内部偶极子在电磁场作用下运动，受限定磁导率限制而把电磁能转变成热能损耗掉。这种涂层结构必须保证涂层的表面和自由空间匹配，使入射的电磁波

不产生反射而全部进入涂层，进入涂层的电磁波应被完全衰减和吸收掉，否则遇到反射界面时还将发生反射。

吸收型涂层可以是单层、双层或多层。单层吸波涂层对米波、分米波的吸收是有效的，对于厘米波，应采用双层或多层结构。日本研制的宽频高效吸波涂层是由“变换层”和“吸收层”组成的双层结构，吸收层作为低阻抗的共振器能很好地吸收和衰减经由变换层入射来的电磁波，变换层作为1/4波长变换器和吸收层之间进行阻抗匹配。要达到宽频吸波，可设计多层涂层。

为进一步提高涂层吸波性能，还可设计几何渐变结构，采用角锥（方锥或圆锥形）结构，使入射波斜向投到锥面，从涂层表面反射的少量电磁波可经锥面多次反射而全部吸收。

4. 干涉型吸波涂层结构

干涉型吸波涂层的原理是利用进入涂层经由目标表面反射回来的反射波和直接由涂层表面反射的反射波相互干涉而抵消（反相180°而互相抵消），使总的回波为零（图2-30）。涂层厚度 L 应为 $\lambda_n/4$ 的奇数倍（λ_n 为涂层内电磁波波长）。采用多层结构的干涉型涂层可以实现宽频带吸波，而且吸波效果很好。

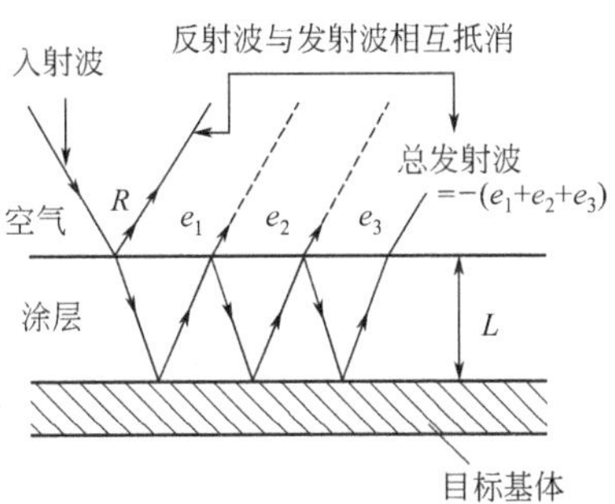

图2-30　干涉型吸波涂层结构

5. 谐振型吸波涂层结构

谐振型吸波涂层包括多个吸收单元，调整各单元的电磁参数及尺寸，使其对入射的电磁波的频率谐振，进而使入射的电磁波得到最大的衰减。如果把吸收单元分别调谐在不同频率上，可以比较方便地设计成宽频带吸波涂层。图2-31所示为谐振单元为矩形的谐振型吸波涂层结构，各谐振单元的宽度、长度、间隔都相同，只是厚度不同，谐振单元的厚度为：

$$h=\frac{(2n+1)\lambda_0}{\sqrt[4]{\mu_r\varepsilon_r}}$$

式中，λ_0 为空气中的波长；μ_r 和 ε_r 分别为相对磁导率及相对介电常数；n 为正整数。

如果谐振单元取相同厚度，则谐振单元BⅠ和BⅡ可采用不同材料。

图2-31中的谐振单元为矩形，这种结构的吸波涂层对圆极化波的吸收还有困难，因而可设计出各谐振单元呈圆形的结构（图2-32），图2-32中有各圆柱形的谐振单元可以大小相等（或不等），间隔相等，各部分均为谐振型吸收层，谐振单元BⅣ充填了其他谐振单元（BⅠ、BⅡ、BⅢ）之间，BⅣ的谐振波长相当于 $\lambda/4$。为了得到各种不同波长的谐振单元，只需调节各单元的高度。谐振型涂

层结构由于各单元的高低不平，既不牢固，使用也不方便，为了使涂层牢固和使用方便，可将其高低不同的部分用介电常数低（$\varepsilon_r \approx 1$，接近于空气）、损耗角正切值小的树脂进行充填。

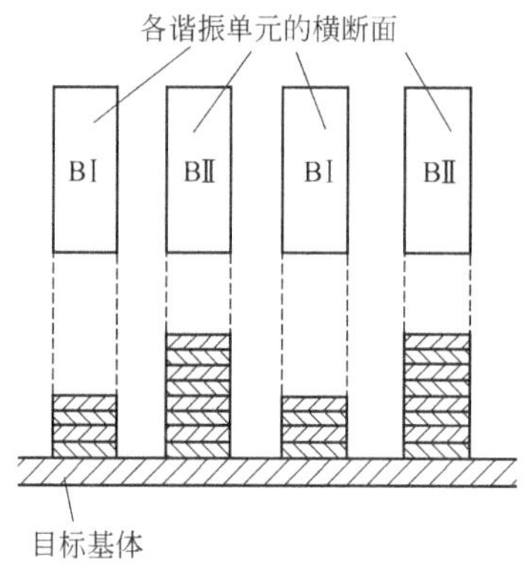

图 2-31　谐振单元呈矩形的谐振型涂层结构

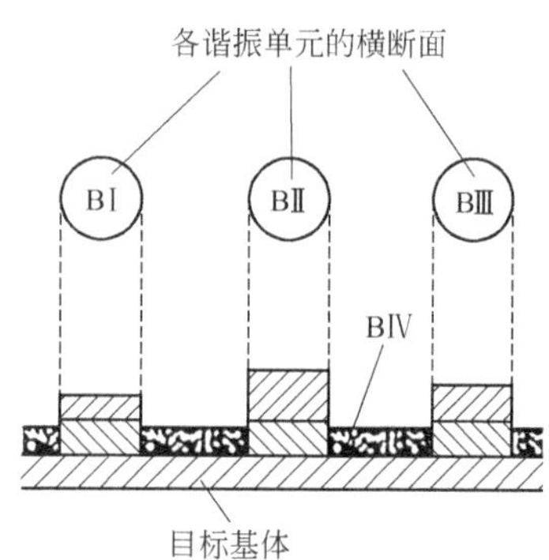

图 2-32　谐振单元呈圆形的谐振型涂层结构

另外还有一种衍射型涂层，由许多衍射单元组成，有图钉状或三维网状结构，衍射单元之间充以低介电常数的合成树脂。衍射型涂层在原理上可归于干涉型涂层类型。

五、结构吸波材料的结构设计

(一)基本结构设计形式

结构吸波材料虽然有很好的吸波性能，但单靠一种或一层结构吸波材料，并不能达到完全隐身的效果，所以应设计多层结构的吸波材料。洛克希德公司研制的一种复杂的蜂窝结构由七层组成：第一层是用浸渍过环氧树脂的玻璃布制成的表面层，第二层到第五层由玻璃布、吸收层以及蜂窝吸收层制成，第六层是蜂窝，第七层是薄铝板，层间用环氧树脂进行粘接，这种多层材料不仅有足够的刚性、强度和耐高温性能，而且质量小，适合于作飞机的隐身蒙皮。下面就结构吸波材料可能的结构形式设计进行探讨。

(1) 波纹板夹层结构

如图 2-33 所示，波纹板可用结构吸波材料制作，也可以在波纹板上涂吸波涂料。波纹板为两个斜面相交的结构形式，有利于多次吸波。

(2) 角锥夹层结构

如图 2-34 所示，作为夹层的角锥是结构吸波材料，也可以涂吸波涂料，角锥四个斜面相交，角锥高度（吸收体厚度）不同，有效吸收范围不同。角锥夹层结构的顶角在 40°左右为好。

(3) 蜂窝夹芯结构

蜂窝制造已经比较成熟，可以考虑在夹芯上涂吸波涂料，或用结构吸波材料制造蜂窝，蜂窝形状有多种，应选择对吸波有利的形状。

(4) 吸波材料充填结构

如图 2-35 所示，在透波材料的蜂窝夹层结构中充填吸波材料，吸波材料可以是絮状、泡沫状、球状或纤维状，空心球作为吸收体效果更佳。

(5) 多层吸波结构

上面是蜂窝、下面是吸波材料，如图 2-36 所示，蜂窝由透波材料制作，吸波材料采用多层结构。

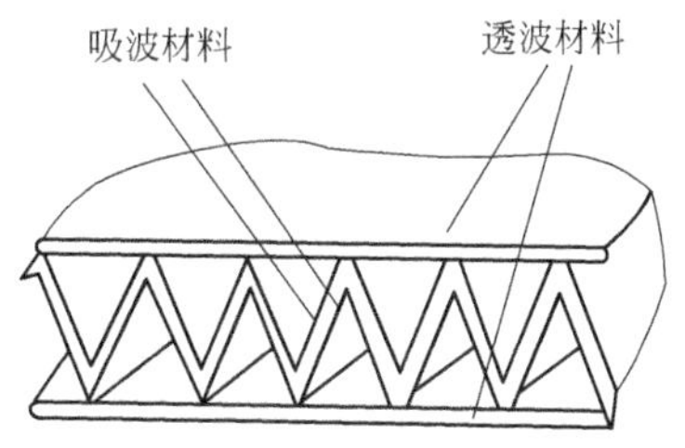

图 2-33　波纹板夹层结构

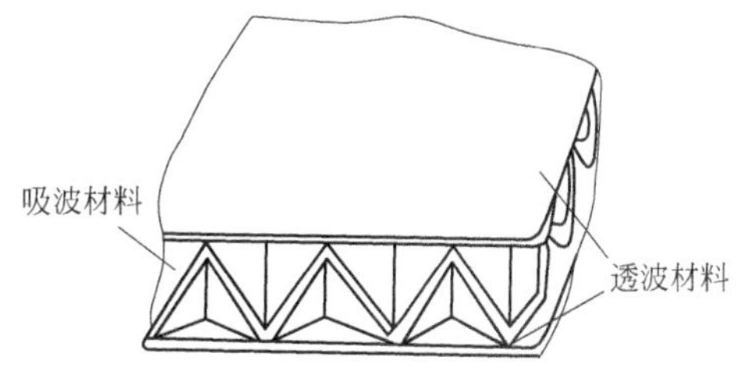

图 2-34　角锥夹层结构

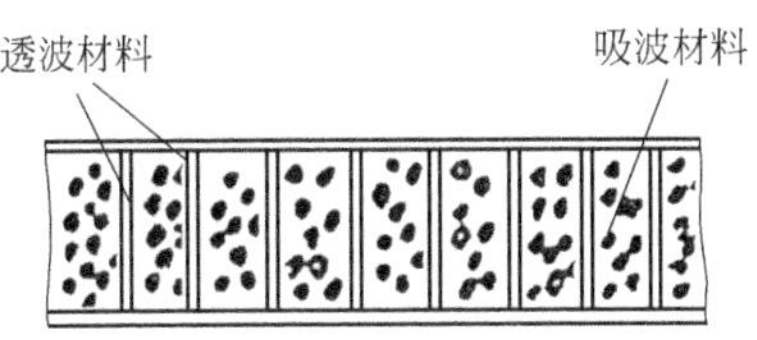

图 2-35　吸波材料充填结构

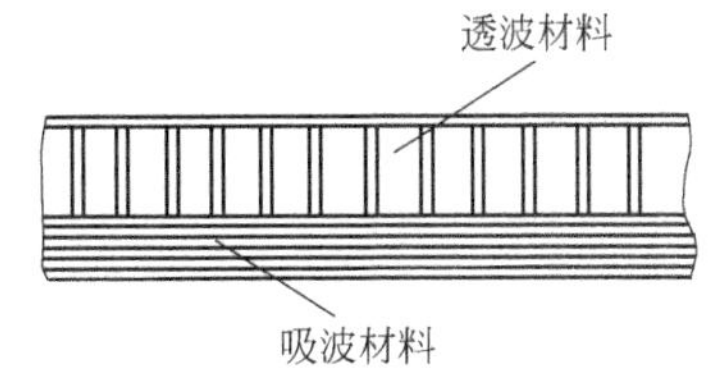

图 2-36　多层吸波材料

(6) 铺层中加吸波层结构

在复合材料铺层中夹进吸收层而制成结构吸波材料，如图 2-37 所示。

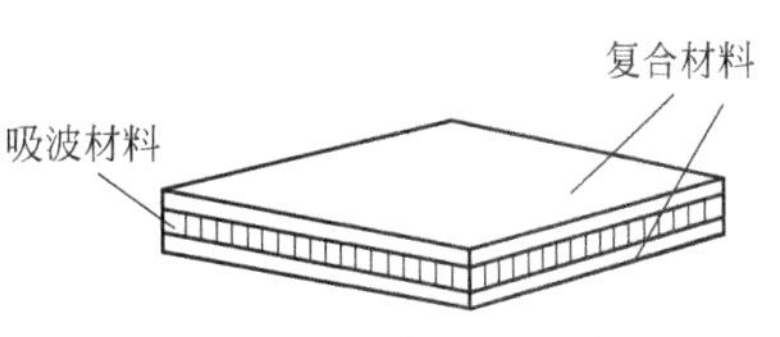

图 2-37　铺层中夹进吸波层

(7) 粘接或机械连接结构

用粘接或机械方式把事先制备的结构吸波材料和复合材料结合成层状体，总厚度控制在雷达波长的 1/2（按最低频率计算）。

在结构吸波材料的结构形式设计中，单一结构形式很难达到完全隐身，可采用多种结构形式综合设计的方法来达到最佳吸波效果。

(8) 结构设计应注意事项

① 当吸波层应用于飞行器时，其质量和体积将受到严格的限制，在这种条件下达到宽频段吸波性能要求是很困难的。雷达吸波结构（RAS）是一种多功能复合材料，它不仅能够吸收雷达波，而且用作结构件具备复合材料质轻高强的

优点。RAS在厚度上为阻抗匹配设计提供了一定的余地，是一种有前途的吸波材料。当然RAS的设计要同时考虑电性能和力学性能，以满足设计的要求。

用导电纤维编制成网状，恰当地埋在吸波材料的不同位置上，制成导电纤维编制网增强的吸波复合材料，既起结构作用又能吸波。新型蜂窝结构夹芯，与六边形蜂窝性能相比，新型蜂窝结构夹芯（正方形、长方形、菱形……）有更高的力学性能。这些新型蜂窝夹芯可以在一个格子上同时利用八种不同材料（金属和非金属的），制作事先给定的物理力学性能的蜂窝部件，组成导电通道、加热区、透波或吸波窗口。这样的新型蜂窝结构的密度比六角型蜂窝要大，工艺上有很大的困难，但在性能上有突出的优点。

为降低现代飞行器的可探测性，有关单位研制了一种能承力的、壁厚为5～7mm、在10GHz频率覆盖范围内RCS平均降低12dB的进气道，有效地降低了进气道唇口和压气机部位强散射源的散射，取得了比较好的隐身效果。在阻抗匹配设计指导下，制备多层蜂窝夹芯结构，其衰减系数均小于－10dD，最低为－28dB，具有良好的宽频吸波特性。

② 频散效应的影响。材料的磁导率和介电常数都有随频率变化而改变的特性，称为电磁参数的频散效应。磁导率与介电常数相比，具频散效应更为明显。频散效应是材料本身固有的特性，研究频散效应，对于展宽频带和提高设计的准确性，是有实际意义的。有学者研究确定，磁性的吸波材料的微波磁导率的频散关系为：

$$\mu_r = 1 + (2/3)F_m(F_\alpha + j\alpha f)/[(f_\alpha + j\alpha f)^2 - f^2]$$

式中，α 为阻尼系数；f 为微波频率。

式中物理参数 F_m、F_α、α 可以根据在三个或三个以上频率点的微波复数磁导率的实部和虚部的测量值由迭代法和最小二乘法确定。

以往有些RAM优化设计程序，没有考虑频散效应，认为电磁参数在设计频带内不变，造成优化的结果与实际材料性能不符。例如，考虑和未考虑复数磁导率频散效应的吸收体，在4～18GHz的频率范围内，反射率小于－10dB的带宽很不相同，前者为12.4GHz，后者仅为7.1GHz。合理利用频散效应能达到展宽频带的效果，如 ε'、μ'、μ'' 随频率升高而减小则吸收剂的频带展宽，反之则吸收剂的频带变窄。

③ 斜入射波的吸收特性。RAM在实际应用中很少有严格垂直入射方向的情况，有些RAM在垂直于入射方向有很好的吸收，而随着入射角增大性能急剧变坏，所以必须计算和测试RAM在斜入射下的吸收特性，并且将它作为评价和测试RAM的指标之一。

根据电磁场理论，对于任意层涂覆型吸波材料的斜入射波可以看作垂直极化波和水平极化波叠加，可以用传输线等效，并与垂直入射统一起来。

理论计算表明：无论是水平极化，还是垂直极化，微波吸收性能随入射角的变化规律是相似的。斜入射有一临界入射角 θ_0，如果入射角 $\theta<\theta_0$，则在反射方向上的反射系数或近似不变，或比垂直入射时小；如果 $\theta>\theta_0$，则反射系数随着 θ 的增大而变大。另外，计算表明垂直极化波对吸收性能影响大于水平极化波，且双层材料的斜入射性能优于单层材料。

（二）新型结构设计

结构型吸波材料根据结构设计形式的不同，可分为层板型结构、夹芯型结构以及点阵结构等。层板型结构是传统的结构形式。夹芯结构最外层具有良好的透波性能，而底层为全反射层以阻止雷达波束射入机体内部，中间层则为吸收损耗层。而点阵结构是目前超轻高强材料的研究热点之一，点阵结构形式吸波材料在未来具有广阔的应用前景。

1. 夹芯结构

夹芯结构吸波材料由透射层、吸波结构和反射层三部分组成，包括波纹型、蜂窝型、角锥型和泡沫型等，其中泡沫夹芯和蜂窝夹芯是夹芯结构最重要的两种形式。

（1）泡沫夹芯吸波结构

泡沫夹芯型吸波材料是将预聚体与吸波剂混合制成树脂基体然后进行聚合发泡或者将具有吸波性能的泡沫芯子与树脂预浸料共固化，从而制得的结构型隐身复合材料。泡沫夹芯结构型隐身复合材料不仅对雷达波、红外线有很高的吸收率，而且具有强度高、韧性好、质量轻、各向同性、损伤容限高、易成型加工成为各种复杂型面等特点，可使武器系统明显减重、增强机动性能。

目前研究较多的主要有聚氨酯和聚甲基丙烯酰亚胺等。英国 Plessey 微波材料公司研制了一种用于战斗机机翼前缘的雷达吸波结构——“泡沫 LA-1 型”，由轻质聚氨酯泡沫吸波材料构成，长约 75cm、宽 10cm，沿长度方向厚度在 3.8～7.6cm 变化，这种吸波结构在 2～18GHz 内吸波性能良好。美国专利（US 6043769）公开了一种由泡沫颗粒与纤维束形成的结构吸波材料，将纤维束分布在泡沫颗粒上形成一种泡沫纤维混合物，然后将其加工铸成所需形状，能够在 10MHz～100GHz 吸收电磁波。北京航空材料研究院以导电炭黑与聚氨酯软泡沫为原料，将泡沫塑料浸入橡胶和炭黑制成的胶液中，制备出一种宽带轻质泡沫型吸波材料，其在 8～18GHz 频率范围内反射率均小于－15dB。安徽大学采用掺杂和浸渍的方式使碳纳米管分散于聚氨酯泡沫的高分子骨架中，制备了吸波聚氨酯泡沫塑料，其反射率可达－20dB 左右。中国兵器工业集团研究制备了一种含导电短纤维的聚氨酯泡沫塑料，探讨了纤维吸波剂的电导率、含量和泡沫塑料试样厚度对聚氨酯泡沫塑料吸波性能的影响。武汉理工大学研究了吸波剂在聚氨酯泡沫夹芯复合材料和聚氯乙烯泡沫夹芯复合材料中的分布情况及其浓度对复合材料吸波性能的影响，并测量了吸波剂的复介电常数、复磁导率和复合材料在8～18GHz频段范围内的反射率。

（2）蜂窝夹芯吸波结构

蜂窝夹芯结构是利用夹芯腔体对雷达波的多次散射与吸收，最大限度地衰减雷达波能量，从而达到宽频、高强度吸波目的。蜂窝夹芯型吸波材料的吸波性能主要取决于蜂窝本身的规格尺寸以及浸渍胶液体系。图2-38是一种典型的蜂窝状结构吸波材料，1、7区域是蒙皮，由强度较高的环氧玻璃钢复合材料做成；2、4、6区域为是蜂窝状结构的夹芯；3、5区域由较薄的浸渍石墨的玻璃布做成。

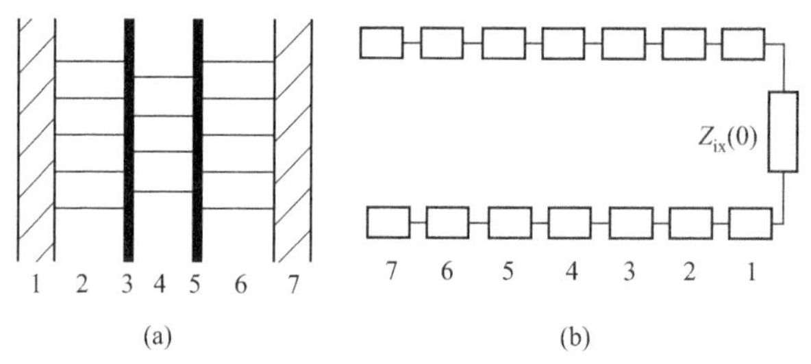

图2-38 蜂窝状结构吸波材料及其等效传输线模型

英国Plessey公司研制了一种可承受高应力的高强宽频结构型雷达吸收材料K-RAM，该材料由含损耗填料的芳纶组成，并衬有碳纤维反射层，可在2～40GHz内响应2～3个频段。日本东丽公司和美国赫格里斯公司联合开发了一种隐身飞机用蜂窝结构材料APC-2/Nomex，并采用东丽T800/3900碳纤维和经韧化的环氧或双马来酰亚胺制造了蜂窝结构型吸波复合材料。日本三菱公司研制出一种150层碳纤维整体式结构型吸波复合材料，据称已用于隐身战斗机FSX机翼蒙皮。国内北京航空材料研究院对夹层隐身复合材料进行了大量基础研究工作，研制出2mm范围内不同高度的蜂窝夹层结构隐身复合材料，其性能可根据要求进行设计。

2. 点阵结构

点阵结构是指胞元结构在一个或多个方向周期性排列、胞元杆件符合拉伸主导型的结构形式，由于其优良的承载效率，美国空军实验室将点阵结构复合材料列为迎接未来空间系统技术挑战的四大结构技术之一。点阵结构包括桁架结构、格栅结构和点阵夹层结构等。复合材料点阵结构的周期性结构形式和碳纤维具有一定的介电损耗性能而使其具有作为吸波结构的可能。

国内探索了格栅结构作为吸波结构的可行性，通过传输线和等效电路法设计格栅结构，同时为了展宽吸波频带和提高吸波性能，将电路屏引入格栅结构中，结果表明，当电路屏与格栅结构匹配时，含有电路屏的格栅结构在8～18GHz内

反射率≤－5dB，在频率点为16.4GHz时最大峰值为－24.4dB。有人研究分析了格栅结构碳纤维频率选择表面（FSS）结构在雷达吸波复合材料中的应用，考察碳纤维结构的尺寸及其在吸波材料中的位置，并探讨了不同形式的碳纤维FSS结构组合形式对吸波复合材料的影响。有人将吸波泡沫填充于碳纤维格栅材料中，制备了具有吸波性能和较高承载性能的复合夹层格栅，并测试了其力学性能和在4～18GHz范围内的电磁波反射率，结果表明，与碳泡沫和螺旋碳纤维相比，复合夹层格栅在高频范围内吸波性能更好，并且具有10dB吸波能力的频率范围更宽，是一种轻质高强的结构隐身复合材料。

第三章　雷达吸波隐身材料

03 Chapter

第一节　简　　介

一、基本概念

雷达吸波隐身材料是指能够通过自身的吸收作用，来减少目标雷达散射截面，使其难回收到雷达探测满意的回波，从而起到隐身作用的材料。其基本原理是当雷达波辐射到隐身材料表面并加以渗透，隐身材料自身可将雷达波能量转换成其他形式的能量（如机械能、电能或热能），并加以吸收，从而消耗掉雷达波部分能量，使其回波残缺而不完整，从而极大地破坏雷达的探测概率。若隐身材料自身结构设计与阻抗匹配设计得当，再加上选材等配方及成型工艺合理，隐身材料几乎完全可衰减并吸收掉所入射的雷达波能量，达到安全隐身的目的。

二、分类

目前雷达吸波材料主要由吸波剂与高分子材料（如树脂与橡胶及其改性材料）组成。其中决定吸波性能优劣的关键则是所选取的吸波剂的类型及含量。根据吸波剂的吸收原理不同，通常可分为电损耗型和磁损耗型两大类。按照吸波剂结构形态，可分为涂覆型隐身材料用的颗粒类本征吸波剂和结构隐身材料用的纤维或晶须类吸波剂两种。

三、雷达吸波隐身机理

当前雷达系统一般是在1～18GHz频率范围工作，但新的雷达系统在继续发展，吸收体有效工作的带宽还将扩大。

电磁波在空气中传播遇到媒质时，由于媒质的阻抗与自由空间的阻抗不匹

配，电磁波在空气与媒质界面发生反射。透射波进入媒质内部在其中传播并与媒质发生相互作用而被转换成其他诸如机械能、电能和热能等形式的能量消耗掉。材料对电磁波的吸收，关键在于吸波体与空气媒质的阻抗是否匹配。吸波材料要吸收电磁波必须满足两个基本条件：

① 电磁波入射到材料表面时电磁波能最大限度地进入材料内部（匹配特性）；

② 进入材料内部的电磁波能迅速地几乎全部衰减掉（衰减特性）。

实现第一个条件的方法是通过采用特殊的边界条件来达到，微波在自由空间入射到有耗介质时，在界面处会发生反射、透射现象，材料对电磁波的透射关键在于材料与空气媒质的阻抗是否匹配。当电磁波通过阻抗为 Z_0 的自由空间入射到输入阻抗为 Z_i 的吸收材料界面上时，吸波材料的反射系数为：

$$R=\frac{Z_0-Z_i}{Z_0+Z_i}\quad\left(Z_0=\sqrt{\frac{\mu_0}{\varepsilon_0}},Z_i=\sqrt{\frac{\mu_i}{\varepsilon_i}}\right)\tag{3-1}$$

式中，Z_0 为自由空间的特性阻抗；Z_i 为吸波材料的归一化输入阻抗；μ_0，ε_0 分别为自由空间的磁导率和介电常数；μ_i，ε_i 分别为材料的磁导率和介电常数。

若要反射系数为 0，则要求 Z_0 与 Z_i 匹配，即$\frac{\mu_0}{\mu_i}=\frac{\varepsilon_0}{\varepsilon_i}$。

实现第二个条件则要求吸波材料的电磁参量满足一定的要求。根据微波理论，用衰减参数 α 来表示单位长度上波的衰减量，其表达式为：

$$\mu_i=\mu'-i\mu''\tag{3-2}$$

$$\varepsilon_i=\varepsilon'-i\varepsilon''\tag{3-3}$$

$$\alpha=\frac{\omega}{\sqrt{2c}}\sqrt{(\mu''\varepsilon''-\mu'\varepsilon')\sqrt{\mu'^2+j\varepsilon''^2}}\tag{3-4}$$

式(3-2)、式(3-3) 分别为材料磁导率 μ_i 和介电常数 ε_i 的复数表达式；ω 为角频率；c 为电磁波在真空中的传播速度。要满足第二个条件即进入的电磁波被衰减则必须满足：ε''、μ''不同时为 0。由以上两式可得出，要提高 α 值，μ''总是以大为好，μ'以小为好（电损耗吸波材料不存在这个问题），ε'、ε''则要看是磁性材料还是电损耗材料，对于磁性吸波材料 ε'大、ε''小为好，电损耗吸波材料相反。

对吸波材料而言，吸波性能主要与介电常数 ε_i 及磁导率 μ_i 的实部 ε'、μ'和虚部 ε''、μ''有关，通常用损耗因子来表征损耗大小，即：

$$\tan\delta_E=\frac{\varepsilon''}{\varepsilon'}\tag{3-5}$$

$$\tan\delta_M=\frac{\mu''}{\mu'}\tag{3-6}$$

式(3-5)、式(3-6) 分别为材料电损耗正切角值与磁损耗正切角值，电损耗正切角值 $\tan\delta_E$ 可反映材料的电损耗大小，磁损耗正切角值 $\tan\delta_M$ 可反映材料的磁损耗大小。

Johnson 也对材料的机制作了解释。雷达波体通过阻抗 Z_0 的自由空间传输，然后投射到阻抗为 Z_1 的介电或磁性介电表面，并产生部分反射，根据 Maxwell 方程，其反射系数为：

$$R=\frac{1-\frac{Z_1}{Z_0}}{1+\frac{Z_1}{Z_0}}$$

式中，$Z_0=\sqrt{\mu_0/\varepsilon_0}$；$Z_1=\sqrt{\mu_1/\varepsilon_1}$；$\varepsilon$、$\mu$ 分别为介电常数和磁导率。

为达到无反射，R 必须为 0，即满足 $Z_1=Z_0$ 或 $\mu_1/\varepsilon_1=\mu_0/\varepsilon_0$，因此理想的吸波材料应该满足 $\mu_1=\varepsilon_1$，而且 μ 值应尽可能地大，以使用最薄的材料层达到最大吸收，通过控制材料类型（介电或磁性）和厚度、损耗因子和阻抗以及内部光学结构，可对单一窄频、多频和宽频 RAM 性能进行优化设计，获得频带宽、质量小、多功能、厚度薄的高质量吸波材料。

从雷达吸波隐身材料的吸波机理来看，吸波材料与雷达波相互作用时可能发生的三种现象：①可能会发生电导损耗、高频介电损耗、磁滞损耗或者将其转变成热能，使电磁能量衰减；②受吸波材料作用后，电磁波能量会由一定方向的能量转换为分散于所有可能方向上的电磁能量，从而使其强度锐减，回波量减少；③作用在材料表面的第一电磁反射波会与进入材料体内的第二电磁反射波发生叠加作用，致使其相互干扰，相互抵消。

四、雷达吸波材料的主要类型与特性

雷达吸波材料主要有以下三种应用类型：①吸波型，包括介电吸波型和磁性吸波型；②谐振或干涉型；③衰减型。

1. 吸波型

（1）介电吸波型

介电吸波材料由吸波剂和基体材料组成，通过在基体树脂中添加损耗性吸波剂制成导电塑料，常用的吸波剂有碳纤维或石墨纤维、金属粒子或纤维等，依靠电阻来损耗入射能量，把入射的电磁波能量转化成热能散发掉。在吸波材料设计和制造时，可通过改变不同电性能的吸波剂分布达到其介电性能随其厚度和深度变化的目的。而吸波剂具有良好的与自由空间相匹配的表面阻抗，其表面反射性较小，大部分进入吸波材料体内的雷达波会在其中被耗散或吸收掉。

（2）磁性吸波型

磁性吸波剂主要由铁氧体和稀土元素等制成；而基体聚合物材料则由合成橡胶、聚氨酯或其他树脂基体组成，如聚异戊二烯、聚氯丁橡胶、丁腈橡胶、硅树脂、氟树脂和其他热塑性或热固性树脂等。通常制成磁性塑料或磁性复合材料等。在制备时，通过对磁性和材料厚度的有效控制和合理设计，使吸波材料具有较高的磁导率。当电磁波作用于磁性吸波材料时，可使其电子产生自旋运转，在特定的频率下发生铁磁共振，并强力吸入电磁能量。设计良好的磁性吸波隐身材料在一个或两个频率点上，可使入射电磁波衰减 20～25dB，也就是说，可吸收电磁能量高达 99％～99.7％；而在两个频率之间峰值处其吸收电磁波能量能力更大，即可衰减掉电磁能量 10～15dB，即吸收掉电磁能量的 90％～97％。典型的宽频吸波材料可将电磁波能量衰减 12dB，即吸收掉 95％的电磁能量。

2. 谐振型

谐振型又称干涉型吸波材料，是通过对电磁波的干涉相消原理来实现回波的缩减。当雷达波入射到吸波材料表面时，部分电磁波从表面直接反射，另一部分透过吸波材料从底部反射。当入射波与反射波相位相反而振幅相同时，二者便相互干涉而抵消，从而使雷达回波能量被衰减掉。

3. 衰减型

材料的结构形式为把吸波材料蜂窝结构夹在非金属材料透波板材中间，这样既有衰减电磁波，使其发生散射的作用，又可承受一定载荷作用。在聚氨酯泡沫蜂窝状结构中，通常添加像石墨、碳和羰基铁粉等之类的吸波剂，这样可使入射的电磁能量部分被吸收，部分在蜂窝芯材中再经历多次反射干涉而衰减，最后达到相互抵消的目的。

上述三种形式基本上均为导电高分子材料体系。电磁波的作用基本上是由电场和磁场构成的，两者在相互垂直的区域内发射电磁波。电磁波在真空中以大约 3×10^{8} m/s 的速度发射，并以相同的速度穿过非导电材料。当遇到导电高分子材料时，就部分地被反射并部分地被吸收。电磁波在吸波材料中能量成涡流，这种涡流对电磁波可起衰减作用。导电高分子材料可对 80％电磁波进行反射，20％电磁波进行吸收，而导电的金属材料则对电磁波进行全部的反射作用。这就是吸波材料要选用树脂或橡胶基体的缘故。

五、对雷达吸波材料性能的测试表征技术

目前，隐身技术已广泛地应用于各种飞机、导弹、坦克、军舰、潜艇和地面军事设施。隐身技术的核心是减小雷达散射截面（RCS），从而产生低可视（LO）性，采用吸波材料和选用适当的外形结构形式是达到隐身目的最有效的方法。

1. RCS 的定义

目标的雷达散射截面在技术上的定义：与实际目标反射到雷达发射接收天线上的能量相同的假想的电磁波全反射体的面积。

目标的RCS（σ）是一传递函数，它与入射功率密度和反射功率密度有关，可用简单的雷达方程加以描述，即：

$$P_r=\frac{P_t G^2 \lambda^2 \sigma}{(4\pi)^3 R^4} \tag{3-7}$$

式中，P_r 为接收功率；P_t 为发射功率；G 为天线增益；σ 为雷达散射截面；λ 为波长；R 为距离。

据估计，F-117A 的 RCS 值仅为 0.1m²，B-2 隐身轰炸机的 RCS 值估计仅为 0.01m²，不大于一只小鸟的 RCS 值。表 3-1 所列为典型的空中目标的 RCS 与探测距离；表 3-2 所列为 RCS 减少量与雷达探测距离的关系。

表 3-1 典型空中目标的 RCS 与探测距离

目标	RCS/m²	探测距离/km	目标	RCS/m²	探测距离/km
B-52	100	901	ALCM-B	0.1	161
B-1A	10	508	B-2	0.057	135
小型歼击机	2	340	ACM	0.027	108
B-1B	1	290	F-117A	0.017	90
Cessnal 72	1	290	鸟	<0.017	<24

表 3-2 RCS 减少量与雷达探测距离的关系

RCS 减少量/dB	雷达探测距离减小系数	RCS 减少量/dB	雷达探测距离减小系数
10	0.56	25	0.24
15	0.42	30	0.18
20	0.32		

2. 外形对 RCS 的影响

要减小雷达反射面积，首先要减小舰的侧面投影响面积，简化上层建筑结构，避免大幅垂直面与水平面直角相交，所有转角处，结合部要尽量圆滑。外形设计技术对减小雷达的反射面积影响很大，可达总减小量的 30%左右。如美国的 DDG-51 级驱逐舰的上层建筑是总体封闭式的，上层建筑和舷侧都有一定倾斜度，并大量采用了复合材料作雷达波吸收材料。前苏联的“基洛夫”级巡洋舰是把上层建筑的外壁设计成许多面积较小的倾斜平面，航空母舰装有很厚的吸波材料。英国的 23 型护卫舰则采用了综合性隐身措施。将来，随着隐身船体设计技术的进展，可能还会出现新型船体结构的舰艇。

3. 测试表征技术

RCS 是表征武器系统电磁散射波强度的物理量，测量这一物理量就是测量散射场，是在目标被平面波照射、雷达接收天线接收远场散射的球面波的条件下

进行的，目标必须位于雷达发射天线远场中。采用该种测试技术旨在研究如何降低目标的 RCS。主要方法：全尺寸室外静态测量、微波暗室内测量、紧缩场测量等。

室外静态测量场适用于测量大目标的 RCS，被测量的目标可以为全尺寸的飞机、导弹、坦克车辆等，实物与模型均可。其主要缺点是受气候条件的制约，遇到恶劣天气，如刮大风时便无法测量，而且受周围地形的干扰。

微波暗室是室内测量场所，它不受天气条件的限制，室内墙壁铺设有吸波材料以模拟自由空间的境况。早期使用的微波暗室是矩形暗室，后来发展的是楔形暗室，二者预定的测量频率不同。

顾名思义，紧缩性可以缩短远场距离，可在有限距离内将辐射源输出的球面电磁波变成平面电磁波，既可使用微波频率，也可使用毫米波频率。在这些频率上尺寸适当的目标可以达到近场聚焦。

除上述静态实验场外，还有一种可提供被测目标运行状况的动态测试场，它是一种由多种类型雷达组成、分布极广的动态相干测量系统网。

为了促进隐身技术的研究，各国都在建立各种远场、近场、动态和静态试验基地，大型雷达散射截面测试场和可供复杂形状目标测试的微波暗室等，为控制和减缩武器系统的信号特征提供实验手段，为隐身武器的研制创造良好的条件。

第二节 雷达吸波剂的制备技术

一、化学共沉淀法

化学共沉淀法又可分为两类：一类是以二价金属盐和三价铁盐为原料的体系；另一类则以二价金属盐与二价铁盐为原料的体系。

第一类共沉淀法通常是将一定量的 M^{2+}（M=Mn、Zn、Co、Ni、Cu 等）盐溶液与 Fe^{3+} 盐溶液按化学计量比［$n(M^{2+}):n(Fe^{3+})=1:2$ 的物质的量比］，加入一定量的可溶性无机碱；如 NaOH、KOH、NH_4OH 为沉淀剂，将所得的沉淀过滤，用去离子水洗涤数次后，将滤饼于高温下煅烧可得最后产物。此方法的优点是工艺简单，但用于生成的沉淀多呈胶体状态，因此不易过滤和洗涤，且实际生产中需要耐高温设备，以 $ZnFe_2O_4$ 的合成为例，其反应过程可用下式表示。

① 产生共沉淀：

$$Fe(NO_3)_3+Zn(NO_3)_2+5NaOH = Fe(OH)_3+Zn(OH)_2+5NaNO_3$$

② 燃烧时的固相反应：

$$2Fe(OH)_3+Zn(OH)_2 = ZnFe_2O_4+4H_2O$$

第二类化学共沉淀法是以二价金属（Mn、Zn、Co、Ni、Cu 等）盐和二价铁盐为原料。首先，将它们的水溶液按化学计量比混合，再加入一定量的无机碱，然后通入空气使之起到搅拌和氧化双重作用，反应若干时间后可得产物，此方法中加入碱量的多少对生成的铁酸盐粒径大小、晶体状态及产物的纯度都有明显的影响，该方法具有操作方便、设备简单、易得到纯相和粒度可控等优点，但反应物料的配比、反应温度和氧化的时间对结果的好坏有较大的影响。

利用改进的化学共沉淀法制得的 Zn-Fe_2O_4 在 700℃下煅烧可得粒径为 18.5nm 的粒子。

二、溶胶-凝胶法

该方法通常是 M^{2+} 盐溶液和 Fe^{3+} 盐溶液按化学计量比混合制成水溶液，加入一定量的有机酸作配体，以无机酸或碱调节溶液的 pH 值，缓慢蒸发制得凝胶先驱物，经热处理除去有机残余物，再在高温下煅烧可得所需产物。该方法的优点在于：产物粒径小、分散均匀、具有较高的磁学性能，且易于实现高纯化，但其成本也相应较高。

三、水热合成法

水热合成法是具有特种结构和功能性质的固体化合物和新型材料的重要合成途径和有效方法。水热合成法是指在密闭体系中，以水为溶剂，在水的自身压力和一定温度下，反应混合物在耐腐蚀的不锈钢高压反应釜内进行的。

水热合成法按照反应温度，又可分三类：

① 低温水热合成法。工业上或实验室中，便于操作的温度范围是在 100℃以下，通常在 100℃以下进行的水热反应称为低温水热合成法。

② 中温水热合成法。通常在 100～300℃的水热合成称为中温水热合成。分子筛的人工合成绝大部分工作都是在这一温度区间进行的。

③ 高温高压水热合成法。目前，高温高压水热合成温度已高达 1000℃，压力高达 0.3GPa。高温高压水热合成是一种重要的无机合成和晶体制备方法，它利用作为反应介质的水在超临界状态下的性质和反应物质在高温高压的特殊性质进行合成反应。

在高温高压水热体系中，水的性质将发生下列变化：蒸汽压升高，密度变低，表面张力变低，黏度变低，离子积变高。

高温高压下水热反应具有三个特征：第一是复杂离子间反应加速；第二是使水解反应加剧；第三是使其氧化-还原电势发生明显变化。

水热合成法用途广泛，可用于无机物的造孔合成、晶体培养、超细粉末的合成、人造矿物的合成等。

水热合成法应用到纳米材料的合成上，是最近 20 年的事情。国内报道水热法合成纳米材料多以综述类居多，具体的实验报道很少。相对于其他制备纳米材料的方法，水热合成法具有如下特点：①水热法可直接得到结晶良好的粉体，无须作高温灼烧处理和球磨，从而避免了此过程中可能形成的粉体的硬团聚、杂质和结构缺陷等，粉体在烧结过程中，表现出很强的活性；②易得到合适的化学计量比和晶粒形；③可使用较便宜的原料，工艺较为简单。

目前，水热法合成铁氧体已取得长足进展。

四、微乳液法

此方法是近年来发展起来的一种制备铁酸盐超微粉末的方法，由于微乳液的结构从根本上限制了颗粒的成长，因此使超细粉末的制备变得容易。下面以油包水微乳液法制备超微 $CoFe_2O_4$ 为例，说明该方法的合成过程。

以 Co^{2+} 盐和 Fe^{3+} 盐的水溶液分散在油相中制得微乳液 A，以氨水分散于相同的油相中制成微乳液 B，二者均需加入一定量的同种表面活性剂，以使微乳液的合成保持稳定。在油包水微乳液的水核被表面活性剂组成的单分子层界面所包围，故可以看成是一个“微乳反应器”，其大小可控制在几个到几十个纳米之间，尺度小且彼此分离，是理想的反应介质。当将两种微乳液混合时，由于胶团颗粒的碰撞、融合与破裂，从而发生液滴间的物质交换和核聚积，这样在一个微液滴内就同时存在 Co^{2+} 和 Fe^{3+} 以及沉淀剂，因发生化学反应而生成钴-铁氢氧化物。由于两种微滴的组成是相同的，即都是油包水，且表面活性剂也相同，只是水相不同，因此在热力学上仍是稳定的，不会因混合而破坏微乳液的热力学平衡。

由微乳液合成钴-铁氢氧化物后，经分离，以甲醇和氯仿 1∶1 混合的溶液洗涤，再用纯甲醇洗涤除油相，经干燥和进一步在高温下煅烧可转化为 $CoFe_2O_4$，合成的 $CoFe_2O_4$ 粒径小于 50nm。

以上是制备铁氧体粉料常用的一些方法。最近又出现了一些新的合成方法，如爆炸法、共沉淀催化相转化法、自蔓延高温合成法、低温燃烧合成法、机械化学合成法、冷冻干燥法和超临界流体干燥法等。

五、超细镍粉吸波剂的制备

1. 简介

目前，制备金属超细粉的方法有多种，主要包括物理法，如气体蒸发法；化学法，如还原法、羰基法、电解法等。由于采用化学还原的方法反应过程较快，简便易行，整个反应过程是在低温、常压下进行，所以采用化学还原法，以 $NiSO_4 \cdot 6H_2O$ 为原料，以联氨为还原剂制备金属镍粉。联氨在酸性及碱性条件下均具有较强的还原能力，能将许多金属离子由高价还原为低价离子或金属本身，在碱性条件，联氨的还原能力更强。吸波剂是一种重要的功能材料，它能够在一定频率范围内吸收电磁波，减小或消除电磁波的反射。其中，微波吸波剂对吸波材料的性能有重要的作用。金属超微粒子作为微波吸收材料的吸波剂是很有发展前景的。而碳化硅是制作多波段吸波材料的主要组分，很有应用前景。利用化学还原法制备的超细镍粉并将其与碳化硅混合作为吸波填料，获得了具有较好吸波性能的吸波材料。

2. 制备方法

以 $NiSO_4 \cdot 6H_2O$、$N_2H_4 \cdot H_2O$ 和 NaOH 为原料，配制溶液具体配方如下：

$NiSO_4 \cdot 6H_2O$	1mol/L
NaOH	2mol/L
$N_2H_4 \cdot H_2O$	2mol/L

将 $NiSO_4 \cdot 6H_2O$ 和 NaOH 分别配制成溶液，加热到 85℃后混合，再将 $N_2H_4 \cdot H_2O$ 加入，此时溶液开始剧烈反应，为保证反应均匀地进行，用机械搅拌方式连续快速搅拌直至反应结束为止。将所得的金属粉用蒸馏水洗涤数次，并在丙酮中清洗多次脱水，然后放到真空烘箱中干燥。

3. 性能

单独的超细镍粉吸波效果不好，若与碳化硅粉末混合制成复合吸波剂，然后，再采用超声波混合技术使其均匀混入树脂基体中便制得吸波性能优异的吸波隐身材料，常用的超细镍粉为 15～85 份、碳化硅粉末为 85～15 份。其效果如表 3-3、图 3-1～图 3-3 所示。

表 3-3 吸波材料测试数据

吸波试样编号	吸收峰值/dB	峰值频率/GHz	厚度/mm
1	−29.53	15.28	0.43
2	−23.43	12.32	0.50
3	−8.76	17.83	0.12

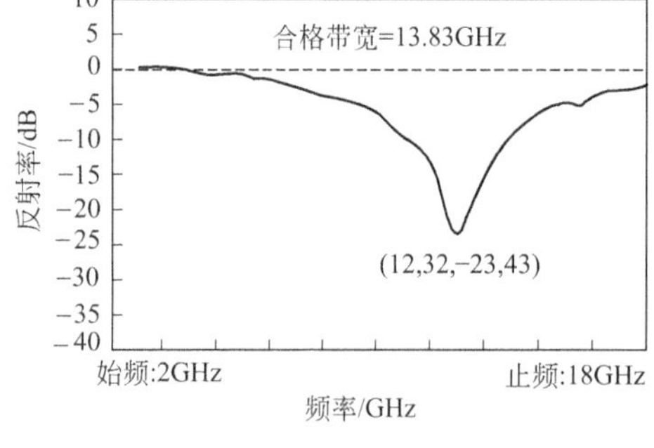

图 3-1 1 号吸波材料试样检测结果曲线

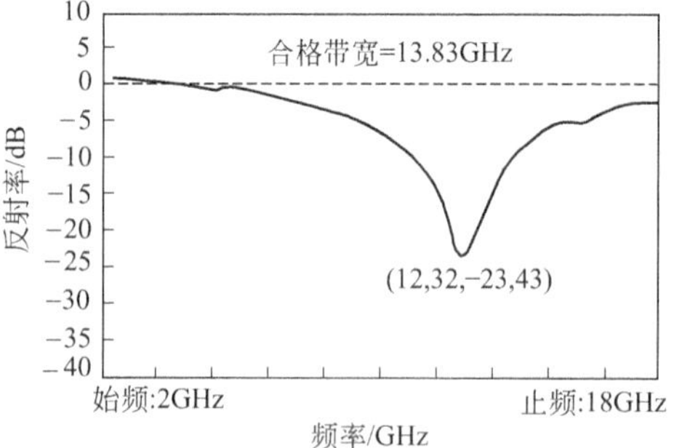

图 3-2 2 号吸波材料试样检测结果曲线

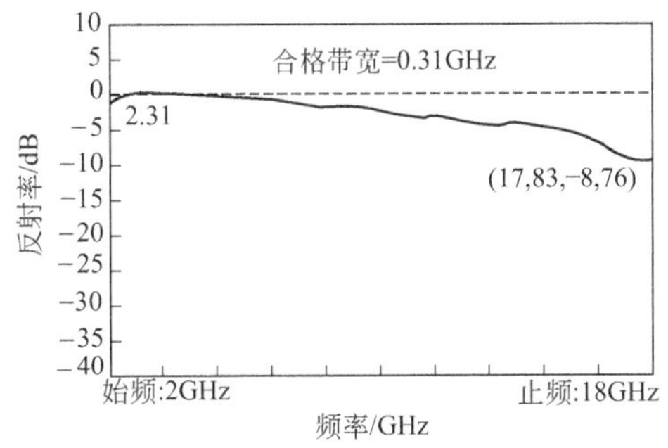

图 3-3 3 号吸波材料试样检测结果曲线

超细镍粉与碳化硅以不同比例混合后，具有较好的吸波效果。最大吸收绝对值均大于 20dB，即可以吸收大于 99%的电磁波。从镍粉与碳化硅各自的作用机理来看，作为金属磁性超细微粉的镍粉，由于比表面积大，颗粒表面原子相对增多，可以有效地衰减电磁波；又由于微粒具有磁性，因此与电磁波相互作用增强，可以更有效地衰减电磁波。但同时又不可忽略厚度对吸波性能的贡献，有的试样尽管镍粉含量较高，但由于厚度很薄，仅为 0.12mm，因此吸波效果不佳。对于碳化硅，从吸收机理来看，它属于电损耗型吸波材料，与金属磁性超细镍粉混合作为复合涂层材料使用，可以使电损耗和磁损耗作用增强，从而提高材料的吸波性能。今后，若能从材料的复合电磁参数方面加以考虑，一方面减小粉体的粒度；另一方面探讨材料复合比例、电磁参数、材料厚度与吸波性能之间的关系，必定能够获得最佳综合性能的吸波材料。

4. 效果

① 采用化学还原法能够制备出超细金属镍粉，粒度大小约在 0.2μm。如果能够对实验条件进行改进，控制镍粉形核量和形核后的长大过程，则会获得粒度更小的镍粉。

② 超细镍粉添加到吸波材料当中，与 SiC 合理配比复合后具有很好的效果，在 2～18GHz 频段范围内，最大吸收绝对值为 29.5dB。

③ 今后对吸波材料可以从两个方面改进：减小吸波填料中镍粉和碳化硅粉体的粒度大小；选取复合材料电磁参数、最佳配比以及考虑厚度对吸波效果的影响。

六、纳米 Fe_3O_4 吸波隐身材料的制备

1. 制备方法

采用同一方法制备的平均粒度约 10nm 和 100nm 两种粒径的 Fe_3O_4（前者编号 N1，后者编号 N2），分别加入混合有偶联剂的有机溶剂中（溶剂以完全浸

泡所有 Fe_3O_4 粉为宜），用超声波充分搅拌分散，然后过滤，在 50℃ 温度下干燥。将处理后的两种 Fe_3O_4 纳米粉料分别用环氧树脂粘接成型，压制成所需的标准测试样品。

2. 性能

从图 3-4 可以看出，在 1～1000MHz 频率范围内，平均粒度约为 100nm 的 Fe_3O_4 磁导率虚部 μ''（磁损耗）大于平均粒度约为 100nm 的 Fe_3O_4 的 μ''。从图 3-5 可见，在 1～1000MHz 频率范围内，两种粒度的 Fe_3O_4 对电磁波的反射能力均随频率的增大而逐渐降低，即吸波能力逐渐增强。而且在整个频率的范围内，10nmFe_3O_4 的吸波能力比 100nmFe_3O_4 的吸波能力要高，即纳米粒度越小，其吸波能力越大。

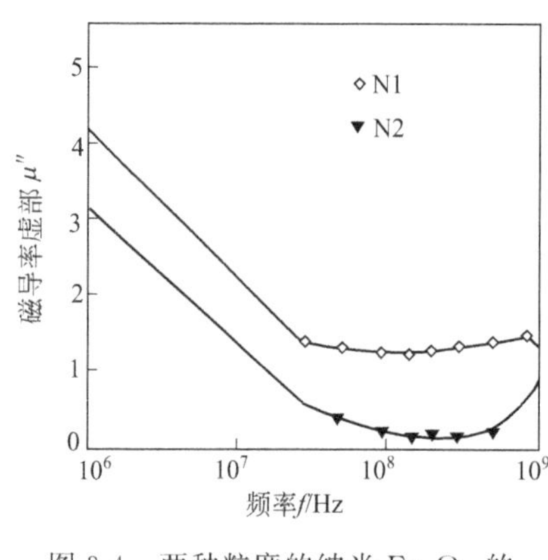

图 3-4　两种粒度的纳米 Fe_3O_4 的 μ''与 f 关系

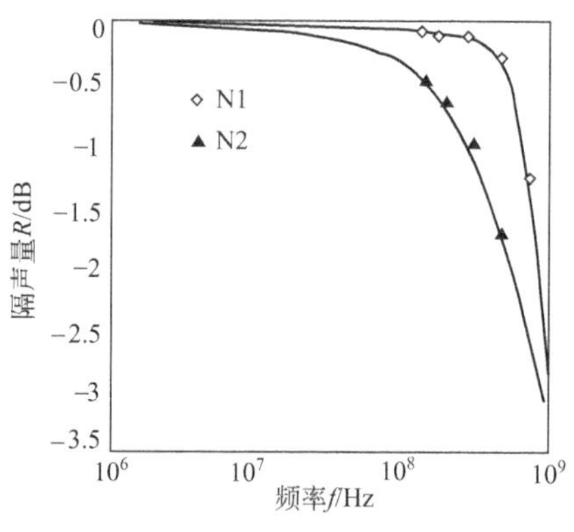

图 3-5　两种粒度的纳米 Fe_3O_4 的 R 与 f 关系

第三节　雷达吸波涂料

一、高磁损耗（HP）吸波涂层

在各类吸波涂层中，发展最早、应用最广的是用各种金属或合金粉末、铁氧体等制成的涂料。从现有国外资料分析，铁磁性材料仍然是研制薄层宽带涂层的主体。

铁氧体材料在高频下具有较高的磁导率，且其电阻率亦高（10^8～10^{12}Ω·cm），电磁波易于进入并得到有效的衰减，其主要问题是密度大、温度稳定性较差等。目前，美、日、英、俄等国均在研制新型铁氧体吸波涂料，主要工作包括：制造含有大量游离电子的铁氧体或在铁氧体中加少量放射性物质以改善其吸波性能，制造空心微球铁氧体或铁氧体中空球以减小其密度并加强其吸波效果；将铁氧体与电阻丝结合使用以对付不同频率雷达或频率捷变雷达；通过改变铁氧

体的化学成分、粒度及其分布、粒子形貌以及表面处理技术等提高其损耗特性。近年来对片状六角铁氧体（ferroplan）开展了较多研究，主要集中在$BaCo_xTi_xFe_{12-2x}O_{19}$上，据报道，在2～40GHz内，其块状材料$|\mu_r|>5$。应当指出，在低频下（$f<1GHz$），铁氧体具有较高$\mu$值而$\varepsilon_r$较小。所以作为匹配材料，它具有比金属粉明显的优势。此外，从吸波涂层往低频拓宽吸收频带来看，铁氧体材料具有良好的应用前景。

磁性金属、合金粉末对电磁波具有吸收、透过和极化等多种功能，用它来吸收电磁波能量的基本要求是：金属粉的粒度应小于工作频带高端频率时的趋肤深度，材料的厚度则应大于工作频带低端频率时的趋肤深度，这样既保证了能量的吸收，又使电磁波不会穿透材料。磁性金属（合金）粉温度稳定性好，介电常数较大等使其在吸波涂层中得到广泛应用。目前，用于吸波涂层的主要有微米级（1～10μm）的纯Fe、Ni、Co粉及其合金粉末，以及纳米级粉体两类。最近几年，法国巴黎大学的G. Vian等深入研究了微米级Ni、Co粉末的吸波性能，发现其在1～8GHz内有最大值。对纯金属粉而言，当粒度为1.9μm、频率$f=6.5GHz$时，理论磁导率$\mu'_r=4$，$\mu''_r=6.1$；对粒度为1.4μm的Ni粉而言，在$f=1.4GHz$时，$\mu'_r=8$，$\mu''_r=5$。

纳米材料研究为近代国际科学前沿课题。近年来关于纳米材料具有吸收电磁波性能的报道引起研究人员的极大兴趣，提出以纳米材料作为新一代隐身涂料的设想并进行了探索。研究的领域集中在磁性纳米微粒、颗粒膜和多层膜。法国科学家最近研制成功一种宽带微波吸波涂层，是由纳米级填料与胶黏剂组成的。填料由超薄不定形磁性层与绝缘层构成，其中磁性层厚度仅3nm。绝缘层厚度为5nm。这种涂层的制作方法：采用真空沉积方法将CoNi合金与SiN沉积在基体上，形成超薄电磁吸收夹层结构，再将超薄夹层结构粉碎为碎屑，与胶黏剂混合制备成涂层。据报道，这种夹层薄膜叠合而成的结构具有很高的磁导率，在频率0.1～18GHz以内μ'与μ''均大于6。与胶黏剂混合后涂层材料电阻率高于5Ω·cm。该材料在50MHz～50GHz内均具有良好的吸波性能。国外报道的另一种多层纳米颗粒膜的制法是：以3μm玻璃空心微球为载体。采用化学镀、溅射等工艺将Ni、Al等金属生成纳米级电磁损耗层、匹配层及保护层，其中电磁损耗层厚度为10nm左右。当填充量体积分数为50%时，涂层密度为0.40～0.46g/cm^3，当层厚在2mm下，8～18GHz内吸收率可达10dB。

高磁导率吸收剂是研制高性能吸波涂层的关键材料，美国国家标准局研制的一种“超黑色”涂料容易喷涂到金属表面上。可吸收99%的雷达能量。这种材料被认为极有可能属于纳米材料。

表面波吸波涂料（SWAC）是由高磁导率材料制备的，它可以有效地抑制或消除由表面波或爬行波引起的后向散射。表 3-4 为几种表面波吸波涂料及其基本性能。

表 3-4 几种表面波吸波涂料的基本性能

制造商	基本性能
Plessey(英)	厚度 0.5～1.5mm，在 6～16GHz 吸收率均大于 6dB，其中 10～12GHz 内大于 15dB
APP(美)	厚度 0.76mm，6～18GHz 内吸收率 3～13dB
ВиАМ(俄)	厚度 0.95mm，3～78GHz 内吸收率不小于 4dB，其中 6～18GHz 内为 6dB

二、磁性纤维吸波涂层

吸波涂层材料中所使用的磁性吸收剂大多为球状颗粒。从理论上分析，球状颗粒在微波频率下的有效磁导率为 3，而且由于其密度很大，很难满足装备对吸波涂层的苛刻要求。因此，研制新型轻质磁性微波吸收剂是隐身材料研制中面临的一大挑战。国外在 20 世纪 80 年代中期开始研究将磁性纤维用于吸波涂层的改性上。研究表明，金属晶须具有良好的吸波性能，这种晶须可由 Fe、Ni、Co 及它们的合金制成。例如，美国 G. E. Boyer 等将铁纤维加入到黏结剂中（体积含量为 25%～35%）所制备的吸波涂层在 5～16GHz 内均有 10dB 以上的吸收。最近 GAMMA 公司推出了其设计并研制的一种多层铁纤维吸波涂层。这种多晶铁纤维为羰基铁单丝，直径 1～5μm。该公司称这种纤维是通过多种吸波机制来损耗微波能量的，因而可以在很宽频带内实现高吸收，而且重量可减轻 40%～60%。据称，该技术已用于法国国家战略防卫部队服役的导弹与再入式飞行器上。

多晶铁纤维在微波低频段的吸波性能尤为突出。最近有资料报道，纤维含量仅为 10%（体积分数）时，涂层厚度为 3mm 的涂层在 1～2GHz 内吸收率大于 7dB，而当纤维含量增加到 20%时，测其吸收率高达 50dB。美国 3M 公司研制的吸波涂层中使用了直径为 0.26μm、长度约为 6.5μm 的多晶铁纤维。当纤维含量为 25%（质量分数）时，涂层在 6～16GHz 内吸收率为 10～30dB。应当指出的是，在吸波涂层中也经常加入各种导电纤维，如铜纤维、碳纤维等，其主要作用是作为电偶极子存在。通过与入射电磁场的相互作用，引起能量的吸收和辐射，从而可以“放大”吸收剂的功能，降低涂层厚度与重量，有利于拓宽吸收频带。但研究表明：磁性纤维在涂层中的作用优于导电性纤维。

三、手性（chiral）吸波涂层

隐身材料技术的发展极大地推动了电磁波与材料相互作用的研究，揭示了化学或生物学中许多具有螺旋结构或旋光性媒质具有手性。手性材料是一种双（对

偶）各向同性（异性）的功能材料，其电场与磁场相互耦合。手性吸波涂层是在基体树脂中掺和一种或多种具有不同特征参数的手性媒质构成。美国宾州大学D. L. Jaggard等对混合手性媒质机理、电设计进行了详细分析，并预示其可能成为新一代不可见媒质。1990年，国外首次证实手性吸波涂层较一般吸波涂层具有吸收效率高、吸收频带宽的特点。其后不久，D. I. Jahard等研制成雷达“不可见”的Chirsorb™材料，这是一种将手性金属单螺环物或旋光物质分散在硅氧烷基聚合物中而形成的复合物。1990年，日本研制成功螺旋碳纤维，由于其螺旋管结构，在电磁场作用下可产生磁滞损耗，从而成为新型吸波涂料。最近日本NEC公司利用原子显微技术研究了螺旋状C_{40}，其生产膜平均厚度仅3nm。据报道，这种材料将用于吸波涂层中。尽管理论研究认为手性材料参数可调，对频率敏感性小，可达到宽频吸收与小反射要求，但也有研究者指出，迄今尚无令人信服的论据表明手性材料会产生如此大的作用，进而认为对吸波涂层的电设计而言，手性材料并不是必需的。

国内也有不少单位开始了手性吸波材料的探索研究。机理研究主要集中在引入手性媒质后涂层的电设计、等效电磁参数预测以及对涂覆含手性媒质涂层的各种形体的RCS计算等。具体应用上主要是研究宏观手性媒质，即在非旋波黏结剂中加入各种非对称的旋波体，如金属螺旋Ω金属体、不对称四面体等构成的宏观混合媒质。最近武汉大学进行的螺旋碳纤维与C_{60}用于吸波材料的研究，以及青岛化工学院研制的纳米导电螺旋结构都具有一定的新颖性。

四、导电高聚物涂层

研究具有微波电或磁损耗功能的有机高聚物材料越来越引起世界各国的重视，这是因为这类材料分子可设计性强，结构多样化，合成加工方便，易于复合或混合，密度小以及其独特的物理、化学性能等。

法国、印度等报道了某些导电高聚物在3cm波段的电磁特性。法国Lanrent Olmedo等研究了聚吡咯、聚苯胺、聚-3-辛基噻吩在此频率内均有8dB以上吸收。美国Carnegie-Mellon大学用视黄基席夫碱盐（Retimyl Shifflass Salts）制成的吸波涂层可使目标RCS减缩80%，而密度只有铁氧体的1/10。日本日东电工公司制备出可溶性聚苯胺导电高聚物。日本公司开发的聚吡咯处理涤纶薄膜，通过控制聚合物条件，如掺杂剂种类、溶剂、反应温度等提高了电导率并具有光学透明性，有望开发出与氧化铟、氧化锡等相比的透明导电聚合物。

将导电高聚物与无机磁损耗物质复合可能发展出一种新型轻质宽带吸波涂层。据最近资料报道，美国研制出一种透明导电吸波涂层，这是一种导电高分子聚苯胺与氰酸盐的混合物。该混合物由导电高分子悬浮在聚氨酯或其他聚合物基体中组成，它既可直接喷涂，也可与复合材料组成层合材料，它能经受510℃高温达 50h。制备这种材料的关键是生成氰酸盐晶须。这种材料使用十分简单，只要采用改进喷嘴的喷枪就可以在飞机表面任何部位（包括机头、尾翼以及铆钉、接缝等部位）实施喷射。

国内开展导电高聚物应用于吸波材料的研究也有一定基础，中国科学院化学研究所研制出的可大面积成型的聚苯胺自支撑膜与可溶性导电高聚物、四川师大研制出的金属有机高分子磁性材料均有可能应用到新型吸波涂层研制中。

五、智能化多功能隐身涂料

智能材料和结构是 20 世纪 80 年代逐渐形成并备受重视的新兴高技术领域，这种可根据环境变化而调节自身结构和功能，并对环境作出最佳响应的新概念为研制新型隐身材料指出了一个崭新的思路和方法。智能隐身材料具有局域敏感和响应功能的精细微结构，能感知和分析从不同方位角到达飞行器表面的各种主动式探测信号，瞬时调节表面区域的电磁波基本特征参量 ε、μ、σ 和化学常数 n、k 等，以达到良好的隐身效果。一种有源吸波材料即基于此原理。这种材料是由在基体中嵌入半导二极管或其他电磁敏感元件构成的。在无外部激励时（即没有雷达波照射），它们不吸收电磁波，而当受到外部激励时，这些电磁装置自动开关，从而改变材料的吸收/反射电磁波特性。智能隐身材料具有对环境颜色自适应同一化功能、迷彩分割功能和形貌伪浮雕化功能。例如，一种用于载人/不载人飞机涂层通过施加 24V 电压激活涂层中的敏感元件，从而形成对雷达和目视两方面的遮蔽。加电涂层对雷达波的衰减优于现有的隐身涂层，另外该涂层具有使飞机蒙皮颜色发生变化的特征，以致从下面看，飞机融合于天空，从上面看，飞机融入地球各种色彩中。美国最先提出的智能蒙皮（smart skin）概念是建立在导电高聚物基础上的，例如，可将不同导电率的多层薄膜黏合在一起，就可以获得在功能上与分层介质吸波涂层类似的隐身蒙皮，而将各种机载电子装置、传感器等嵌入蒙皮内，便可取消传统的雷达天线。

六、单层雷达吸波涂层

1. 涂层设计

① 吸收匹配型。这一设计方案的出发点是增大吸收，减少表面反射。这样，吸收剂就必须具有大的 μ 值和小的 ε 值。

② 谐振型。这一设计方案的出发点是在所要求的频率下选择合适的电厚度，利用界面的干涉原理来降低电磁波反射。理想谐振的带宽较窄。

③ 复合结构。通过多层设计，采用阻抗渐变来减少反射，增大吸收，可降低对材料电磁参数要求，有利于材料面密度的下降。

计算表明，对于单层型吸波材料单独采用吸收匹配原理或谐振原理，在吸收

剂性能及材料厚度约束下很难满足二三厘米通带内反射率不大于－4dB的要求。而在非理想谐振下，考虑到涂层表面可允许较大反射这一特点，采用吸收匹配，包含谐振作用，结合频散特性，则能达到我们要求的电性能指标。图3-6是单层型吸波涂层的优化设计结果。

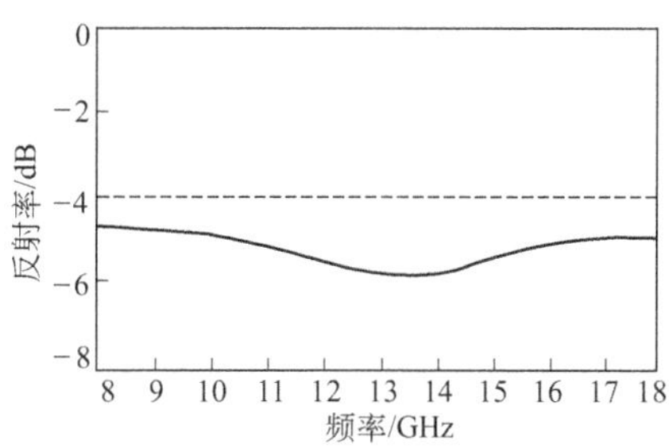

图3-6 单层RAC电性能优化结果，$d=0.5$mm

根据飞行器某些特定使用部位的要求，涂层的厚度不能大于0.5mm，层数也不宜超过两层。而双层电设计结果表明：由于厚度和层数的限制，多层结构的优势不十分明显，这一点在材料的研制过程中已得到了验证。

2. 吸收剂

吸波材料的电性能虽然与电设计技巧有关，但决定因素还是吸收剂本身的电磁性能。因此，在注意吸收剂频散特性的同时，还应考虑：①高磁导率；②高介电常数；③良好的温度特性；④吸收剂密度、形貌、粒径等物理性能；⑤吸收剂与胶黏剂匹配。

大量已有不同类型吸收剂的筛选工作表明，目前综合性能比较好的吸收剂类型仍为铁氧体类和铁粉类，我们的研究重点为铁粉类吸收剂。表3-5为所研制复合吸收剂的电磁特性。

表3-5 复合吸收剂A的电磁特性（$f=12.0$GHz，$V_1=53\%$）

参数	ε'	ε''	μ'	μ''
复合吸收剂A	↑30.16↓	↑2.54↓	↑1.02↓	↑2.50↓

注：↑↓标志符号代表复合吸收剂A的介电性能光谱特性，↑为频率上升符号，↓代表频率下降符号。

3. 胶黏剂

吸波涂料主要由吸收剂和胶黏剂构成。其电性能主要由吸收的电磁性能来决定，而力学性能则主要是由胶黏剂来保证。众所周知，吸波涂料是特种功能涂料，它的颜基比、厚度和质量均远远大于普通航空涂料，这就为飞行器用吸波涂层研制增加了难度。

胶黏剂体系研究中应当解决：

① 高颜基比条件下力学性能与指标接近；

② 与吸收剂匹配的电参数；

③ 较好的环境适应性能和理化性能；

④ 满足涂层施工工艺要求。

为确保涂层性能满足指标要求，在综合分析了各类胶黏剂体系的优劣之后优选一到两种胶黏剂体系进行改性，研制出吸波涂层专用胶黏剂。

4. 性能

表 3-6 是部分实验结果。4# 、5# 和 6# 是不同胶黏剂系统、同一固化时间、吸收剂含量相同的三种吸波涂料。6#（1） 和 6#（2） 是同一胶黏剂系统，但固化温度不同。表中数据是它们三项主要力学性能的实验结果。

表 3-6 采用三种胶黏剂的吸波涂料的主要力学性能

样号编号 性能	4#	5#	6#（1）	6#（2）
粘接力/MPa	8	15	8	18
韧性/mm	3	15	1	5
冲击强度/kg・cm	50	50	50	50

显然 5# 和 6#（2） 两种胶黏剂系统性能较优。考虑吸波涂料施工工艺可行性，选用 5# 胶黏剂系统，这是一种三组分系统。图 3-7 所示为 5# 样品 DSC 局部放大曲线。

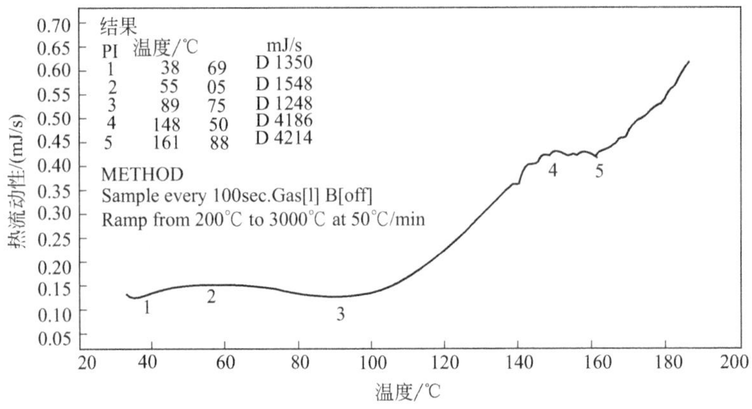

图 3-7 5# 样品的 DSC 曲线

图 3-8 是双层吸波涂层电性能实测曲线。该双层吸波涂层的总厚度为 0.51mm，面密度为 2.05kg/m^2。

单层涂层实测电性能见图 3-9。涂层厚度 0.44mm，面密度为 2.0kg/m^2。

图 3-10 为涂层系统反射率-频率曲线。表 3-7 是吸波涂层系统主要力学性能测试结果。

涂层系统的耐环境性能实验包括耐热、耐低温、耐机用介质油、耐蒸馏水、耐盐雾及耐湿热等性能实验。实验结果：涂层外观、电性能和附着力均无明显变化。

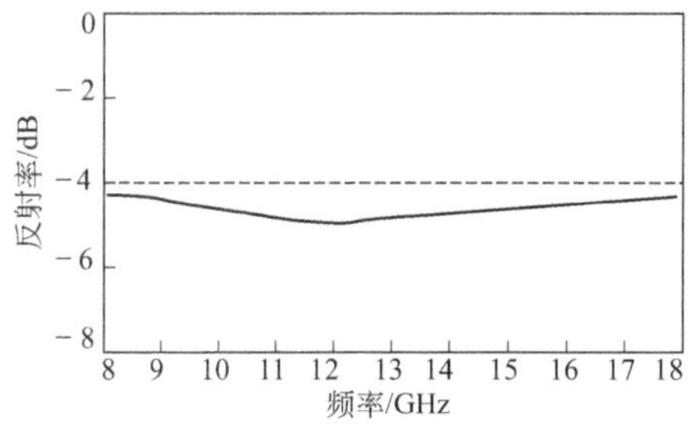

图 3-8　双层涂层反射率-频率曲线

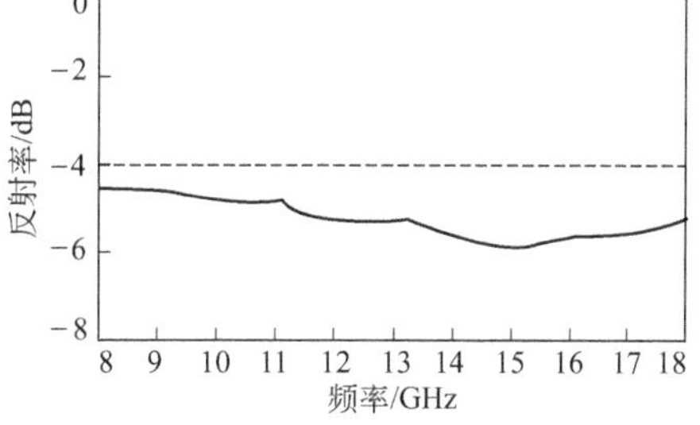

图 3-9　单层型吸波涂层实测电性能曲线

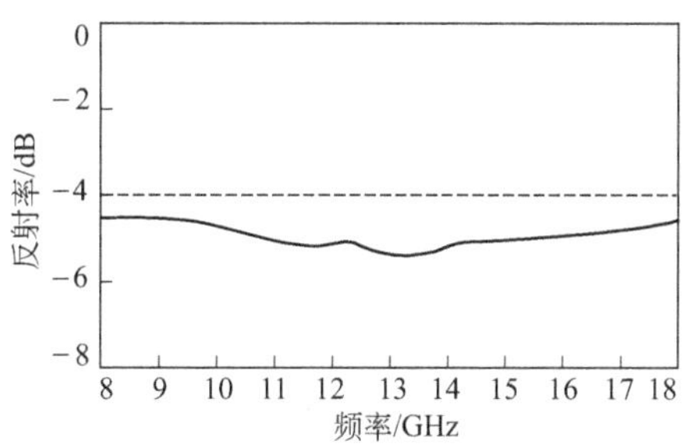

图 3-10　涂层系统反射率-频率曲线

表 3-7　吸波涂层系统的主要力学性能（底漆＋吸波涂层＋面漆）

力学性能	粘接力/MPa	冲击强度/kg·cm	韧性/mm
实验结果	15.63	50	15
力学性能	撕裂强度 /(N/cm)	剪切强度/MPa	
实验结果	103.7	13.47	

吸波涂层是一种综合性能优异的工程实用型雷达吸波材料。它的单层结构、可喷涂性及良好的理化性能充分保证了材料施工可行性和材料性能的稳定。

七、掺杂 Sm_2O_3/丙烯酸酯雷达吸波涂料

1. 吸波材料具备的条件

吸波材料是指能吸收入射到表面的电磁波能量，并通过材料的介质损耗或磁损耗使电磁波能量转化为热能或其他形式能量的一类材料。电磁波吸波材料和吸波结构的设计原理需建立在电磁波在介质中的传播理论基础之上。

良好的吸波材料必须具备两个条件：

① 当电磁波传播、入射到材料表面（表层）时，能够最大限度地进入到材料内部，以减少电磁波的直接反射，这就要求在设计材料时应充分考虑其电磁匹

配特性。

② 电磁波一旦进入材料内部，就要设法做到对入射电磁波的有效吸收或衰减，这需要考虑材料的衰减特性。微波技术中的基本宏观参数为阻抗 Z 和传播常数 k，可用介电常数 ε 和磁导率 μ 来表达。因此，研究物质介电常数与磁导率频率特性、实部和虚部的关系是研究雷达吸波材料（RAM）性能的基础。

雷达吸波材料吸收或衰减入射的雷达波，并将电磁能转变为热能而耗散掉，在实际的吸波材料制作过程中发现，良好的吸波材料必须具备两个条件：①雷达波入射到吸波材料内的能量损耗尽可能大；②吸波材料的阻抗与雷达波的阻抗相匹配，此时满足无反射。

2. 制备方法

① 将称量好的石蜡粉熔融，分别加入氧化钐、碳纳米管及两者的复合物后搅拌，冷却后用研钵研磨，再熔融搅拌，冷却研磨，如此反复 3～4 次；再加入适量无水乙醇，在高速乳化机下剪切分散，而后蒸干研磨成粉末，制备成外径 7mm、内径 3mm 的圆形同轴试样。用圆形同轴试样波导法测试复合物在 1～18GHz 的电磁参数。

② 将一定量的 Sm_2O_3 溶于无水乙醇溶液中，加入适量的表面分散剂，球磨 2h，超声分散后静置，再加入一定量的丙烯酸酯胶黏剂，经磁力搅拌后配制成涂料，涂在 180mm×180mm×3mm 的铝板上，室温固化 10h。采用同样的方法，配制成碳纳米管/丙烯酸酯涂料和含碳纳米管的 Sm_2O_3/丙烯酸酯涂料，其中粉体的固含量均为 8%（质量分数）。涂层厚度均为（3±0.1）mm。

3. 性能与效果

① 通过分析 3 种材料的电磁参数可知，Sm_2O_3 的电损耗很小，且没有磁性，因此基本不具备雷达波吸收性能，对雷达波传输而言基本透明。碳纳米管在 2.5～18GHz 频段范围内介电常数的虚部大于实部，使其损耗角正切大于 1，有利于提高雷达的吸波性能。可见，碳纳米管具有一定的雷达吸波性能。不具备雷达波吸收特性的 Sm_2O_3 掺杂具备吸波特性的碳纳米管后，其复合材料具备了一定的雷达吸波性能。

② 通过研究 Sm_2O_3 吸波涂层、碳纳米管吸波涂层、Sm_2O_3 掺杂微量碳纳米管吸波涂层的吸波曲线可以看出，实验结果与 3 种材料的电磁参数测试分析结果一致。

③ 当涂层厚度为 1.2mm 时，Sm_2O_3 固含量为 20%、30%、40%的涂层在 1～18GHz 的频率范围内的最大吸收峰分别为 19.96dB、10.36dB、8.33dB，一定程度上满足了吸波涂层向薄、轻、宽、强方向发展的需求。

八、雷达吸波涂层的质量控制

雷达吸波涂层的主要性能指标是涂层的反射率及附着力。选定涂料后，涂层

的性能与涂层厚度、均匀性及前处理密切相关。要想获得性能优良的吸波涂层，必须从原材料、前处理、喷涂及检测四方面着手，保证涂层附着良好、组成均匀及厚度可控。

1. 原材料

吸波涂料由吸收剂、胶黏剂及填充剂组成。目前，国内常用的吸收剂是羰基铁粉及超细合金微粉。涂料的密度大、吸收剂含量高、涂料的分散性差、涂层的设计厚度较大。

混合均匀的涂料才能获得组成均匀的涂层，因此对原材料的要求是：选择溶解性能好的胶黏剂、溶解能力强的稀释剂和在填充剂中增加防沉淀剂。为保证吸收剂与树脂体系分散良好，选用JSF-450型搅拌砂磨分散多用机搅拌涂料。判断涂料是否混合均匀，用搅拌棒挑起涂料目测，搅拌棒上无明显颗粒，涂料色泽均匀为合格。

2. 前处理

优良的前处理是吸波涂层附着良好的保证，必须提供清洁、有一定粗糙度的待喷涂面。通常选择阳极氧化、磷化、偶联剂处理等方式进行前处理。未作表面处理的工件，采用 $d=150\mu m$ 的砂布横竖交叉打磨，直至基材表面有明显的纹路。

一般选用水基清洗剂或有机溶剂进行清洗操作。清洗剂应为中性或弱碱性，在基材表面停留3～5min后用洁净的水清洗干净；有机溶剂选用航空洗涤汽油或丙酮，在汽油或丙酮还未挥发时用无布毛的白布擦干，以避免有机溶剂中高沸点油状物再次污染基材。以水膜连续30s为合格判据，对水基清洗剂清洗后的表面还要用pH试纸检测其表面酸碱性，中性为合格。

禁止赤手触摸前处理清洗后的表面。

3. 喷涂过程

（1）喷涂底漆

底漆是整体涂层的基础，由于吸波涂层厚度大，溶剂的溶解力强，固化周期长，要求底漆的耐溶剂浸泡能力强，一般不使用单组分底漆。

对底漆的质量要求是：①保证底漆的有效性。按比例混合，熟化30min后使用，在适用期内用完。②底漆要充分固化。一般底漆固化周期为室温条件下固化24h，60℃条件下固化不低于8h。如果生产周期允许，尽可能延长固化时间。③底漆黏度杯测试控制在16～20s，十字交叉喷涂一遍即可，干膜 δ 控制在 $20\mu m$ 左右。

（2）喷涂吸波涂料

吸波涂料的喷涂一方面要保证涂层的均匀性；另一方面是控制涂层的厚度。

① 涂层的均匀性。空气喷涂法使用的压缩空气压力可达到0.6MPa。在高压

力的推动下，涂料附着在基材表面时会有反弹，对于多组分涂料，由于各组分的密度不同造成反弹量不同，影响了涂层的均匀性。在吸波涂料的喷涂过程中，可以调整喷枪的压力及出漆量，选择高流量低压力状态，减少涂料的反弹。

在喷涂过程中，为避免喷枪枪罐中涂料分层，应经常晃动枪罐，还可用手指堵住喷枪口让压缩空气在枪罐内循环搅动涂料，当涂料放置 20min 后，应打开枪罐搅拌涂料。

起枪、停枪时涂料的喷出量不易控制，可以将起枪、停枪位置设定在喷涂面外并尽量减少起枪次数。喷涂小件时，每次喷涂时将工件旋转 90°。喷涂大件时，操作者可以随着产品的型面平稳移动身体，尽量一枪喷完整个行程。

② 涂层的厚度。隐身涂层的反射率与涂层的厚度密切相关。在某些频段范围内，涂层未达到临界厚度时，随着涂层厚度的增加，涂层整体反射率变好；超过临界厚度后，随着涂层厚度的增加，低频段的反射性能会改善而高频段反射性能下降。因此，要根据吸波涂层的特点控制好涂层的厚度以满足反射率要求。

某工件在微波暗室以 RCS 测试法获得的反射率曲线，图 3-11 为未打磨涂层工件反射率曲线，图 3-12 为通过打磨的方式，将涂层的厚度减少 0.05mm 后，获得的反射率曲线。

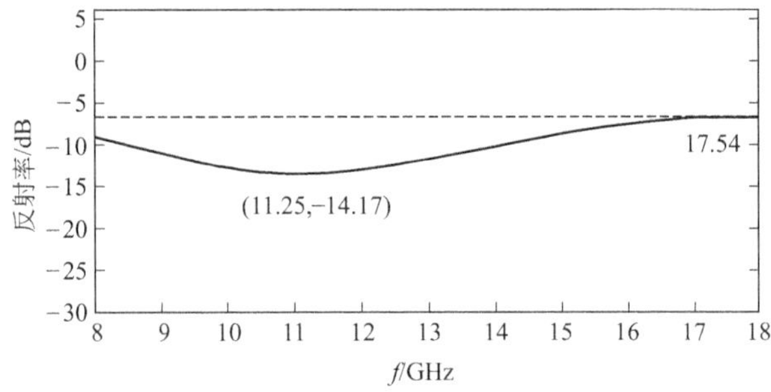

图 3-11 未打磨涂层的反射率曲线

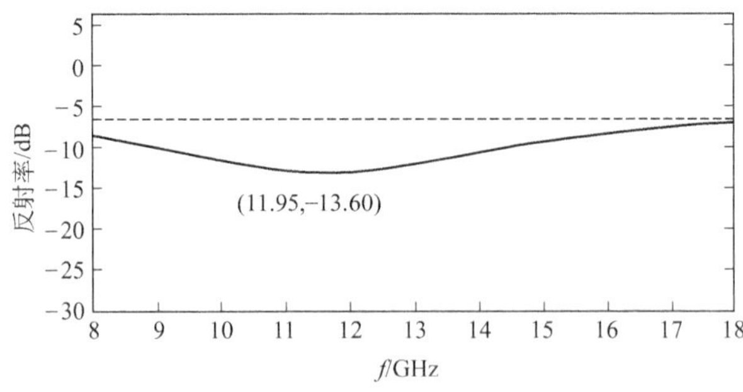

图 3-12 打磨后涂层的反射率曲线

从图 3-12 可以看出，涂层减薄后，低频性能变差而高频性能改善。

吸波涂层的厚度与隐身性能密切相关，但是厚度的精确测量只能在涂层固化后进行，不利于生产操作。在实际的喷涂过程中，可以涂层的质量代替厚度进行喷涂量的控制。在喷涂产品过程中，可以同时喷涂 180mm×180mm 的随动平板，测量平板表面涂层的质量增加量类比产品表面涂层的厚度。例如，某类型吸波涂层的面密度为 3.0kg/m^2，180mm×180mm 的随动平板表面涂层干膜质量增加量将达到 97.2g。考虑干燥过程中溶剂挥发因素，当随动平板表面涂层湿膜质量增加达到 105g 时，即可认为产品表面涂层厚度已达到规定值。需要注意，在进行类比操作时，平板与产品应由同一操作者采用同样的喷涂工艺参数同时制备，还要考虑产品与平板上漆率的差别。

4. 涂层的检测

涂层固化后需要用专用测厚仪测量厚度，选取的测量点要有代表性。对于平面部分，测量点可均匀选取，一般距离涂层边缘不小于 2cm。曲率半径小的部位，测量数据会有误差。

还可以使用隐身材料反射率现场测量仪完成隐身涂层反射率的检测，使用这种仪器时要求定标准确，测量的精度主要是靠定标来保证的。测量过程中要注意仪器的测试天线与检测面要紧密贴合，以减少周边环境对反射率的影响。

涂层局部厚度或是反射率未满足要求时，可通过打磨或是补喷的方式进行修补。

第四节 结构吸波隐身材料

一、结构吸波材料的种类

结构吸波材料是一种多功能增强塑料，它既能承载作为结构件，具备复合材料质轻高强的优点，又能吸收或透过电磁波，从第二次世界大战时期就受到广泛关注和研究，并开始得到应用，现在已成为当代隐身材料重要的发展方向，受到国内外研究者的高度重视。

① 碳-碳增强塑料。美国威廉斯国际公司研制的碳-碳增强塑料适用于高温部位，能很好地抑制红外辐射并吸收雷达波。在发动机部位用致密碳泡沫层来吸收发动机排气的热辐射，还可制成机翼前缘、机头及机尾。

② 含铁氧体的玻璃纤维增强塑料。这种材料质轻、强度和刚度高，日本已将它装备在空对舰导弹（ASM-1）的尾翼上，其弹翼也将使用这种材料改装，使其隐身性能大为提高。

③ 填充石墨的增强塑料。美国在石墨-热塑性增强塑料和石墨-环氧树脂增强塑料的研制方面取得很大进展，这些材料在低温下仍保持韧性。

④ 玻璃纤维增强塑料。这种由美国道尔化学公司研制的材料型号为Fibalog，是在塑料中加入玻璃纤维而制成的，这种材料较坚硬，可作为飞机蒙皮和一些内部构件，而无须加金属加强筋，并具有较好的吸收雷达波特性。

⑤ 碳纤维增强塑料。美国空军材料实验室研制的碳纤维增强塑料能吸收辐射热，而不反射辐射热，既能降低雷达波特性，又能降低红外线特征，用它可制作发动机舱蒙皮、机翼前缘以及机身前段。

⑥ 碳化硅纤维、碳化硅-碳纤维（SiC—C）增强塑料。碳化硅纤维中含硅，不仅吸波特性好，能减弱发动机红外信号，而且具有耐高温、相对密度小、韧性好、强度大、电阻率高等优点，是国外发展很快的吸波材料之一，但仍存在一些问题，如电阻率太高等。将碳、碳化硅以不同比例，通过人工设计的方法，控制其电阻率，便可制成耐高温、抗氧化、具有优异力学性能和良好吸波性能的SiC-C复合纤维、SiC-C复合纤维与环氧树脂制成的增强塑料。由SiC-C纤维和接枝酰亚胺基团与环氧树脂共聚改性为基体组成的结构材料，吸波性能都很优异。

⑦ 混杂纤维增强增强塑料。混杂纤维增强增强塑料是通过增强纤维之间一定的混杂比例和结构设计形式制造成的、满足特殊性能要求或综合性能较好的增强塑料。目前已能制造出吸波性能很好的混杂纤维增强增强塑料，广泛用于飞机制造中。

⑧ 特殊碳纤维增强的碳-热塑性树脂基增强塑料。这种材料具有极好的吸波性能，能使频率为0.1MHz～50GHz的脉冲大幅度衰减，现在已用于先进战斗机（ATF）的机身和机翼，其型号为APC（HTX）。另外APC-2是Celion C40-700碳纤维与PEEK复丝混杂纱单向增强的品级，特别适宜制造直升机旋翼和导弹壳体，美国隐身直升机LHX已经采用此种增强塑料。

⑨ 导电增强塑料。导电增强塑料是由在非金属聚合物或树脂类物质中加入导电性纤维、薄皮或纳米级金属粉末制成的。当雷达波透过时，由于部分能量被吸收，而使反射的雷达波能量大大衰减，因而成为有效的吸波材料，其吸收频带可通过加入物质的种类和多少来调节。混入的物质有聚丙烯腈纤维、镀镍的碳纤维、不锈钢纤维、薄的铝片和铁氧体、镍、钴粉末等，这种复合材料可作为飞机或导弹的结构材料。

二、结构设计

结构隐身复合材料兼有承载和隐身的双重功能，成为目前隐身材料的主要技术手段。按吸波复合材料结构形式不同，结构吸波材料又可分为两类：层板型吸波复合材料、夹层型吸波复合材料。

夹层型吸波复合材料的面板，不仅要求强度高，而且透波性能要好；夹芯多以填充损耗介质的蜂窝、波纹结构材料组成。对于夹层结构的匹配设计，通常由

损耗介质的浓度不同来匹配，或者通过设计蜂窝孔格的尺寸、蜂窝的高度变换实现宽频吸收的效果。

研究了蜂窝材料本身的尺寸对吸波性能的影响，并提出了一个数值计算的方法，计算出在 8～18GHz 内，蜂窝的高度、孔径、吸收剂用量等不同情况下的吸波性能。泡沫夹心材料近似于实体材料，理论上吸收剂的含量会比蜂窝夹层结构高，而且泡沫夹层材料可以形成多层吸波结构，有助于拓宽吸收频带，如图 3-13、图 3-14 所示。另外，层板型吸波复合材料多用于装甲、飞机的主体承载结构（图 3-15）。层板型吸波复合材料通常由透波层、损耗层、反射层组成，有时为了具有更好的阻抗匹配，根据梯度吸波原理设计层板吸波复合材料，通常设计有十几层甚至几十层的材料组成，以便获得更宽的吸波频带和更好的吸波效果。

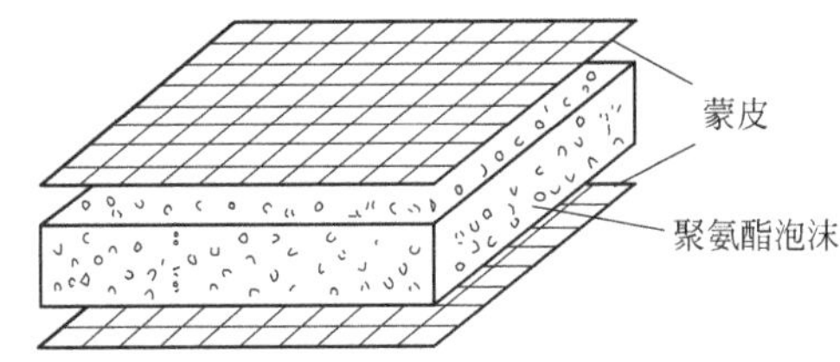

图 3-13 泡沫夹心结构复合材料

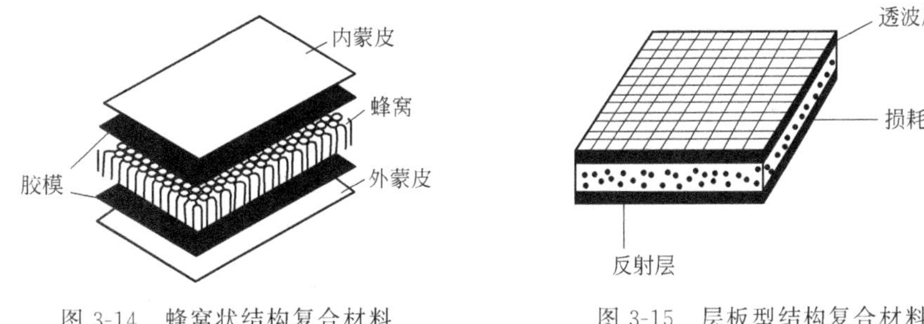

图 3-14 蜂窝状结构复合材料

图 3-15 层板型结构复合材料

三、雷达吸波结构材料的制备

1. 碳纤维吸波结构的制备

高性能碳纤维的出现真正提供了可替代金属作为主承力构件的结构材料，也迎来了结构吸波材料迅速发展与应用的新时代。高性能碳纤维电阻率较低，约 $10^{-2}\Omega \cdot cm$，是雷达波的强反射体，经高温处理的碳纤维的电导率，适合作为吸波材料的导电性反射材料和增强体。只有经过特殊处理的碳纤维才能吸收雷达波，通过调节碳纤维的电阻率可以使其具有吸波功能。1982 年，日本研制了一种层压平板材料，由 50% 碳纤维和环氧树脂组成，厚度为 3mm，密度为

0.7g/cm^3，背面为1mm的金属板，在8～12GHz范围内，反射衰减大于15dB。该技术的关键是采用一种吸波型特种碳纤维，在10GHz频率下其介电常数为(8～12)—j(3～5)，即$\varepsilon'=8\sim12$，$\varepsilon''=3\sim5$。有许多方法可以使碳纤维具有吸收雷达波的适宜的电阻率。把碳纤维横截面做成三角形或有棱角的方形，对其进行表面改性，在其表面涂覆含有电磁损耗物质的树脂，沉积一层微小孔穴的碳粉，喷涂镍或经氟化物处理都能大大提高碳纤维的吸波性能。为了制备吸波性能优异的碳纤维结构吸波材料，就需要研制特殊的吸波型碳纤维，制备吸波型碳纤维的工艺主要有以下几种。

（1）降低碳纤维的碳化温度

随炭化温度的升高，碳纤维的电导率逐步增大，易形成雷达波的强反射体，但低温处理的碳纤维，由于碳化温度低，结构更加疏松散乱，是电磁波的吸收体。把500～1000℃烧成的聚丙烯腈碳纤维或沥青碳纤维（电阻率在半导体范围）与环氧树脂复合，以此作为中间层制备的结构型吸波材料，测得反射衰减大于20dB的频宽是8～12GHz。这种低温烧成的碳纤维与环氧树脂复合后的介电常数可以达到$\varepsilon=24-j24$和$\varepsilon=15-j22$（碳纤维的体积分数约为50%），具有非常大的介电损耗。由低温碳纤维的单独织物与树脂组成的复合材料的$\varepsilon'=8\sim22$，用低温碳纤维和玻璃纤维或氧化铝纤维复合织物与树脂组成的复合材料的$\varepsilon'=25\sim50$，这样在设计碳纤维结构吸波材料时就有更大的选择余地。

（2）改变碳纤维横截面的形状和大小

异形截面碳纤维是碳纤维家族中的新成员，不仅具有优异的力学性能，而且具有某些特殊功能，美国的F-117、B-2和F-22隐身飞机都大量使用了这种异形截面碳纤维。美国把碳纤维制成有棱角的方形或三角形，这种非圆形横截面碳纤维与PEEK等很多树脂的复丝或单丝混杂编织物制成的复合材料，对吸收雷达波非常有效，并能进一步提高碳纤维的韧性和强度。目前，国外结构吸波材料大部分是采用这种有棱角的方形或三角形横截面碳纤维制造的。B-2战略轰炸机上采用50%特殊碳纤维复合材料，而这种隐身/结构特殊复合材料的关键在于研制成功了“隐身”用的特种碳纤维，这种“隐身”用的特种碳纤维改变了纤维的形状和横截面大小，是B-2战略轰炸机材料工艺上的重大突破与发展。特种碳纤维与传统碳纤维不同，特种碳纤维的横截面不是圆形的，而是有棱角的三角形、四方形或多边形截面碳纤维，用这种非圆形特种碳纤维与玻璃纤维混杂编制成三向织物，这种三向织物就像微波暗室结构一样，有许许多多微小的角锥，具有良好的吸波性能。美、日、德等国在异形截面碳纤维研制中处于领先地位，美国Clemenson大学的先进工程纤维中心对异形截面沥青基碳纤维进行了详细研究，发现异形截面碳纤维可以承受较大压应力和纤维特有的转动惯量。这种异形截面碳纤维编织后，织物形态也较特殊，可能使入射的电磁波回波产生散射，这些都有

利于雷达隐身。国内也开展了异形截面碳纤维的研究工作，并成功地制备出了力学性能优异的异形截面中间相沥青基碳纤维，对其微波电磁特性进行了初步研究，研究结果表明这种异形截面中间相沥青基碳纤维不仅具有非常高的介电损耗（$\varepsilon''/\varepsilon'=0.75$，$f=10\text{GHz}$），而且还有比较高的磁损耗（$\mu''/\mu'=0.48$，$f=10\text{GHz}$），是一种非常有潜力的吸波碳纤维。

（3）对碳纤维进行表面改性

通过表面改性可以使碳纤维具有吸波性能，在碳纤维表面沉积一层有微小孔穴的碳粒或 SiC 薄膜，表面喷涂一层金属镍或把碳纤维表面用氟化物进行处理等，均可改善碳纤维的微波电磁性能，使碳纤维具有一定的吸波性能。碳纤维表面沉积一层微小孔穴的碳粒，能有效地提高碳纤维的吸波性能，并能降低碳纤维的热传导性，而且国外结构吸波材料用的碳纤维表面都掺和一层吸波物质（吸波物质可以是 SiC 粉、碳粒、热塑性树脂粉或其他具有吸波性能的吸波剂），美氰胺公司将碳纤维喷镀一层金属镍，使碳纤维具有良好的吸波性能，采用 7%含镍量的碳纤维制成的聚酯复合材料吸波性能最好。在含铁氧体损耗介质环氧树脂基体中加入平均长度为 3mm 的镀镍碳纤维（MCF），大大提高了其吸波性能，MCF 在吸波材料中起半波谐振子的作用，在 MCF 近区存在似稳感应场，此感应场激起耗散电流，在铁氧体作用下耗散电流被衰减，从而电磁波能量转换为其他形式的能量，主要为热能。

（4）对碳纤维进行掺杂改性

在碳纤维制备过程中将纤维的制造原料与其他成分混合从而得到一种新型碳纤维，这样就开辟了碳纤维电磁改性的新途径。国外曾报道将铁系 0.5～10μm 的金属粉末按一定体积比混入聚丙烯腈或木质系碳纤维等有机纤维原料中，经过 350～800℃加热碳化，可以制得不仅具有较高电导率而且具有较高磁导率的、质地柔软高强度的碳纤维，是一种较为理想的吸波碳纤维。

（5）制备复合型碳纤维

碳纤维的电阻率很低，SiC 纤维的电阻率较高，吸波效果均不佳，将碳、碳化硅以不同比例，通过人工设计的方法，控制其电阻率，便可制成耐高温、抗氧化、具有优异力学性能和良好吸波性能的 SiC-C 复合纤维。SiC-C 复合纤维和接枝酰亚胺基团与环氧树脂共聚改性为基体组成的结构材料，吸波性能都很优异。在各向同性沥青中均匀混入聚碳硅烷，通过熔融纺丝、不熔化处理，烧结制备出 SiC-C 纤维，其电阻率为 $10\sim10^5\Omega\cdot\text{cm}$，而且电阻率可以连续调节，这种纤维与环氧树脂复合制成的复合材料对 8～12GHz 的雷达波反射衰减达 10dB 以上，最大可达 29dB，是一种吸波性能优良的吸波材料。

（6）制备螺旋形（手性）碳纤维

手性是指物体与它的镜像之间不存在几何对称性，且不能通过任何操作使物体与镜像相重合。研究证实具有合适尺寸的手性材料具有特殊的微波吸收特性，螺旋形碳纤维是典型的手性结构，是吸波性能优异的导电螺旋手性吸波剂，用催化裂解基板法成功制备了螺旋形导电碳纤维，并研究了它的微波电磁性能，研究表明导电螺旋手性碳纤维具有比较高的电磁损耗。

2. 聚氨酯泡沫塑料吸波结构材料的制备

(1) 简介

近年来，由于电磁波环境的日益恶化，为进行电子仿真等实验，迫切需要建造不受电磁波干扰的无回波暗室。在无回波暗室内进行电磁性能测量不仅能排除其他电磁波的干扰，而且能避免气候这一不利因素的影响，使测量工作在接近理想的电磁环境下进行，保证了测量结果的准确性和可靠性。另外，在无回波暗室内测量还能防止未经许可的观察和卫星侦察，有利于测试工作的保密。对无回波暗室的需求促进了电磁波吸收材料的开发和生产，同时也为聚氨酯泡沫塑料开辟了新的应用领域，因为无论是进口或国产的吸波材料大多是以聚氨酯泡沫塑料为基体，混入吸波剂而制成的。

美国 Rantic 公司在聚氨酯泡沫塑料基吸波材料的研制方面起步较早，早在20 世纪 60 年代就研制出了适用于 60MHz～40GHz 的超宽频带的 EMC 系列吸波体，该吸波体采用软质聚氨酯泡沫塑料渗碳结构，其形状多为尖劈状，高度为0.6～2.5m，适用于建造不同用途的无回波暗室。该公司及美国 Emerson 公司目前均是国际知名的吸波材料生产厂家。我国在这方面的研究始于 20 世纪 70 年代初，经过多年的发展，已形成一定的生产能力，产品性能已接近或达到国际先进水平。目前国内在吸波材料的生产方面具有一定规模的单位有南京某工厂、大连某工厂、洛阳船舶材料研究所和南京某研究所。洛阳船舶材料研究所生产的WXA 型吸波产品，是以硬质聚氨酯泡沫塑料为基材的，具有强度高、耐环境性好等特点，是一种结构型高效吸波材料。南京和大连某工厂生产的 PY 系列和FA 系列吸波材料都是以软质聚氨酯泡沫塑料为基材的。南京某研究所生产的是硬质聚苯乙烯泡沫塑料基吸波材料。这些单位不仅能生产吸波材料，而且具有一定的暗室设计能力，在电子、国防、航空、航天等系统已先后建成了数十个无回波暗室，如武汉船舶设计研究所电磁兼容性国家重点实验室的屏蔽暗室、解放军某部的无回波音室等。

(2) 制造方法

吸波材料基体材料的选择应遵循以下原则：

① 吸波剂的纳入量大，黏度小，质量小。

② 有一定的抗压强度，抗老化，不变形，耐高低温。

③ 能使制成的吸波材料的阻燃性达到国家标准的要求。

④ 成型工艺简单。

聚氨酯泡沫塑料与吸波剂和阻燃剂的相容性良好，能够进行连续化生产，并且制成的吸波材料在物理性能和阻燃性能方面表现优异，因此，聚氨酯泡沫塑料就成为吸波体基体材料的首选。聚氨酯泡沫塑料基吸波材料分为软质和硬质两种。

硬质聚氨酯泡沫塑料基吸波材料是将吸波剂加入硬质聚氨酯泡沫体系中，再注入特定形状的模具中，通过反应发泡制成的。这种吸波产品的生产工艺简单、质量稳定且可机械化生产。

软质聚氨酯泡沫塑料基吸波材料的制作工序如下：

原料→发泡→切割成预定形状→浸渍吸波剂→烘干→成品

软质聚氨酯泡沫塑料基吸波材料的优点是在生产中不需要特定形状的模具（如常见的吸波材料有尖劈形、角锥形等），而可以根据需要任意切割；缺点是浸渍吸波剂需要人工（或者半人工半机械）来完成，因此，生产效率较低，吸波剂的浸入量不能准确控制，产品质量不稳定。

（3）聚氨酯泡沫塑料基吸波材料的性能

① 吸波性能。吸波性能是吸波材料最主要的性能，聚氨酯泡沫塑料基吸波材料的吸收频带宽，吸波效果好，在 300MHz～18GHz 的宽频段内，具有较好的吸波性能。虽然不同厂家生产的吸波材料的分类及编号方法各异，但常用的尖劈形吸波材料的吸波性能主要是与产品的高度有关，尖劈越高，吸波性能越好。尖劈的高度 l 与入射波波长 λ 之比必须大于 1，尖劈才能有效地吸收电磁波，并且 $1/\lambda$ 的值越大，尖劈的吸波性能越好。根据波长与频率 f 的关系式 $\lambda=c/f$（c 为真空中的光速，$c=3\times10^8\text{m/s}$），$f=500\text{MHz}$ 时，$\lambda=0.6\text{m}$，即尖劈的高度必须等于或大于 600mm 时，才能在 500MHz 及更高频段内起到更好的吸波作用。表 3-8 列出了不同厂家生产的尖劈高度最接近的 4 种型号的尖劈形吸波材料的性能。从表 3-8 可以看出，国产吸波材料的性能与美国 Rantic 公司的相当，其中洛阳船舶材料研究所生产的 WXA 型硬质聚氨酯泡沫塑料基吸波材料在高频段的吸波效果最为突出。

表 3-8 几种尖劈形吸波材料的吸波性能的比较

入射波频率/GHz	吸波损耗/dB			
	美国 Rantic 公司 EMC-24CL 型	南京某工厂 PY-700 型	洛阳船舶材料所 WXA-610 型	大连某工厂 FA-700 型
0.5	35	35	34	35
3	50	50	52	50
6	50	50	55	50
10	50	50	54	50

注：4 种尖劈的基座均是边长为 200mm 的正方形，其中 Rantic 公司和洛阳船舶材料研究所生产的尖劈高度为 610mm，南京某工厂和大连某工厂生产的尖劈高度为 700mm。

② 物理性能。对吸波材料物理性能的要求主要是指强度要求（表 3-9），此外，还要求吸波材料在使用过程中不变形、不掉粉、其性能长期稳定。就强度而言，硬质聚氨酯泡沫塑料基吸波材料显然要占优势，因此硬质聚氨酯泡沫塑料基吸波材料可作为理想的结构型吸波材料使用。因为硬质聚氨酯泡沫塑料基吸波材料在安装时可采用机械方法固定，而不必粘接施工，从而避免了胶黏剂释放出有害气体危害工作人员身体和损坏仪器设备。

表 3-9　几种尖劈形吸波材料的物理性能的比较

基体材料	生产厂家	压缩强度/MPa
硬质聚氨酯泡沫塑料	洛阳船舶材料所	0.31
软质聚氨酯泡沫塑料	美国 Rantic 公司	0.12
硬质聚苯乙烯泡沫塑料	南京某研究所	0.12

③ 阻燃性能。在设计无回波暗室时对吸波材料阻燃性的要求是十分严格的。聚氨酯泡沫塑料由于其性能的可塑性极强，因此添加阻燃剂或者在其分子结构上引入阻燃基团，都是改善其阻燃性能的行之有效的方法。洛阳船舶材料研究所采用引入阻燃基团和添加阻燃剂相结合的方法，研制出了一种阻燃性能优异的硬质聚氨酯泡沫塑料基吸波材料，该材料离火后能立即自熄，并且无自燃和冒黑烟现象，其极限氧指数以及电导燃烧实验、火焰燃烧实验和阻燃实验的结果均满足有关标准的要求。

④ 加工性能。对于聚氨酯泡沫塑料基吸波材料可以采用增强反应注射成型技术（RRIM）实现连续化生产，这不仅保证了该材料的强度和性能稳定性，并可根据用户需要加工出不同形状和不同规格的吸波材料，如尖劈形、角锥形、圆锥形、弧形和平板形等。

（4）聚氨酯泡沫塑料基吸波材料的应用

聚氨酯泡沫塑料基吸波材料主要用于建造无回波暗室。在军事上，为了给雷达对抗内场辐射式仿真实验创造一个理想的、无反射的自由空间环境，同时为了防止周围环境电磁干扰的进入以及实验信息向外泄漏，一种最佳的途径就是在无回波暗室内进行实验，如在用硬质聚氨酯泡沫塑料基吸波材料建造的无回波暗室内可以测量产品的 EMC（电磁兼容）、EMS（电磁屏蔽）、EMI（电磁干扰）、天线散射性能及进行某些校准工作。在民用方面，为了顺利进行无干扰测试，消除城市特别是大城市里广播、电视、机动车辆及其他人为无线电系统的电磁干扰，目前一些较大的汽车、家电企业等也纷纷用这种材料建造无回波暗室。

聚氨酯泡沫塑料基吸波材料还可用在隐身飞机上，如英国 Plessey 微波材料公司研制的一种称为“泡沫 LA-1 型”的吸波结构，就是由轻质聚氨酯泡沫塑料构成的，在 2～18GHz 的宽频段内吸波性能均较好，已用在隐身飞机的机身和机翼上。另外，聚氨酯泡沫塑料基吸波材料还可以用来建造无回波箱，用以覆盖测

试环境中的反射物体，如雷达天线舱、天线支架、转台、实验架等，以提高测量的可靠性和准确性。国内某研究所曾用厚 50mm 的楔状硬质聚氨酯泡沫塑料基吸波材料对通风波导管的内壁表面进行敷装取得了理想的效果。若在一对发射天线和接收天线之间的地面上覆盖该吸波材料，可以避免发射的电磁波与接收的电磁波相互干扰，聚氨酯泡沫塑料基吸波材料还可用来建造微波吸收墙，消除微波污染等。

近年来，复合型吸波材料发展很快，它是由聚氨酯泡沫塑料基吸波材料、过渡层和铁氧体板或铁氧体栅格材料组合而成的，如图 3-16 所示。

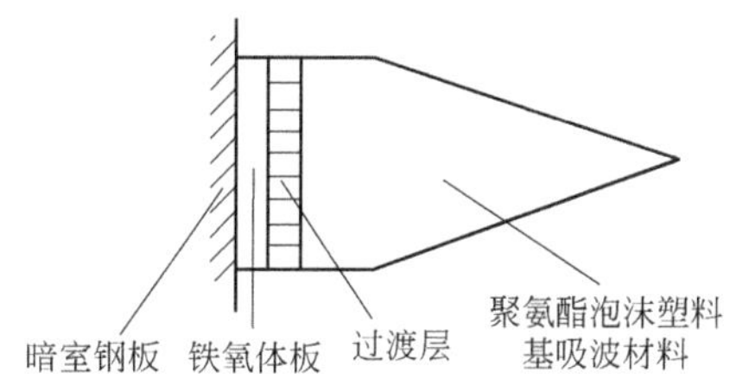

图 3-16 复合型吸波材料示意

铁氧体板或铁氧体栅格材料在低频段内的吸波性能特别好，弥补了聚氨酯泡沫塑料基吸波材料在低频段的吸收不足，过渡层由含有混合吸波剂的聚氨酯泡沫塑料制成，它对上述两种吸波材料起阻抗匹配作用。因此，复合型吸波材料具有体积小、超宽频带、高性能的特点。例如，使用 0.3m 厚的复合型吸波材料就能达到近 3m 厚的聚氨酯泡沫塑料基吸波材料所有的吸收性能，大大拓展了无回波暗室的有效使用空间。复合型吸波材料不仅可用于 EMC 屏蔽半暗室、屏蔽暗室，也可用于舰船机场塔台等场合。

应当指出的是，吸收性能良好的吸波材料只是无回波暗室具有良好的吸波效果的必要条件，只有当暗室的总体设计方案也具有科学性，并充分考虑到其形状、尺寸、散面区和静区静度等要求时，才能保证无回波暗室的吸波效果达到最佳。

(5) 结构吸波材料的研制

随着各种新型雷达、先进探测器以及精确制导武器的问世，对军用飞行器构成了极为严峻的威胁，为了提高飞行器的生存力和战斗力，世界各主要军事大国都在努力发展隐身技术。在美国隐身技术被列为三大高技术之一，在前苏联隐身技术也被列为国防高技术。隐身技术包括结构隐身（外形隐身）和隐身材料两大部分，而由于结构吸波材料既能承受载荷又能吸收电磁波，因此，它是一种非常重要的隐身材料，并且已经在西方的多种飞行器上得到广泛的应用。

一种早期的称为“焦曼”（Jaummann）的吸波材料，由薄层复合材料叠制而成，每层之间用绝缘材料垫片隔开。焦曼吸波材料的制作精度要求很高，很难制造，但是，现在已经发展到了可以准确而有效地使用的程度。

日本介绍了一种厚度为 1～5mm 的碳纤维/树脂吸波板，碳纤维的体积分数为 30%～70%，最好为编织形式，树脂可为不饱和聚酯、聚酰亚胺、尼龙、聚乙烯等多种热固热塑性树脂，但从对碳纤维的黏着力考虑以环氧为好。该产品可具有很平坦的宽频吸波曲线。

美国 Emerson 公司制造的 Eccosorb CR 是一类可浇注的环氧磁性雷达波吸收材料，其中的 CR-114 及 CR-124 已用于制造 SRAM 导弹的水平安定面。该公司的 Eccosorb MC 则是一类高强度的刚性结构型雷达波吸收板，它们以数片平行排列的电阻片作为损耗层，以加强的塑料蜂窝结构作为隔离层。该材料的外表面有 0.8mm 厚的面板，以使夹芯结构达到高强度。这种材料属于宽频型雷达波吸收材料，工作频带内的衰减为 20dB 左右。MC 由于强度高、质量轻，据说适于作为隐身飞行器的结构材料。

Plessey 公司研制的 K-RAM 是一种新型的可承受高机械应力的宽频结构型雷达吸收材料，其主要性能特点是力学强度高。该材料由含损耗填料的芳纶组成，并衬有碳纤维反射层。该产品厚 5～10mm（视所需频段和强度调整）。该材料可在 2～40GHz 内响应 2～3 个频段，一种三频段型产品的吸收曲线见图 3-17。

该产品可在 2～4GHz 及 8～16GHz 内衰减大于 10dB，在 3～3.5GHz 及 8～16GHz 内衰减大于 15dB，在 2.5～3.5GHz 及 9～14GHz 内衰减大于 20dB，且整个 2～18GHz 的范围内始终保持衰减大于 7dB。

研究者研制了一种三层结构的吸波材料，它由增强材料（玻璃钢）、基体、吸波剂构成。首先对三层结构的吸波材料进行了计算机辅助设计，以设计结果为依据，制作了 180mm×180mm 的试板，并进行了吸波性能测试，图 3-18 是吸波材料吸波性能-频率曲线。上述材料在 8～18GHz 的频率下对电磁波有比较好的吸收性能，并且材料的密度小于 2.0g/cm^3，厚度小于 7mm，强度接近纯玻璃钢，是一类宽频带、高性能的多层结构吸波材料。

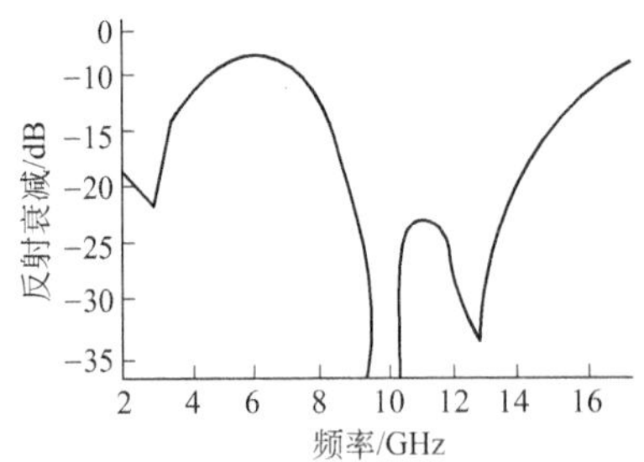

图 3-17　K-RAM 吸波材料的吸收曲线

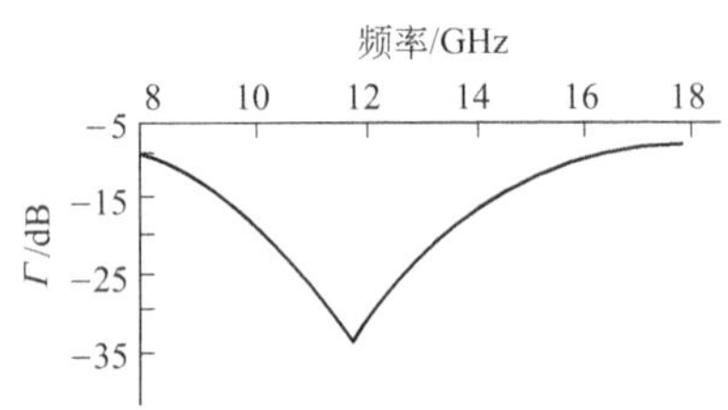

图 3-18　88-04 试片吸波性能-频率曲线

研究中可通过计算机辅助设计找出最佳配比，免去大量实验步骤。表 3-10

是入射频率在 5～13GHz 范围内 3 层吸波材料取不同的组合方案时的电磁参数，图 3-19 为对应的二维吸收曲线，可以看出 3 组方案中，第一组最好。

表 3-10　吸波材料取不同组合方案时的电磁参数

1					2					3				
ε_i	ε_i''	μ_i'	μ_i''	d/(m/m)	ε_i	ε_i''	μ_i'	μ_i''	d/(m/m)	ε_i	ε_i''	μ_i'	μ_i''	d/(m/m)
24.2	0.99	3.25	0.93	0.3	30.0	0.99	2.60	0.95	0.3	16.4	0.99	2.00	0.99	0.40
30.0	0.99	2.60	0.95	0.3	24.2	0.99	3.25	0.93	0.3	24.2	0.99	3.25	0.93	0.3
16.4	0.99	2.00	0.99	0.4	16.4	0.99	2.00	0.99	0.4	30.0	0.99	2.60	0.95	0.3

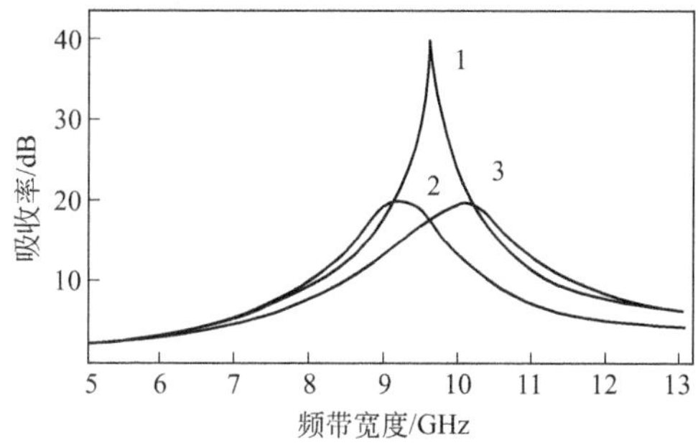

图 3-19　吸波材料取不同组合方案时的电磁参数对应的二维吸收曲线

第四章 可见光隐身材料

04 Chapter

第一节 可见光隐身迷彩涂料

一、军事需求与面临的任务

随着科学技术的飞速发展，光电探测技术和探测手段以及其他各种反伪装技术已经发展到了相当高的水平，目前国外坦克、车辆、光学成像卫星和侦察飞机上安装的探测器材，如潜望镜、瞄准镜、多光谱照相机、高分辨率电视摄像机和微光夜视仪等，均能够在 0.38～0.75μm 的可见光波段内对地面装备进行侦察与探测。为此国外加快了可见光隐身技术的研究步伐，并取得了较大进展。

可见光是人的眼睛可以看见的光线，其波长是 0.4～0.75μm，常见的可见光探测器有望远镜、电视摄像机、微光夜视仪等。要实现可见光伪装，必须消除目标与背景的颜色差别。只要伪装目标的颜色与背景色彩协调一致，就能实现伪装，这就是可见光伪装的原理。

可见光伪装采用的方法主要是迷彩伪装，有保护迷彩、变形迷彩和仿造迷彩等。其中保护迷彩属单一迷彩，适用于背景、色调比较单一的地区，当前应用最多的可见光伪装方法是变形迷彩和仿造迷彩。

尽管可见光隐身在各种隐身技术中发展最早，许多技术已经比较成熟，但可见光隐身仍有很大的发展潜力。如美国采用雷达隐身技术的 F-117A 战斗轰炸机，夜战时能避开敌方雷达的探测，但在白天，这种以天空为背景的黑色飞行物却逃不过肉眼或光学设备的观察。目前降低目标可见光探测信号特征的新方法有很多，如特殊照明系统、适宜颜色、奇异蒙皮、电致变色薄膜以及烟幕遮蔽等方法。其中利用适宜颜色，就是一种涂料方法。由于在正常光照条件下，飞机同天空背景亮度的差别与飞机的飞行高度密切相关，飞行高度越高，亮度差别就越大，对于不同飞行高度的飞机必须涂以不同颜色的涂料，才能实现飞机的可见光伪装。如美国的F-117隐身攻击机的作战高度一般为6000m，其机身下方涂成灰色最好，而B-2隐身轰炸机的巡航高度在10000m以上，其底部就涂成深灰色。

传统的可见光隐身就是通过减小目标的可视外形、涂覆伪装迷彩和覆盖伪装网等手段，尽量降低目标与背景之间的亮度和色度等可视对比特征。伪装迷彩涂料和多波段隐身材料虽然能相对比较简单地涂覆或覆盖到目标的表面，但仅在目标静止或运动较慢的情况下才能表现出较好的隐身效果，限制了作战装备和单兵的机动性能。为了克服上述缺陷，军事专家积极研究能根据战地环境改变亮度、色度的智能隐身材料，目前已经取得初步成果的有热致变色材料、光致变色材料和电致变色材料。另外，纳米技术的飞速发展也极大地推动了可见光隐身材料的发展。

目前，研究较多并部分装备各种作战武器和单兵的可见光隐身材料有隐身迷彩涂料和多波段隐身材料。

二、可见光隐身涂料

（一）组成及其各组分特性

隐身迷彩涂料一般由成膜物质、颜料、溶剂和助剂等组成。成膜物质决定迷彩能否牢牢粘在伪装目标上，不同颜料喷涂出来的迷彩图案和颜色组合则是涂料实现可见光隐身的关键。

1. 成膜物质

涂料的成膜物质早期一般选用醇酸树脂、丙烯酸树脂；如美国的醇酸型伪装瓷漆、英国的自干型无光泽伪装涂料、法国的F1伪装涂料、瑞典的C5-350自干型醇酸伪装涂料（装备瑞典陆军）等。随着材料技术的发展，20世纪80年代后期发展到选用聚氨酯树脂或丙烯酸聚氨酯混合树脂，如美国、英国、加拿大等国家相继研究开发了耐化学战剂的脂肪族聚氨酯伪装涂料，西欧国家也普遍使用由聚氨酯和丙烯酸盐基料加褐、黑、绿3种颜料配制而成的三色变形伪装涂料，德国T-72MG坦克就涂装有这种三色迷彩涂料。这种西欧三色涂料对伪装颜色的种类、色度坐标及可见光、近红外亮度因数提出了更合理的分类和要求，提高了伪装性能，而且涂料的力学性能、使用性能也大有提高，可以满足防毒剂渗透和易于表面毒剂清洗的要求，代表了当今光学迷彩伪装涂料的先进水平。该类光学伪装涂料具有代表性的产品是美国Hentzen化学涂料公司生产的耐化学战剂脂肪族聚氨酯涂料。

2. 迷彩图案与颜色

迷彩涂料图案斑块的颜色和斑块的形状大小是影响隐身效果的关键。适用于可见光隐身领域的颜料有黄、深绿、浅绿、棕、褐、黑、氧化铬绿、咔唑紫、氧化铁系颜料。由于空中、地面和水上战地环境的不同，陆海空三军装备选用的迷彩图案和颜色也不尽相同。地面装备一般选用绿色、褐色、沙漠黄色、黑色等与林地、沙漠等战地环境类似的迷彩图案和色彩。如俄罗斯和欧洲一些森林资源丰富的国家多采用带有锯齿和树叶形色斑的丛林三色或四色迷彩涂料，沙特阿拉伯等中东国家则使用美国研制的三色或六色沙漠迷彩涂料，以色列选用沙黄色、褐色、绿色的三色沙漠迷彩，美军则同时采用了四色丛林变形迷彩和六色沙漠迷彩涂料。

空军的战地环境是天空，根据探测角度的差异，作战飞机不同部位选用不同的迷彩色。飞机上部：暗绿色、浓绿色、天灰色、中度蓝、海蓝色等；飞机下部：天灰色、中灰色、亚光白、乳白色或浅蓝色；发动机尾喷管：钛金色。

对于海军的舰船来说，英国、美国在第二次世界大战期间采用的“眩目迷彩”等杂色迷彩对舰船的伪装效果不甚理想，因此世界各国现在普遍采用灰色单色涂装。由于探测系统的观察角度是多方位的，包括高空、水面和水下，因此舰船也要在不同的部位采用稍有不同的色彩配置。舰船的浅舰体色一般选用浅灰色、中灰色、深灰色，深舰体色则选暗海灰，吃水线以下船体选用舰底红色，甲板则选用甲板黄色或甲板灰色。

单兵伪装服迷彩涂料的图案和颜色与作战装备基本一致，但美国于2002年推出的新型数码迷彩至今还未见在作战装备上使用的报道。新型数码迷彩的基本色是绿色、棕色、褐色和黑色，根据具体应用环境进行组合。与传统的斑块迷彩不同、构成新型数码迷彩图案的不是色斑，而是“像素”点。目前，美国已经开发出了丛林数码迷彩和沙漠数码迷彩，为城市环境使用的新型灰色数码图案正在开发中。

3. 可见光吸收剂（染料）

可见光吸收剂，又称可见光吸收染料，是近年来染料化学领域中研究得较多的功能染料之一。这类染料可用作增感染料、可擦式光盘用光致变色化合物、一次性写入式光存储材料、光动力疗法中的光敏剂、激光防护吸收染料以及电子照相用红外吸收染料等，具有广泛的应用市场和巨大的应用潜力。

目前，随着激光在军事和民用领域应用的不断扩大，激光防护需求日益凸现。激光防护波长从传统的可见光区重点转移到近红外光区。从技术可行性和经济性着眼，有机吸收染料是实现近红外激光宽谱防护的主要途径。当前对这类近红外激光防护染料的主要技术要求包括：近红外（700～1400nm）宽带强吸收（$\lg\varepsilon \geqslant 4$），可见光区不吸收或弱吸收，光、热及化学稳定性良好，与有机基体材料相容性好、对人体毒副作用小等。此外，该类染料还可用作近红外隐身材料、近红外激光吸收剂和隐身材料。

（1）菁类染料

在菁类染料悠久的研究历史中，最重要的用途是用于卤化银照相乳剂系统中，以增强其感光性能。在19世纪初期，人们就知道通过调节乙烯基的数目来控制共轭主链的长度，从而改变菁类染料的最大吸收波长（λ_{max}）。此外，通过修饰或改变该类染料的结构亦可改变λ_{max}和吸收强度。因此，近年来在近红外染料的研究中有关菁类染料的研究最为活跃。

菁类染料主要可分为多次甲基菁类染料、方酸菁和克酮酸菁染料、蒽菁染料等。含有多次甲基的菁染料（**1**）可在很宽的波长范围内有吸收，大致为340～1400nm。在化合物（**1**）中，R^1，R^2代表杂原子芳环取代基，它们吸电性或供电性的大小强烈地影响着λ_{max}。主链中母核杂环的碱性越大，λ_{max}红移越大；在杂环、苯核或碳链上引入不同取代基也能改变该类染料的λ_{max}。当氮原子上连有烷基时，变换烷基可调节溶解性能、影响染料分子的聚集行为等，如在菁类染料中引入长链烷基可减小或消除因聚集而导致的结晶。

在含有多次甲基的菁染料中，类胡萝卜素（**2**）是其中重要的一种，其最大吸收波长λ_{max}＝580～700nm。这类化合物都是由八个异戊二烯单元组成线状骨架的衍生物，λ_{max}随共轭双键的增加而有所红移。利用其光吸收特性，这类化合物也可用于近红外增感材料、光盘记录材料等。由于它们在可见光区的宽带吸收特性，在应用于激光防护上会严重影响防护器材的视透性。

一般而言，多次甲基菁染料λ_{max}＝700～900nm，摩尔吸光系数也较大，是一类较好的近红外吸收染料。但这类染料中绝大多数光稳定性差，且随着乙烯基数目的增多以及母核杂环碱性的增大，λ_{max}虽有相应的红移，但染料的光热稳定性会显著下降。目前，研究的焦点在于如何使该类染料的λ_{max}产生较大的红移，而又不影响或尽量减小对其光热稳定性的影响。通常在多次甲基的主链上加以“桥链”，使分子刚化可明显提高其稳定性。

方酸菁（**3**）和克酮酸菁染料（**4**）可看成是相应的次甲基被方酸或克酮酸所取代后的产物，可大致分为对称型和非对称型。当R^1与R^2相同时为对称型；R^1与R^2不相同或者R^1与R^2为邻位时为非对称型，这两个基团可以是烷基、烷氧基、环烷基、芳香基团，含有杂原子的环烷基团或芳香基团等，同时中心环上的氧可以为硫等。方酸或克酮酸基团的引入可使菁染料的λ_{max}产生较大的红移。对于普通的次甲基菁染料，引入克酮酸基团使染料的λ_{max}红移程度比引入方酸基团要大得多。这些染料在λ_{max}处的半峰宽的大小顺序依次为克酮酸菁＞菁＞方酸菁。

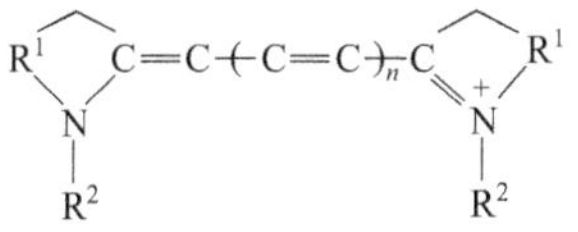

R^1 C=C-(C=C)$_n$-C R^1 N N$^+$ R^2 R^2

n=1,2,3,…

(1) 含有多次甲基的菁染料结构

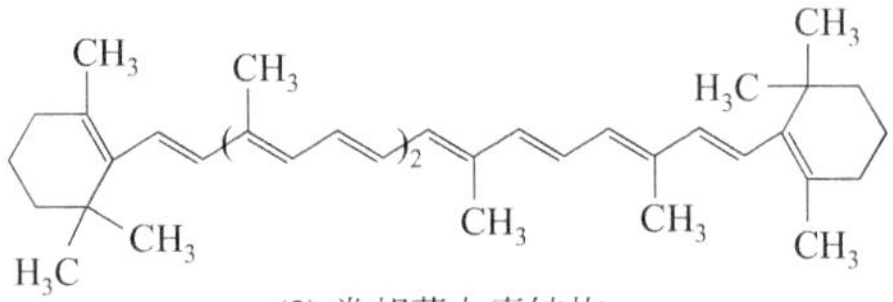

(2) 类胡萝卜素结构

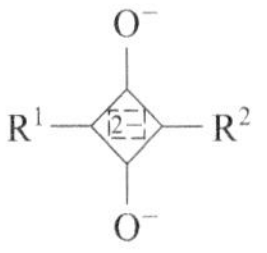

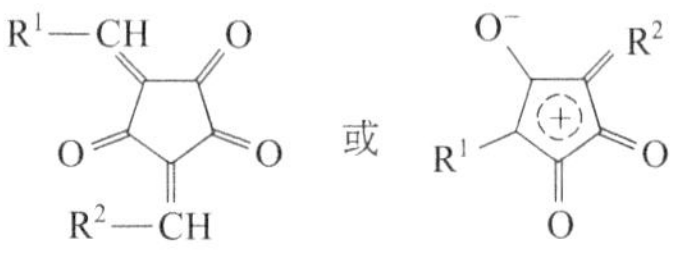

(3) 方酸菁结构　　(4) 克酮酸菁染料结构

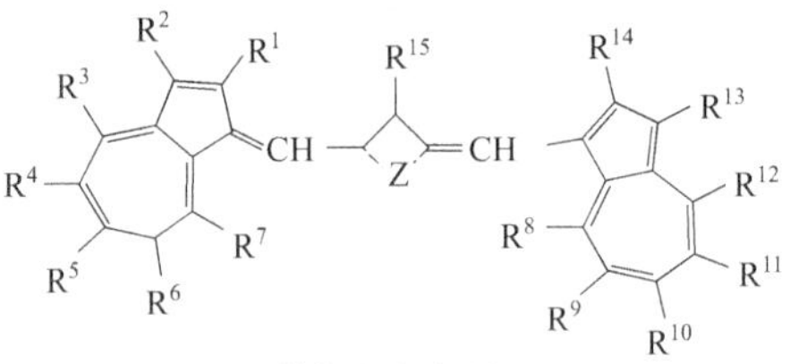

(5) 薁菁类染料结构

自1959年Cohen等首次报道合成出新化合物方酸以来，该类染料的研究发展十分迅速，现在已有不少专利和文献报道其新的应用价值和可能的应用研究方向等。方酸菁染料光学性能优异、吸收强度大、光热稳定性和化学稳定性好，而且其吸收带可通过改变侧链取代基的结构在500～1400nm甚至更高的波段得到调节，更有趣的是这类染料中有部分染料在固态时荧光减弱甚至消失。因此，对于近红外特定波长的激光防护与激光隐身，这类染料有着一定的应用潜力。但这类染料有一个较大的缺陷，在不同介质中染料分子会形成不同的聚集态，从而对光谱性能产生很大的影响。不同的聚集态使得染料λ_{max}偏移较大，或使染料形成一个较宽的吸收带而无明显的最大吸收峰。方酸菁染料的聚集行为及其与有机基体材料的相容性受分子结构的影响较大，如在染料分子中引入长链烷基不仅可改善染料的溶解性，还可提高染料与有机基体的相容性。而且，这类染料的光谱性能和溶解性能等还可能会受到其他因素的影响。因此，要具体应用到激光防护与激光隐身方面，针对这类染料还有许多的研究工作待开展，如变换不同的生色团和改变同类型结构分子中的取代基等。

薁菁类染料（**5**）中的R^1～R^{15}基团可以是氢原子、卤素原子、单键有机基团（如烷基、烷氧基等）等，Z可以为氮、氧等杂原子。它们通常在750～900nm波长范围有强吸收，易溶于有机溶剂，光稳定性良好。但该类染料中的七元环难合成，修饰困难，且吸收波长可以调节的范围不大。

（2）酞菁类染料

1907年，Brown等首次成功合成出酞菁化合物；1927年，德国化学家De Diesbach等偶然地制得了铜酞菁。但当时人们还不知其结构，直到1932年Lin-

stead 指出 Brown 和 Diesbach 等合成出的物质就是酞菁化合物，并提出将以化合物 H_2Po 为母体的所有有机物都以“phthalocyanine”命名，用来区别于卟啉类化合物（porphyrin）。在酞菁（**6**）的基本结构中，$R^1 \sim R^4$ 官能团可以是氢原子、烷基、苯并基团、杂环等，中心空腔中的氮原子都可与金属原子如 Ni、Zn、Pt、Pd、Al 以及 Si、Ge 等配合。

酞菁类染料的吸收光谱同卟啉相似，分为两个主要吸收带：紫外光区的 B 带即 Soret 带和可见及近红外光区的 Q 带，但其吸收带的强弱与卟啉正好相反，酞菁的 B 带为弱吸收而 Q 带为强吸收。Q 带受稠合苯环个数、取代基等影响，λ_{max}一般位于 650～850nm 近红外光区，较卟啉 Q 带红移 100～200nm。在酞菁的四周接上苯并基团后所形成的萘酞菁（**7**）是酞菁化合物中十分重要的一种。由于共轭体系的增大，Q 带会发生相应的红移，其溶液光谱 λ_{max}一般位于 750～850nm，较相应的酞菁红移 100nm 左右，在酞菁分子的周边苯环上引入吸电子基团如氯也可使其吸收谱带红移，而金属原子引入到酞菁环中心后其吸收谱带通常会蓝移。这主要是因为光谱的产生是 π 电子从分子的中心转移到四周的芳环上所引起的。当金属原子引入中心后，其配位效应会减弱氮原子上的电子云密度。这一点无论从 PPP MO 法的理论计算，还是从具体的实验结果中都得到了很好的证明。理论上酞菁分子的 18 个 π 电子的结构决定了 λ_{max}红移的范围，从目前所了解的文献资料看其 λ_{max}也很难达到 900nm。

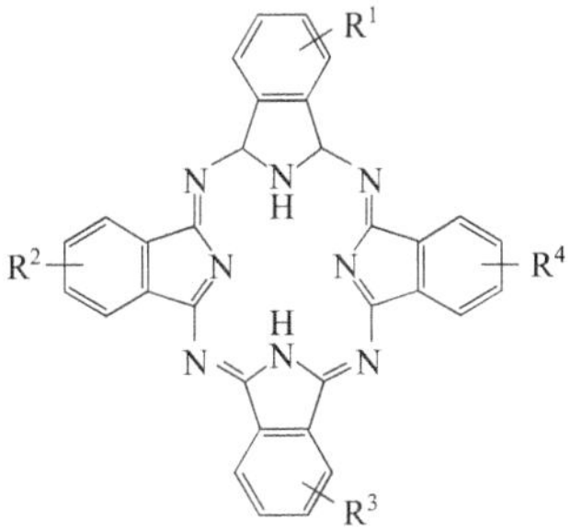

(**6**) 酞菁结构

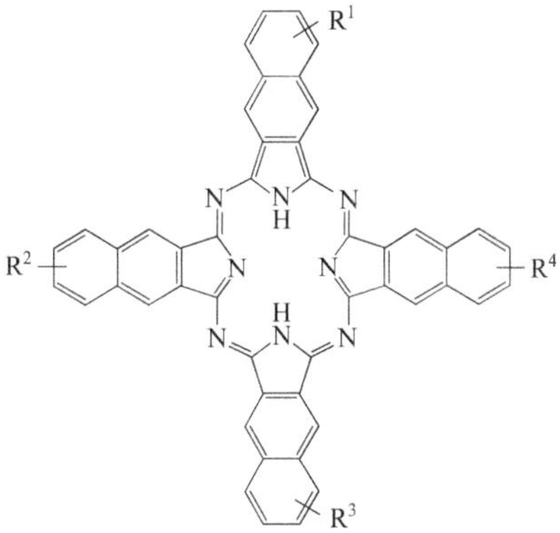

(**7**) 萘酞菁结构

这类染料在有机光导体、电子照相、激光印刷系统中有广泛的应用，在用作光动力疗法中的光敏剂上已有报道。这类染料的光热稳定性、化学稳定性很好，是一类历史较为悠久的着色染料，一些产品应用广泛。酞菁类染料在激光防护方面，美国研究开始得较早，在二十世纪七八十年代就有不少的相关专利，其防护波长大多数为 650～750nm，说明该类染料在激光防护方面具有一定的应用前景。但这类染料的制备、提纯方法和过程较繁杂，吸收率一般较低，波长可调范围窄，而且多数溶解性能不佳。

（3）金属配合物染料

金属配合物染料主要包括硫代双烯型（**8**）、（**9**），*N*,*O*-双齿配体型（**10**）、*N*,*N*-双齿配体型（**11**）等。其中配体多是稳定的 $4n+2$ 型芳香性体系，金属原子可以以中性、-1 或 -2 价形式存在。由于分子中的 π-π^* 跃迁，染料在近红外光区有强吸收。修饰配合物配体可改进配合物溶解性能，而对配合物 λ_{max} 一般无明显影响，但可能降低吸收强度。

R=H, NH_2, CF_3, alkyl等
M=Ni, Pt, Pd等
n=0, −1, −2等
λ_{max}:715～780nm

(**8**) 双烯型结构

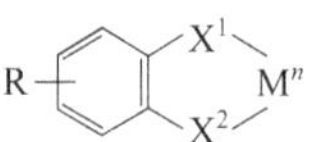

R=H, Cl, Br,alkyl等
X^1, X^2=NH, S, O等
M=Cu, Ni等
n=0, −1
λ_{max}:700～1100nm

(**9**) 双烯型结构

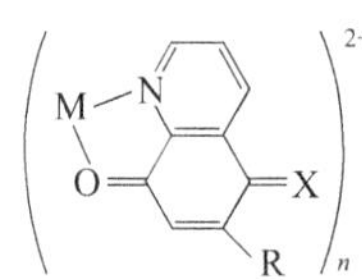

X=O, S, N-取代基等
R=NR^1R^2, Ar等
M=Cu, Ni等
n=1, 2
λ_{max}:710～810nm

(**10**) *N*, *O*-双齿配体型结构

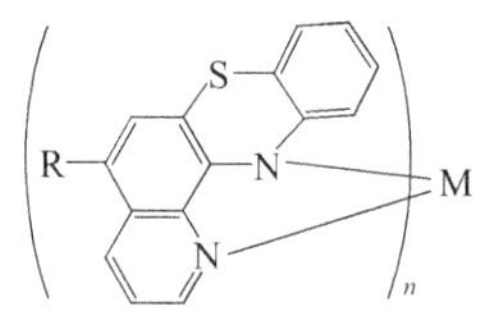

R=N-取代基等
M=Cu, Ni, Zn, 等
n=1, 2
λ_{max}:700～900nm

(**11**) *N*, *N*-双齿配体型结构

在这类染料中研究较多的是二硫代双烯型配合物（**8**），它们多用作光记录介质中的单线态氧的猝灭剂，用来减弱或消除其他类型染料的光降解和光褪色，改变该类染料杂环母体上的取代基，变换中心原子和分子的共面性以及改变溶剂等均会影响染料分子的 λ_{max}。将中性配合物还原为 -1 价配合物时，λ_{max} 通常会红移 60～80nm，同时吸收强度降低。

美国光学公司的 Chu 发明了一种含金属离子（Cu^{2+}、Fe^{2+}）的聚合物材料，已用作近红外激光防护镜片。该聚合物中的羧酸基团或磺酸基团等与金属离子相互作用形成一种离子包含型化合物，相当于一种金属配合物，主要利用此配合物的近红外吸收特性作为激光防护吸收染料。

在染料（**10**）中，R 基团给电子能力越大，λ_{max} 越大。吸收强度一般随配体数目的增加而增大，$n=2$ 时的摩尔吸光系数大约是 $n=1$ 时的 2 倍。而过渡金属原子的种类对这类染料的 λ_{max} 的位置影响不大，染料（**11**）吸收强度一般不大，相对较弱。

总体来说，这类染料的综合性能还可以，光热稳定性较好，通过分子修饰等

手段可使λ_{max}在600～1400nm甚至更高的波段内移动。但该类染料是由金属原子组成的配合物，金属原子会影响染料与有机介质的相容性，使其在许多介质中的溶解性差，且部分染料吸收强度不大。进一步研究该类染料，可望在其中挑选多项性能优异的合适的染料应用于激光防护与激光隐身方面。

（4）醌型染料

醌型染料是较古老的一种染料，1971年，Venkataraman综述了醌类染料化学；1983年Gordon等报道了蒽醌染料化学的研究进展，但他们未涉及醌型染料在近红外方面的应用。醌系染料（**12**）分子内电荷迁移性较强，是一类具有较大平面结构的由供电基和吸电基组成的供吸型分子，增加供电基供电性，λ_{max}将产生红移，变换染料分子的结构亦可使λ_{max}红移到近红外光区。

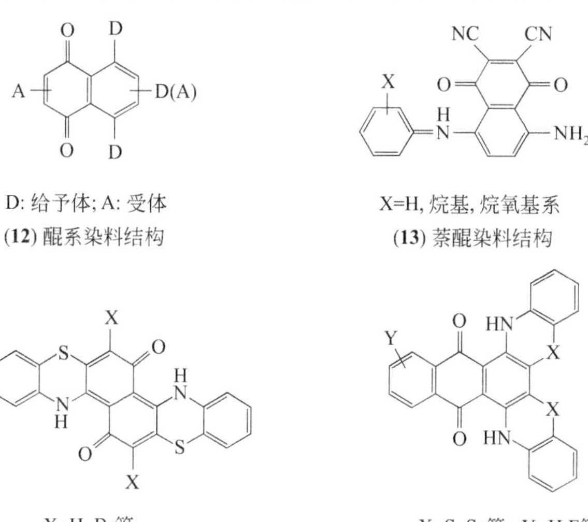

D: 给予体; A: 受体

(12) 醌系染料结构

X=H, 烷基, 烷氧基系

(13) 萘醌染料结构

X=H, Br等

(14) 萘醌亚胺染料结构

X=S, Se等; Y=H.F等

(15) 蒽醌染料结构

醌系染料包括萘醌、蒽醌、萘醌亚胺次甲基染料等。1,4-萘醌类染料分子量小，分散性好，容易蒸发成膜。有些染料如（**13**），其单层膜反射率高，且在700～850nm附近有强吸收，在800～900nm附近有强反射。Griffiths等合成出的第一例醌型近红外染料就属于该类染料（X=H）。此外，还有其他一些结构的醌系染料（**14**）等。

蒽醌类染料（**15**）等同相应的萘醌染料相比，λ_{max}稍短。在蒽醌骨架的另一端苯环上引入吸电基，λ_{max}将红移，红移的大小随着吸电基吸电性的增加而增大，萘醌亚胺次甲基染料是一种良好的光记录介质，在非极性溶剂中有良好的溶解性能，λ_{max}在700～850nm，且熔点低易蒸镀成膜，成膜后在600～1000nm有宽带强吸收。段潜等以有机玻璃为基材，掺杂该类染料和有机钨盐作吸收剂，制出茶色激光防护塑料，可防多波段激光（其中包括部分近红外波段）。

在醌系染料中，还有一类作为配体即醌式配体，如（**9**）、（**10**）等。配体本身的最大吸收波长 λ_{max} 一般位于可见光区，络合后 λ_{max} 红移 30～250nm，进入近红外光区。醌型染料，尤其是萘醌染料，虽然可作为一类很好的光记录介质存在，但存在熔点低、部分易分解、波长调节范围窄（通常为 700～900nm）、易受环境影响等缺陷。而且该类染料具有分子内的大平面供吸型结构，使其在可见光区亦有相当的吸收，这些不足使其在应用于激光防护与激光隐身方面不太理想。

（5）偶氮染料

偶氮染料至今仍是普遍使用的染料，它们在分散、主客体液晶材料等方面有着广泛的应用，用于近红外吸收剂是近些年发展起来的研究方向。通过分子修饰，偶氮染料的 λ_{max} 可红移到近红外光区。Griffiths 等 1986 年合成出第一例单偶氮型近红外吸收剂（**16**），λ_{max} =700～778nm。这些染料一般有正向溶致变色效应，λ_{max} 随溶剂极性的增加而红移。

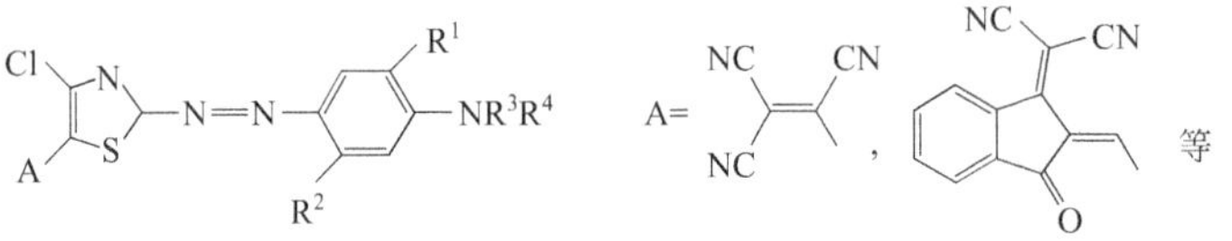

R^1, R^2 =H, NHAc, OMe等

R^3, R^4 =H, Et, CHMeBu-*n*等

(16) 单偶氮型近红外吸收剂

另一大类是含有两个以上偶氮基的多偶氮近红外染料（**17**），λ_{max} =700～800nm。其中的一些还可与过渡族金属原子或离子形成金属络合物，在可见、近红外甚至中远红外光区有较好的光敏性。

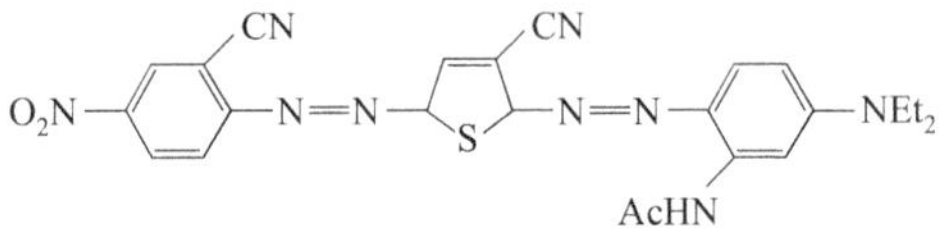

(17) 多偶氮近红外染料

偶氮染料虽在实际应用中有着悠久的历史，但这类染料存在同质多晶现象、结构复杂、难提纯、易受光氧化降解、在生产过程中环境污染严重等不足之处。

（6）游离基型染料

游离基型染料一般含有共轭结构，大多数呈现出很深的颜色。该类染料大都是有机化合物在氧化或还原过程中形成的过渡态阴离子或阳离子。此外，通过对不同的共轭杂环或碳氢体系离子化也可获得。它包括多烯、类胡萝卜素、芘类及其衍生物、吡咯类、卟啉环类等游离基染料。带吸电基的苯环或共轭体系易形成阴离子，如（**18**）、（**19**）等；带供电基的易形成阳离子，如（**20**）等；此外还有带中性游离基化合物，如（**21**）等。

(18) 带吸电基的苯环
n=1,2,3,…

(19) 带吸电基的共轭体系

R^1, R^2, R^3=烷基、芳香基等

(20) 带供电基化合物结构

(21) 带中性游离基化合物结构

游离基型染料通常在空气中不稳定，取代苯环、杂环化合物及醌型游离基型化合物的稳定性一般要好些。随着共轭链的增长，吸收光谱的第一吸收带会产生一定的红移。Miller研究小组系统研究了近红外醌型游离基化合物的合成、电化学性质、近红外光谱、电子结构等，发现近红外吸收光谱可覆盖600～2200nm的光区，摩尔吸光系数为3.0～4.6，但是吸收光谱的吸收特征峰不强，在可见光区有相当的吸收。

（7）芳甲烷型染料

芳甲烷型染料，包括二芳甲烷型、三芳甲烷型、二芳氨型、三芳氨型染料等。在经典的芳甲烷染料分子（**22**）中，增加共轭烯键的个数，λ_{max}可红移至近红外光区。光谱红移能力大小主要取决于苯端基上取代基供电能力的强弱，一般红移为70～100nm。在芳甲烷染料中，在中心碳原子上引入吸电基（如CN等）以及用电负性更大的氮原子取代中心碳原子λ_{max}会产生相应红移，如染料（**22**）（$m=n=0$，$R^1=R^2=NMe_2$，$R^3=CN$）的λ_{max}在716nm，而染料（**23**）的λ_{max}=920nm。在共轭体系内插入乙炔基，可扩展共轭体系，使最大吸收波长红移，相应的数据还可通过PPP-MO法量化计算加以验证。

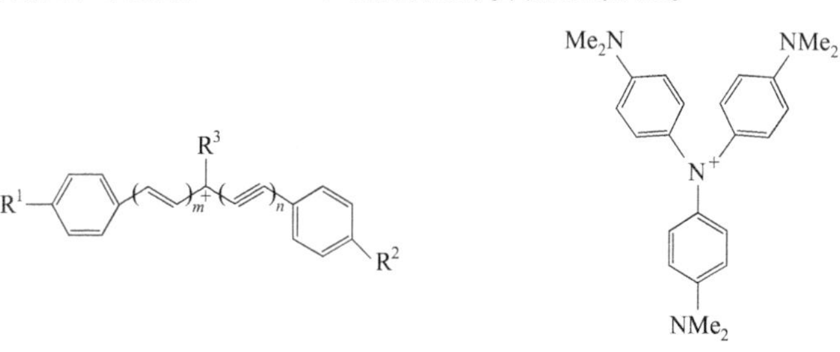

(22)含共轭烯键的芳甲烷染料

(23)含乙炔基的芳甲烷染料

染料分子（**24**）在800nm左右有一个很强的光谱吸收带，因此在光数据存

储材料领域受到广泛关注。这类结构的染料分子有两个吸收带：近红外光区的x带和可见光区的y带。当染料中的R^2为吸电基时，λ_{max}会红移。染料分子（**25**）是芳甲烷类染料分子中的苯环上的碳原子被杂原子碎片取代所形成的，它们与未被取代的染料分子相比，会使x带产生红移，通常为700～900nm。染料分子（**26**）中，中心原子电负性的降低能使光谱吸收带产生红移，Piccard J理论预见及发现近红外吸收染料的研究就是从这类染料开始的。经过多年的研究发展，该类化合物在染料工业及功能染料中得到了广泛的应用。该类染料中有些在可见光区有吸收，可见光透过率低，光稳定性不太好，高温易分解，不利于后加工处理。对这类染料进行结构修饰，可提高其光热稳定性，使λ_{max}红移较大，因此针对这类染料进行大量研究之后，可望应用于激光防护与激光隐身方面。

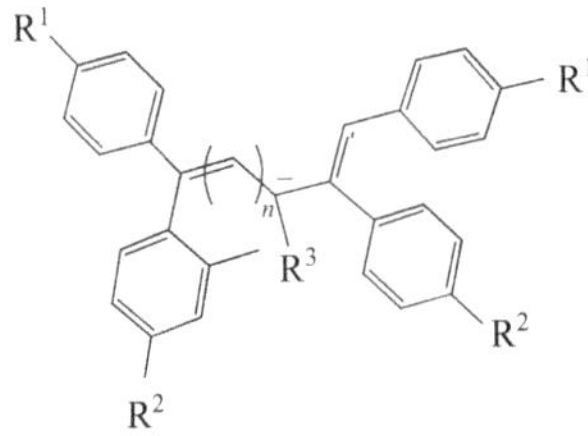

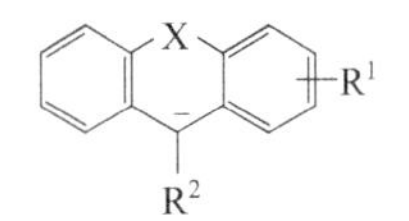

X=O，S，Se等
R^1=H，alkyl等
R^2=C≡C—Ph—NMe_2等

(**24**) 染料分子

(**25**) 芳甲烷类染料分子

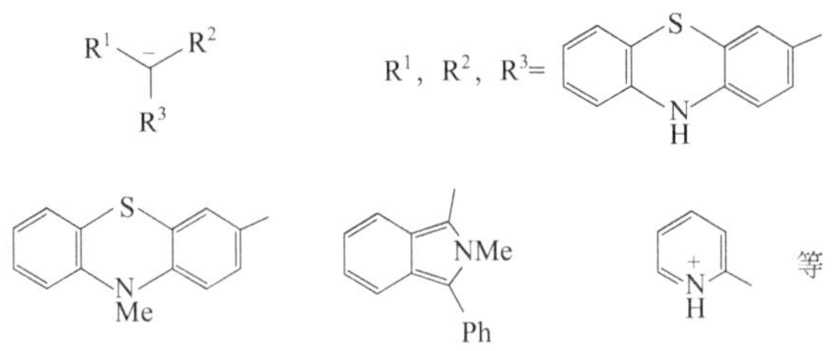

R^1，R^2，R^3= 等

(**26**) 染料分子

（8）苝类染料

苝类染料从20世纪50年代晚期进入市场，其3,4,9,10-四羧酸二酰亚胺衍生物广泛应用于静电复印中的电荷产生层材料、皮秒分子开关及染料等领域。近年来，该类染料随着研究的逐步深入，其吸收光谱从传统的可见光区转入了近红外光区。

苝类染料（**27**）通常以3,4,9,10-四羧酸二酐苝与胺在溶剂中直接缩合而成。它们具有很好的光热稳定性、光化学惰性和抗水性，在汽车涂层及塑料染色等方面有着广泛的应用。早在1972年Regensburger和Jakubowski就发现并研究了苝类染料在静电复印中的光导性能。Feiler等通过扩大苝类染料的共轭平面结构，合成出二苝类染料**27**（n=2），使染料的λ_{max}达到了986nm。而对于n=1的苝类染料，λ_{max}一般位于450～700nm。

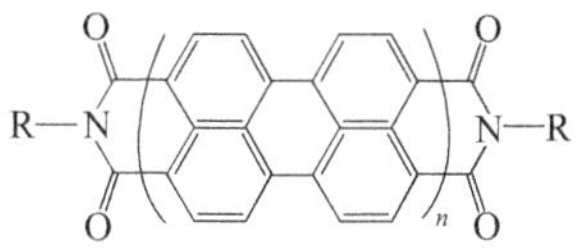

n=1,2,3,…
R=H,alkyl,aryl等

(27) 苝类染料

具有近红外吸收特性的二苝类染料（$n=2$）一般难合成，副反应多，产品难分离，收率低，且多数不溶于常见的有机溶剂。这些不利因素使它们在实际应用中受到一定的限制。要使这类染料应用于激光防护材料，如何改善其合成、分离方法以及如何改善染料与有机基体材料之间的相容性等是今后研究的一些重点方向。

（9）其他类型的近红外吸收剂

在发展近红外吸收剂的过程中，大的共轭有机化合物占有相当大的比例，前面的八类所谈的只是一些常见的类型，还有其他一些特殊结构的化合物。

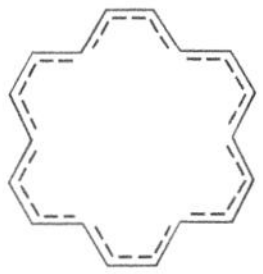

(28) 含18个π电子的轮烯

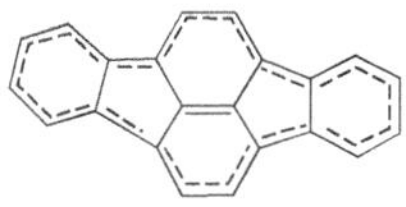

(29) 非芳香型平面化合物分子

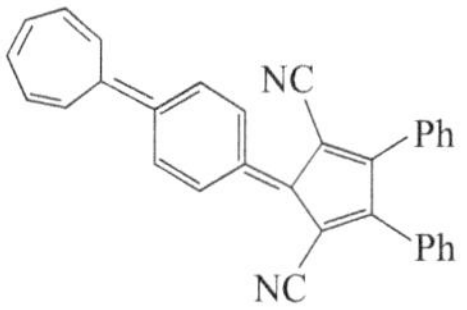

(30) 交叉共轭型化合物

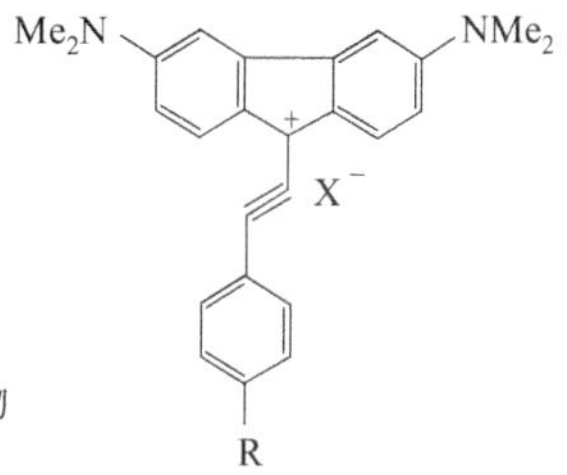

(31) 芴类无机离子型染料

R=NMe_2,OMe等
X=BF_4，ClO_4等

化合物（**28**）是一种含 18 个 π 电子的轮烯，λ_{max}＝768nm。这类大环合成较难，环体系再增大 λ_{max} 也难以达到 800nm，且吸收强度低。化合物（**29**）是非芳香型平面化合物中的一种，λ_{max}＝900～1500nm。吸收强度不大，且在 500～600nm 有相当强的吸收。化合物（**30**）是一类交叉共轭型化合物，在五元环上有吸电基团时有明显芳香化合物的特征，近红外吸收光谱随着溶剂极性增大而明显紫移，如在二氯甲烷中 λ_{max} 为 840nm，而在二甲基亚砜中仅为 672nm。化合物（**31**）是一类芴类无机离子型染料，Nakatsuii 等 1990 年首次合成出该类染料中第一例 λ_{max}＝1056nm 的近红外吸收染料。但是该类染料热稳定性不佳，难在有机基材中均匀分散。化合物（**32**）是一类平面环烯化合物，分子内电子受体和电子供体以共价键相连，产生一个电荷转移吸收谱带，使其在近红外光区具有一个宽带吸收，但强度不大。这些化合物具有正向溶致变色效应，如（**32**）在正己烷中 λ_{max}＝827nm，而在二甲基亚砜中 λ_{max}＝1094nm。在极性较小的溶剂中，它们多是以供电化合物与受电化合物相互作用，形成电子供体-受体复合物，由于复合物中分子内弱电荷转移吸收带的存在，使其在可见光区有相当的吸收，颜色一般较深。化合物（**33**）是一类介于卟啉和酞菁之间的具有强近红外吸收的化合物——四吡嗪并紫菜嗪，吸收光谱带类似于酞菁化合物，具有落于紫外的Soret带和落于可见/近红外的Q带，Q带的λ_{max}一般为630～740nm。该类化合物的合成及分离方便，多数的熔点在400℃以上，具有优良的热稳定性，在非质子传递溶剂中具有良好的溶解性能，但其λ_{max}可调节范围窄。化合物（**34**）是一类五氮齿类卟啉配合物，具有22个π电子，能同中心离子形成共平面大环化合物。较酞菁的18个π电子增加了四个，吸收谱带分为Soret带和Q带。Q带通常出现在750nm以上（754～803nm），较卟啉类化合物红移100～200nm，强度增加近两倍，但要使其λ_{max}达900nm以上很困难。该类化合物的光热稳定性好，与有机溶剂和高分子材料有较好的相容性，在光电功能材料方面表现出多种潜在的应用前景。

(32) 平面环烯化合物

(33) 四吡嗪并紫菜嗪
M=HH,ni,Zn等
R=H,烷基,芳香基等

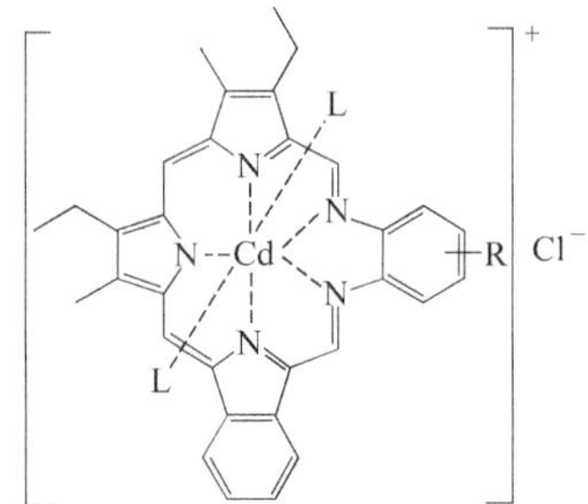

(34) 五氮齿类卟啉配合物
R=OCH_3,COOH,H,Cl等
L=配体,如吡啶等

综上所述，近红外吸收染料的研究是一个十分活跃的领域。目前，大量有近红外吸收的有机化合物不断涌现，但归纳起来能引起因电子激发而产生近红外吸收的生色基团可大致分为两类：无环的近红外生色基团（如多次甲基菁、双硫烯配体等）和有共轭环的近红外生色基团（如轮烯、卟啉、酞菁、方酸菁等）。自Piccard预测并证实近红外染料以来，所发现或合成的绝大多数近红外生色团都可归属于上述两类中的一种。这些染料可应用于增感材料、疾病治疗、液晶材料、激光印刷系统、激光防护、激光隐身等。在具体应用于近红外激光防护和激

光隐身方面时，两者对于近红外染料的需求又有所不同。激光防护侧重于特定波长的强吸收及可见光区较高的视透性；而激光隐身主要侧重于对激光器工作波长附近有强吸收低反射，或者能改变入射激光的频率。基于近红外吸收染料在民用及军事领域的广泛应用，世界各军事强国十分注重这方面的研究。

(二) 隐身涂料

1. 隐身涂料研制

(1) 原材料及仪器设备

原材料：氟碳树脂、铝粉（银元形，粒径 $D_{50}=22\mu m$）、各色颜料、硅油、分散剂、流平剂、定向剂、催干剂，HDI 三聚体固化剂、氟稀释剂等。

设备：电子天平、砂磨、高速分散机、烘箱、测厚仪、光电光泽计、多角度分光光度计、红外发射率测量仪等。

(2) 基础配方

飞机用低红外发射率蒙皮涂料的基础配方见表 4-1。

表 4-1　低红外发射率蒙皮涂料基础配方

各组分	原料名称	质量分数/%
A 组分	氟树脂(55%固体分)	4.7～6
	铝粉颜料	13～21
	各颜料色浆	52.5～67
	助剂	0.8～1
	氟稀释剂	13～21
	合计	100.0
B 组分	HDI 三聚体	90
	稀释剂	10
	合计	100.0

注：1. 各颜料色浆按照颜基比 1∶5，砂磨研磨至<30μm 后过滤使用。

2. A 组分∶B 组分＝100∶13（质量比）。

(3) 生产工艺

按照 A 组分配方将铝粉颜料和氟稀释剂加入到调漆罐中，低速搅拌至铝粉完全分散。然后加入助剂、各颜料色浆和氟树脂，低速搅拌至罐内各原材料混合均匀。用稀释剂调节不挥发物含量至 38%～40%，过滤，得到 A 组分。

将 HDI 三聚体固化剂与稀释剂搅拌均匀，过滤，得到 B 组分。

(4) 施工工艺

按 A 组分∶B 组分＝100∶13 进行配料，充分搅拌均匀后，兑稀至合适的喷涂黏度，熟化 10～20min。喷涂施工，23℃时适用期为 6h。喷涂完成后将样板表干 30min，放入 120℃烘干 1h，选取漆膜厚度为 30～35μm 的样板，测试各项可见光隐身性能。

（5）性能

各性能见表 4-2～表 4-9。

表 4-2　583# 基本色卡参数

测试角度	色度值		
	L^*	a^*	b^*
15°	78.62	−1.19	0.27
25°	72.99	−1.60	0.19
45°	68.84	−1.86	0.06
75°	69.83	−1.92	−0.77
110°	69.62	−1.89	−1.19

表 4-3　588# 基本色卡参数

测试角度	色度值		
	L^*	a^*	b^*
15°	71.77	−2.13	−1.36
25°	66.47	−2.61	−1.73
45°	61.46	−3.07	−2.22
75°	62.02	−3.16	−3.15
110°	62.14	−3.10	−3.50

表 4-4　590# 基本色卡参数

测试角度	色度值		
	L^*	a^*	b^*
15°	65.13	−0.85	−1.13
25°	59.93	−1.26	−1.62
45°	54.36	−1.32	−1.87
75°	54.43	−1.44	−3.05
110°	55.04	−1.49	−3.44

表 4-5　金属颜料不同加量下的涂层光泽

项目	颜色体系	金属填料添加量				
		A	B	C	D	E
光泽(60°)	583#	15.3	8.4	7.9	7.8	9.5
	588#	11.4	8.9	6.1	7.2	9.6
	590#	9.7	9.1	8.0	6.9	8.9

表 4-6　金属颜料不同加量条件下的 FI 值

项目	颜色体系	金属填料加量				
		A	B	C	D	E
FI 值	583#	1.08	1.36	1.42	1.87	2.69
	588#	1.52	2.07	1.69	3.09	5.77
	590#	1.93	2.11	3.77	6.66	8.1

表 4-7　金属颜料不同加量条件下的红外发射率

项目	颜色体系	金属填料添加量				
		A	B	C	D	E
红外发射率（8～14μm）	583#	0.35	0.28	0.23	0.22	0.15
	588#	0.47	0.32	0.25	0.20	0.11
	590#	0.55	0.49	0.23	0.22	0.18

表 4-8　金属颜料不同加量下涂层的力学性能

项　目	颜色体系	金属颜料加量				
		A	B	C	D	E
柔韧性/mm	583#	1	1	1	1	2
冲击性/cm		50	50	50	50	50
附着力(划格法)/级		0	0	0	0	0
铅笔硬度		4H	4H	4H	2H	2H
柔韧性/mm	588#	1	1	1	1	2
冲击性/cm		50	50	50	50	50
附着力(划格法)/级		0	0	0	0	0
铅笔硬度		3H	3H	3H	2H	2H
柔韧性/mm	590#	1	1	1	2	2
冲击性/cm		50	50	50	50	50
附着力(划格法)/级		0	0	0	0	0
铅笔硬度		3H	3H	3H	2H	2H

表 4-9　金属颜料不同加量涂层耐 UV2000h 后的性能变化

项　目	583#					588#					590#				
	A	B	C	D	E	A	B	C	D	E	A	B	C	D	E
变色/级	0	0	0	2	2	0	0	0	2	5	0	0	2	5	5
发射率变化/%	+12	+7	不变	−9	−7	+4	−6	+12	不变	+20	−6	−8	不变	+9	+28

（6）效果

① 涂层在不同观测角度下，L^*、a^*、b^* 值的变化随着低发射率金属颜料的增加逐步加大，与基本色偏离也越大。

② 随着低发射率金属颜料的增加，涂层的光泽会出现先降低后升高的趋势，临界点出现在 C 组添加量下，由于隐身性能的要求，涂层光泽应越低越好，一般对光泽的理想控制范围是<8。

③ 随着低发射率金属颜料的增加，涂层 FI 值会逐步升高，为利于军机的可见光隐身，在兼顾其他性能的同时要尽可能地降低 FI 值，一般对 FI 值的理想控制范围为<5。

④ 涂层的红外发射率随着低发射率金属颜料的增加逐步降低，这对军机的隐身效果更加有利。

⑤ 增加低发射率金属颜料，涂层与雷达吸波涂层兼容性、涂层耐久性及机

械性能均会变差。

由此说明，金属颜料加量过高或过低都会不利于某一项或某几项可见光隐身性能。综合考查各项，各颜色体系金属颜料的最佳加量应选择C组条件，即30%加量。

2. 隐身涂料作用与发展

对地面目标实施迷彩伪装是最早采用的伪装技术之一。采用迷彩伪装涂料将目标的外表面涂覆成各种大小不一的斑块和条带等图案，不仅可防可见光探测，还可防紫外光、近红外雷达的探测。这是一种最基本的伪装措施。其目的是改变目标的外形轮廓，使之与背景相融合、减小军事目标与地形背景之间的光学反差，以降低被发现概率。

坦克自出现开始，就应用了伪装涂料。其图案主要由多块棕、绿、黑色斑组成坦克的迷彩伪装，减小了车辆的目视特征。实验结果证明，用微光夜视仪观察1000m无迷彩坦克正面的概率为75%，而有迷彩的概率则为33%。涂料的颜色、形状和亮度等随地形地貌、季节和环境的气候条件而变化，以使坦克与周围环境的色彩一致。

伪装迷彩分为三种：①适用于草原、沙漠、雪地等单色背景上目标的保护迷彩；②适用于斑驳背景上活动目标的变形迷彩；③适用于固定目标的仿造迷彩。

当代最具代表性的伪装涂料是美国的耐化学毒剂渗透的聚氨酯伪装涂料。这种涂料在遇有化学毒剂污染时容易清洗，尤其是在改用三色迷彩和大斑点后在远近距离上都有较好的伪装效果。海湾战争中，美军使用了新研制成功的新品级耐化学毒剂的伪装涂料，即标准黄棕色Tan 686，将这种涂料涂在坦克的顶部，其红外反射率为45%。当美军发现阿拉伯半岛的沙漠比其他地方的沙漠明亮时，迅速研制出Tan 686A型，将其红外反射率提高至70%，而且使用这种涂料涂覆的车辆或掩蔽所内部的温度下降了8.4℃。

国外已研制出一种多用途的伪装迷彩，它由塑料溶液添加5%～25%（质量分数）的金属粉料制成外壳和用酚醛树脂加10%～15%（质量分数）的石墨或烟黑制成的导电纤维所组成，使用这种迷彩涂料的坦克车辆可防止可见光、红外和射频的探测。

德国的涂覆型多波段隐身材料是一种在可见光、热红外、微波、毫米波都可起作用的涂料，它可使目标特征尽可能地接近背景以减小目标的可侦察性，在可见光区的颜色和亮度适宜、光泽度小，在热红外区使目标的辐射温度与背景的辐射温度相适应，在微波和毫米波段尽可能宽的波段内吸收辐射。

（三）伪装遮障

伪装遮障是一种设置在目标附近或外加在目标之上的防探测器材，主要包括各种伪装网和伪装覆盖物等，通过采用不同的伪装技术分别对抗可见光、近红

外、中远红外和雷达波段的侦察与探测。

最具代表性的伪装遮障是瑞典的热伪装网系统和美国的超轻型伪装网。

瑞典 Barracuda 公司是专门研制和生产伪装器材的企业，该公司生产的伪装器材属当时世界上的先进水平。它生产的热伪装网系统实为双层式热伪装遮障，它由具有防光学和防热红外探测性能的伪装网和隔热毯组成，其中隔热毯用定距支架固定就位，上端覆以热伪装网，毯与网之间保持一定的距离，隔热毯的作用是将有源热目标变为无源"冷"目标，热毯上有眼睑式通风孔，可散逸发动机产生的热量，使坦克在热成像仪上仅显示出一个不完整的热图形。隔热毯实际上很薄很轻，酷似塑料薄膜，其质量每平方米不足 180g。热网之上附装有电阻膜，可起防毫米波、厘米波雷达的作用。这是一种多功能伪装网，能对付可见光、近红外光、雷达和热红外（3～5μm 和 8～14μm）波段的探测。该公司还推出一种伪装罩，用于覆盖军事目标，如坦克的热表面。此伪装罩有一聚酯纤维底层，其上为一层聚酯薄膜，两表面用铝层覆盖，还有超吸收纤维，如丙烯酸纤维、人造纤维和聚丙烯纤维制成的薄条以及结合在一起的两层绿色聚丙烯纤维层，绿色层应预先浸透水分，以便在使用中保持冷态。此伪装罩可在可见光、红外和雷达范围内起伪装效果。

美国介绍了一种宽波段能量吸收毯，其基体为多层结构的板材（图 4-1），基体材料能有效地吸收和抑制可见光、雷达波、热和声信号，是一种多波段的伪装材料。它以金属导电层为底层，最外层为泡沫吸收层，可使表面反射率最小。其 2～5 层为阻抗层与吸收层相互间隔，阻抗层从里向外电阻率递增，这样带宽也增大，可实现由导电层反射回的入射雷达波的相位相消。泡沫吸收层起隔热、吸声作用。一般说来，导电层为金属箔或金属板；阻抗层为具有适当电阻率的炭或石墨层；吸收层为泡沫塑料或其他合成泡沫，如含空心玻璃球或陶瓷小球的半硬质胶黏剂，其厚度不超过 25.4mm。将它覆盖在坦克车辆或其他军事目标上，可得到很好的伪装效果。

Barracuda Technology 公司推出一种热伪装系统，它由一种可拼成各种伪装图形的不规则材料件和掩蔽材料构成，两种材料间的发射系数之差至少要在 0.3 以上。掩蔽材料一般为覆盖有软质 PVC 膜的网状结构，而不规则材料件则一般是内层为低发射率的铝层，表层为可透热辐射的有色聚乙烯伪装层的叠层结构，其中含有增强层。将这种不规则材料拼成树叶状或眼睑状，覆盖在掩蔽材料之上，覆盖面为 30%～40%。这种热伪装网在可见光、近红外和热辐射范围内具有良好的伪装效果。

美国研制出一种由多层薄膜组成的多功能伪装材料（图 4-2），可以对付不同波段的探测威胁。其组成为一是基层，二是金属反射层，三是涂料伪装层。以基层和金属层为基体，吸收雷达波，其表面则是防可见光及红外探测的伪装层。

1 薄泡沫吸收层
2 阻 抗 层
3 泡沫吸收层
4 阻 抗 层
5 泡沫吸收层
6 导 电 层

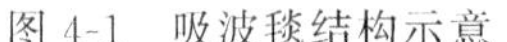

图 4-1 吸波毯结构示意

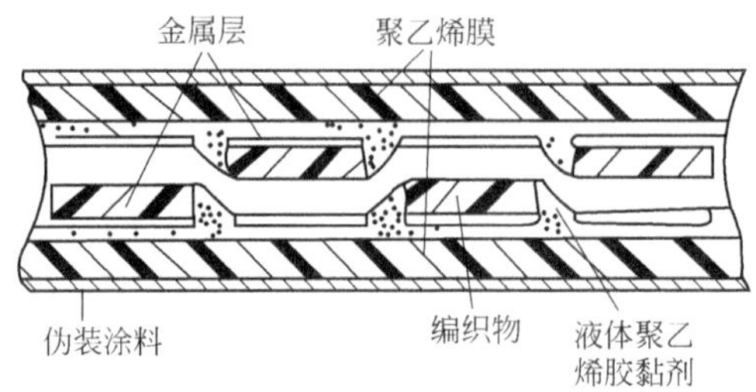

图 4-2 薄膜型多功能伪装材料结构

其基层材料以尼龙覆以塑化聚氯乙烯为好，金属层可选用铝、铜、锌及其合金，以气相沉积法形成此反射层。伪装涂料以氧化铬绿为颜料，聚丙烯-乙烯基乙酸纤维素共聚物为胶黏剂，这种颜料在可见光及近红外波段有类似于自然背景的反射性，所用胶黏剂在远红外区透明，因此在 3～5μm 和 8～14μm 的大气窗口，伪装涂料的辐射率在材料表面发生变化，从而达到模拟自然背景的目的，适用于军用车辆及装备的防护。

美国 Teledyne Brown 工程公司研制的超轻型伪装网系统，质量很小，每平方米只有 88g，它是在筛网的网基上连接一薄膜材料，并按所需伪装图案着色，以一定间隔的连接线与网基连接，在连接网基的两相邻连线之间切花，以模拟自然物（如树叶或簇叶）的外貌。该网需适当地涂上所需的伪装图案。一般来说，支撑连续薄膜的网状基层可染成黑色或自然背景的色调，而连续薄膜可用绿、棕、黑三色图案，使它与伪装网使用地域相吻合。如需要，伪装结构可做成正反两面，使用不同的伪装色型，即一面为林地图案，一面为沙漠图案。它适用于目标和装备的战术隐身。

在海湾战争中美军使用的是 Brunswick Defence 公司的另一种超轻型伪装网，该网具有极佳的防热红外特性和雷达散射特性，是目前世界上防雷达有效波段最高的伪装网，高达 6～140GHz。其单位面积质量约为 $136g/m^2$。

德国 Sponeta 公司推出了一种复合薄膜伪装网，适用于可见光和雷达范围内军事目标的伪装。该公司在德国专利中介绍其中的层压导电薄膜的制法，即将聚氨酯粒料加到由乙炔炭黑、聚氨酯溶液、阻燃增塑剂和表面活性剂组成的分散剂中，使各组分混合均匀，用得到的膏状物制成薄膜，厚度 0.08～0.1mm，这种导电薄膜在热合时可作为热溶胶，同覆盖层牢牢地结合在一起，形成复合薄膜。其中的导电层具有良好的电磁波吸收功能。该公司另一种雷达伪装材料的导电夹层由一种导电的炭黑附聚物分散剂和编织网组成，分散剂中的固体含量为20%～30%，粒度为 40～60μm，表面电阻率为 100～400Ω，涂覆量为 40～$150g/m^2$。这种伪装网制作简便，伪装效果良好，力学强度高，尤其是耐寒性好，适合于冬季使用。

此外，法国专利报道了一种对抗雷达探测的覆盖物。它由带颜色的纤维、粉末和金属丝制成的织物构成，金属丝的长度和直径根据探测雷达的波长确定。织物是非编织的，并且由叠合层制成。叠合层中丝状物沿不同方向伸展，但不重叠，彼此分离形成一种半透明结构。丝状物可能是合成材料，它含有金属颗粒或纤维覆盖在玻璃纤维上，以聚氨酯或聚氯乙烯为基础同复合材料黏合在一起。

随着侦察与制导技术的发展，现代侦察广度与深度的增大，军事目标的伪装越来越重要，任务越来越艰巨。笨重复杂的伪装器材逐步被淘汰，使用便捷的超轻型伪装网已经出现。一般来说，伪装网的单位面积质量为（300 ± 50）g/m^2，而法国 Barracuda France SA 公司生产的组合式伪装遮障仅 $110g/m^2$，美国的超轻型伪装网只有 $88g/m^2$，所能对付的电磁波段越来越宽，同时向着多频谱兼容的方向发展。已经研制出多频谱兼容型伪装网，它将逐步取代性能单一的伪装网，是战场上较为理想的伪装器材，主要用于重要军事目标，如坦克的伪装。

用于静止目标的传统伪装属于被动防御型，远远不能满足现代化战场的需要，必须变被动为主动，向积极的方向发展，动目标也需要伪装。目前已研制成功的有瑞典 Barracuda 公司 1990 年推出的名叫 ADDCAM 的热伪装器材，用于运动中的坦克车辆。这种新型伪装器材的使用明显地提高了战场上运动车辆的生存能力。美国已研制出供 M1A1 主战坦克运动中使用的伪装网，它包括覆盖车体和覆盖炮塔的伪装网，其目的在于降低坦克在运动中的暴露征候，大大提高了坦克的使用寿命，不过，实现动目标伪装的关键在于各种军事目标本身，即在现代武器装备的研制过程中就必须考虑到伪装要求，一种全新概念的“内在式”伪装。

第二节　新型可见光隐身材料

可见光隐身材料的最新进展主要表现在两个方面，一方面是智能隐身材料的研究开发；另一方面是纳米隐身材料在伪装织物上的应用。

一、智能隐身材料

可见光“智能”隐身材料是一种具有“变色龙”特性的材料系统。因此在坦克、装甲车、飞机等武器装备上涂覆或掺杂智能隐身材料，其表面在光、电、热等刺激下变色和改变亮度，使目标融入背景中，提高装备的隐身和机动性能。目前，正在研制的智能隐身材料有：光致变色隐身材料、热致变色隐身材料和电致变色隐身材料。

1. 光致变色隐身材料

光致变色材料在一定波长和强度的光作用下，分子结构发生变化，引起材料对光吸收峰值的变化，最终导致颜色改变，达到隐身的目的。目前，美国、法国、日本等国都有此方面的研究成果。

美国在聚氨酯分子中嵌入高活性的丁二炔链段，在适当的条件下，丁二炔聚合成聚丁二炔，形成具有自由电子的共轭结构，改变了整个材料的颜色和光强度。在此基础上，在材料系统中加入传感器和控制器，使用带有 SiC 光探测器的窄带通滤波器可以识别环境的波长和光强度，再将输出信号经模拟数字转换器传输给微处理器进行识别和处理，并发出控制指令以改变材料的颜色和色强度，从而达到隐身的效果。

美国的 Parks 公司研制出一种可装置在军事车辆外壳上并起到隐身效果的光反应透镜。该透镜为六角形，由玻璃、塑料或其他透明材料制成，包含不同颜色的光致反应材料，可根据照射光强度的不同变化明暗度。透镜表面制成凹凸不平的结构，以便使透镜表面形成不均匀的光反射。在透镜表面沉积一层反射薄膜，以较大程度地降低透镜的反射性。透镜可通过粘接层覆盖于车辆外表面。据报道，在光照射时，该光反应透镜变暗，有效降低了车辆光亮面与阴影面间的对比度，使车辆与背景间达到良好的匹配，从而达到隐身的目的。

另外，美国 2007 年研制成功一种智能变色涂层，并申请了专利保护。整个涂层由内到外分别为自修复层、视觉显示层、新型材料层、人工智能网络层、传感组分层、能源层和抗腐蚀层。当抗腐蚀层感受到来自外界的破坏或足够大的颜色或亮度改变，传感组合层可以将获得的信号数据传输给人工智能网络层，人工智能网络对信号进行处理，发送给视觉显示层，视觉显示层将改变自身的颜色或图案，以达到与背景环境一致，实现视觉隐身。

2. 热致变色材料

热致变色材料能在感知背景光的亮度和色度信息后，在温度控制装置的控制下，使材料温度发生改变，从而呈现出与背景一致的亮度和色度。热致变色材料按组成物质可分为无机热致变色材料和有机热致变色材料；按变色方式分为可逆和不可逆热致变色材料，但只有可逆热致变色材料才能应用于动态隐身。无机热致变色材料有结晶改变、发生化学反应和发生热分解等多种变色机理。

美国曾推出一种可以应用到坦克、车辆表面的热致变色伪装系统。伪装系统由上到下由热敏变色材料、导电金属板、热电模块、温度传感器和吸热器组成。导电金属板一般选用强度和硬度较高、传热较快的 Al 板；热电模块是能将电能转化为温度梯度的固体装置，加热或冷却导电金属板；温度传感器和吸热器结合控制热电模块的温度，避免过热；最外层的变色材料一般选用液晶材料，如变色液晶，为了避免变色液晶直接与外界接触，将其放在聚酯盒子或任何避免其与外界接触的容器内。热电模块控制整个系统的温度，通过导电金属板将热量传递给变色液晶，变色液晶可以在几秒内根据温度的变化呈现不同的颜色，如 20℃下为红色，34～35℃下为绿色，46℃下为蓝色。变色液晶的具体成分尚属保密。

目前热致变色材料研究虽然取得了一定的进展，但存在颜色变化数少、亮度可控范围窄和变色的温度多数在高温区等缺陷。

3. 电致变色材料

电致变色材料在通电后可迅速改变其亮度和颜色，因而可用计算机控制该材料，使其与目标所处环境的亮度和颜色相匹配，达到可见光隐身目的。

国外研究较成功的是美国佛罗里达大学在空军的资助下，专门研制的避免飞机在可见光范围内被发现的3种电致变色聚合物材料，它们是十四烷基取代基聚合（3,4-乙烯二氧噻吩）的聚合物、聚合{3,6-二[2-(3,4-乙烯二氧噻吩)]-*N*-甲基咔唑}的聚合物和聚苯乙烯。上述3种材料均可用于制造飞机座舱以及未来的整架飞机，在控制之下还能够在可见光和红外光谱范围内闪光，迷惑导弹识别飞机目标。

十四烷基取代基聚合（3,4-乙烯二氧噻吩）的聚合物（PE-DOT $C_{14}H_{29}$）：把小电压施加到该聚合物薄膜上，该薄膜在0.8s内就可发生紫红色与近似透明颜色之间的可逆转变。该聚合物是阴极着色聚合物，还原形式为着色状态，其能带隙 E_g 大约为1.78eV。在还原的中性形式下，该聚合物薄膜为深紫红色，在可见光谱范围内具有很大的吸收率。在氧化形式下，该聚合物为近似透明的浅绿色，其可见光吸收率降低。

聚合{3,6-二[2-(3,4-乙烯二氧噻吩)]-*N*-甲基咔唑}的聚合物：该聚合物是阳极着色聚合物，氧化形式为着色状态，其能带隙 E_g 为2.5eV。在氧化形式下，该聚合物薄膜为深蓝色，在可见光谱范围内具有很大的吸收率。在还原形式下，该聚合物为近似透明的浅黄色，其可见光吸收率降低。

聚苯乙烯：其特点是在施加电压后能发光，亮度可超过计算机终端亮度许多倍。近几年，人们发现这种材料在战场上不仅能用作被动伪装材料，而且经过改性还能用作主动伪装材料。具体做法是在装甲车辆的车体上涂一层经过改性的聚苯乙烯薄膜，然后将该薄膜与一个智能处理和环境感知系统相连。这样改性的聚苯乙烯薄膜能根据需要呈现各种颜色的光。如刮风的时候，环境传感器能自动向智能处理器传送有关风力大小的信息，智能处理器随即能使聚苯乙烯薄膜展示的图案发生变化，使它能产生像周围树叶一样随风摆动或摇晃的视觉效果，从而起到主动伪装的效果。目前，有关聚苯乙烯主动伪装材料的研究尚存在两个问题：一个是其时效问题，即随着时间的流逝，究竟有哪些因素会影响薄膜的性能；另一个是这种材料的频谱特性，其中包括弄清这种材料对雷达波的反射率以及开发具有红外频谱特性的改性材料等。如果在这些方面的研究取得成功的话，这种伪装材料就能同时对付可见光、微波和红外等探测系统的监测。

关于电致变色材料，目前的预先研究已经掌握了对颜色变化的控制。如

CNRS的凝结材料化学实验室已成功研究出可以控制颜色变化时间的方法，并保证在不足1s的时间进行颜色转换。但变色材料的寿命和亮度控制是其发展的瓶颈。

二、纳米隐身材料

纳米材料的独特结构特性使其自身在较宽的频率范围内显示出均匀的吸波特性，针对红外波、雷达波等方面的隐身材料研究较多，但在可见光隐身方面的研究极为有限。美国在此方面取得了一些进展，研制了纳米金属针隐身材料和纳米固体颗粒改性隐身织物。

美国普度大学设计出纳米金属针隐身材料，即将直径约为10nm、长度约为数百纳米的金属针装入到发刷形状的锥形物体之中，并以特定角度和长度迫使光在斗篷周围游走。这样，锥形物体内的一切事物看上去会忽然消失，原因就在于光不再对其产生反射。这项新设计是第一种适于在可见光范围内遮盖任何大小物体的装置，通过微型金属针改变锥形物体周围的“折射率”，达到遁形的效果。每种材料都有其固定的折射率，折射率在光从一种材料转移到另一种材料时，可决定光的弯曲度及光的速度。

美国海军陆战队和Natick士兵中心在尼龙66和尼龙66 Cordura纤维挤出之前加入纳米或微米固体颗粒，使织物的颜色分别变为Coyote（北美土狼色，近棕色）色和浅棕色，适用于沙漠和丛林环境，满足美国陆军关于可将光和近红外反射说明书（CO/PD 00-2D）的技术要求，实现视觉隐身。

总之，成本低、施工工艺简单、隐身效果优良的变形伪装迷彩涂料和多波段隐身材料仍是现役和未来作战装备和单兵伪装选用的基本隐身材料。根据当今和未来战地环境的特点，多色和多边形图案成为伪装迷彩的关注重点，如世界各国正积极开发的城市专用伪装迷彩。多波段隐身材料研制的重点和难点是既要避开红外、激光、雷达等多种隐身技术的冲突，又要实现全面隐身。智能变色材料的研制是现在研发工作的重点，也是将来动态隐身的发展趋势。随着新型先进材料和制备工艺的不断改进，智能变色材料的开发逐渐增强，相信智能隐身技术将引起隐身技术的一次革命。

第三节　多波段隐身材料

如今，随着全方位探测、监视系统的发展，单一波段的隐身技术已经不能满足作战武器对抗全方位攻击的需求，必须研制兼容性好的多波段隐身材料。多波段隐身材料的基材一般选用伪装网和单兵防护服用合成纤维、聚氯乙烯纤维、聚酯聚合物等。目前，美国、瑞典和德国相继推出了其研制的多波段隐身材料。

一、可见光、近红外二波段隐身织物

美国研制了改进型人造聚酰胺或聚酯聚合物细丝和多丝纱线织成的织物，其中含有（10～500）$\times 10^{-6}$的炭黑聚合物添加剂，另外将纱线或织物涂上伪装涂料，可以有效控制可见光和近红外特征，在沙漠、城市和地形复杂的战地环境中实现可见光隐身。

美军士兵系统指挥部（SSCOM）在麻省奈特科的研发工程中心（NRDEC）已经开发出一种可双面穿的迷彩布料，它正面是4色丛林迷彩纹，反面是3色沙漠迷彩纹。今后还会开发城市迷彩/沙漠迷彩、城市迷彩/丛林迷彩等组合的双面布料。

二、可见光、近红外、中远红外三波段复合隐身材料

这种隐身材料就是采用在可见光和近红外波段具有低吸收率、在中远红外波段具有较低辐射率的材料，制成使用的复合结构，通过控制目标热源与背景温度差，来避免被光学仪器和热成像系统探测到的技术。美国经过多年研制，推出了以下3种可用于制造伪装网和伪装服的复合结构三波段隐身材料。

半导体/聚乙烯基改性聚合物/金属氧化物复合结构隐身材料：该材料的复合结构包括面层和底层。面层：由高折射率材料膜层和低折射率材料膜层交替叠放，组成复合薄膜系统。高折射率材料膜层，由半导体金属材料（如GA）膜与聚合物（如聚苯乙烯）膜复合而成，其折射率不小于2.0；低折射率材料膜层，由金属氧化物（如Al_2O_3粉末，其尺寸为0.5～5μm）与聚合物（如聚氨酯、丙烯酸）膜复合而成，其折射率不大于1.5，衰减系数不小于10.3。各个膜层的厚度为红外信号波长的1/4。底层：由聚对苯二甲酸乙二醇酯（或其他高聚物）纤维织成的网状材料组成，基体中含有可见光吸收涂料。

聚乙烯或聚氨酯等聚合物微孔薄膜/金属涂层/红外透过可见光不透过织物复合隐身材料：该隐身复合材料从下到上主要由微孔薄膜、金属涂镀层、疏油层、粘接层、织物层和表面涂覆层组成。微孔薄膜是具有许多三维不规则微孔的特殊结构薄膜，可以由聚乙烯、聚丙烯、聚氨酯和长链聚四氟乙烯等材料制成。微孔的尺寸为0.2μm，薄膜的厚度为25μm～3.175mm（包括金属涂镀层的厚度）。可采用溅射镀、化学气相沉积和化学镀等方法，在薄膜上表面、次表面和微孔壁涂镀铝、银、金、铜、锌、钴、镍、铂及其合金等金属层，使薄膜具有1～6光学密度单位。用聚氨酯黏结剂或其他黏结剂，把涂镀金属层和涂覆疏油层的微孔薄膜与织物层复合为一体。织物层可选择对热红外透明、对可见光不透明的纺织、无纺或编织的聚酰胺、聚酯和聚烯烃等合成材料或者棉、毛、丝及其混合物等天然材料。仪器检验表明，用厚度0.025mm、微孔尺寸为0.2μm的长链聚四

氟乙烯薄膜涂镀金属层和疏油层，然后与其他材料组合成复合材料，可明显减弱热成像和降低可见光表面辐射率。

有色表面涂层/金属层/底层织物复合织物条带：复合织物的结构由下到上分别为织物底层、低辐射率（0.02～0.5）金属层、能透过热红外在可见光、近红外光谱范围内隐身的有色表面涂层。底层采用纺织的尼龙或聚酯材料，可在其上涂镀金属层，最好镀铝。表面涂料由20%～30%（质量分数）丙烯酸聚合物胶黏剂、35%～40%颜料、35%～40%阻燃剂和0.08%～0.15%乳化剂组成。该涂料溶于水和氨水组成的混合溶剂。可根据背景环境选择颜料，把该涂料配制成绿色或褐色等颜色。

三、可见光、近红外、中远红外、雷达波四波段复合隐身材料

要使军事目标在可见光、近红外、中远红外、雷达波段上隐身，隐身材料要满足以下性能：在可见光波段具有较低的吸收率，在红外波段具有较低的辐射率，而在微波、毫米波段具有较高的吸收率。

瑞典巴拉库达公司于1996年研制出一种四波段伪装材料，使用铝箔、镀铝塑料薄膜、金属纤维、聚酯或芳纶纤维、碳纤维、钛粉、铝粉和炭黑涂料等材料制成，表面层制成三维U形结构，其基体材料是玻璃纤维。具有下列突出优点：表面颜色与背景颜色匹配，能防可见光和近红外器具探测，其近红外反射值与所在地区的背景条件相同；对毫米雷达波和宽带雷达波具有较高的衰减吸收能力，对9GHz雷达波吸收不小于8dB，对35GHz和94GHz雷达波吸收不小于9dB；在中远红外波段，能随环境和目标温度变化随时调节热辐射能量，降低目标与背景的热对比度，红外辐射率不大于0.2，与背景的温度差不大于4℃。

德国已取得专利权的可见光、近红外、中远红外和雷达波四波段坦克隐身材料是将半导体材料掺入热红外、微波、毫米波透明漆以及塑料或合成树脂黏合剂中，其可见光颜色及亮度取决于半导体材料和表面粗糙度。

第五章　红外隐身材料

05 Chapter

第一节　红外隐身技术

一、红外隐身材料的隐身原理

1. 红外探测系统探测方法

一切高于热力学零度的物体都能发出红外辐射，红外辐射的光子能量能够使一些活泼金属产生红外光电效应。红外探测系统的原理就是通过上述红外光电效应把红外辐射特征信号转化为电信号。红外探测的方法有两种。

一是点源探测，与红外探测系统能探测目标的最大距离有关：

$$R=(J\tau_a)^{1/2}[\pi/2D_0(\mathrm{NA})\tau_0]^{1/2}[D^*][1/(\omega\Delta f)^{1/2}(V_s/V_n)]^{1/2} \tag{5-1}$$

式中，J 为目标红外辐射强度；τ_a 为大气透过率；D_0 为红外探测系统中光学系统的接收孔径；NA 为光学系统的数值孔径；τ_0 为光学系统的红外透过率；D^* 为红外探测系统的探测率；ω 为瞬时视场；Δf 为系统带宽；V_s 为信号电平；V_n 为噪声电平。其中，J、τ_a 两项参数反映了目标的红外辐射特性和辐射的大气传输特性，其余八项参数反映了红外探测系统中光学系统的特性以及信号处理特性。

二是成像探测，利用目标与背景的红外辐射对比度识别发现目标，辐射对比度公式：

$$C=(E_T-E_B)/E_B \tag{5-2}$$

式中，C 为辐射对比度；E_T 为目标的红外辐射量；E_B 为背景的红外辐射量。

对于上述两种探测方法，目标要达到红外隐身的目的，就要增大红外探测系统的探测距离和目标与背景的辐射对比度。从式(5-1) 和式(5-2) 可知，J、E_T

反映了目标的红外辐射量，是可以通过红外隐身材料等手段改变的物理量，因此，目标通过改变红外辐射量可以提高隐身效率。

2. 斯特潘-玻尔兹曼（Stefan-Boltzmann）定律

目标的红外辐射量是由 Stefan-Boltzmann 定律决定的：

$$W=\sigma\varepsilon T^4 \tag{5-3}$$

式中，W 为红外辐射量；σ 为玻尔兹曼常数；ε 为目标表面的发射率；T 为目标表面的热力学温度。

从式(5-3) 可知，目标的红外辐射量与目标表面的发射率成正相关的关系，与目标表面热力学温度的四次方成正比。因此，降低目标的红外辐射量的措施主要有两个：一是降低目标表面的发射率；二是控制目标表面的温度。

3. 斯特潘-玻尔兹曼定律

物体在所有可能方向和波长范围内的辐射功率为：

$$E=\varepsilon E_b=\varepsilon \frac{\pi^4 c_1 T^4}{15c_2^4}=\varepsilon\sigma T^4 \tag{5-4}$$

式中，E_b 为黑体的全波长辐射功率，W/m^2，ε 为物体的发射率；c_1 为第一辐射常数，$c_1=2\pi hc_0^2$；c_2 为第二辐射常数，$c_2=hc_2/k_B$；k_B 为玻尔兹曼常数；σ 为斯特潘-玻尔兹曼常数；T 为物体的热力学温度，K。

红外探测系统的最大作用距离计算如下：

$$R=\sqrt{\frac{D^* A_t A_0 \tau_a \tau_0 (L_t-L_b)}{N_t (A_d \Delta f)^{1/2} (V_s/V_N)}} \tag{5-5}$$

式中，R 为作用距离；D^* 为红外探测器探测率；A_t 为目标辐射面积；A_0 为红外探测系统入瞳面积；τ_0 为红外系统光学透过率；τ_a 为作用距离 R 下的大气透过率；N_t 为由弥散引起的目标所占像元数；A_d 为探测器单元的面积；Δf 为放大电路等效噪声带宽；V_s/V_N 为信号处理器可接受的信噪比；L_b 为背景辐射亮度；L_t 为目标辐射亮度。其中：

$$L_t=\varepsilon\sigma T^4/\pi \tag{5-6}$$

红外隐身的目的就是降低或改变目标的红外辐射特性，减小红外探测系统对目标的作用距离，从而降低目标被探测的概率。由式(5-4)～式(5-6) 可知，要减小红外探测系统对目标的作用距离，可通过以下方式来实现：①降低物体表面的发射率；②控制物体表面的温度，减小目标与背景的温差；③减小目标高温区辐射面积；④采用光谱转换技术使目标红外辐射偏移到探测系统的响应波段之外。

在实际的红外探测过程中，物体发出的红外辐射通过大气传输才能到达红外探测器。大气传输过程中红外辐射会因波长不同而有不同程度的衰减，通常把大气衰减较少的波长区域称为大气窗口。大气的红外窗口有以下 3 个波段：短波

1～2.5μm、中波 3～5μm、长波 8～14μm。红外辐射在这 3 个波段以外基本上是不透明的，目前使用的红外探测器大都工作在这 3 个波段内。根据这一特点，可以采用合适的材料作为表面涂层，调节己方军事目标的红外辐射波段至大气窗口之外，使得对方红外探测器无法探测到己方目标的红外辐射能量。

二、红外隐身的主要技术措施

综合以上红外隐身原理分析可知，常见的红外隐身方法主要包括：①改变目标红外辐射传输路径；②改变目标红外辐射特性；③降低目标红外辐射强度；④进行光谱转换。

1. 改变目标红外辐射传输路径

改变红外辐射传输路径主要是改变目标周围大气的光谱透过率，以达到屏蔽和对红外探测器干扰的作用。烟幕以其较好的经济性和较高的实用性在海上军事舰艇红外隐身方面得到了广泛的应用。烟幕的主要功能是通过在空中施放气溶胶微粒，改变电磁波介质传输特性，实施对光电探测、观瞄和制导武器系统的干扰。在红外方面其隐身作用机理主要是：①使得目标周围大气路径上充满烟幕微粒，对物体红外辐射产生强烈的吸收和散射作用，削弱红外侦察和制导系统中红外探测器接收信号的强度，使之无法成像；②烟幕本身可以发出更强的红外辐射，覆盖目标及背景的红外辐射，使红外探测设备只能探测到一片模糊影像。但是由于烟幕必须悬浮在目标的周围，所以多用于保护静止和慢速运动的目标。

烟幕干扰基本原理如图 5-1 所示。红外探测系统对距离 R 处的目标进行探测，在没有干扰的情况下，目标与背景辐射之差为：

$$\Delta L_0=(L_t\tau_a+L_{path})-(L_b\tau_a+L_{path})=\tau_a(L_t-L_b) \tag{5-7}$$

式中，τ_a、L_{path}分别为红外系统和目标之间的大气透过率和路径辐射；L_t、L_b 分别为目标和背景辐射亮度。

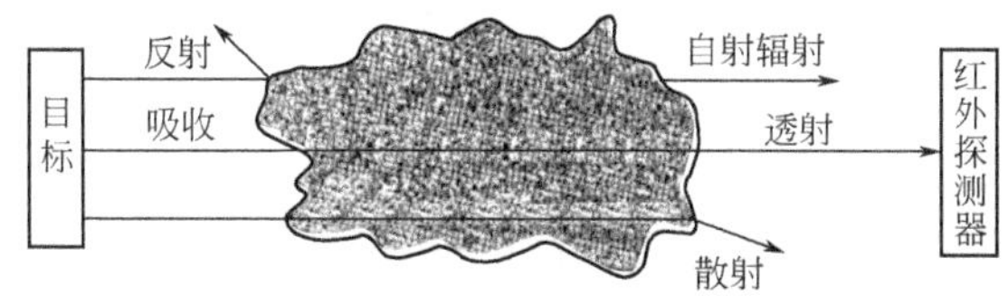

图 5-1　烟幕对红外辐射衰减的原理

在实施烟幕干扰的情况下，目标与背景辐射之差为：

$$\Delta L_1=(L_t\tau_a\tau_{smoke}+L_{smoke}+L_{path})-(L_b\tau_a\tau_{smoke}+L_{smoke}+L_{path})=\tau_a\tau_{smoke}(L_t-L_b) \tag{5-8}$$

式中，τ_{smoke}、L_{smoke}分别为烟幕的透过率和有效辐射亮度。

目标背景辐射之差受烟幕消光的衰减系数为：

$$\sigma_{\text{eff}}=\frac{\Delta L_1}{\Delta L_0}=\frac{\tau_{\text{a}}\tau_{\text{smoke}}(L_{\text{t}}-L_{\text{b}})}{\tau_{\text{a}}(L_{\text{t}}-L_{\text{b}})}=\tau_{\text{smoke}} \tag{5-9}$$

烟幕对红外系统的遮蔽率为：

$$\eta=(1-\sigma_{\text{eff}})\times 100\% \tag{5-10}$$

式(5-7)～式(5-10) 是从目标背景辐射差的角度来分析烟幕消光影响的。为直观起见，可以从红外系统的目标背景输出值之差的角度进行分析。没有烟幕干扰时的目标背景输出值之差为：

$$\Delta \text{DN}_0=\text{DN}_{\text{t}}-\text{DN}_{\text{b}} \tag{5-11}$$

式中，DN_{t}、DN_{b} 分别为红外系统的目标和背景测量输出值。有烟幕干扰时的目标背景输出值之差为：

$$\Delta \text{DN}_{\text{t}}=\text{DN}_{\text{t}}'-\text{DN}_{\text{b}}' \tag{5-12}$$

式中，DN_{t}'、DN_{b}'分别为有烟幕干扰时红外系统的目标和背景输出值，则烟幕对红外系统的遮蔽率为：

$$\eta=\left(1-\frac{\text{DN}_{\text{t}}'-\text{DN}_{\text{b}}'}{\text{DN}_{\text{t}}-\text{DN}}\right)\times 100\% \tag{5-13}$$

2. 改变目标红外辐射特性

改变目标红外辐射特性的主要措施是改变目标的主要红外辐射波段以及模拟背景辐射特性，使得敌方红外探测器无法探测或识别己方目标的红外辐射。

改变目标主要红外辐射波段，其一是使得目标主要红外辐射在对方探测器的工作波段以外，另外是使己方目标的主要红外辐射集中在大气强损耗波段。具体应用如：通过向燃料中加入特殊添加剂，使排气尾焰的红外辐射带偏移到红外探测系统的响应波段之外；采用红外变频材料制作有关的结构部件等。实例之一为目前国外采用的一种特殊燃料，使飞机排气尾焰辐射偏移到 $5\sim8\mu\text{m}$ 的大气强损耗波段。

模拟背景辐射特性即红外图形迷彩，是指通过使用不同发射率的材料来改变目标物体各部分红外辐射分布状态，使得目标与背景的红外辐射分布状态相协调，从而目标的红外图像成为整个背景红外图像的一部分，使得敌方探测器难以识别。例如目前采用的红外光区四色变形迷彩涂料等。瑞典采用的角形结构碎片迷彩以及德国陆军采用的歪曲车辆阴影图案，都收到了较好的效果。

3. 降低目标红外辐射强度

根据斯特潘-玻尔兹曼定律，降低目标的红外辐射强度主要是通过降低物体表面的发射率和物体表面的温度来实现的。具体技术手段有：表面涂发射率较低的材料；减少散热源；采用热屏蔽手段使得目标内部热量难以外传；对喷管等重要部位进行降温；降低发动机排气管温度；废气废水冷却；注入红外吸收剂降低尾焰温度等。

4. 采用光谱转换技术

实现光谱转换的主要手段是采用特定的涂料，使得目标表面在 3～5μm 和 8～14μm 波段大气窗口有较低的发射率，而在这两个大气窗口外的中远红外波段上有较高的发射率。这样，辐射能量的频段主要在大气窗口以外，完全被大气吸收和散射掉，从而使得目标难以被发现。

三、红外隐身方法

实现红外隐身的途径，从理论上可以从 4 个方面来实现：①改变目标的红外辐射特征，使目标的红外辐射波段避开红外大气窗口或红外制导导弹的工作频率；②降低目标的红外辐射强度，主要为降温和采用低发射率材料；③控制目标红外辐射的传输过程，增加其在传输过程中的吸收、散射和反射以改变目标红外辐射的功率分布；④干扰目标的红外辐射信号，造成假象。热红外隐身材料主要通过第 2 个途径来实现目标的伪装。

采用热红外隐身材料的目的就是使目标和背景的辐射能量差减小到红外探测器探测不到或识别不出的程度，因此对红外隐身材料，一方面要求其与背景的辐射能量差要小；另一方面要求其响应频带要宽，即要求该材料的覆盖波段为 3～5μm 和 8～14μm，同时要有利于实现多波段兼容。

1. 迷彩隐身

涂料的迷彩隐身可使军事目标与其背景色调和亮度一致，还能改变目标的外形。美国的双重迷彩图案在较大距离范围内都有良好的隐身效果。它所采用的隐身材料是一种最有希望实现变色龙式隐身的异构色素。其中，综合性能最好、最有前途的光变色性色素是双硫腙的金属络合物。特别是二价汞的络合物，可用于合成纤维，也可制成涂料，用于变色龙隐身。

德国采用新型三色（青绿色、皮褐色和焦油黑色）迷彩图案，被发现的概率比目前采用的其他花斑隐身降低 1/3～1/2，三色图案交叉涂覆于车辆上使车辆变形，造成一种车辆不存在的假象，这种新型三色花斑隐身已成为美国和德国的标准隐身图案。

2. 隐身烟幕

隐身烟幕能大大降低侦察器材对目标的发现概率，还能降低武器的命中率，它不仅能对付光学侦察，而且可用于干扰雷达、屏蔽目标的热辐射，还可以防护核爆炸时的光辐射。在战场上，为隐蔽坦克的战术行动，西方国家坦克一般都带有热烟幕装置（发动机烟幕装置）。其原理是往发动机排气装置中喷射柴油或机油，产生混合气，这种混合气排出车外，与冷空气接触，凝成极小的微滴，形成烟幕。这种装置的优点是结构简单，烟雾浓度可调，并可连续或多次施放烟幕。

干扰可见光和近红外的烟幕技术已经成熟，只要改变烟幕组成，对中远红外辐射仍能起衰减作用。北约成员国专门研究了抗红外烟幕，这种抗红外烟幕是装甲战车的自卫系统，能破坏观察瞄准装置。在实验的基础上，研制成功一批新型烟幕装置。例如，美国的XM76型烟幕弹，对可见光、近红外和远红外波段都有极好的屏蔽作用。

3. 红外诱饵

红外诱饵是诱骗红外探测和制导系统的一种红外对抗措施。制造一个逼真的模拟目标特性的人造红外辐射源，向红外探测和制导系统提供一个假目标。将真目标隐蔽起来，红外诱饵弹就是在真目标附近施放烟火剂作为诱饵。当烟火剂燃烧时，发出与被隐蔽目标波长相同的红外辐射，使红外制导导弹去捕捉烟火剂目标，而不去跟踪真目标，常用的烟火剂有凝胶烃类、镁-聚四氟乙烯、镁-亚硝酸钠和镁-铝-氧化锌等。它们所模拟的坦克、车辆、战斗机和导弹系统，能像真的武器装备一样，反射雷达波和红外线。

4. 热红外隐身网

当需要隐身有源或无源的高温目标时。则需要在隐身物体上加一层隔热层（如绝缘帆布等）构成热红外隐身遮障。目前，应用最多的隐身网是由多层结构构成的。其结构中间是纤维织物，上、下都涂有一层红外反射材料（如金属铝锌等），外层涂有可见光吸收材料的半透明聚烯膜。这种隐身网因为结构较厚不易固定在坦克等车辆上，不太适合于移动目标上，对静止物体隐身效果较好。

总之，对于近红外来说，目标与背景的亮度差别是主要暴露征候，而中远红外的主要暴露征候则是温度差别。反红外伪装就是对目标进行处理，设法减少或消除目标与背景之间的亮度差别或温度差别，使伪装目标与背景的红外特征相适应。红外伪装的方法很多，主要有迷彩隐身、隐身烟幕、红外诱饵、热红外隐身网和红外涂层，但其中主要的一种是红外涂层方法，该方法研究最多且应用最普遍。

四、红外隐身技术研究进展

随着红外成像技术的日臻完善，高探测精度和分辨率的红外探测手段的相继出现，以及红外精确制导武器的大量使用，红外跟踪设备已成为当代电子战中最有效的目标跟踪系统之一。常规的红外对抗措施越来越难以满足现代实战的需要，为了保证武器系统在整个作战过程中有足够的生存能力和突防能力，能够实现红外隐身的战斗机、轰炸机已在海湾战争中亮相并取得了世人瞩目的战绩，隐身舰艇也已出现，全方位的地面目标，尤其是坦克车辆的红外隐身将是发展的必然，红外隐身技术便成为红外对抗的主要研究方向。

飞机、导弹、战舰和坦克均是具有较强红外辐射的目标，它们的任何部位都可能成为红外辐射源，它们自身的辐射和对环境辐射的反射都是被探测和跟踪的信息，尤其是发动机的高温喷气流、机体热部件、气动力加热和对阳光的反射与散射被认为是红外辐射源中的几个主要方面。红外隐身技术的实质就是抑制和缩减其红外辐射能力，避免过早地被发现和跟踪。它已是当前仅次于雷达隐身的主要隐身措施。表5-1中列出各类目标的红外辐射特征。

表 5-1　各类目标红外辐射特性表

序号	辐射物体名称	辐射温度/K	物体黑度	红外辐射特征	红外辐射波长/μm
1	受热喷气发动机体	900	0.9	灰体辐射	3～5
2	喷管尾焰	1200～1500		高温气体热辐射(CO_2,H_2O)	2～3,4～5
3	蒙皮	370～840 (M=2～4)	0.91	空气动力加热辐射,灰体辐射	3～5,3～14
4	机(弹)体阳光反射			阳光照射机体表面的反射	2～3
5	战舰烟囱、排气管	573		气体热辐射 灰体辐射	4～5
6	坦克、车辆	280～325	0.35	灰体辐射	5～8
7	人体	305	0.99	接近黑体辐射	2～3,8～13
8	地面背景	273～293		阳光反射、灰体辐射	0.48(阳光反射) 10(地面热辐射)
9	水面背景	280～300	0.95～0.963	接近黑体辐射	10

国外开展对红外隐身技术的研究比雷达隐身技术大约要晚十多年。目前，国外红外隐身技术已发展到实用化阶段。自1988年以来，除飞机之外，战舰、坦克、各类武器发射平台，乃至夜战士兵的服装均提出了要用红外隐身技术来改善或提高其战场生存能力。由于这些武器装备自身的红外辐射特征及其面临的战场环境均互有区别，因此，其测量、估算红外辐射特征的方法和抑制措施也将有所不同，这将在很大程度上促进红外隐身技术的进一步发展，其结构形式从单一化向多样化扩大。红外抑制技术的抑制范围已从只对中、近红外波长的强红外热辐射源的"点"抑制进而扩大到对远和超远波长的低红外辐射源进行"面"抑制，研究重点发生重大变化。表5-2列出现代侦察设备对红外隐身的要求。

表 5-2　现代侦察设备对红外隐身的要求

编号	波段	用途	侦察器材或装备	对材料的要求
1	近红外 0.7～2.0μm	图像转换	①主动式红外照射/红外潜望镜 ②有线制导导弹航向跟踪仪 ③激光指示器 ④激光测距仪	①与自然背景有相近的光谱反射特征 ②激光吸收率>95%,不受灰尘和雨雾影响

续表

编号	波段	用途	侦察器材或装备	对材料的要求
2	中红外 3～5μm	热导的导弹	①红外导引灵敏武器 ②热成像仪	辐射率＜0.5，耐热温度200℃以上
3	远红外 8～14μm	可视红外系统	①热成像仪 ②配有有线制导导弹热视仪 ③CO_2激光测距仪	辐射率＞0.2，形成热迷彩

实现红外隐身的基本原则有三条：

① 设法降低辐射源的温度，尽量减少向外辐射的能量。

② 改变目标的红外辐射频率或频谱特性，使其产生最大辐射强度时的波长偏离红外探测系统最敏感的工作区间。

③ 降低目标的黑度，使其具有较低的辐射能力，以降低红外探测系统的分辨能力。

各种红外抑制技术正是根据这三条原则来减弱目标在主要威胁方向的红外辐射强度等指标，达到降低各种红外探测设备的作用距离、灵敏度和分辨力的目的。据估计实施红外隐身的最佳综合效果可使目标的红外辐射减缩90%以上。国外早在20世纪60年代就对各种军事目标的红外辐射特征进行了研究，重点研究它们的发动机红外热辐射特性及影响发动机热辐射能力的各种重要因素，并进行了大量的实验，为各种红外抑制技术的发展提供了理论依据。美国和前苏联就深入地研究了各种红外抑制技术，如红外辐射遮挡技术、高速气流引射冷却技术、对流气膜冷却技术、隔热绝缘材料的应用以及减少羽烟中的碳粒、氮化物、未燃尽物的燃烧技术和添加剂等，并且始终处于领先地位，现已在部分现代武器系统中得到应用。

五、红外隐身技术的发展趋势

随着红外探测器技术的迅速发展，红外探测手段趋于高精度、智能化和多样化，这就对红外隐身技术提出了新的更高的要求。根据红外隐身技术的发展现状，其发展趋势可以总结为两方面：一是寻求各波段各种隐身技术的兼容，即全波段隐身技术；二是对现有方法进行改进并探索新的红外隐身方法。

1. 各波段隐身技术的兼容

随着现代探测手段的日益多样化，针对单一波段或者单一类型探测器的隐身技术已经不能适应战争的需要。因此人们未来将会更加重视全波段隐身技术，即兼顾声波、雷达毫米波、红外、可见光、紫外等频段的隐身技术，而实现全波段隐身技术主要是依靠高性能的隐身材料。法国海军的“拉斐特”级护卫舰是已经投入实用的具有较出色隐身效果的多波段隐身战舰。美、德、瑞典等国在多波段隐身技术方面的研究水平已经达到可见光、近红外、中远红外和雷达毫米波四频

段兼容。

2. 现有方法的改进和新的红外隐身方法

对现有方法的改进主要包括目标表面结构的改进、主要热源隔热方法的优化、现有隐身材料的合理使用等，目的是使得现有的隐身措施效果更好，以应对探测和识别精度更高的红外制导武器。

新的红外隐身方法主要包括新型隐身材料和新的隐身技术。新型隐身材料包括手性材料、纳米隐身材料、导电高聚物材料、多晶铁纤维吸收剂、智能隐身材料等。未来的隐身涂料应具备以下性能：具有较低的红外发射率和可见光吸收率；具有对热辐射进行漫反射的合理表面结构；能与其他波段的隐身要求兼容；具有良好的力学性能和耐腐蚀性。新的隐身手段主要指目标外形设计、热源冷却方法和新的隐身机理。

随着红外隐身技术的发展，红外隐身技术广泛应用于空中、地面和海上的军事目标。各种新的隐身方法、隐身材料不断开发出来，红外隐身技术正朝着全频段、智能化发展，在未来的现代化战争中将发挥更加重要的作用。

六、红外隐身的军事应用

红外隐身技术广泛应用于飞机、地面武器装备和舰艇等军事目标。

1. 飞机的红外隐身技术

飞机的热辐射主要产生于发动机、发动机喷口、排气气流、机体蒙皮等。实现飞机红外隐身的主要技术措施包括：采用红外辐射较弱的涡扇发动机，并通过对发动机进行隔热，防止其热量传给机身；在喷管内部涂低发射率材料；在燃料中加入添加剂抑制和改变尾焰的红外辐射频段；飞机表面涂红外隐身涂料；释放伪装气溶胶烟幕；改进外形设计减小机体摩擦以降低蒙皮温度等。例如，美国的F-22战斗机通过矢量可调管壁来降低其二元矢量喷管所产生的红外辐射，垂尾、平尾、尾撑向后延伸以遮蔽发动机喷口的红外辐射，在炽热喷流飞出尾喷口前就得到了降温，因而红外特征显著降低。美国F-117A战机为了红外隐身，采用了新型燃料，这种燃料能高速燃烧，又可急速冷却，在采用二元喷管后，红外辐射能量降低约90%。欧洲2000战斗机以及美国和英国的联合攻击战斗机（JSF），都使用了推力矢量技术，其二元推力矢量喷口被向后伸展的平尾和立尾所遮挡，达到很好的红外隐身效果。就目前的发展水平来看，飞机的红外隐身技术已经比较成熟，达到实用阶段并且已经开始应用于军用飞机的制造中。

2. 坦克等地面武器的红外隐身技术

坦克的红外辐射主要来源包括：发动机、烟囱、烟羽、表面辐射和对外界短波辐射的反射等。主要通过采用效率高、热损耗小的发动机减少发热量，改变排气通道位置和形状并进行冷却，发热部位隔热，表面涂低发射率材料和迷彩伪装等措施来实现红外隐身。

3. 舰艇等海上武器装备的红外隐身技术

舰艇的红外辐射源主要是烟囱管壁、排气烟羽和舰体表面。对舰艇进行红外辐射抑制的技术手段主要分3种：降温、红外屏蔽和隐身涂料，其中降温是最常用和最有效的策略。

具体实施方法包括：改变烟囱的位置和形状、对机舱水冷降温、高温表面涂绝热层、舰船表面喷淋海水和涂隐身材料等。20世纪70年代初，美国和加拿大就开始了控制舰艇排气系统红外辐射的研究，至今已经历了海水喷射、简单喷射混合、全气膜冷却三代技术。瑞典的“维斯比”级轻型护卫舰采用碳纤维塑料增强型夹层板和特殊的烟囱设计方式，烟囱出口设在舰艇的尾部，将废气从舰尾排出至海上冷却，达到了很好的红外隐身效果。法国海军“拉斐特”级护卫舰在隔热处理方面设计独特，烟囱采用玻璃钢制造再涂以一种低辐射的特殊涂料，加强隔热效果的同时还对发动机排气口和玻璃钢排气管做了精细的隔热处理。美国的“斯普鲁恩斯”级驱逐舰采用了排气引射系统以降低排气温度，同时烟道内布置有喷雾系统，在受到攻击时可以喷出水雾以冷却烟气。英国研制的“海魂”号护卫舰也安装了喷雾系统，需要时该系统会在几秒钟内喷出细密的水雾使得舰体笼罩在薄雾中，与海天背景融为一体，实现很好的隐身效果。

第二节　红外隐身低发射率材料

一、红外隐身材料

（一）简介

红外探测系统依靠探测目标自身和背景的辐射差别来发现和识别目标。红外隐身涂料主要针对红外热像仪的侦察；旨在降低目标在红外波段的亮度，掩盖或变形目标在红外热像仪中的形状，降低其被发现和识别的概率。

1. 红外隐身材料的设计原理

众所周知，任何物体都存在着热辐射，红外作战武器正是利用这些目标的辐射特性来探测和识别目标的。目前，红外探测主要有两种探测方法：一是点源探测；二是成像探测。

对于点源探测，根据红外点源探测方程可知，红外系统能探测目标的最大距离与目标辐射特性的平方根成正比，与大气透过率的平方根成正比，另外还与红外探测器本身的一些特性有关，因此要实现目标红外隐身，主要应从降低目标的红外辐射和大气的红外透过率着手。

对于成像探测，由于它主要是利用目标与背景的红外辐射差别通过成像来识

别目标，因此，实现目标红外隐身，应设法使目标热象图与背景图相似，也就是说，通过调整目标的红外辐射，使目标在红外热图像上看与背景相融合。

通过以上分析可以看出，利用涂料实现红外隐身，对于点源探测来说，就是降低目标涂层的红外发射系数；对于成像探测，就是调整目标涂层的红外发射系数，使其与背景辐射一致。由于高发射系数的涂料是比较容易获得的，因此不论是点源探测还是成像探测，对涂料的研究主要是寻找低红外发射系数的涂料。

对于红外隐身涂料的研究，应从两个方面进行。一是研究优良的红外透明胶黏剂，如国外的 KRATON 树脂，尽管其物理力学性能并不很好，但在 8～14μm 波段具有良好的红外透明性。在研究红外透明胶黏剂时，可依据材料基团的红外谱图，从无机材料和有机材料两个方面寻找。二是研究填料，红外隐身低发射系数的获得在很大程度上取决于填料，填料主要有金属填料、着色填料和半导体填料。其中金属填料用得较多，如铝粉等，但由于金属填料在对激光、雷达隐身方面存在着许多缺陷，因而在应用中受到许多限制。着色填料主要是为了调色，以便与可见光伪装兼容，对红外发射系数的降低不起作用。

2. 红外隐身对涂料性能的要求

红外隐身指的是热红外隐身（3～5μm 和 8～14μm），利用涂料实现热红外隐身的基本要求是涂层的红外辐射特性与背景一致，通常通过测试涂层的红外发射率进行研究。一般而言，红外隐身可通过利用各种发射率的涂层对目标进行红外迷彩设计来实现。中高发射率涂层一般容易制备，关键是制备低发射率涂层，而且低发射率涂层也有专门的隐身用途，它对一些目标的发热部件具有明显的降低表观温度作用。

另外，涂层的热惯量也是研究涂层红外隐身性能的一个重要参数。热惯量是材料对温度变化的热响应的量度，材料热惯量越小；其在白天和晚上的表观温度相差越大，材料热惯量越大，其在白天和晚上的表现温度相差越小。为了实现全天候红外隐身，涂层的热惯量应尽可能与背景材料的热惯量一致。红外隐身可用来对抗红外热像仪和红外制导武器等。

3. 红外隐身原材料的选择与评价

目前，以降低发射率为主要目标的热隐身涂料主要性能指标是：目标表面的发射率（包括 3～5μm 和 8～14μm 的中远红外波段）ε_{TIR}、在可见光和近红外波段的太阳能吸收率 A_{sun} 及与其他波段隐身要求的兼容性。

（二）红外隐身涂料组成与设计

1. 黏合剂

黏合剂是低发射率涂层的主要成膜物质，是涂层的重要组成部分。涂层在红外波段的吸收主要是由黏合剂引起的。低发射率涂层的黏合剂要求具有较高的红外透过性，并且，还应具有较好的力学性能、耐腐蚀性能以及耐老化性能等。

无机黏合剂虽然具有较高的红外透过率，但其物理力学性能和成膜性较差，所以无机黏合剂的研究和应用较少。Kalvert 比较有机树脂、无机硅酸盐和无机磷酸盐等多种黏合剂后，认为红外透过率最高的是无机磷酸盐黏合剂。

有机黏合剂较无机黏合剂有更好的力学性能和黏结力，所以被广泛应用于红外隐身涂层中，表 5-3 列举了几种常用的有机黏合剂的 8～14μm 红外透过率，可以看出，三元乙丙橡胶具有最高的红外透过率（0.95），但在实际应用中，三元乙丙橡胶与填料的相容性较差，限制了涂层的发射率，而环氧树脂等力学性能和黏结力优良的树脂红外透过性又较差。因此，通过黏合剂改性的方法，降低黏合剂的红外发射率或者增强其物理机械性能和耐久性，能够改善有机黏合剂在红外隐身涂层中的应用。

表 5-3　几种有机黏合剂的红外透过率（8～14μm）

黏合剂	聚氨酯	环氧树脂	醇酸树脂	酚醛树脂	三元乙丙橡胶
8～14μm 红外透过率	0.6	0.35	0.39	0.5	0.95

有机黏合剂的改性是通过改变黏合剂的某些基团或分子链，对黏合剂本体进行改善，克服其性能缺陷，常用的改性方法有单体共聚改性和接枝改性。邢宏龙团队通过乳液聚合法，利用异戊二烯和丙烯腈为主要共聚单体，制得了聚异戊二烯/丙烯腈黏合剂，在涂覆成膜后红外透过率达到 96%（8～14μm 波段范围内），红外发射率为 0.8～0.9。Shao C M 通过改性三元乙丙橡胶（EPDM）制备了三元乙丙橡胶接枝马来酸酐（EP-DM-g-MAH），改善了 EPDM 同填料的相容性，并以铜粉为填料制备红外隐身涂层，涂层的红外发射率可降至 0.15。

2. 填料

填料是影响低发射率涂层性能的重要因素，对涂层的红外隐身性能起调节作用。填料的选择要求在红外波段吸收率低，反射率大，发射率低。

（1）金属填料

根据 Kirchhoff 定律，对于不透明的物体，反射率越高，发射率就越低。金属填料有：

$$R=1-\sqrt{8\omega\varepsilon_0/\sigma} \tag{5-14}$$

式中，R 为反射率；ω 为电磁辐射的圆频率；ε_0 为真空中介电常数；σ 为电导率。从式(5-14) 可知，对于金属良导体，如 Al、Cu、Ag 等，电导率较高，具有较高的反射率和低的发射率，适合作为红外隐身涂层的填料，实际应用中多以性能优良、廉价易得的 Al 粉和 Cu 粉为主。另外，金属填料的粒径、形貌、形态等因素对降低红外隐身涂层红外发射率起重要的作用。Yu H J 系统研究了金属填料粒径、形貌和形态对涂层红外发射率的影响，当铜粉粒径为 4μm、形貌为片状、形态为漂浮型时，铜粉具有最低的发射率，制备的涂层红外发射率最

低可达 0.10。

金属填料的高光泽度和易氧化的性质，不利于涂层的耐久性和兼容可见光隐身。目前金属填料的研究主要集中在填料的包覆改性，常用于填料包覆改性的材料有金属、金属氧化物和有机物等。Yan X X 通过球磨法利用 Ag 对 Cu 粉进行表面改性，得出 Ag、Cu 的最佳物质的量比为 2∶3，利用改性过的铜粉制备的低发射率涂层，具有优良的耐腐蚀性。Yuan L 通过液相沉淀法在铝粉表面分别包覆一层氧化铬和四氧化三铁制得绿色和黑色粉体，粉体具有低光泽度（明度降低 12～15）和低红外发射率（0.5～0.7），能够兼容可见光隐身和红外隐身。Wu G W 在铝粉表面包覆一层聚乙烯蜡制得填料，将其加入到聚氨酯黏合剂制备了低发射率涂层，当铝粉的质量分数为 30%时，改性铝粉同时降低了红外发射率和光泽度，涂层红外发射率为 0.52。

（2）半导体填料

半导体填料可以通过掺杂其他元素控制其红外发射率，掺杂改性的半导体由于其在微波波段具有高吸收率，可以用于制备多波段兼容隐身材料。理论上，通过掺杂改性适当调整载流子的密度 N、载流子迁移率 μ 和载流子碰撞频率 ω_t 就可以使掺杂半导体具有较低的红外发射率。常见的几种掺杂半导体及其性能如表 5-4所示。

表 5-4 几种掺杂半导体及其性能

掺杂半导体	制备条件	红外发射率
掺锑氧化锡（ATO）	烧结温度 1300℃，Sb 掺杂量 6%，烧结保温 4h	以三元乙丙橡胶为黏合剂，涂层红外发射率最低为 0.713
掺锡氧化铟（ITO）	pH=8.5～9.0，反应温度 55～60℃，烧结温度 780℃	以环氧树脂为黏合剂，涂层红外发射率为 0.568(3～5μm)、0.599(8～14μm)
掺铝氧化锌（ZAO）	pH=8，煅烧温度 1100℃，煅烧时间 2h，Al_2O_3 掺杂浓度 3%	粉体红外发射率为 0.61(8～14μm)
钴锰共掺氧化锌	煅烧温度 1200℃，Co 掺杂量 9%，Mn 掺杂量 1%	样品红外发射率为 0.763
掺镉硫化锌	烧结温度 900℃，Cd/Zn 物质的量比 1∶1	样品红外发射率为 0.220(3～5μm)、0.673(8～14μm)

3. 颜料的选择

颜料是影响涂料隐身性能的基本因素之一，其选用应符合以下要求：①在红外波段有较低的发射率或较高的透射率（对着色颜料而言），其红外吸收峰不能在大气窗口内；②在近红外波段具有较低的吸收率；③能与雷达可见光和近红外等波段的隐身要求兼容。实际上，要找到完全满足以上要求的颜料有很大困难。目前用于热隐身涂料配方中的颜料大致可分为 3 种：金属颜料、着色颜料和半导体颜料。

（1）金属颜料

光学研究表明，不透明体的反射率越高，发射率就越低。因此，有较高反射率的金属是热隐身涂料最常用和最重要的颜料种类。可用的有 Al、Zn、Sn、Au、青铜等，实际选用多集中于性能优良、价廉易得的 Al。

金属颜料的粒子形态、尺寸和含量均对涂料的 ε_{TIR} 有显著影响。实践表明，各向异性片状金属颜料粒子降低 ε_{TIR} 的作用较强。金属颜料粒子形状的选择顺序是：

鳞片状→小棒状→球状（空心或实心）

粒子的直径应在 0.1～1.00μm。粒子的形状不同，尺寸范围也不同：鳞片状粒子，直径 1～100μm，最佳厚度 0.1～10μm；小棒粒子，直径 0.1～10μm，最佳长度 1～100μm；球状粒子，平均直径≤0.1～100μm。对于前两者，直径与厚度（或长度）比越大，降低发射率 ε_{TIR} 的效果越明显。澳大利亚国防部材料实验室最先作过比较，在涂料配方中，将铝箔片的直径由 12μm 增至 70μm，其余参数条件不变，结果发射率 ε_{TIR} 值明显降低。

显然，金属颜料的高反射性有利于降低发射率 ε_{TIR}，但增加了对雷达波和可见光的反射，不利于雷达和可见光隐身。因此，金属颜料含量宜慎选。

（2）着色颜料

热隐身涂料选用着色颜料主要是为了满足与可见光伪装兼容的要求。大多数着色颜料不具备降低发挥 ε_{TIR} 的作用，仅能要求其不损害涂料的热隐身性能。因此，着色颜料的筛选一直是隐身涂料研制工作的难点之一。已用于或考虑用于热隐身涂料的着色颜料按性质可分为 5 类：①金属氧化物和氢氧化物颜料，如氧化锌、二氧化钛、五氧化二钽、氧化铁、氧化铬（绿、黄）、氢氧化铬；②硫化物颜料，如硫化镉、硫化锑；③硒化物颜料，如硒化镉；④无机盐颜料，如钛酸盐（如钛酸钡、钛酸钴）、铬酸盐（如铬酸铅）、磷酸盐、醋酸盐、碳酸盐；⑤有机颜料，如 4-氯-2-苯基重氮酸、*N*,*N*-二（羟基乙基）芘-3,4,9,10-四羧基二酰亚胺。

金属氧化物颜料具有较高的红外透明度，对涂料隐身性能不会有负影响。而有机颜料由于有复杂的 C—N—O 结构，在红外波段有强吸收，不适宜作为热隐身涂料的颜料。无机盐类颜料也有类似的缺陷。但也有学者认为硫化物颜料更适于作热隐身涂料的颜料。他们比较了硫化镉、氧化铁、氧化铬（绿）和氧化铬（黄）4 种着色颜料的计算机模拟光谱后，认为硫化镉的红外透明性最好，吸收峰在红外大气窗口之外，在军用绿色涂层中能产生额外的散射，从而降低涂层的 ε_{TIR} 值，有望用于新一代热隐身涂料。氧化铁稍优于铬绿，铬黄则最差，哪怕它在涂料中体积含量小于 1%，也会使涂层的发射率 ε_{TIR} 猛增。

着色颜料的颗粒大小对隐身性能也有较大影响。大多数研究者认为颜料颗粒尺寸应小于热红外波长，大于近红外波长，这样，颜料才会既有良好的热红外透

明性，又有一定的可见光和近红外反射能力。具体数值不尽相同，如 0.5～1.5μm、1～3μm 等。

（3）半导体颜料

金属颜料虽有良好的红外反射性能，但不利于雷达隐身和可见光伪装，而着色颜料一般难以调低涂料的发射率 ε_{TIR} 值。研制兼容性能良好的宽波段隐身涂料一直是研究者奋斗的方向。

掺杂半导体由金属氧化物（主体）和掺杂剂（载流子给予体）两种基本成分构成。理论证明，掺杂半导体的发射率 ε_{TIR} 值由材料的载流子密度 N、载流子迁移率 μ 和载流子碰撞频率 ω_t 控制，而 N、μ 和 ω_t 可以通过控制掺杂条件加以调整。这样，从理论上说，通过适当选择 N、μ 和 ω_t 等参数，可从使掺杂半导体在红外波段有较低的 ε 值，而在微波和毫米波段具有较高的吸收率，从而形成红外-雷达隐身一体化材料。

掺杂半导体在涂料体系中作为非着色颜料所占的百分比为 10%～90%，粒子形状通常为细杆状、细方面状和扁平状，尺寸大小为 5～100μm。最常见的掺杂半导体材料是 SnO_2 和 In_2O_3。

（三）红外隐身涂料实例

1. 原材料与配方

基料：丙烯酸酯树脂、聚氨酯、环氧树脂 60%～70%

填料：铝银浆、铝粉、铜粉、铁粉（1200～10000 目）15%～30%

颜料：适量

其他助剂：适量

2. 涂层的制备

制备水性涂层前首先对基材（钢板）进行预处理：砂纸均匀打磨→水清洗→化学除油→水清洗→烘干备用。然后将称量好的填料和树脂放入分散罐中，并加入适量的分散剂和消泡剂，使用高速分散研磨机（SKL-FS400）以 500r/min 的转速分散 15min，加入适量的增稠剂调节黏度使其达到喷涂的要求。采用喷涂法（GB/T 1727—1992《漆膜一般制备法》）在基体上喷涂制备涂层，并保持涂层厚度为 30μm 左右。在室温下干燥 5h 制得涂层。

3. 效果

从基体树脂、填料和涂层综合性能三方面对 8～14μm 波段水性红外隐身涂料进行研究。用红外发射率测量仪测量涂层在 8～14μm 波段的红外发射率，用红外光谱仪测量树脂红外吸收图谱，用扫描电镜观察涂层表面形貌。结果表明，丙烯酸树脂在 8～14μm 波段有较高的红外透明性，适合用作涂料基体树脂；铝银浆能在涂层中形成致密的反射层，适合用作红外隐身涂料的填料；填料的粒径、含量和形态都对涂层的发射率有较大的影响。2000 目的浮铝，当含量为15%时，发射率低至 0.14，能够满足红外隐身要求。选用钢板为基材，以丙烯酸树脂为基体树脂，粒径 2000 目、浮铝百分比为 50%的铝银浆为填料，当涂层中填粒含量为 15%时，测得其发射率为 0.34。

铝银浆的形貌、含量和形态对涂层的红外发射率都有较大的影响。

另外，选择合适的颜料，能够满足红外隐身涂层兼容可见光隐身的要求。所选取的颜料一般不对涂层的红外隐身效果有明显的影响，因此要求颜料在红外波段发射率低、反射率高或者具有高红外透明性。颜料分为无机颜料和有机颜料。无机颜料中金属氧化物、金属氢氧化物、硫化物和硒化物具有较好的红外透明性，有机颜料主要有 4-氯-2 苯基重氮酸等。比较了 Bi_2O_3、$Fe(OH)_3$、CdS 等几种无机颜料的粉末发射率，结果表明，Bi_2O_3、Sb_2O_3、NiO 三种颜料的红外发射率相对较低（0.8 以下），适合作红外隐身涂层的颜料。

在不改变颜料红外发射率的前提下，提高颜料在可见光和近红外波段的反射率可以降低涂层表面的温度。通过高温焙烧法制备了钛铬黄、铬绿、钴蓝和铁黑四种无机反射隔热颜料，结果表明，自制的四种颜料的反射率较购买的颜料提高10%～25%，涂层表面温度可降低 6～30℃。

(四)红外隐身涂料配方筛选

经典的配方筛选都是先做试样，然后进行测试。但由于干扰因素多，数据重复率不理想。使用先进的计算机模拟对涂料配方进行筛选可以取得事半功倍的效果，是隐身涂料的重点研究目标之一。

美国的 Aronson 等提出了一种较为典型的涂料 ε_{TIR} 模拟计算方法。他们首先将原来只适于球状颗粒的米氏散射理论改造成适合非球状填料（包括颗粒和纤维）以及填料+黏合剂体系，从而可计算和模拟军用涂料的光学性能。按照这种计算方法，只需给出涂料中各成分的光学常数（复折射指数）、填料的粒度和分布、填料的体积分数、涂层厚度和基材反射率等容易取得的基本原材料及配方工艺参数，即可通过计算机迅速预测一个新的涂料系统的反射和发射特性。显然，如果此法的计算值足够准确，即可用以指导涂料研究，从而可以大大节省配方实验的时间和费用。他们用美国陆军标准伪装涂料进行的验证实验表明，计算机模拟值和实测值吻合较好，从而初步证明了此类方法的有效性。几个典型配方见表 5-5。

(五)性能与影响因素

用于光学迷彩的伪装涂料，国外多采用磁漆、油漆、干性矿物涂料、各种溶剂和颜料作原料调制而成，由它们制成的迷彩涂层一般都具有可见光、近红外性能。

表 5-5 几种热隐身涂料的配方与性能

基本配方质量分数/%	热隐身性能	其他性能
Al粉(10～20),Co(2～15),CoO(2～5),TiO_2(7～23),有机硅醇酸树脂(65～75),其他	$\varepsilon_{2\sim15\mu m}$:0.511 $\varepsilon_{8\sim14\mu m}$:0.512 $A_{0.3\sim1.8\mu m}$:0.623	灰色,可见光伪装及一般物理性能好
Al粉(10～20),ZnS(5～9),Sb_2S(8～14),Al_2O_3(3～7),有机硅醇酸树脂(40～60),有机颜料(1.3～1.8)其他	$\varepsilon_{2\sim15\mu m}$:0.512, $\varepsilon_{8\sim14\mu m}$:0.520, $A_{0.3\sim1.8\mu m}$:0.684	蓝灰色,可见光伪装及一般物理性能好
Al箔片(10～20,ϕ10μm),商业无色聚氨酯漆,炭黑	ε_{TIR}:0.5	灰色(RAL7000),一般物理性能好
Al箔片(20～30,ϕ50μm),黄橄榄色醇酸漆,颜料(PAL6015)	ε_{TIR}:0.6	橄榄色(PAL6014),一般物理性能好
Al箔片(5),丁基橡胶/溶解的颜料	$\varepsilon_{3\sim5\mu m}$:0.45, $\varepsilon_{8\sim14\mu m}$:0.55	绿色,颜色可调范围较大
Al箔片(50,ϕ70μm),醇酸树脂	$\varepsilon_{10.6\mu m}$:0.16	
Al箔片(30,ϕ70μm),无机磷酸盐黏合剂	$\varepsilon_{10.6\mu m}$:0.25	
Al箔片(30,ϕ70μm),无机磷酸盐黏合剂	$\varepsilon_{10.6\mu m}$:0.18	

近年来发展起来的变色龙伪装涂料可以有效地防止空中和地面的彩色照相和电视侦探。美国研究的异色异构色素——光变色性色素、热变色性色素和化学变色性色素最有希望制成“变色龙”式伪装材料。异色异构色素是可逆光变色性色素，是双硫腙的金属络合物，特别是二价汞的络合物。这种聚合物可使尼龙染色，染色后的尼龙随入射光的强度、环境温度和湿度而在橙、灰、蓝色之间变色。

据称硒卡巴腙金属配合物具有更快的光变色和热变色速度，色差更加明显，对光的稳定性更好，是一种极好的变色龙涂料。

随着热红外成像技术的不断发展，用于热伪装的具有低辐射率的彩色涂料正在加紧研究。据报道，由环状结构的橡胶、异丁烯橡胶、聚乙烯、乙烯和醋酸乙烯共聚物、氮化聚丙烯等热透明黏合剂和金属颜料制成的低辐射涂料在3～5μm、8～14μm两个大气窗口的辐射率大约在0.6。

发射率是物体本身的热物性之一，其数值变化与物体的种类、性质等因素有很大关系。因此，组成材料的元素、化学键形式、晶体结构以及晶体中存在的缺陷等因素都会对材料的发射率产生影响。不仅如此，涂层材料的发射率还与颗粒度、环境温度、涂料所依附的衬底等表观因素有关，在某些情况下，这些因素甚至会起决定性的影响。

(1) 材料体因素的影响

由基尔霍夫定律可知，一个好的吸收体，同时也是一个好的辐射体。对于一般材料来说，材料的吸收率与材料的微观结构有一定的关联。如果辐射源的频率与物质原子（分子）运动的固有频率相等时，则材料的红外吸收率变高，发射率也会升高。

（2）颗粒度的影响

涂层中各种颜料的浓度、形状、粒度等是涂层热红外特性的决定性因素。填料尺寸应尽量不要选择在近红外和中远红外波段之间。这样，填料才会既有良好的红外透明性，又有一定的可见光和近红外反射能力。对于散射力为 m 的填料来说，其最大散射能力的粒子径 d 与波长 λ 的关系为 $\lambda=d/k$，其中，$k=0.9(m^2+2)/[\pi(m^2+1)n]$，$n$ 是树脂的散射率。

（3）涂层厚度的影响

涂层厚度对辐射带的强度和谱带的分辨率影响极大。Khan 发现在常温下涂料的红外辐射性能主要取决于 35～40μm 厚的表面层。当涂层厚度小于此值时，发射率与基体的性质和粗糙度有关；当涂层厚度大于 160～170μm 时，涂层厚度一般对其辐射性能不再有影响。在涂料研究中，不能把吸收光谱当作选择辐射涂料的唯一依据。研究发现，某些涂层的发射率是随涂层厚度的增加而增加的。不仅如此，当厚度达到一定程度时，涂层将会变成黑体。

（4）温度的影响

对于发射率随温度变化的关系，有关专著中曾有一些定性的论述。一般认为：发射率与温度的关系对金属和非金属而言是不一样的。由于金属对红外辐射是不透明的，故金属的发射率是随温度的上升而增加的。若表面形成氧化层，则发射率可以成 10 倍或更大倍数地增加；非金属的发射率较高，在 $T<350\text{K}$ 时一般多超过 0.8，并随温度的升高而减小。填料的发射率一旦增大，必然会影响涂料的发射率。

（5）衬底的影响

红外隐身涂料通常不能单独使用，它总是被涂覆在某一衬底（或载体）上。为了准确研究各种涂料的红外辐射特性，应考虑衬底对涂料辐射特性的影响。郦江涛等通过对铜、铝、铁、铂等材料在 300℃下进行辐射光谱实验，发现大部分金属的发射率都很低。因此，金属是非常好的载体。很多资料表明，抛光的金属具有更低的发射率和更高的反射率，但抛光的金属表面黏附性不好，因此在进行涂覆时，先要在其表面形成一层氧化膜，从而增加其黏附性。但新形成的氧化膜又会使涂料的红外发射率增大。

（6）涂覆工艺的影响

涂覆工艺会直接影响涂层表面的微观结构和取向。有人曾注意到，仅操作工艺的不同就可使同种配方涂料的发射率出现 10%的偏差。从降低 ε_{TIR} 值的角度考虑，要求涂层表面尽可能光滑，但光滑表面对太阳辐射会呈镜面反射，使目标在某一方位的辐射能量增加，反而增大了目标的可探测性。因此，在考虑目标对环境辐射能量的反射时，涂层表面应有一定的粗糙度，使之呈漫反射。施工时应保证制得的涂层具有适当的粗糙度，同时尽量使颜料颗粒排列整齐，使涂层表面在不同的热辐射极化方向形成许多小平面，以促进热辐射的极化。

二、低发射率薄膜

低发射率薄膜是一类极有潜力的热隐身材料，适用于中远红外波段，这种薄膜的作用是弥补目标与环境的辐射温差。

最大优点是具有很低的发射率（$\varepsilon_r<0.05$）和良好的绝热作用。按其结构成分可分为：金属膜、电介质/金属多层复合膜以及半导体掺杂膜和类金刚石碳膜类。

（1）金属薄膜

这是一种最简单、有效的低发射率薄膜（$\varepsilon_r<0.1$），其中以 Au、Ag、Cu 和 Al 等金属薄膜，尤其是 Al 薄膜的光学性能为最佳。

（2）半导体掺杂膜

由金属氧化物和掺杂剂两种基本组分构成，厚度约 0.5μm，$\varepsilon_r<0.2$。从多频谱隐身的角度来看，这种不含金属的低发射率薄膜具有很好的应用前景，具有代表性的半导体掺杂膜是 SnO_2 和 In_2O_3。研究表明：提高载流子浓度和迁移率，有利于 ε_r 的降低。

（3）电介质/金属多层复合膜

这种膜结构是金属薄膜位于两半透明的介质层之间形成夹芯结构。其厚度在 10～100μm，ε_r 在 0.1 左右。中间层金属的厚度为 10～40μm，其主要作用是提供低的红外发射特性，而氧化物的半透明层主要是抑制反射和保护金属层。通过控制氧化层的厚度可改变薄膜的颜色。

（4）类金刚石碳膜

可用作坦克车辆等表面的热隐身材料，抑制一些局部高温区的强烈热辐射，其厚度约为 1μm，发射率为 0.1～0.2。英国的 RSRE 公司曾采用气相沉积法在薄铝板上制成碳膜（DHC），硬如金刚石。

第三节 光子晶体红外隐身材料技术

一、光子晶体基本特性

光子晶体是超材料的一种，它是指介电常数（或折射率）在空间周期性分布而具有光子禁带的特殊材料。在光子禁带中，光子态密度消失，导致电磁波无法传播；而在光子通带内，光子态密度出现振荡，并导致光子晶体中出现透射共振。通过对构成光子晶体的材料组成、有效折射率、晶格参数等进行合理的设计，可以人为地制备出具有特定波段光子禁带的光子晶体。在禁带中心处于可见光波段的光子晶体材料中引入刺激响应性材料，可以实现材料的结构色肉眼可辨的变化，而禁带处于红外波段的光子晶体材料则可以实现对红外辐射特性的抑制和改变，将其与响应性材料结合能够得到对外界刺激做出适应性响应的智能材料。

光子晶体的另一个重要特性是光子局域。若光子晶体的周期结构被破坏就会在光子禁带中产生缺陷态，与之频率相对应的光子就被局域在缺陷态中，偏离缺陷态就会被强烈散射，可以通过在光子晶体中引入缺陷，实现相应波段辐射特性的增强。

光子晶体能够在禁带内实现对入射电磁波的高反射，可以操纵内部光源的红外发射特性，进而抑制相应波段的红外辐射能量，使红外探测装置探测不到。光子晶体能够改变目标的红外辐射特性，通过合理的设计，使目标的红外辐射特征与背景相近，从而实现红外波段隐身。而变折射率的光子晶体红外隐身材料甚至能够通过模块化设计，动态地将目标的红外辐射特征与所在环境相匹配，能够极大地提高动态隐身效果和实用化的进程。

由于光子晶体的这些独特性质，使其在红外辐射特性的调控、宽频隐身、自适应隐身方面具有普通红外隐身材料难以比拟的优势。下面将从以上几个方面介绍国内外光子晶体红外隐身材料的研究进展。

二、光子晶体红外隐身材料研究

（一）光子晶体应用于红外辐射特性的调控

自从 Yablonovitch 和 John 提出光子晶体和光子局域的概念以来，研究人员在研发辐射特性可控的光子晶体材料上投入了大量的工作，所取得的研究进展都可以直接或间接地应用于红外隐身中。

1997 年，Djuric 等基于详细的理论计算设计了具有供体和受体缺陷的一维 Si/SiO_2 光子晶体材料，该结构由 6 周期 Si/SiO_2 构成，实现了对 500℃ 物体红外辐射的强烈抑制，在 3.5～4.5μm 的红外透过率几乎为 0，对于工作波段在 2.5～6μm 的探测器具有一定的隐身效果。Djuric 等又通过用同厚度受体缺陷 SiO_2 代替第 5 层 Si，使波长 3.4μm 出现缺陷态，实现了该波长的红外高透过率。

1998 年，实现了一维禁带对入射光的全方位反射。通过利用相空间的禁带区域对环境介质的光锥交叠可以实现带有界面的周期系统的全方位反射这一理论基础，简单地用交替聚苯乙烯-碲膜层构造一维光子晶体，该材料对 10～15μm 波长的红外光呈现全方位反射。由于该结构的材料可以通过设计得到所需波段的禁带，因此可以将其用到红外隐身领域。

2000 年，利用硅棒层层堆叠排列制备三维光子晶体，实现了 10～16μm 波段的热辐射抑制，同时加强了 5～9μm 波段的热辐射能量（见图 5-2）。

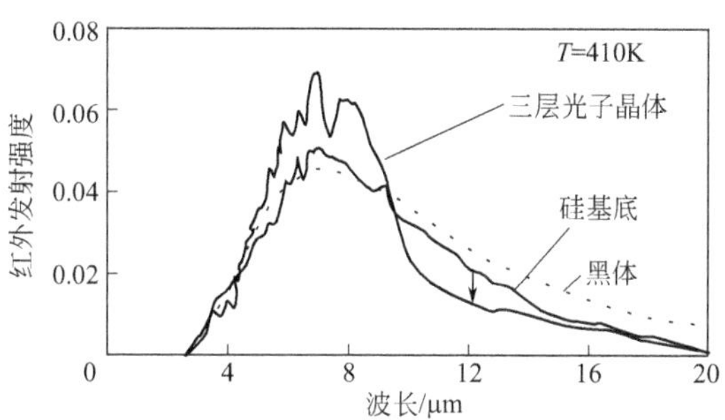

图 5-2　三维硅光子晶体的热辐射谱

2002 年，美国 Sandia 和 Ames 实验室的成员在已经制备好的多晶硅/SiO_2 结构上选择性地移除 Si 并通过化学气相沉积（CVD）回填钨，得到了在远红外（8～20μm）波段对热辐射具有强抑制作用的金属材料三维光子晶体，而且在光子带隙的带边出现尖锐的吸收峰。在抑制相应波段的同时，实现了在其他波段的高透射率。

2005 年，采用厚度 2mm、直径 15mm 的抛光 ZnSe 作为基底，通过气相沉积法和激光刻蚀法将 Au、ZnSe 制成栅栏片层状，通过简单的层层堆积方法制成金属-介质三维光子晶体，可在 7～12μm 红外波段表现出较好的热辐射控制性。

2006 年，提出利用在周期金属板上挖孔的方式，将金属板制作成二维金属周期结构，通过选取合适的金属材质、合适的板厚和阵列孔的直径，得到了 1～10μm 理想的热辐射特性。

2007 年，美国提出将光子晶体技术应用于高温尾气喷口抑制自发辐射特性，把宽波段的热辐射（3～5μm 或 8～12μm）转换至光伏电池工作波段的辐射（1～2μm），并采用光伏或热光伏电池将该部分辐射能转化为电能，可以在降低尾气口废热红外特征信号的同时，为装备提供部分电能。

2013 年，为了提高太阳能光电转换效率，以 SiO_2 为模板，采取原子层沉积钨和化学气相沉积 HfB_2，实现了对 2～5μm 红外发射率的抑制，热稳定性高达 1400℃。这种具有选择性热辐射特性并且可在高温下工作的三维金属光子晶体，适合作为热红外隐身材料。

2014 年之前，热辐射控制材料一旦结构成型了，最终的发射光谱也就固定了，无法动态调整。通过在光子晶体晶格中引入多重量子结构，通过外部偏电压的电调控直接控制量子层的吸收率来完成热辐射的迅速调控。调控速度高达几百千赫兹甚至超过 10MHz，比常规的温度控制方法快了 4 倍以上，并且辐射的变化量大，比之前报道的方法大一个数量级。

（二）光子晶体禁带的展宽

光子晶体宽的禁带是实现相应波段低的发射率，从而降低红外可探测性的必备条件。因此在如何增加禁带宽度方面，研究者们投入了大量的研究，并取得了一系列的进展。

最简单的方法是在一维二元光子晶体中，增加折射率比来增大禁带，选取折射率相差大的高低折射率材料来构造一维光子晶体有利于宽禁带的产生。

在光子晶体结构中引入无序成分也可以加强禁带宽度。2000 年，设计出无序一维二元光子晶体结构，实现了 $(0.5\sim4)\omega_0$（ω_0 为波数，即频率单元，$\omega_0=2\pi/\lambda_0$，λ_0 为晶体光学厚度，设一维二元光子晶体具有相同的光学厚度）的宽禁带，利用周期结构引起的布拉格反射和无序结构引起的光局域相结合极大地扩展光子禁带。在保持电磁波波长不变的情况下，通过将介质层厚度以高斯分布的形式进行选取，在不同的无序度下得到了不同程度的光子禁带移动和拓展。

用两种或以上的一维光子晶体构造异质结构，可以极大地拓展禁带宽度。2002 年，选取两个禁带可以彼此交叠的一维光子晶体，实现了光子晶体 1 和光子晶体 2 的合并拓宽。

在普通一维二元光子晶体结构中引入超导体、等离子体等新材料构造一维三元光子晶体，是拓展禁带宽度的新思路。2011 年，在三元光子晶体中使用超导体材料，极大地拓宽了禁带，而且借助超导体渗透长度的角度依赖性，实现了禁带的温度调控。同年，在一维新型三元光子晶体结构中引入等离子体来实现禁带的拓宽。

受三元光子晶体和异质结构光子晶体的启发，2012 年，通过掺杂金属层或构建异质结构来拓宽半导体光子晶体的红外禁带，每周期由金属-电介质-半导体构成，通过 Si 的掺杂浓度来控制 Si 的折射率，层叠两种或更多的普通二元光子晶体结构成异质结构，从而得到极宽的光子禁带。

（三）多波段隐身兼容

随着红外制导技术、雷达制导技术和可见光及激光制导技术等多频段、高精度制导技术的不断成熟，要求隐身材料的研究也必须向着多波段兼容隐身的方向发展。

2000 年，用 800nm SiO_2 制备光子晶体，以此为模板，去除 SiO_2 后化学气相沉积填充 Si，大面积制备了具有双波段完全光子禁带的三维硅基光子晶体。

2001 年，研究全向反射镜制备的一维光子晶体的两个带隙，首次在 $4.5\sim5.5\mu m$ 和 $8\sim12\mu m$ 两个红外大气窗口上对任意偏振态实现了全角度反射。

2006 年，使用硫系玻璃 AMTIR-1 填充 SiO_2 蛋白石晶体除去模板制成反蛋白石光子晶体，通过适当地控制晶格参数和填充率，可以使该结构光子晶体在中红外和远红外波段产生完全光子带隙。其样品在 $3\sim5\mu m$ 和 $8\sim12\mu m$ 两个红外大气窗口波段的反射率可达 90% 以上。该结构在保持红外透明介质本身的低吸

收特性的同时，利用光子晶体结构对禁带光波的高反射特性有效阻隔来自目标的红外辐射信号，实现近红外与远红外隐身兼容。

2008 年，采用异质结构方法设计了由碲和聚乙烯材料组成的中、远红外双波段光子晶体，并设计的光子晶体相比具有更宽的光子禁带，在 3.4～5.3μm 和 7.9～12.2μm 两个波段实现了对任意偏振态的全反射，相对带宽分别达到了 49.6%和 42.3%，并且通过进一步改进材料的填充比，将全向反射的波段拓展为 3.4～5.4μm 和 8～12.5μm，相对带宽分别达到 49.8%和 43.1%，完全能够适应中、远红外隐身兼容。

2011 年，通过构造一维异质结构光子晶体，实现了光子带隙的展宽，在 2.91～5.12μm 和 7.62～12.29μm 波段的光谱反射率大于 95%，较好地满足了中、远红外双波段兼容伪装的要求。

2012 年，通过“光谱挖空”的方法利用薄膜光学的特征矩阵研究设计出一维掺杂光子晶体，该光子晶体可实现远红外和 10.6μm 激光的兼容隐身。同年，使用 PbTe 和 Na_3AlF_6 通过交替镀膜设计出从近红外到远红外波段高反射且在两个激光波段高透过的一维双缺陷膜的光子晶体，该结构在 1～5μm 和 8～14μm 两个波段的反射率可达 99%以上，并且对波长为 1.06μm 和 10.6μm 激光的透过率可达 96%。

隐身兼容技术最重要的研究主要集中在雷达波段和红外波段的兼容隐身。由于在雷达波段，吸收材料需要满足高吸收和低反射，而在红外波段，却需要材料满足低的发射率。因此，在雷达-红外双波段同时具备高吸收和低发射特性的材料是很难实现的，而将禁带处于红外波段的光子晶体和雷达吸波材料结合起来，可以实现雷达-红外的兼容隐身。

2014 年，利用一维双异质光子晶体结构制备了雷达-红外隐身材料，实现了材料在 3～5μm 和 8～14μm 的极高反射率，在 3～5μm 和 8～14μm 的红外辐射强度分别为 0.073 和 0.042。而且由于组成材料在雷达波段的高的透射性，能够同时实现雷达兼容隐身。

（四）自适应红外隐身

自适应红外隐身技术又称智能红外隐身技术，是指通过控制和调节变温或变发射率材料构成的敏感单元，使被探测目标的红外辐射特性能够随环境自动发生相应调整，实现目标与环境红外辐射特性的统一，消除目标与背景的红外探测特性差异，从而得以伪装掩护和隐身。

变温材料构成的自适应隐身器件，整体灵敏度差，难以满足实用的要求。单纯的变发射率材料构成的隐身器件，光谱选择性及其发射率可调节的范围有限。而将变发射率材料与光子晶体结构结合起来构建自适应隐身系统，不但灵敏度更高，而且能够在更大的波段范围内实现对物体红外辐射特征的动态调制。因此，变发射率材料构成的光子晶体自适应隐身器件是自适应红外隐身的未来发展方向。

2004 年，用磁控溅射技术制备薄膜电致变色器件来实现红外辐射的调制。该器件以 WO_3 为主电致变色层，ZrO_2 作为离子导体，$NiV_xO_yH_z$ 作为补充电致变色层，基底为 ITO 玻璃，通过外电压可以实现相关红外波段发射率的调制。

2006 年，研制了一种基于 WO_3 反蛋白石结构光子晶体的电致变色器件。通过将光子晶体结构的禁宽特性与 WO_3 介质的电致变色特性相结合，使器件在相应波段的反射光谱和发射率可以通过电压在一定范围内调节，增大了 WO_3 介质的光谱选择性调节范围和调节幅度。

2008 年，将具有电活性的聚合物填充于 SiO_2 光子晶体模板中，然后用 HF 去除模板，并将膜连接在 ITO 膜上，得到了一种反射率受电场调控的聚合物膜材料。施加不同的电压，该材料可呈现不同的颜色。鉴于该材料光学性能具有极大的调节范围，如果将其扩展到红外波段，预计可实现不错的适应性隐身性能。

2013 年，用鱿鱼皮肤里含有反光蛋白质的血小板来制备光子晶体结构，通过乙酸溶液的刺激，引起血小板的厚度和间距变化，从而能够使皮肤反射不同的光线，调节范围达 400nm 以上，覆盖了整个可见光波段，甚至红外波段。这种血小板膜被乙酸蒸过后，可以实现表面反射的红外线与其背景反射的红外线完全一致，从而实现红外隐身。研究者将反光蛋白质融入到一种有弹性、轻薄、背后可粘贴的聚合物片上（类似贴纸），通过拉伸贴纸以激活反光蛋白质，从而替代乙酸蒸气。士兵们将贴纸粘贴在衣服、装备等任何表面，就可以在红外线的世界里“融入”背景中，躲过红外探测设备的“抓捕”。目前这项研究还不成熟，材料只能够反射可见光和近距离红外线。研究人员还需要增加材料的反射辉度，并且让多张贴纸可以在同一时间以同样的方式进行变化。

2015 年，在微米中空管构成的光子晶体中合成热可控的 VO_2 纳米颗粒得到了中红外波段温度可逆调节的自适应材料。通过温度变化调控 VO_2 的相变和折射率，从而调控光子禁带的位置和宽度。

同年，用八面体晶胞单元的聚合物纳米晶格制备了机械可调的三维光子晶体材料，实现了光谱特性在近红外和中红外波段大范围的可调节性。该材料在中红外波段有一个强的反射峰，在单轴向压力下反射峰的位置会可逆地大范围移动，当对材料施加 40%的压缩量时，伪禁带的位置就会从 7.3μm 移动到 5.1μm。

（五）解决思路

针对新一代光子晶体红外隐身材料对宽范围的高反射、多波段兼容、可逆的动态调整等需求，提出了相应的解决思路。

① 为了获得宽范围、高反射特性的光子晶体红外隐身材料，除了选取折射率比大的组合材料之外，还可以通过引入无序结构或半导体、等离子体等新材料

来构造三元光子晶体结构。将两种或两种以上的光子晶体相结合，构建单异质结构、双异质结构无疑是最简单直接也最行之有效的方法。

② 对于实现多波段兼容隐身，首先要考虑两种隐身手段之间的关联和共通点。对于红外与激光兼容的隐身材料，除了光子晶体相应波段的高反射率性能之外，还要考虑通过掺杂或“挖空”等手段赋予光子晶体某一波长高的透射率来实现二者兼容隐身。对于红外与雷达的兼容隐身技术，材料本身对雷达波的吸收性能是首先要考虑的问题，采取合适的雷达波段高透射率的材料来构建光子晶体是最基本的思路之一，也是当前研究的热点。

③ 能够动态调整目标的红外辐射特征的自适应隐身技术，是未来红外隐身的发展趋势和主要研究方向。随着新材料的发展和新型制备技术的出现，受化学刺激、温度、电场、磁场等外界作用而改变发射率的材料，必然在自适应隐身研究中扮演更重要的角色。在最新的研究动态中，我们也惊喜地发现，受自然界中纳米尺寸结构色（如鱿鱼的虹细胞结构）的启发，利用仿生学制备的自适应红外隐身材料，往往比微制造等复杂技术制备的材料更有效、更能满足实用的需要。

④ 虽然当前隐身材料领域仍然以涂层材料等传统隐身手段为主，但随着未来探测手段不断多样化和精确化，对隐身材料提出更高更多的要求，光子晶体以其结构的可设计性、动态的可调性等优异特点，在未来的红外隐身发展过程中，必然占据更重要的位置。

三、光子晶体红外隐身材料的设计

（一）涂层结构及隐身机制的设计

涂层由两种介质沿厚度方向交替排列而成，这和一维光子晶体的结构完全一致。带隙结构是光子晶体最显著的特点，波长处于带隙范围内的电磁波是不能通过的。因此上述涂层也应对电磁波的通过具有选择性，关键是要找到合适的结构参数。其具体的计算方法也可以借用光子晶体中计算的常用方法——转移矩阵法。

涂层的结构如图 5-3 所示。其中 A、B 介质的折射率分别是 n_A 和 n_B，几何厚度分别为 a 和 b。由转移矩阵法得到复合涂层的总转移矩阵是：

$$\boldsymbol{M}=\boldsymbol{T}_A\boldsymbol{T}_B\boldsymbol{T}_A\boldsymbol{T}_B\boldsymbol{T}_A\boldsymbol{T}_B\cdots \tag{5-15}$$

式中，$\boldsymbol{T}_A$ 和 $\boldsymbol{T}_B$ 分别是 A、B 介质的特征矩阵，其中：

$$\boldsymbol{T}_A=\begin{bmatrix}\cos\delta_A & i\sin\delta_A/\eta_A \\ i\eta_A\sin\delta_A & \cos\delta_A\end{bmatrix} \tag{5-16}$$

$$\delta_A=2\pi n_A a\cos\beta_A/\lambda \tag{5-17}$$

式中，η_A 为 A 介质的导纳。式(5-17) 中 β_A 为电磁波在 A 介质中的折射角，对 TE 波 $\eta_A=\sqrt{\varepsilon_{rA}/\mu_{rA}}\cos\beta_A$，对 B 介质也有类似的矩阵。若：

$$M=\begin{bmatrix} T_{11} & T_{12} \\ T_{21} & T_{22} \end{bmatrix} \tag{5-18}$$

则透射率为：

$$T=\frac{4\eta_0^2}{(\eta_0 T_{11}+\eta_0^2 T_{12}+T_{21}+\eta_0 T_{22})^2} \tag{5-19}$$

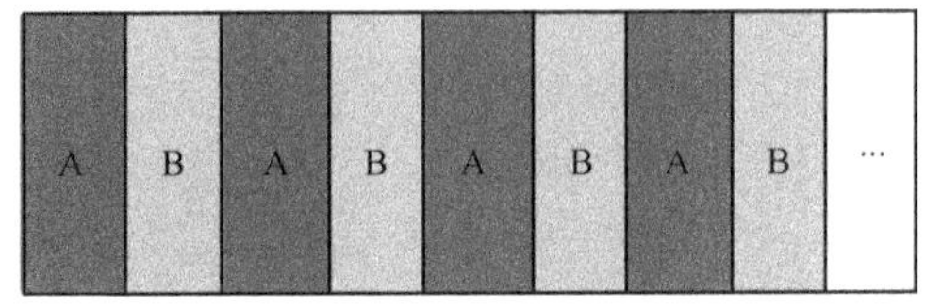

图 5-3　涂层结构示意

数值计算时，A、B 分别选用 Si 和 LiF，为使计算结果更具有实用性，两材料实际存在的色散特性必须考虑，由文献可知，两材料的色散关系可分别表示为：

$$n_A=3.41696+0.138497L+0.013924L^2-2.09\times10^{-5}\lambda^2+1.48\times10^{-6}\lambda^4 \tag{5-20}$$

$$n_B=1.38761+1.796\times10^{-3}L-4.1\times10^{-4}L^2-2.3045\times10^{-3}\lambda^2-5.567\times10^{-6}\lambda^4 \tag{5-21}$$

式中，$L=1/(\lambda^2-0.028)$，其中 λ 是入射光波长，μm。

物体辐射的单色辐出度最大值所对应的波长 λ_m 和辐射体的温度 T 之间的关系满足维恩位移定律：

$$\lambda_m T=b \tag{5-22}$$

式中，$b=2.897\times10^{-3}$ m · K，是维恩常量。对大气红外窗口的三个波段 1～2.5μm、3～5μm 和 8～14μm，利用式(5-22) 计算可得辐射体对应的温度分别为 886～2625℃、306～693℃和－66～89℃。对于军用车辆，其体表温度包含在第三区间，所辐射电磁波对应的波长也包括在 8～14μm 之内。因此，对军事车辆只要屏蔽该波长（8～14μm）范围内的电磁辐射，便可实现其红外隐身。

（二）性能与影响因素

1. 涂层层数不同时的透射谱

为讨论图 5-3 所示的涂层在层数不同时的透射谱，a 和 b 的基本值分别取 $a_0=800$nm 和 $b_0=1900$nm，A、B 的层数分别取不同值时，该涂层的透射谱如图 5-4 所示。从图中可见，当 Si 和 LiF 的层数都只有一层，即涂层的结构为 AB 型时，在 8～14μm 之间最小的透射率也有 0.256。若借用光子晶体中带隙的概念，把上涂层透射谱中透射率为零区间称为带隙，则 $N=1$ 时涂层在 8～14μm

之间还没有形成的带隙。当 $N=2$ 时，上波长范围内的带隙已初步显现，但在 8μm 和 14μm 两处的透射率仍分别有 0.128 和 0.079。当 $N=3$ 时，上波长范围内的带隙已基本形成，特别是在 8.6～13.2μm 的透射率已经为零，即使在两端点，透射率最大的也只有 0.0512。这表明，涂层结构为 ABABAB 型时，该涂层对8～14μm 的红外辐射，已具备了较好的屏蔽效果。为进一步提高屏蔽效果，取$N=4$，数值计算表明，在此条件下，8～14μm 是严格的带隙，而在 7.3μm 和 15.6μm 处有两个透射率为 1 的透射峰，所幸的是这两个透射峰的中心已在红外大气窗口之外。这表明，复合涂层的介质各取 4 层，即涂层结构为 $(AB)^4$ 型时，涂层对上波段范围内的辐射具备了很好的屏蔽功能。当 $N=5$ 时，从图中可见，上述波长范围内的严格带隙依然存在，只是短波端透射峰的中心红移，而长波端的中心蓝移，带隙没有实质的变化。这表明，对屏蔽 8～14μm 的辐射而言，涂层层数再增加，已没有实际的意义。因此，考虑到实际的喷涂工艺和成本，复合涂层取 $N=4$ 是最理想的。

2. 介质几何厚度不同时的透射谱

在实际的喷涂工艺中，每层介质几何厚度的误差是不可避免的，因此讨论每层介质的几何厚度不同时涂层透射谱的特征，具有实际意义。为此，取 $N=4$，当 A、B 两介质的几何厚度在其基本厚度（$a_0=800$nm、$b_0=1900$nm）的基础上，分别或同时变化 10%时，涂层的透射谱如图 5-5 所示。

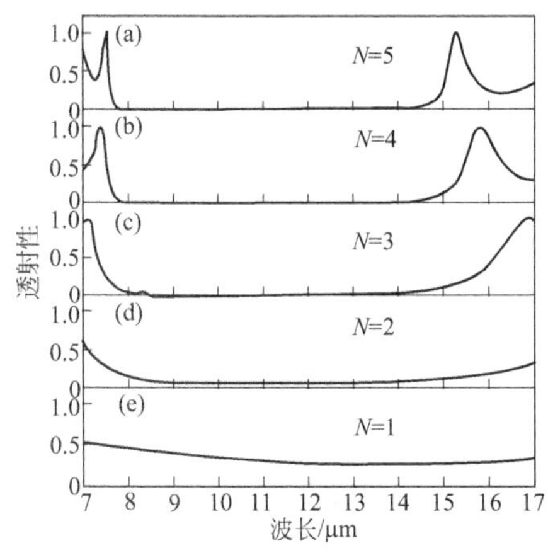

图 5-4 涂层层数不同时的透射谱

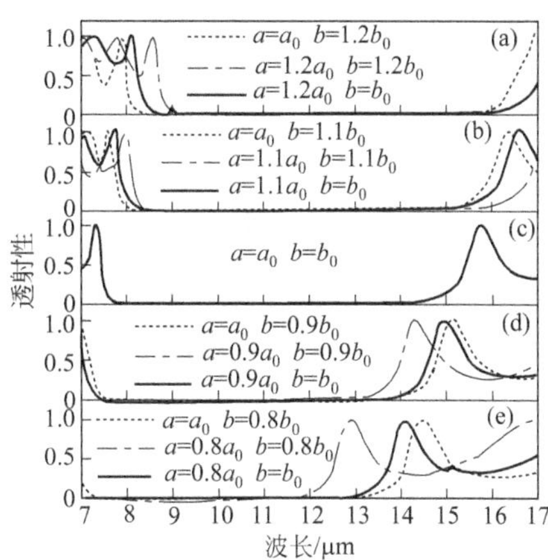

图 5-5 介质几何厚度不同时的透射谱

从图 5-5 中可见，B 介质（LiF）的几何厚度保持不变，A 介质（Si）的几何厚度增加，将引起上述带隙两端透射峰的中心发生红移，且长波端的红移量大于短波端的，所以相应的带隙宽度变宽；反之，A 介质的几何厚度减小，带隙两端的透射峰中心蓝移，因长波端的蓝移量大于短波端的，所以相应的带隙宽度变窄，如图 5-5 中实线所示。

而 A 介质（Si）的几何厚度保持基本厚度不变，仅 B 介质（LiF）的几何厚度变化时，上述带隙两端透射峰的中心和带隙宽度的变化规律与 B 介质的几何厚度单独变化时的相同，只是变化量比对应的小。B 介质单独变化时的透射谱如图 5-5 中虚线所示。

当 A、B 两介质的几何厚度同时变化时，上述带隙两端透射峰的中心和带隙宽度的变化规律与各介质的单独变化几何厚度时的相同。即两介质的几何厚度同时增加，将导致带隙两端的透射峰红移，带隙宽度增加；反之，两端的透射峰蓝移，带隙宽度减小。且透射峰的移动量和带隙宽度的变化量均比 A 或 B 介质单独变化时的大。A、B 两介质的几何厚度同时变化时的透射谱如图 5-5 中点划线所示。

从上述透射谱随两介质几何厚度的变化规律可见，涂层中两介质几何厚度的变化只要不同时超过其基本值的 5%，或任何一种介质的几何厚度的单独变化不超过其其本值的 10%，则 8～14μm 的带隙总是存在的。所以在实际喷涂工艺中，只需按上述要求合理控制各介质层几何厚度的误差，就可保证复合涂层对 8～14μm 辐射的屏蔽。

3. 入射角对透射谱的影响

因车体的外形是复杂的，车体所辐射电磁波的传播方向不可能都垂直于涂层，因此，探讨上述复合涂层的角度效应，具有积极的意义。为讨论入射角不同时的透射谱，A、B 介质的层数均取 4，其几何厚度分别取 $a_0=800$nm 和 $b_0=1900$nm，入射角变化时，上述涂层的透射谱如图 5-6 所示。

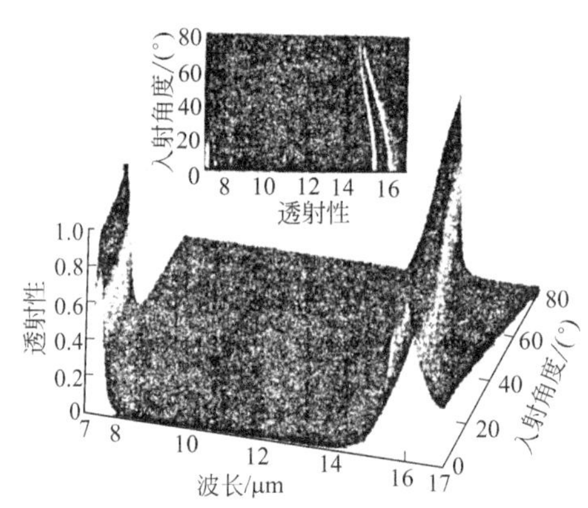

图 5-6 入射角变化时的透射谱

从图 5-6 中可见，当入射角 $\theta\leqslant10°$时，原带隙两端透射峰的位置和透射率保持基本不变，因而带隙的宽度也无明显的变化。当入射角进一步增大，原带隙两端的透射峰的透射率依然不变。从图 5-6 中附图可见，随着入射角的增大，原带隙两端透射峰的中心均产生了蓝移，且透射峰的半峰全宽度变窄。从附图还可见，即使入射角达到 80°，透射谱中 8～14μm 波长范围内的透射率始终为零。透射谱随入射角的变化特征表明，上述复合涂层的透射谱对入射角的变化较迟钝，具有很好的角度宽容性，满足红外隐身涂层对大角度入射的要求。

需要说明的是，在以上讨论中，只考虑了涂层的屏蔽性能。实际上，涂层本

身也有温度，也有辐射。对于这一矛盾，可按以下思路解决：在涂层的最外层用折射率和 LiF 相当、但辐射系数较低材料代替 LiF，因其较低的辐射系数，从而使其辐射强度低于探测器的灵敏度。

（三）效果

把普通的 Si 和 LiF 选为介质，并在考虑其色散关系的基础上，结合军用车辆表面所辐射的特征和红外大气窗口 8～14μm，提出了一复合涂层的模型。并对该涂层的透射谱进行了模拟计算，结果表明该涂层具有以下透射特征：

① 当两介质均取 4 层，且每层的几何厚度分别取 0.800μm 和 1.900μm 时，有一个波长范围在 8～14μm 的一个严格的带隙。

② 若两介质的几何厚度增加，带隙发生红移，且其宽度变宽，反之，带隙发生蓝移，且其宽度变窄。两种介质的几何厚度同时变化对带隙的影响要大于一种介质单独变化时的。

③ 当介质各取 4 层，即涂层结构为 $(AB)^4$ 型时，该涂层对波长在 8～14μm 的电磁波的透射率为零，即形成了对应的带隙。当介质的层数再增加，上带隙不再发生实质性的改变。

④ 上述复合涂层具有很好的角度宽容度，即使入射角达到 80°，8～14μm 的严格带隙总是存在，这表明此复合涂层能很好地满足电磁波大角度入射的要求。以上结论对此复合涂层的实验研究提供了有益的参考。

第四节　新型红外隐身材料

一、降温红外隐身材料

（一）简介

一般军事目标的温度均高于背景温度，在热像仪中显示出显著的热特征，由于目标的辐射强度与温度的 4 次方成正比，因此降温材料是降低目标热辐射的最有效材料。目前已见报道的有隔热材料和相变材料。隔热材料一般是泡沫塑料和陶瓷材料。已报道的中空微珠的隔热降温效果较好。

研究的中空微珠在 60 目时降温效果最好，而且当其用量小于 20%时，中空微珠对涂层的发射率基本没有影响。

近年来兴起的相变材料目前正受到越来越广泛的关注。相变材料在发生物相转变时，伴随吸热、放热效应而引起温度变化，利用这种特性可以从温度上对目标的热辐射能量加以控制。该相变材料体系通过将内装相变物质的胶囊埋置在泡沫状物质中分散在织物中或是与胶黏剂混合后用在军事目标上，通过吸收目标放出的热量，降低其热红外辐射强度。这种胶囊实际上是腔内充填吸热材料的硬壁微球，它主要由相变物质和胶囊壁材料组成。许多无机物和有机物均可用来作胶囊壁，尤其以聚合物的使用最多。胶囊壁材料的选择取决于胶囊内装填的相变物质的物理性质，如果相变物质是亲油的，则选亲水聚合物为囊壁材料。烷烃化合物是非常适合于制作这种胶囊的相变材料，其使用寿命长、热循环重现性好、相变吸热效果明显。在高温条件下使用时，低熔点的易共熔金属如低熔点的焊锡，亦可用作胶囊填充物。此外，一些塑性晶体也可用作胶囊填充材料，但是它在吸热后不发生相变，而是分子结构发生暂时变化。相变降温材料中用串级相变材料代替单级相变材料，其隔热效果能得到很大的提高。

（二）陶瓷降温隐身材料——微波衰减陶瓷

1. 功能与作用

众所周知，微波衰减材料已广泛地应用于消极电子对抗中，例如地面重要的军事设施、空中的飞行器以及建造保密的微波隔离室等都需要大量使用微波衰减材料来防止对方的发现、跟踪和袭击。在微波测量系统中，作为衰减器和负载也在波导和同轴线中得到广泛应用。此外，在许多微波电真空器件中，它是一种不可缺少的关键材料。衰减材料的加入，将会产生切断、去耦、抑制带边振荡和高次或寄生模式能及消除其他非设计模式等作用。否则，许多微波电真空器件将不能正常工作，甚至报废。

在大功率的微波电真空器件中，问题显得更加突出，由于要吸收较大的功率，于是对该材料提出了更加严格的要求，并且带来了一系列的问题。因而，最近几年来这方面引起了人们的普遍重视。

对于大功率衰减材料的基本要求如下。

① 在一定带宽内，具有足够大的比衰减量，它是衰减材料最重要的性能之一。

② 在给定的频率内，衰减陶瓷两端的反射应足够小。

③ 能承受足够大的功率，例如对一个波长为5cm，平均功率为10kW的大功率行波管，假设有10%的反射，这样衰减材料应该至少承受1kW的平均功率。在此功率下，衰减材料的基本性能（包括衰减量、真空性能等）应该不受损害。为了保证这一点，材料中低熔点物质、易挥发物质应尽可能少，而气孔率应尽可能低。在选择基体材料时，应具有较好的导热性而且易于金属化，以使其吸收的微波能量能很快地传导到管外。这一点对于大功率器件用衰减材料显得特别重要。

④ 高温和化学稳定性较好，保证了该材料能经受整个制管工艺过程而性能不变。

⑤ 一定的机械强度，以保证在使用过程中不受损坏。这一点对高可靠性的

器件应引起重视。

⑥ 材料在制备时希望工艺简单、易于控制、重复性好、成品率高。电真空器件内用衰减材料通常有两种结构形式：一是薄膜结构，二是体积结构，即习惯上所说的薄膜衰减器和体积衰减器。薄膜衰减器一般是在慢波结构（或腔体）中喷涂、真空蒸发、溅散一层磁性物质，例如康坦尔合金、羰基铁粉等，或者在介质夹持杆上裂化、喷涂一层电阻物质，例如碳、石墨等。但是这种结构，一般都用于中、小功率的微波器件。对于大功率的微波器件目前主要是依赖于体积衰减器。在薄膜衰减材料中又可分为非金属薄膜衰减如碳膜、硅碳膜等和金属膜衰减如康坦尔、羰基铁、碳化钨、钽、钽铝合金、碳化钛、镍膜等。在体积衰减材料中也可分为金属陶瓷、碳化硅、二氧化钛和渗碳多孔陶瓷等。如果从衰减特性来说，也可分为电衰减（如金属陶瓷、二氧化钛和渗碳多孔陶瓷等）和磁衰减（如康坦尔、铁氧体和阿列西非尔等）。

2. 隐身原理

传统的雷达波吸收材料一般都是铁化合物，而且厚度要求与雷达波的波长成一定的倍数关系，以利用雷达波的干涉消除或降低雷达波的能量，或是以高电阻、磁阻物质把雷达波的波能转化为热量以降低对雷达波的反射。但是，这些材料的吸收波段范围小、自身密度大、结构疏散、维护复杂、使用成本高等特点限制了它们的广泛使用。新型的陶瓷化合物雷达波吸收材料的工作原理和物理特性与以往的隐身材料有较大的差异，可以较好地克服以往的雷达波吸收材料的缺陷，将隐身材料的发展带进了一个新天地。

陶瓷化合物雷达波吸收材料的工作原理是：在高度风化的陶瓷材料中，化合物的粒子直径极小，遇上电磁波后发生振动和位移，将雷达波的能量转化为动能和热能，以达到吸收和减弱雷达波能量的目的。

依照陶瓷化合物隐身材料的工作原理，我们不难发现它与传统隐身材料相比具有的优势：其一不存在材料使用厚度上的问题。其二不存在材料使用重量上的问题，采用粉状陶瓷化合物制成的隐身涂料密度远小于传统的铁化合物隐身涂料。其三材料成本低，陶瓷化合物隐身材料主要采用陶瓷材料和燃烧后剩余的极细的煤灰等物质，价格相当便宜。其四维护简便，陶瓷化合物隐身材料主要成分都经过高风化侵蚀处理，对外界的适应能力极强。其五，也是最重要的一点，陶瓷化合物隐身材料所涵盖的波段极广。据说美军研制的一种陶瓷化合物雷达波吸收材料的成品可以涵盖 A 到 I 波段，可使雷达波衰减 60dB，而且陶瓷化合物隐身材料中添加的金属元素不同，制成的隐身材料所涵盖的波段也不同，它甚至可以涵盖红外线波段。对于红外线这种材料就像一面神奇的镜子，可以反射周围环境的红外线，比如黑夜中一辆涂有该材料的坦克在红外线夜视器材中所看到的不是坦克的影像而是周围环境的红外线影像。一旦这种涂料运用在部队人员的衣服和伪装网上，红外线夜视器材对人员的夜间观察也将失效。

目前，陶瓷化合物隐身材料的研发已经引起了越来越多的国家和军队的关注，但该材料的发展也仍有许多问题有待研究和解决，如添加不同材料后的陶瓷化合物对应不同电磁波波段的相关性研究，是否对人体有害等等。

3. 主要品种与性能

（1）金属陶瓷

这是一种早期国内外用得较多的一种大功率体衰减陶瓷，而且目前仍在使用。它的制法是将平均颗粒为 4μm 的 W 粉（Mo 粉亦可，但以 W 粉为佳）（与 Al_2O_3 粉按质量分数为 50%、50%相混合）在 137.90MPa 压力下进行压制，然后机械加工成所需形状，最后在惰性气体或非氧化性气氛中于 1700～2000℃温度烧结 10～20min。上述制得的金属陶瓷的优点是机械强度高、导热性好（可与钢相媲美）、能金属化和焊接、易于机械加工成所需要的形状。并且，可以价格低廉地提供块状产品。此外，金属粉末和陶瓷粉末的比例和种类可以变化。金属粉末除了 W、Mo 之外，也可用 Cr、Ni 或者它们的混合物。陶瓷粉末除 Al_2O_3 外，也可用蓝宝石、石英以及高 Al_2O_3、BN、BeO 陶瓷粉末等。

国内常用的配方（质量分数）是：

95%Al_2O_3 瓷瓷粉	82.8%
玻璃粉	12.2%
W 粉	5.0%

（2）渗碳多孔陶瓷

将已制得的多孔陶瓷浸入葡萄糖或工业蔗糖溶液中，浸入时间为 24h（为加速渗糖，有的单位采用抽真空的方法），取出晾干，再经 200℃温度下马弗炉中初烧，再放入氢炉中于 1000℃下烧结 30min，糖则还原成碳，其分解公式如下：

$$C_6H_{12}O_6 \cdot H_2O \xrightarrow[1000℃]{H_2} C_6 + 7H_2O$$

一般多用 20%浓度的糖溶液，此时所得多孔衰减瓷的衰减量可达 40～50dB，从实验得出，35mm 左右的衰减片，其电阻值以 100～200Ω 为佳，此时，比衰减量和匹配特性均良好。

（3）二氧化钛衰减瓷

二氧化钛经氢炉处理后可变成一种高频损耗材料。它与 Al_2O_3、ZnO 等氧化物可以烧结成适合于管内用的衰减材料。TiO_2 通常有三种变体即金红石、锐钛矿和板钛矿。其中金红石是稳定相，且介电常数在三种变体中是最大的。

这种衰减瓷曾成功地应用于磁控管中，其优点是：气孔率较低，在高真空环境使用，不会放出大量的气体，可以金属化并能牢固地焊接到金属零件上，无剥落和掉渣的现象，能经受严格的振动而不损坏，在烘烤过程中和正常应用时的高

温下未发现有再收缩。此外，由于主成分都是非磁性的，因而不会对磁控管中的磁场分布带来不利的影响。

其配方（质量分数）和工艺如图 5-7 所示。

值得指出的是：随着 TiO_2 含量的提高，衰减量也增大，但是，气孔率亦有所提高。相反，随着 Al_2O_3 的提高，衰减量则下降，而气孔率亦有所降低。因此，两种性能之间应考虑一个折中的配方。少量 SiO_2 的引入可作为矿化剂而降低陶瓷的烧结温度。

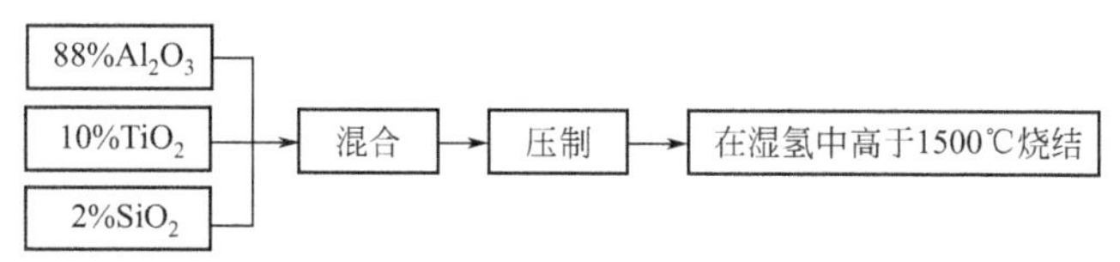

图 5-7 二氧化钛衰减瓷配方和制造工艺

(4) 磁性衰减材料

如上所述，微波即电磁波，即传播着的交变电磁波，吸波材料只要是能吸收电场分量或磁场分量，则最终都是吸收了电磁波。以往国内比较注重电损耗的吸收材料。而研究、应用磁损耗的吸收材料不多。实际上，磁损耗往往比电损耗在数值上大得多，可以用很少的材料来吸收较大的微波功率。因而，应该值得我们较大的关注。

① 铁氧体衰减材料。R. Edwards 等早期已将 YIG 铁氧体放入一个大功率的磁控管中（$P>1000$kW），企图抑制频谱中的邻近模式，实验结果初步表明：在大于 30dB 衰减的情况下，对管子的真空度和效率没有什么有害的影响，只要适当注意材料的选择、相互作用和铁氧体所需的并存直流磁场的设计、焊接性能以及其他工艺等，铁氧体是可以应用于微波管内的。

几年以后，国外采用热膨胀系数相匹配的 $MgO/MgAlO_4$ 混合物来封闭锂铁尖晶石铁氧体，采用新的金属化技术和等离子体喷涂的封闭技术，该铁氧体已成功地应用于平均功率为 1.5kW 的大功率的微波管中，实现了对杂波振荡信号的有效衰减，尽管铁氧体有 152.4mm 长，但并未发现铁氧体放气和阴极中毒。

除了上述采用居里点较高的锂铁尖晶石铁氧体放入大功率微波管中去吸收杂波信号外，目前，也可将居里点较低的 YIG 铁氧体放入管中，在 S 波段注入式电子注正交场放大器中完成了宽频带（接近 1 个倍频程）的单向吸收。其指标是反向衰减≥50dB，正向衰减≤5dB。

② Fe-Si-Al 合金（阿列西非尔）衰减材料。这是一种软磁合金材料，主要成分为 Fe。据资料报道，它比康坦尔合金有更大的衰减量和更好的稳定性。俄罗斯、日本等国都进行过研究，曾有过关于性能方面的报道（表 5-6）。其制造工艺方框图如图 5-8 所示。

表 5-6　Fe-Si-Al 合金衰减材料的性能

B_s	μ_i	H_c	H_v	D	P_v	居里温度
>10000Gs	>800	<0.80Oe	>480	$7g/cm^3$	$7\times16^{-5}\Omega\cdot cm$	≈500℃

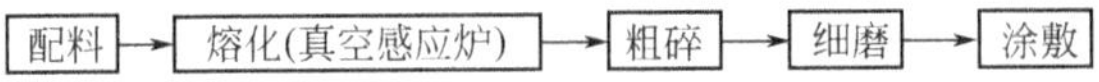

配料 → 熔化(真空感应炉) → 粗碎 → 细磨 → 涂敷

图 5-8　阿列西非尔合金制造工艺方框图

与康坦尔合金一样，阿列西非尔合金也是一个系列，其各种性能都随着组成而变化。常应用的组分范围与其性能关系见图 5-9。当前，俄罗斯在工业上已生产了几种不同的阿列西非尔牌号，如表 5-7 所列。

表 5-7　俄罗斯工业生产的四种阿列西非尔合金的化学组成和应用

牌号	质量分数/%				应　　用
	Al	Si	Ce	Fe	
IOCIO-BM	5.2～5.6	5.2～5.6	≤0.1	余量	录像机用磁头极靴
IOCIO-BM	5.2～5.6	5.2～5.6	—	余量	
阿列西非尔-1	6.5～7.5	6.5～7.5	—	余量	作为铁磁性超高频吸收涂层
阿列西非尔-2	4.5～5.5	4.5～5.5	—	余量	

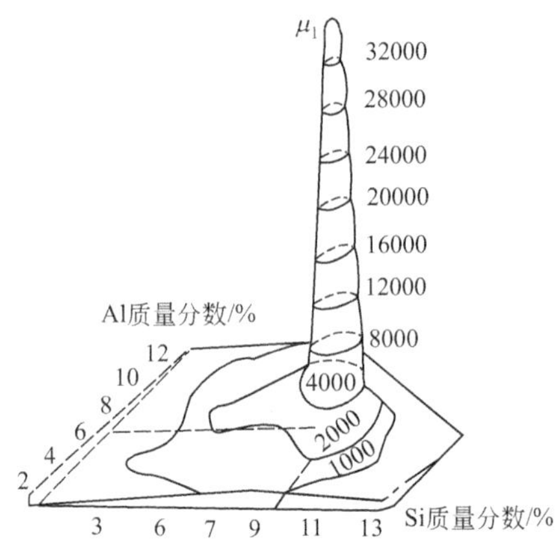

图 5-9　阿列西非尔合金的组分与其性能的关系

(5) 高热导率衰减陶瓷

由于电子器件向大功率、小型化方向发展，所带来的关键技术之一是散热问题。大功率、毫米波的真空电子器件中，散热问题十分突出。除了应采用高热导率的夹持杆、输出窗、热沉材料等之外，衰减材料也同样要求是高热导率的。目前，世界各国采用的方法大都是在一般氧化物中引入高热导率的材料，如 BN、AlN、BeO、金刚石等，表 5-8、表 5-9 所列为已报道的某些高热导率陶瓷材料的组成和性能。

表 5-8　某些高热导率微波吸收陶瓷的组成

某些微波吸收陶瓷的组成/%											
2700 系列 BeO-SiC				6700 系列 MgO-SiC				7700 系列 Al_2O_3-SiC			
2701	0.5	w/o	SiC	6701	0.5	w/o	SiC	7701	0.5	w/o	SiC
2702	1.0	w/o	SiC	6702	1.0	w/o	SiC	7702	1.0	w/o	SiC
2701-1	1.25	w/o	SiC	6702-1	1.25	w/o	SiC	7702-1	1.25	w/o	SiC
2702-2	1.50	w/o	SiC	6702-2	1.50	w/o	SiC	7702-2	1.50	w/o	SiC
2703	2.0	w/o	SiC	6703	2.0	w/o	SiC	7703	2.0	w/o	SiC
2704	3.0	w/o	SiC	6704	3.0	w/o	SiC	7704	3.0	w/o	SiC
2705	5.0	w/o	SiC	6705	5.0	w/o	SiC	7705	5.0	w/o	SiC
2705-1	6.0	w/o	SiC	6705-1	6.0	w/o	SiC	7705-1	6.0	w/o	SiC
2706	10.0	w/o	SiC	6706	10.0	w/o	SiC	7706	10.0	w/o	SiC
2707	15.0	w/o	SiC	6707	15.0	w/o	SiC	7707	15.0	w/o	SiC
2708	20.0	w/o	SiC	6708	20.0	w/o	SiC	7708	20.0	w/o	SiC
2709	30.0	w/o	SiC	6709	30.0	w/o	SiC	7709	30.0	w/o	SiC
2710	40.0	w/o	SiC	6710	40.0	w/o	SiC	7710	40.0	w/o	SiC
2711	50.0	w/o	SiC	6711	50.0	w/o	SiC	7711	50.0	w/o	SiC
2712	60.0	w/o	SiC	6712	60.0	w/o	SiC	7712	60.0	w/o	SiC
2713	70.0	w/o	SiC	6713	70.0	w/o	SiC	7713	70.0	w/o	SiC
2714	80.0	w/o	SiC	6714	80.0	w/o	SiC	7714	80.0	w/o	SiC
2715	90.0	w/o	SiC	6715	90.0	w/o	SiC	7715	90.0	w/o	SiC

表 5-9　某些高热导率微波吸收陶瓷的性能

系列序号	组成	8.6GHz		10.5GHz		12GHz	
		K'	$\tan\delta$	K'	$\tan\delta$	K'	$\tan\delta$
2703	98%BeO-2%SiC	8.17	0.001	7.4	0.039	7.13	0.017
2705	95%BeO-5%SiC	10.6	0.032	8.95	0.075	8.54	0.043
2706	90%BeO-10%SiC	13.65	0.21	11.81	0.15	11.53	0.14
2708	80%BeO-20%SiC	20.26	0.33	18.7	0.24	17.81	0.22
2710	60%BeO-40%SiC	67.68	0.73	54.55	0.73	49.54	0.72
6703	98%MgO-2%SiC	11.22	0.15	11.13	0.06	10.94	0.03
6705	95%MgO-5%SiC	12.8	0.2	12.72	0.12	12.64	0.1
6706	90%MgO-10%SiC	17.12	0.3	16.84	0.19	16.61	0.19
6708	80%MgO-20%SiC	26.58	0.4	26.08	0.28	25.73	0.3
6710	60%MgO-40%SiC	54.24	0.92	53.81	0.7	50.46	0.73

系列序号	组成	电阻率/Ω·cm	系列序号	组成	介电强度/(V/mil)
2710	60%BeO-40%SiC	$10^4 \sim 10^6$	2703	98%BeO-2%SiC	30
2712	40%BeO-60%SiC	$10^4 \sim 10^{15}$	2708	80%BeO-20%SiC	18
6702	99%MgO-1%SiC	$10^7 \sim 10^9$	2710	60%BeO-40%SiC	2
6703	98%MgO-2%SiC	$10^9 \sim 10^{12}$	2705	95%BeO-5%SiC	8.2×10^{-6}
6704	97%MgO-3%SiC	$10^{10} \sim 10^{12}$	2706	90%BeO-10%SiC	7.8×10^{-6}
6706	90%MgO-10%SiC	$10^6 \sim 10^8$	2708	80%BeO-20%SiC	7.1×10^{-6}
6710	60%MgO-40%SiC	$10^4 \sim 10^6$	2710	60%BeO-40%SiC	6.2×10^{-6}

续表

系列序号	组成	弹性模量 $E/(\times10^6 lbf/in^2)$	断裂能 $/(J/m^2)$	破裂模数 $\sigma/\times10^3 in^2$
6702	99%MgO-1%SiC	41	—	33
6705	95%MgO-5%SiC	42	28	—
6706	90%MgO-10%SiC	43	9	18
6708	80%MgO-20%SiC	46	13	28
6709	70%MgO-30%SiC	48	16	31
6710	60%MgO-40%SiC	50	15	30
6712	40%MgO-60%SiC	55	44	45
2706	90%BeO-10%SiC	56	36	76
2708	80%BeO-20%SiC	57	24	65
2710	60%BeO-40%SiC	59	14	73
2712	40%BeO-60%SiC	60	30	108

注：$1lbf/in^2=6894.76Pa$，$1in=0.0254m$。

(6) 国产衰减陶瓷隐身材料

衰减材料在大功率真空电子器件中至关重要，往往由于衰减材料的质量低下而使器件寿命终了。国内各有关厂家都十分关注这方面的研究和生产。由于衰减材料是一种特殊的功能材料，其性能对组分和生产条件的变化十分敏感，因而导致该种材料稳定性和一致性都比较难于控制。为此，除需要从事这方面的专家研制出更适应工艺条件变化的新组分外，同时也要求从事这方面工作的人员“严”字当头，一丝不苟。一定要将生产一般结构陶瓷的思维方法和生产衰减陶瓷严格区别开来，就像将生产日用陶瓷的思维方法和生产电子陶瓷严格区别开一样。

我国几种衰减瓷的主要性能如表 5-10 所列。

表 5-10 几种国产衰减瓷的主要性能

种类	介质损耗 /GHz	相对介电常数 /GHz	放气量 /(Pa·L/g)	主晶相组成
Al_2O_3 基加 W 粉	0.5～0.7	20～25	25.9×10^{-3}	α-Al_2O_3,WC
TiO_2 基加长石	0.5～0.6	30～40	7.12×10^{-3}	α-Al_2O_3,TiO_2 W,α-Al_2O_3,$AgAl_2O_5$
钛酸盐基	0.5～1.2	20～38	14.5×10^{-3}	$4MgTiO_2O_5$,Al_2TiO_5
Al_2O_3 基加 SiC	0.5～1.0 (5cm)	15～30	8.8	α-Al_2O_3,SiC
钛酸盐基加金属粉	0.5～1.0 (5cm)	15～60 (5cm)	2.6×10^{-3}	W,WO,Ti,Ti_2O_5
99.9%Al_2O_3 瓷掺 C	0.18	9.12	—	α-Al_2O_3,C
人造多晶金刚石	0.1～0.2 (2cm)	7～11	3.23×10^{-3}	金刚石

二、控温涂层材料

根据 Stefan-Boltzmann 定律，目标的红外辐射量同温度的四次方成正比，

控制温度能有效降低目标红外辐射量。控温涂层黏合剂的选择同低发射率涂层一样，都要求黏合剂既有良好的红外透过性、与填料的相容性，又具有优良的物理机械性能和成膜性。目前，控温涂层的研究主要集中在填料方面，为了降低目标的表面温度，填料一般采用热惯量大、热导率低的材料，主要有隔热材料和相变材料。

中空微珠作为隔热材料，由于其密度小、抗压能力强、导热系数低等优点，被广泛应用于隔热涂层。通过在红外隐身涂层中添加中空微珠，涂层表面的温度有一定程度的降低。研究发现，对比硼硅酸盐空心玻璃微珠、陶瓷微珠和粉煤灰漂珠等填料的太阳光反射率和隔热性能，空心玻璃微珠具有较高的太阳热反射率，其值为 0.88。Dombrovsky L A 系统研究了中空玻璃微珠的红外反射性能，以中空玻璃微珠为填料制备的涂层在 4.5μm 有强烈的反射峰，并得出在 8.5～13.5μm 的反射是由微珠表面粗糙度引起的结论。为了进一步增大空心玻璃微珠对太阳热的反射率，通常在微珠表面镀一层金属膜。利用化学镀的方法制得金属镀膜空心玻璃微珠，和颜料、黏合剂混合制得具有红外隐身能力的篷布，在 $1.88kW/m^2$ 长时间照射下，温度升高为 7℃，能达到一定的隐身效果。

相变材料在红外隐身涂层中应用的主要形式是将相变材料微胶囊化，通过相变材料的状态变化，使其吸热或者放热，将目标表面温度稳定在一定的范围之内。根据囊芯材料相变温度的不同，相变微胶囊可分为低温（15℃以下）、中低温（15～40℃）和中温（40～75℃）相变微胶囊。表 5-11 列举了几种典型的相变微胶囊，从表中可以看出，目前相变微胶囊的控温梯度能够基本满足红外隐身要求，但是，可调温度的范围较小，制约了相变微胶囊在红外隐身材料中的应用。

表 5-11　典型的相变微胶囊及其性能

微胶囊种类	囊芯材料	主要性能
低温	正十四烷	相变温度 7.6℃，相变热 141J/g，控温范围 7～8℃
中低温	脂肪酸改性石蜡	相变温度 20℃，相变热 164.9J/g，涂层表面温度降低 4～8℃
	硬脂酸丁酯、正十四醇	相变温度 33～41℃，相变热 154J/g，涂层红外辐射量降低率最低为 59%
中温	月桂酸、正癸酸、石蜡	吸热峰 46.8℃，相变热 26J/g，涂覆表面后温度降低 5℃
	石蜡	相变温度 51～58℃，相变热 114J/g

三、智能隐身材料

智能隐身材料是一种新型隐身材料，是智能材料和隐身材料的有机结合，它可以感知目标和背景环境的差别，通过对感知信号的处理，材料可以对自身的发射率做出相应调整，减小目标与环境的辐射对比度，增强目标的自适应能力。根据诱导因素的不同，智能隐身材料可分为电致变智能隐身材料和热致变智能隐身材料。

电致变智能隐身材料是在电场或电流的作用下，材料组分发生化学变化，进而影响材料的红外发射率。电致变智能隐身材料中研究和应用较为广泛的是导电高分子和三氧化钨。Chandrasekhar P′研究了导电高分子材料的红外发射性能，发现其在0.4～0.45μm 波段范围内的红外反射率在0.3～0.7可调。Sauvet K 研究了三氧化钨（WO_3）在3～5μm 和8～12μm 波段红外发射率的变化情况，通过对导电因素的控制，WO_3 薄膜的红外发射率变化幅度可达0.4。

热致变材料通过感应目标的表面温度发生变化，改变材料的红外发射率。Bergeron B V 将铜沉积在聚酯薄膜和铯化锌上制备了一种膜材料，薄膜在0.3～2.4μm 波段红外吸收率的调节范围为0.51～0.83，在8～12μm 波段红外发射率的变化范围为0.20～0.73。二氧化钒（VO_2）被认为是一种很有应用前景的热致变智能隐身材料，VO_2 共有R、M、B、A、C、D六种相，温度的变化会导致VO_2 相之间的相互转变，伴随其红外透过性和红外发射率也会有一定的变化。以水合硫酸氧钒为钒源，经二次煅烧制备了与R相具有循环可逆的M相VO_2，晶相变化温度为62～67.9℃，8～14μm 波段红外发射率可调幅度为0.12。M Z 利用二次煅烧法通过掺杂改性制备得到W-VO_2，W-VO_2 在48.2℃达到相变温度，涂层的红外发射率变化范围为0.752～0.95。

智能隐身材料的出现推动了红外隐身材料的发展，目标通过材料的智能调节更能适应背景环境，同背景能够达到更好的融合效果。但是，目前智能隐身材料还处在实验室研究阶段，未能广泛实际应用。

四、生物仿生隐身材料

生物仿生材料是通过研究生物所具有的功能及其作用机理，并以此为模型利用一定技术手段合成的能够模仿生物特点和特性的新型材料。生物仿生红外隐身材料是基于生物的微观结构特性、变色原理或者电磁波反射特点而进行合成、制备的新型红外隐身材料。

研究人员利用聚氨酯和片状铜粉仿生珍珠层结构，制备的仿生结构涂层红外发射率低于一般的铜粉/聚氨酯涂层，通过建立了红外发射率计算模型仿真计算涂层发射率，实验结果表明，当铜粉含量为60%时，涂层的红外发射率可降至0.206。

有人通过研究头足类动物的动态隐身机制，探索并研制了一种基于石墨烯的可调仿生伪装涂层。在化学药剂的刺激下涂层能够在可见光和红外电磁波谱区域之间动态调节电磁波的反射，为可重构和可调节红外隐身涂层的研究做出了探索。有人基于头足类动物的皮肤研究了一种能够灵活感觉和适应周围环境颜色的

柔性材料，能够兼容可见光、红外隐身。

五、发展趋势

随着红外反隐身技术的发展，红外隐身技术对红外隐身材料提出了更高的要求，结合红外隐身材料的研究进展，红外隐身材料的研究仍然存在一些不足，红外隐身材料的发展趋势将表现为以下四个方面。

(1) 控温与低发射率材料相结合

由 Stefan-Boltzmann 定律可知，影响目标红外辐射量的是目标的表面温度和红外发射率，目前研究的红外隐身材料大部分集中在降低目标的红外发射率，控制目标温度和降低发射率相结合的材料研究较少。就目前的研究来看，仅通过降低目标的红外发射率的手段往往不能达到理想的红外隐身效果，因此，复合涂层的研究可以从控制温度和降低红外发射率两方面入手，为实现红外隐身提供了研究方向。

(2) 红外隐身材料的耐环境性能研究

红外隐身材料表面污染以及老化会影响红外发射率，研究具有自清洁及耐老化性能的材料是延长材料使用寿命的手段。

(3) 实现材料多频段兼容隐身

探测手段的多样化使得单一频段的隐身材料无法满足实际需求和应用，因此，开发多频段兼容隐身材料成为必要。实现多频段兼容隐身，途径有两个：一是采用单频段隐身材料进行复合形成多层的隐身涂层结构；二是针对目前的新型材料还处在探索研究阶段的现状，开发和研究新型材料，加速新型材料的应用进程，满足兼容隐身的要求。

(4) 多种材料的综合运用研究

目前的研究都集中于一种红外隐身材料的应用，如低发射率材料或者控温材料，对于多种材料的综合应用尤其是结合目标本身结构多种材料的应用研究较少。多种具有隐身效果的材料通过复合等方式，综合各种材料的优势，可以提高目标的红外隐身效率。

第六章　激光隐身材料

06 Chapter

第一节　激光隐身技术

一、简介

随着激光技术的发展，激光测距机、激光制导武器、激光雷达等已研制成功并装备部队。激光制导导弹或炸弹的投掷精度、应战能力达到了惊人的地步，以致可做到被发现就会被击中，被击中就会被摧毁。为了保护自身武器平台（如飞机、坦克、军舰）和重要军事设施（如指挥中心）的安全，提高其战场生存能力，研发目标的激光隐身技术，已迫在眉睫。

激光隐身是通过减少目标对激光的反射信号，使目标具有低可探测性。其主要出发点是减小目标的激光雷达散射截面（LRCS）和激光反射率。LRCS综合反映了激光波长、目标表面材料及其粗糙度、目标几何结构形状等各种因素对目标激光散射特性的影响，是用于表征目标激光散射特性的主要指标，也是最重要的目标光学特性指标之一，在激光测距机、激光制导武器、激光雷达等激光测量系统的论证设计、性能评价中有广泛应用。

二、激光隐身原理

激光隐身是通过减少目标对激光的反射信号，使目标具有低可探测性。其主要出发点是减小目标的激光雷达散射截面（LRCS）和激光反射率。LRCS综合反映了激光波长、目标表面材料及其粗糙度、目标几何结构形状等各种因素对目标激光散射特性的影响，是用于表征目标激光散射特性的主要指标，也是最重要的目标光学特性指标之一，在激光测距机、激光制导武器、激光雷达等激光测量系统的论证设计、性能评价中有广泛应用。反射率是指当材料的厚度达到其反射

比不受厚度的增加而变化时的反射比。由于在一般情况下，激光隐身材料都有一定的厚度，其厚度的变化不影响反射比，因此，评价激光隐身材料性能的参数可以称为光谱反射率或光谱漫反射率。

1. 激光雷达截面

激光雷达以激光为辐射源并作为载频，具有波长短、光束质量高、定向性强的优点。激光反射波的能量大小与目标的反射率和目标被照射部分的面积密切相关。物体的激光雷达截面（LRCS）被定义为在激光雷达接收机上产生同样光强的全反射球体的横截面积，即：

$$\sigma=\frac{4\pi\rho A}{\Omega_{\mathrm{r}}} \tag{6-1}$$

式中，Ω_{r} 为目标散射波束立体角；A 为目标的实际投影面积；ρ 为目标反射率。

不同类型目标的激光雷达截面不同。其中漫反射目标的反射信号将在大范围内散射，反射光的幅度及分布由双向反射分布函数（BRDF）描述。

2. 激光雷达测距方程

激光雷达接收到的激光回波功率 P_{R} 为：

$$P_{\mathrm{R}}=\left(\frac{P_{\mathrm{T}}}{R^2\Omega_{\mathrm{T}}}\right)(\rho A_{\mathrm{r}})\frac{A_{\mathrm{c}}}{R^2\Omega_{\mathrm{r}}}\tau^2 \tag{6-2}$$

式中，P_{R} 为发射的激光功率；ρ 为目标的反射率；A_{r} 为目标面积；A_{c} 为接收机有效孔径面积；Ω_{T} 为发射波数的立体角；Ω_{r} 为目标散射波束的立体角；τ 为单向传播路径透过率；R 为激光雷达作用距离。

因此，非合作目标激光雷达作用距离可以表示为：

$$R=\left[\left(\frac{P_{\mathrm{T}}}{P_{\mathrm{R}}\Omega_{\mathrm{T}}}\right)(\rho A_{\mathrm{r}})\left(\frac{A_{\mathrm{c}}}{\Omega_{\mathrm{r}}}\right)\tau^2\right]^{\frac{1}{4}} \tag{6-3}$$

从激光雷达测距方程(6-3) 可以看出，在测距机的性能与大气的传输条件确定以后，测程主要与目标的漫反射率有关，因此，激光隐身的核心在于对低漫反射率材料的研究。如能使目标材料的漫反射率降低 1 个数量级，则激光测距机的最大测程将减少 1/3～1/2。

3. 临界散射截面

把激光雷达波散射截面代入测距方程，并设 R 为最大作用距离时，对应的 $\sigma=\sigma_{\mathrm{m}}$ 称为“临界散射截面”，则有：

$$R_{\max}=\left[\left(\frac{P_{\mathrm{T}}}{P_{\mathrm{R}}\Omega_{\mathrm{r}}}\right)\left(\frac{\sigma_{\mathrm{m}}A_{\mathrm{c}}}{4\pi}\right)\tau^2\right]^{\frac{1}{4}} \tag{6-4}$$

在这个距离上若目标的散射截面 $\sigma<\sigma_{\mathrm{m}}$，则目标将处于隐身状态。

4. 理论减小激光雷达截面的方法

基于矢量微扰动理论的一阶解，有人提出 3 种减小激光雷达截面的方法：

①降低表面粗糙度，把目标外形设计成大块面结构以增大可能的激光入射角；②使表面随机起伏具有一维取向性；③研究新技术使目标散射回波不能被相干激光雷达天线光开关有效隔离。这 3 种方法都得到了实验验证。近年来一些刊物上已有关于国外采用控制表面微结构来隐身的方法在模拟飞机上实验成功的报道。

三、激光隐身技术与措施

根据激光隐身原理可得激光隐身技术的基本思想是缩小目标的激光散射截面，并使其在特定的角度范围内的散射界面小于目标的“临界散射截面”。它包括降低目标对激光的反射率、减小目标有效反射面积、增大目标散射波束立体角等方面。目前采取的技术措施如下。

（一）外形技术

1. 外形设计原则

改变外形减小激光散射截面是武器装备设计的重要方面。根据激光隐身理论，在外形设计时应重点做到：消除可产生角反射效应的外形组合，变后向散射为非后向散射；平滑表面、边缘棱角、尖端、间隙、缺口和交叉接面，用边缘衍射代替镜面反射，或用小面积平板外形代替曲边外形，向扁平方向压缩，减小正面激光散射截面积；缩小外形尺寸，遮挡或收起外装武器，减少散射源数量等。

2. 外形技术

在飞机的隐身技术中应用比较多，其途径和方法通常有以下几种。

① 消除可产生角反射效应的外形组合。飞机的机翼、机尾和机身之间的组合都是能产生角反射器效应的部位，可采用翼身融合体结构、V 形尾翼和倾斜式双立尾结构的方法。美国的 F-117 改进型战斗机就具有机翼机身均匀过渡的结构，具有宽的、加厚的中段和相对短的外翼，没有垂直尾翼，有效地增强了隐身能力。

② 用平板外形代替曲线外形。激光散射截面的大小与目标的几何面积直接有关。对两个投影面积相同的物体，平板的散射截面积比球体小 4 个数量级。因此可将飞机的机身、短舱等处向扁平方向压缩，做成近似三角形机身。例如美国的“黑星”无人驾驶隐身侦察机，有细长的机翼平面结构，不仅有较好的空气动力学性能，而且使其激光截面积减小，具有正面隐身能力，可大大减小被发现和跟踪的可能性。

③ 变后向散射为非后向散射。采用倾斜式双立尾对付侧向入射光；采用后掠角和三角翼结构对付正前方入射光，这样减少前方和侧向的激光反射截面。

④ 用边缘衍射代替镜面反射。尽量使机上可造成镜面反射的部分平滑，使之形成边缘衍射而无强反射，减弱回波信号。

⑤ 缩小飞机尺寸。设计时尽量缩小飞机尺寸，当采用高密度燃油及适应这种燃油的发动机时，就可以在不增加飞机尺寸的前提下提高航程。

⑥ 减少散射源数量。可采用一些柔性薄膜将舱盖周围、浮动表面与固定表面间的空隙遮挡起来，或使飞机的机翼接近最低限度的气动布局。

美国新一代隐身飞机“捕食鸟（Bird of Pray）”率先使用大型单块复合结构、三维虚拟现实设计和安装工艺，具有独特的设计。其 W 形尾翼和装置在机翼上的活动控制面（moveable control surfaces），能够隐藏可引起激光散射的隙缝。机体的顶部和底部设计均采用无缝弯曲技术，上、下两部分在机体的各个边缘处连接在一起。设计总体上遵从于 12 条直线，驾驶舱盖的凹陷设计以及起落架的设计使其与机体和机翼在一条直线上，有效反射点减少到 6 个，激光总能在适当的位置有效反射。它即使被激光雷达捕捉到，但随着其位置的改变，将从视线中消失，难以再次捕捉。

导弹的隐身设计：目前各国的导弹隐身设计方案中，许多外形设计为非规则的升立体。美国海军 AGM-84“斯拉姆增强型”导弹的头部改为楔形，弹翼改为折叠翼，提高了隐身性能；挪威的新一代超声速隐身反舰导弹采用了扁平弹体加梯形短翼和 X 尾翼及弹腹动力舱的紧凑布局，按隐身原理进行低探测性设计，以获得更小的激光散射截面。

隐身舰艇的设计：瑞典“维斯化”隐身护卫舰利用各种技术进行综合隐身，激光散射截面大大降低。从外形上看，其表面光滑而平整，除了一座平顺圆滑的锥形塔台和一座隐身火炮外，甲板上几乎无任何多余的设施。导弹、反潜武器及反水雷设备均安装在上甲板以下部位，并加有遮盖装置，这就使上层建筑的激光波反射大大降低，达到了很好的隐身效果。另外，舰整体呈光滑的流线形结构，各个部位均由不规则的倾斜面体组成，每个棱角均采用平滑过渡，加上表面敷有吸收材料，很大程度上降低了激光散射信号特征。

（二）减小“猫眼效应”

兵器上各种光学孔径（如红外前视热像仪、微光夜视仪、各种光学观瞄器材等）的激光雷达散射截面积比背景要大几个数量级。如国外车载式激光致盲武器(stingray)、灵巧红外对抗系统都利用了光学观瞄设备和光电设备的“猫眼效应”而进行激光侦察、目标搜索定位。减小“猫眼效应”的主要措施有：适当调整离焦量，当离焦量达到 100μm，光学系统回波强度比无离焦时至少减少两个数量级；减小入射透镜、探测器或分划板表面反射率，在其表面镀增透膜；还可以在光电设备中采用无“猫眼效应”的结构，Defuans 和 Jean-Louis 所设计的目镜组的入射透镜前表面为平面，避免了入射表面为曲面时造成的“猫眼效应”。

（三）材料隐身性能

1. 基础理论

激光隐身材料主要性能参数是光谱反射比，它是材料反射与入射的辐射通量或光通量的光谱密度之比，它包括镜反射比和漫反射比两部分，由于激光隐身材料通常接近于漫反射体，镜反射比一般很小，可以用漫反射比近似评价激光隐身材料的性能。反射率是指当材料的厚度达到其反射比不受厚度的增加而变化时的反射比，一般情况下，激光隐身材料都有一定厚度，其厚度变化不影响反射比，因此，评价激光隐身材料性能的参数可称为光谱漫反射率或光谱反射率。目标在激光工作波长的反射率越小，目标的激光隐身效果就越好。

材料隐身性能就是对目标的反射率的测量。激光测距、激光跟踪和激光测速等测量系统在测量距离的要求及分析方法方面是一致的。在试验场测量中，通常以保证一定回波率的最大作用距离—保证回波作用距离来衡量测量设备的测量能力。激光测量系统的测量方程为：

$$P_r=\frac{P_sK_sK_rA_sA_r\rho T^2}{\pi^2R^4\theta_t^2\sin^2\left(\frac{\theta_s}{4}\right)}F_sF_r \tag{6-5}$$

式中，P_r 为激光接收系统接收功率；K_r 为接收系统透过率；A_r 为接收口径面积；P_s 为激光器发射功率，θ_t 为激光发射发散角；K_s 为发射系统透过率；A_s 为目标有效反射面积；T 为单程大气透过率，ρ 为目标反射系数，θ_s 为反射光发散角；F_s 为发射激光束强度分布函数；F_r 为接收光强度分布函数；R 为目标距离。

若将发射激光束近似为高斯光束，目标反射光束近似为均匀分布的锥形光束，以 θ 表示目标偏离发射激光束中心的角度，以 β 表示接收口径偏离目标反射光束中心的角度，则发射激光束和目标反射光束的强度分布函数分别为：

$$F_s(\theta)=2\exp\left(-\frac{8\theta^2}{\theta_t^2}\right) \tag{6-6}$$

$$F_r(\beta)=\begin{cases}1, & \beta\leqslant\theta_s/2\\0, & \beta>\theta_s/2\end{cases} \tag{6-7}$$

在远距离目标测试时，多采用大目标作为被试对象，若激光照射器瞄准照射，光斑全部落在目标上，目标偏离照射光斑能量中心的角度 θ 为 0，则$F_s(\theta)=2$。根据实际测试情况可知，一般 $\beta\leqslant\theta_s/2$，则 $F_r(\theta)=1$。此时测量方程为：

$$P_r=\frac{2P_sK_sK_rA_sA_r\rho T^2}{\pi^2R^4\theta_t^2\sin^2\left(\frac{\theta_s}{4}\right)} \tag{6-8}$$

在距离为 R 处目标有效反射面积等于光斑大小为：

$$A_s=\pi\left(\frac{R\theta_t}{2}\right)^2 \tag{6-9}$$

测量方程可简化为：

$$P_r = \frac{2P_s K_s K_r A_r \rho T^2}{\pi R^2 \sin^2\left(\frac{\theta_s}{4}\right)} \tag{6-10}$$

当目标为角反射器时，θ_s 很小，这时测量方程可近似为：

$$P_r = \frac{8P_r K_s K_r A_r \rho T^2}{\pi R^2 \theta_s^2} \tag{6-11}$$

当目标为漫反射目标时，$\theta_s = \pi$，这时测量方程由式(6-10) 可简化为：

$$P_r = \frac{P_s K_s K_r A_r \rho T^2}{\pi R^2} \tag{6-12}$$

而对于激光接收系统来说，漫反射目标在接收光学系统前，激光所形成的辐照度（功率密度）为：

$$E_r = \frac{P_r}{A_r K_r} = \frac{P_s K_s \rho T^2}{\pi R^2} \tag{6-13}$$

适当选择大气透过率，可计算出目标在实施不同隐身材料时的近似反射率，从而对目标的隐身效果做出评价。

2. 光学干涉隐身

利用光学干涉原理来设计和研究光谱吸收涂料也是一种重要手段。若在折射率为 n_0 的入射介质（若为空气 $n_0=1$）和折射率为 n_1 的基底介质之间涂上一层厚度为 d、折射率为 n 的薄层材料，当光垂直入射且薄层的光学厚度为 $nd=(2k+1)\frac{\lambda}{4}(k=0,1,2,\cdots)(n_0<n<n_1)$时，从涂层上、下表面反射波叠加发生干涉，相互抵消，致使反射光强减弱。此薄层的反射率：$\rho=\left(\frac{n_0 n_1 - n^2}{n_0 n_1 + n^2}\right)^2$。

因此只要适当选择具有合适折射率的隐身涂料，并严格控制薄层的厚度，就可以制备在某一特定波长反射率很小的涂料，达到特定波长激光隐身的目的。但在实际涂覆时，由于涂层的厚度不易精确掌握，而且吸收波段窄，因此，该方法的实际应用具有一定的技术难度。

3. 掺杂半导体材料隐身

根据半导体连续光谱理论，可见红外波段光波在半导体中的传播特性与所谓等离子 ω_ρ 密切相关。等离子频率及相应的等离子波长由下式表示：

$$\omega_\rho = \left(\frac{Ne^2}{\varepsilon_0 m}\right)^{\frac{1}{2}} \text{或} \ \lambda = 2\pi c \left(\frac{\varepsilon_0 m}{Ne^2}\right)^{\frac{1}{2}}$$

式中，m 为电子的有效质量；ε_0 为真空介电常数；N 为载流子浓度；e 为电子电荷；c 为真空光速。当入射光的频率 $\omega > \omega_\rho$ 时，半导体具有电介质的特性，有很高的透过率、很低的反射率和吸收率，当入射光的频率 $\omega < \omega_\rho$ 时，半

导体具有金属的特性，有很高的反射率。而半导体的 ω_p 主要取决于它的载流子浓度 N，因此通过控制半导体掺杂浓度来控制其载流子浓度，进而控制半导体材料的等离子频率 ω_p，以实现激光隐身。

4. 光致变色材料隐身

光致变色技术是利用某些介质的物理或化学特征，使入射激光波穿透或反射后变成另一种波的光波。

以无机化合物为例。研究表明，很多掺稀土和过渡金属离子的晶体，能使入射激光穿透或反射后变成另一波长的光波。其光致变色的物理机制是利用物质受激发射斯托克斯荧光来实现的，物质的荧光是较高能级对较低能级的自发跃迁辐射，发射荧光的波长大于激发光的波长。它有两种情况：一种是原子吸收光子被激发后，从激发态通过发射荧光返回到比基态稍高的某个能级上，如图 6-1 所示。激发态是单高能级 3，而低能级为 1、2，如果激发光使电子发生 1→3 跃迁，而荧光跃迁发生在 3→2 能级之间，依据爱因斯坦原子吸收与辐射理论，介质原子吸收激发光子的频率为：$v_1=\dfrac{E_3-E_1}{h}$，介质原子自发跃迁发射荧光光子的频率为：$v_2=\dfrac{E_3-E_2}{h}$。

由于 $E_3-E_1>E_3-E_2$，故 $v_2<v_1$。

另一种情况是所谓碰撞辅助发射，碰撞辅助是指两个很靠近的能级存在有效的碰撞混合，通过碰撞，被激发到高能级后的原子过渡到比激发态稍低的某个能级上，再从这个能级向下跃迁发射荧光，如图 6-2 所示。高能级是 3、4，低级是 1、2，如果激发光频率为 $v_1=\dfrac{E_4-E_1}{h}$的光子被介质电子吸收从低能级 1 跃迁到高能级 4 后，电子经过碰撞无辐跃迁到能级 3，然后由能级 3 跃迁到低能级 2，并发射荧光光子，光子频率为 $v_2=\dfrac{E_3-E_2}{h}<v_1$。

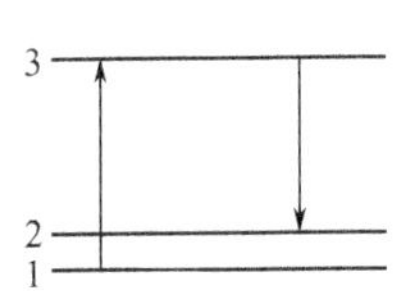

图 6-1 斯托克斯荧光三能级图

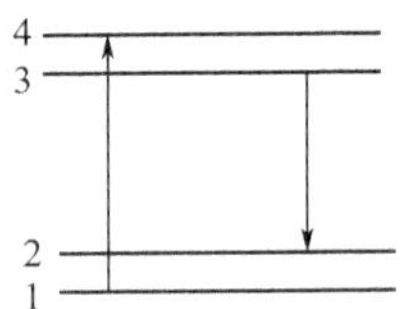

图 6-2 斯托克斯荧光四能级图

由此可见，为实现光致变色隐身所选择的材料必须具有如图 6-1、图 6-2 所示的两种能级结构，并且对其入射激光具有强的选择吸收。某些晶体材料由于强弱振子介电耦合原因能够在某一波长，如 1.06μm 处有强吸收性能。

因此，用合适的光致变色材料制成隐身涂料，就有可能实现激光隐身。

5. 强吸收材料隐身

采用低反射高吸收的物质对目标进行激光隐身。这类材料的吸收可以分为线性吸收、非线性吸收以及选择性吸收等。线性吸收型主要有金属氧化物、金属有机配合物。比如有些稀土氧化物由于能级丰富，在 1.06μm 波长附近出现了特征吸收峰。有些金属配合物在近红外和中远红外出现吸收带。

非线性吸收的物质，比如具有反饱和吸收和双光子吸收的物质，如 C_{60}、酞菁染料等，Kμmar. G. A 等研究 LaPc、NdPc、EuPc 时发现它们具有反饱和吸收特性。由于反饱和和双光子非线性吸收物质的激光能量阈值比较大，限制了其在激光隐身材料方面的应用。最近有人报道铁的超细粉具有强烈的红外吸收性能，可见这类物质将在激光隐身材料中具有重要的价值。

当波长的能量大于半导体禁带宽度时，对应的激光将被强烈地吸收，由于目前大量装备的激光制导武器都采用 1.06μm 的激光波长，所以采用合适能带宽度的半导体能有效实现激光隐身。

6. 漫反射涂层

如果材料有高大角度激光反射率，就有可能降低目标的激光可视性，实现对激光探测方式的隐身。研究表明，当表面具有一定的粗糙度时，表面无序引起的散射关系发生了变化，入射电磁波和表面电磁模式的耦合成为可能。而且，入射电磁波转换成表面电磁模式以后在沿表面传播过程中，由于表面粗糙无序性形成的随机散射势，使表面电磁模式形成所谓 Arderson 局域而被表面吸收，比辐射率、镜反射率和漫反射率都很低，从而以实现激光隐身。

7. 采用高透和导光材料隐身

由于探测用的激光能量比较小，对于一般的设备不产生大的伤害，可以采用对激光波长具有高透射性能的材料，把激光能量导入到介质中然后通过改变激光的出射途径或者在目标内部把激光吸收掉，比如可以把保护层设计成夹层状，夹层里充入对激光吸收能力很强的物质以实现激光隐身。

8. 效果评估

激光隐身效果的评估有两种方法，一种是利用激光测距机对隐身目标进行测量；另一种是利用激光半主动导引头模拟器对隐身目标进行实时探测。

① 激光测距评估。激光隐身效果可通过激光测距机测距做出评价。将实验激光隐身的目标设于试验地点，用 GPS 对试验点进行定位，用激光测距机对目标多次测距，以 GPS 给出的距离为真值，比较激光测距机测试距离，将准确测试次数与总测距次数相比，测定准测率。

将激光测距机和隐身目标分开一定距离架设，并使目标做远距离测距机的移动。同时激光测距机对目标连续测距，直至无法测量时，记录最大测试距离，在确定准测率下对测试最大距离进行计算，得出最大测程。

② 激光探测评估。激光隐身效果可通过对激光半主动寻的器对目标的探测概率做出评价。将激光半主动寻的器与激光目标照射器分开一定角度架设，使实施激光隐身的目标在不同距离上运动，激光目标照射器对目标进行照射，记录、统计激光寻的器对目标的探测概率，与目标不实施隐身时的探测概率相比较，从而评价目标的隐身效果。

四、激光隐身技术的兼容性

激光隐身涂料与可见光、红外以及雷达波隐身技术的兼容问题，需要通过复合技术将不同波段的吸波剂及低红外发射材料有效耦合在一起，将其做成涂料等，以实现对多种探测手段的复合隐身。

1. 激光与可见光

可见光一般指波长为 0.4～0.78μm 的光线，可见光隐身涂料也称为迷彩涂料，它的作用是使目标与背景的颜色协调一致，使敌方难以辨识，故选用适当的迷彩颜料进行配色是可见光隐身涂料的关键。激光隐身涂料主要是以降低激光反射率为目标，其对光的作用范围和可见光隐身涂料不同，因此需要对激光隐身涂料进行适当的配色处理，使其同时实现可见光隐身的兼容。

2. 激光与雷达

雷达波长范围很宽，从 100MHz～3000GHz 都是雷达波的范畴，其中 2～18GHz 的雷达应用比较广泛，然而由于 30～300GHz 的毫米波雷达在大气中存在几个损耗较小的“窗口（35GHz、94GHz、140GHz、220GHz）”，所以其在军事上的应用正越来越受到重视。雷达波隐身技术主要有两个方面：①外形技术；②雷达隐身材料。目标通过合理的外观设计，并应用雷达波隐身材料便可达到目标对雷达波隐身的目的。就雷达波隐身涂料来说，其目的就是降低目标表面的雷达波反射率。激光隐身涂料的目的是降低目标在 1.06μm 以及 10.6μm 处的反射率，因此激光隐身涂料与雷达波隐身涂料并不矛盾。可采用多频段吸收剂应用于涂料中解决，其难点在于寻求具有宽频带吸收的涂料用吸收剂，如能制得宽频带吸收剂，激光隐身与雷达隐身的问题就可迎刃而解。对于近红外激光隐身涂料，可利用近红外激光隐身涂料对毫米波的透明性，将激光隐身涂料涂覆到毫米波隐身涂层表面，制备毫米波与激光复合隐身涂层。

3. 激光与红外

红外探测指的是利用波长在 3～15μm 的红外辐射特征进行探测的方法，考虑到大气层对红外线的吸收，红外探测器的实际工作波段为 3～5μm 和 8～14μm，其热成像技术在军事领域已经得到广泛的应用。随着红外侦察、探测、制导和热成像处理技术的发展，反红外探测隐身技术也越来越重要，它是通过抑制目标的红外辐射，或改变目标的热形状，从而达到目标与背景的红外辐射不可

区分的一门技术。目前，反红外探测隐身技术的主要技术措施有：一是改变红外辐射特征；二是降低红外辐射强度。主要是通过降低辐射体的温度和目标的辐射功率，除目标的设计因素外，使用红外隐身涂料是应用最为广泛的红外隐身技术手段。红外隐身涂料主要是针对红外热像仪的侦察，旨在降低武器在红外波段的亮度，掩盖或变形武器在红外热像仪中的形状，降低其被发现和识别的概率。红外隐身涂料根据其隐身机理可大致分为两个类别，一类是通过隔热的方式，使目标体表面温度降低以达到降低红外信号的目的；另一类，也是应用范围最广的是红外低辐射隐身涂料，即通过隐身涂料在目标表面的涂覆，使得目标体的红外辐射信号减弱从而达到红外隐身的目的。根据平衡态辐射理论，对于非透明材料，相同波段范围内的发射率与反射率之和等于1。由于目前激光探测器工作波长绝大部分为1.06μm和10.6μm，正好处于红外波段，激光隐身要求材料有尽可能低的反射率，而同时红外隐身要求材料有尽可能低的发射率，这样激光隐身和红外隐身就不可避免地成为了一对矛盾体，故两者协调很重要。而且，采用多频谱隐身材料是无法协调此矛盾的。通常是在涂覆红外隐身涂料或多波段兼容隐身涂料的基础上对激光反射采取一些补救措施。如采用对抗激光的方法，如发射烟幕弹等；还有一种方法是牺牲局部范围的红外隐身，就是使涂料在1.06μm/10.6μm附近出现较窄的低反射率带，而其他波段均为低辐射，以此来达到对激光的隐身，同时又要对红外隐身的影响不大。这一方法要求低反射带尽可能窄，因而也成了该方法的难点。理想状态的激光/红外隐身涂层应在1.06μm和10.6μm具有极低的反射率，而在其他红外波段则具有尽可能高的反射率。然而这种材料实际上很难获取。近来，掺杂半导体成为激光隐身涂料的研究热点，掺杂半导体可作为涂料体系中的非着色颜料，经过适当选配半导体载流子参数可使涂料的红外和激光隐身性能都达到令人满意的结果，同时也不会妨碍涂层满足可见光伪装的要求。掺杂半导体一般选用 InO_3 或者 In_2O_3 和 SnO_2。通过掺杂使得等离子波长处于合适的范围，使材料在1.06μm处具有强吸收低反射，在热红外波段具有低吸收高反射，从而达到两者隐身兼容。

五、发展分析

激光隐身技术的发展趋势：一是新型材料；二是红外/激光隐身；三是纳米激光隐身等。

（1）新型材料

例如，研发半导体化合物、研发光谱转换材料等。

半导体化合物。在半导体等离子波长大于入射光波长情况下，半导体有低反射率，半导体的等离子波长取决于它的载流子浓度。通过掺杂控制其载流子浓度，从而改变掺杂半导体化合物等离子波长，使其在1.06μm波长附近产生强吸收。同时通过掺杂改性还可以使掺杂半导体化合物的红外辐射范围脱离红外大气窗口，达到红外与激光复合隐身兼容的目的。

光谱转换材料。研发光谱转换材料，使其可以吸收多个低能量的长波长光子，然后发出高能量的短波长光，利用它对激光频率的转换特性来降低激光回波反射的能量，从而达到激光隐身的目的。

（2）红外/激光隐身

红外与激光复合隐身中红外隐身需要低发射率的材料，激光隐身需要低反射率的材料，这两者的复合隐身是矛盾的。据报道，通过对各种红外透明黏合剂如酚醛树脂、环氧树脂、醇酸树脂、Kiaton 树脂、改性乙丙橡胶的研究，以及一些金属颜料、半导体颜料如 ITO 的研究，已基本上研制出 1.06μm 激光与 8～14μm 红外波段的复合隐身涂料。此外采用双层乃至多层涂覆法也是复合隐身研究的一种比较容易的方法。由实验分析可知，激光隐身涂料对雷达波的透波性能良好，并且厚度很小，约为 0.1mm，可以将其涂覆于雷达吸波材料表面，从而实现激光与雷达复合隐身。

（3）纳米激光隐身

纳米材料是指材料组分特征尺寸在 0.1～100nm 的材料。它具有极好的吸波特性，具有频带宽、兼容性好、质量小和厚度薄等特点，对电磁波的透射率及吸收率比微米粉要大得多。

将纳米粉体应用于涂料制成纳米隐身涂料，由此制得的涂层在很宽的频带范围内可以躲避雷达波的侦察，同时能很好地吸收可见光、红外线，包括激光探测常用波段的吸收，使其具有红外隐身和激光隐身作用，可以显著改善目标的隐身性能。而且纳米粉体一般在涂料中的添加量较传统粉体少，易于实现高吸收、涂层薄、质量轻、吸收频带宽、红外微波吸收兼容等要求，是一种极具发展前景的隐身涂层材料。

由于激光探测器大多采用主动式探测方式，即依靠接收目标后向反射能量来进行工作，因此，激光隐身是以降低目标激光后向反射信号，即降低目标后向散射截面为出发点。目前，隐身涂料正向多频谱、宽频带方向发展，而纳米隐身涂料由于其突出的优点，可以制得综合机械性能良好，以及多频段、强吸收的多波段隐身涂料，必将成为激光隐身涂料的一个发展方向。

第二节　隐身目标激光近场散射特性

一、简介

由于激光引信具有良好的距离截止特性、对目标能主动全向探测、抗电子干扰能力强等特点，因此得到了广泛的应用。目标激光近场散射特性是激光引信设计和性能评估的基础和依据，决定了激光引信的主要技术参数，目标激光近场散射特性的研究对于激光引信设计有重要意义。

目前，国内外针对目标激光散射特性开展了大量的研究工作，但对激光近场散射特性的研究还比较少，尤其是隐身目标的激光近场散射特性。主要对隐身目标的激光散射特性进行仿真分析。

二、目标激光散射特性计算模型

目标激光散射特性采用激光雷达散射截面（laser radar cross section，LRCS）来表征，反映目标表面材料方向散射特性、目标几何形状结构和激光波长等因素对目标激光散射特性的综合影响，用 σ 表示。虽然对于引信近场来说，其 LRCS 与激光雷达中所提的目标 LRCS 受照射区域、照射方向、距离等因素影响概念有所不同，但是在弹目交会过程中，仍可以作为衡量目标散射特性的定量标准。

一般通过双向反射分布函数（bidirectional reflectance distribution function，BRDF）来计算 LRCS。BRDF 被用来表征目标表面材料方向散射特性，用 f_r 表示。目标表面材料的 BRDF 与表面材料粗糙度、入射角和散射角等有关。

整个目标表面的 LRCS 为：

$$\sigma=\int_{A_i}\pi f_r\cos\theta_i\cos\theta_r \mathrm{d}A_i \tag{6-14}$$

式中，积分域 A_i 为目标被激光照射到的面积；θ_i 为入射角；θ_r 为散射角。

BRDF 五参数模型为：

$$f_r(\theta_i,\theta_r,\varphi_r)=k_b\frac{k_r^2\cos\alpha}{1+(k_r^2-1)\cos\alpha}\exp[b(1-\cos\gamma)^a]\frac{G(\theta_i,\theta_r,\varphi_r)}{\cos\theta_i\cos\theta_r}+\frac{k_d}{\cos\theta_i} \tag{6-15}$$

式中，第一项为粗糙表面的镜面反射分量；第二项为漫反射分量；$G(\theta_i,\theta_r,\varphi_r)$ 为遮蔽函数，指数项为描述粗糙度统计特性的特征函数；k_b，k_d，k_r，a，b 为待定参数，由目标表面材料决定，可通过实测数据计算得到；θ_i 为入射角；θ_r 为散射角；γ 为微观平面上的入射角；$\cos\alpha$ 为 θ_i 和 θ_r 的函数；α 和 γ 表示为：

$$\begin{cases}\cos\alpha=\dfrac{\cos\theta_i+\cos\theta_r}{2\cos\gamma}\\ \cos^2\gamma=\dfrac{1}{2}(\cos\theta_i\cos\theta_r+\sin\theta_i\sin\theta_r\cos\varphi_r+1)\end{cases} \tag{6-16}$$

这里可认为 $\cos\varphi_r=1$。

三、目标激光散射特性仿真计算

1. 目标激光散射特性的仿真方法

对于像隐身飞机一类的复杂目标，在导弹与目标相对交会运动过程中，目标表面面积比激光引信波束照射面积大得多，通过波束分割法，求解交会过程中某一时刻的激光引信照射到的目标表面 LRCS。波束分割是指把发射光束分成大量细小光束的集合，求解这些细小光束照射到的目标部位。通过对各个小单元的 LRCS 的计算，进入视场判断和遮挡判断，将被照射面元的 LRCS 进行叠加，得到目标的 LRCS。

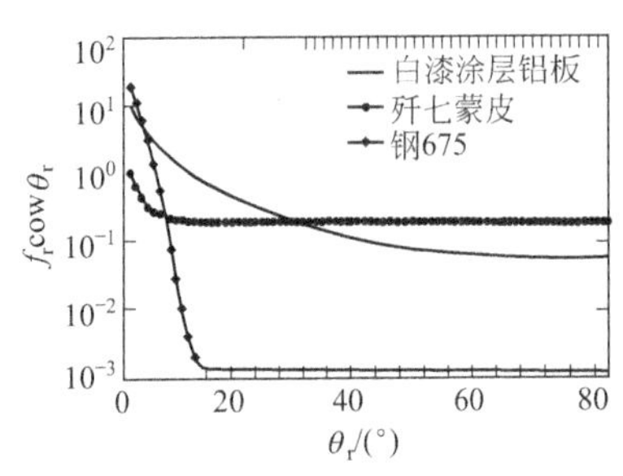

图 6-3 BRDF 随散射角的变化关系

2. 典型材料的 BRDF

三种材料（钢 675、歼七蒙皮、白漆）的 BRDF 随散射角的变化关系如图 6-3所示，这里散射方向和入射方向重合。

从图 6-3 可以看出，钢 675 材料的镜面效应强于白漆。在散射角 15°内，钢 675 的 BRDF 随散射角迅速减小，而白漆的 BRDF 随散射角的变化相对缓慢。

3. 目标激光远场散射特性

F-22A 飞机表面材料的 BRDF 无法获取，这里选取两种代表性的材料对 F-22A 飞机激光散射特性进行分析，包括镜面反射较强、漫反射较弱的金属材料（钢 675）和镜面反射相对较弱、漫散射较强的白漆涂层。

F-22A 飞机远场 LRCS 水平面仿真结果如图 6-4 所示，其中表面材料分别选用钢 675 和某型白漆涂层。

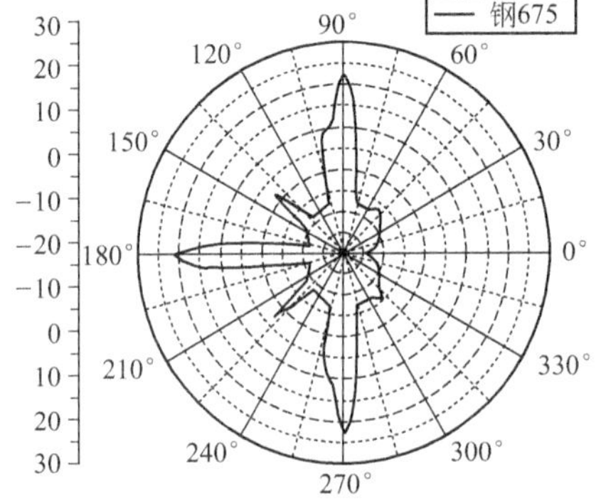

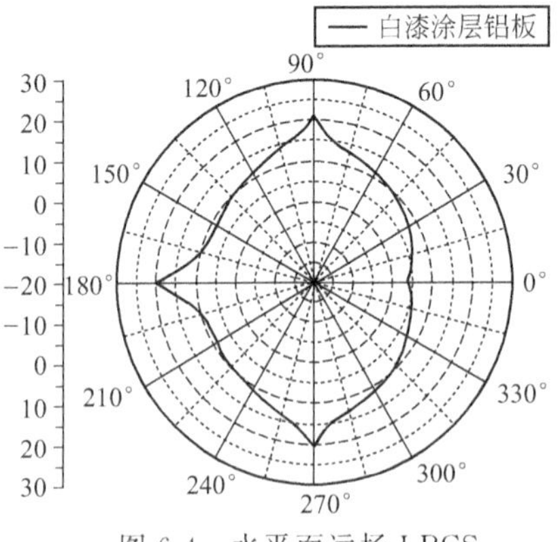

图 6-4 水平面远场 LRCS

从图 6-4 可以看出：

① 当 F-22A 飞机表面材料散射特性类似于钢 675 散射特性时，F-22A 远场 LRCS 最小值为－15dBsm，在头部±30°范围内，LRCS 约－10dB，即 $0.1m^2$。

② 当 F-22A 飞机表面材料散射特性类似于白漆涂层散射特性时，F-22A

远场 LRCS 最小值大于 0dBsm，即 $1m^2$，不具有隐身效果。

因此，如果 F-22A 对激光具有较好的隐身效果，则 F-22A 表面材料的散射特性接近于金属的散射特性。

4. 目标激光近场散射特性

脱靶量 10m 条件下，导弹从 F-22A 飞机正下方迎头、尾追交会的动态 LRCS 计算结果分别如图 6-5 和图 6-6 所示。图中横坐标为沿相对速度方向导弹位置，为正表示导弹在目标前方，为负表示导弹在目标后方，其中“0”点为目标几何中心在相对速度方向的投影。计算条件：探测视场角 1°。

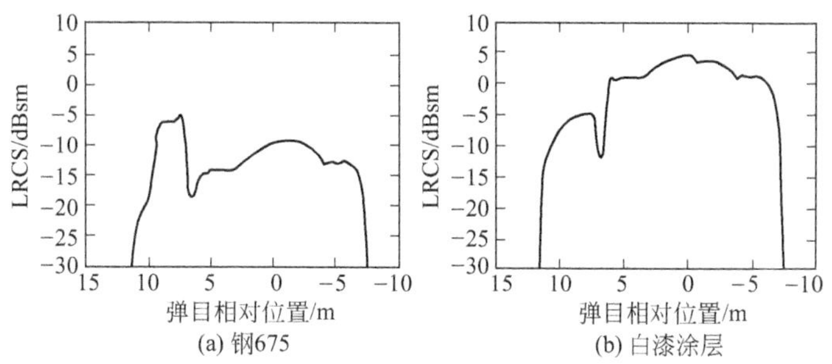

(a) 钢675　　(b) 白漆涂层

图 6-5　尾追交会的动态 LRCS

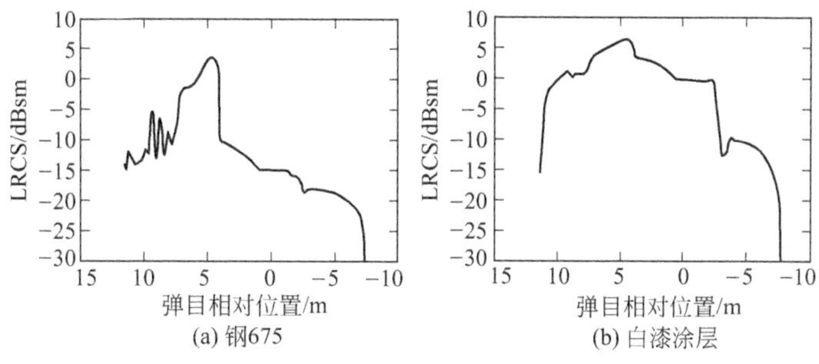

(a) 钢675　　(b) 白漆涂层

图 6-6　尾追交会动态 LRCS 计算结果

从图 6-5 和图 6-6 可以看出，钢 675 与白漆涂层对目标动态 LRCS 影响较大，在大多数情况下钢 675 的目标动态 LRCS 小于白漆涂层的动态 LRCS。

随机抽取 16224 条全向交会弹道进行数字仿真，交会条件：交会角 0°～180°；脱靶方位 0°～360°。计算结果表明：

① 当 F-22A 飞机表面材料散射特性类似于白漆涂层散射特性时，当引信最小可探测 LRCS 为－16dBsm 时，引信对 F-22A 飞机的启动概率大于 99％。

② 当 F-22A 飞机表面材料散射特性类似于钢 675 散射特性时，当引信最小可探测 LRCS 为－20dBsm 时，引信对 F-22A 飞机的启动概率大于 99％。

第三节　激光吸收剂

一、主要品种与特性

激光吸收材料（LAM）通常对激光信号吸收强，从而降低了激光反射信号，其还可以改变发射激光的频率，使回波信号偏离激光探测波段。从使用方法上讲，激光吸收材料可分为涂覆型和结构型两大类，其中涂覆型用得最多。涂覆型激光吸收材料大多以降低目标对激光的后向散射，或增大目标表面的粗糙度方式来实现激光隐身。对于涂覆型吸收材料，主要从两方面降低目标材料的漫反射：①研究对激光具有高吸收的材料；②研究涂层的表面形态，以构造漫反射表面，使入射的激光能量以散射的形式传输到其他方向上，同时进行多层结构设计，波长匹配层导入激光信号，吸收层消耗激光能量。涂覆型激光吸收材料通常以涂料的形式或伪装网的形式对武器装备实施激光隐身。据报道，国内激光隐身涂料对1.06μm波长的激光吸收率已高达95%以上，可以使激光测距机的测距能力降低近70%，起到了激光隐身的作用。

结构型吸波材料，将结构设计成吸收型的多层夹芯，或把复合材料制成蜂窝状，在蜂窝另一端返回，这样既降低了反射激光信号的强度，又延长了反射光的到达时间。结构型吸波材料的研制始于20世纪60年代，其在武器装备上的应用是20世纪70年代末和80年代初，应用较为广泛的是在隐身飞机上。结构型吸波材料具有轻质、高强和吸波等特点，是一种多功能复合材料，受到国内外高度重视。目前结构吸波材料正积极地朝着宽频吸收的方向发展。

烟雾或气溶胶的微粒对激光具有强烈的吸收和散射作用，可使激光制导武器无法正常工作。目前，美国研制的406B气溶胶对1.06μm激光具有强烈的吸收作用，对激光能量的平均衰减率达到70%以上，可用于防御激光制导武器的攻击。透射材料是指让激光透过目标表面而无反射。从原理上看；透光材料后应有激光光束终止介质，否则仍有反射或散射激光存在。导光材料是使入射到目标表面的激光能够通过某些渠道传输到其他方向去，以减少直接反射回波。

为了减少激光的反射回波，工程上还可采用透射材料、导光材料、光致变色材料、变偏振度材料等技术。透射材料是通过选择合适的材料让入射激光最大限度地透过后照射到光束终止介质，降低反射和散射光；导光材料使入射到目标上的激光能够通过它作为媒质传播到另外一些方向上去来减少反射回波；光致变色材料，使入射激光穿透或反射后变成另一波长的激光；变偏振度材料可以改变反射激光回波的偏振度，达到探测器无法识别回波的作用。

近年来大量近红外线吸收染料（如多次甲基菁、双硫烯配体等）可以在激光

器工作波长附近有强吸收低反射，或者可以改变入射激光频率。在光致色变材料中，掺银的二氧化钒（VO_2）可以吸收对方的激光探测系统的辐射，受到广泛的重视。纳米涂层材料也具有广泛变化的光学性能，它的光学透射谱可从紫外波段一直延伸到远红外波段。纳米多层组合涂层经过处理后在可见光范围内出现荧光。许多纳米材料、有机高分子材料都具有光致变色效应。美国和日本在这个领域进行了深入的研究，已有少量用于服装、塑料等民用产品投放市场。

二、转型激光吸收剂

世界各国相继开展了激光隐身的研究，由于技术封锁等原因，最新的研究成果尚不明确，但从查得的国内外相关文献发现，国内外对频率转换材料的研究较多，但都局限于民用领域，近几年来国内也开始加强对激光隐身技术的研究，出现了一些新的激光隐身材料和技术，但距离装备应用还有很多工作需要开展。目前，国内激光隐身材料对波长 1.06μm 的激光吸收率已高达 99%以上，起到了激光隐身的作用。工程兵科研一所在国内外首次提出光谱位移和激光角度偏转的伪装新概念，开创了激光伪装的新技术途径。通过分析光谱位移产生的机理，确定了激光吸收上转换和下转换材料 2 种技术途径，采用该激光吸收材料研制出在 1.06μm 附近具有良好吸收效果的激光伪装涂料，其反射衰减达 23.01dB，并且能和可见光伪装兼容。采用波动光学建立了激光角度偏转光子晶体的光散射特性模型，优化设计出光子晶体的结构参数与激光角度偏转效果的对应关系，通过激光回波角度控制，开辟了通过材料结构控制进行激光隐身的新途径。

1. 光谱位移激光吸收材料

利用对激光具有“光谱位移”效应的吸收材料，通过与入射激光的谐振作用，可充分吸收入射激光，而出射辐射偏离入射激光的波长。根据转换材料的发光机理，可以吸收多个低能量的长波长光子，经多光子加和后发出高能量的短波辐射，利用它对激光频率的转换特性来降低激光回波反射的能量，从而达到激光隐身的目的。从这个角度出发，可以考虑选择对 1.06μm 波长的激光有强吸收和光谱转换效率的稀土离子，如 Sm^{3+}、Er^{3+}、Tm^{3+} 等，掺杂在基质体系中，将 1.06μm 的光转化为其他波长的光，从而达到吸收的效果。

2. 激光吸收材料

（1）掺杂半导体材料

在半导体内等离子波长大于入射光波长时，半导体有低反射率，且半导体的等离子波长取决于它的载流子浓度。氧化锡通过掺杂后是良好的 n 型导电半导体，因此，以氧化锡为主要原料，通过掺杂氧化铜、氧化锑、氧化钙、二氧化硅等过渡元素氧化物以调节载流子浓度，可改变掺杂半导体化合物等离子波长，使其在 1.06μm 波长附近产生强吸收和受激辐射，提高材料的激光吸收性能。同时，通过掺杂改性还可以使掺杂半导体化合物的红外辐射范围脱离红外大气窗口，达到红外与激光复合隐身相兼容的目的。

（2）有机金属络合物

通过对各种过渡金属离子、稀土离子吸收光谱特性的分析研究，选择能有效吸收 1.06μm 波长激光的金属离子，同时对能与过渡金属离子、稀土离子络合的各种有机络合剂进行选择对比，找到所需的有机络合剂（或进行适当的改性）。通过有机络合剂与相应的金属离子络合制备成能有效吸收 1.06μm 波长激光的有机金属化合物，再经提纯制备更适合作为激光隐身薄膜的功能性原料。

（3）空芯微珠表面化学镀铜

空芯微珠表面改性的研究主要是基于表面（界面）效应及物质与电磁波的作用机理，通过陶瓷空芯微珠特殊的表面结构及组成与激光作用，达到吸收与散射、减小回波的目的。化学镀通常以硫酸铜为主，以甲醛为还原剂。

（4）纳米隐身材料

纳米粒子对红外及各种电磁波有隐身作用，原因主要有两点：①纳米粒子尺寸远小于红外、雷达及激光的波长，因此纳米粒子材料对这些光波的透过率比常规材料要高得多，这大大减小了波的反射率，从而达到隐身的目的；②纳米粒子材料的比表面积比常规粗粉大 3～4 个数量级，对红外和电磁波的吸收率也比常规材料大很多，因此很难被探测器发现。由于纳米材料具有特有的光学性质，同时具备了宽频带、兼容性好、质量小和厚度薄等特点，因此成为激光隐身材料未来的研究对象。

3. 激光吸收多孔材料

多孔结构材料具有受环境影响小的特点，在材料确定的情况下，多孔结构材料可利用自身多孔结构实现多重吸收，从而大大提高了有效吸收系数。通过分析不同孔结构材料和材料本身吸收系数对多孔结构材料激光吸收性能的影响，确定了具有最佳吸收性能的结构参数，设计出具有激光高吸收性能的腔体结构，从而实现了材料吸收和结构偏转双重激光衰减效果。

4. 激光角度偏转材料

激光角度偏转材料能使入射到目标表面的激光通过材料设计的特殊结构，偏转到激光探测设备的视场范围外。利用光子晶体新材料技术设计的周期结构体系，使正入射到其表面的电磁波反射到一定角度以外的某个角度，和正常反射相比产生了“角度位移”。由于激光寻的器大多被投放入 $-30°\sim30°$空间角范围内探测回波能量并完成制导，因此进入激光寻的器的能量大大降低，导致探测目标回波信号或探测目标非常困难，从而实现激光隐身。

5. 激光吸收材料和激光角度偏转复合材料

为了提高激光衰减效果，可以考虑将激光吸收材料和角度偏转材料兼容，通过宏观结构优化设计，实现整个系统对入射激光具有高吸收和高反射的双重效

果。在激光角度偏转材料表面喷涂激光吸收材料，激光经吸收材料吸收后，未被吸收的能量到达激光角度偏转结构表面，经偏转结构后，回波反射到一定的角度范围外。经历了这样的吸收和偏转双重作用，激光回波信号已很弱，从而提高了激光隐身效率。

三、过渡元素掺杂 SnO_2 激光吸收剂

1. 简介

以 SnO_2 为主要组成，通过掺杂 CuO、Sb_2O_3、Ni_2O_3、ZnO 等过渡金属元素，制备了具有优异激光吸收性能的材料，研究了掺杂量、合成温度对材料性能影响，确定了最佳的组成配比和合成温度。

2. 原材料与材料制备

主要原料为工业用 SnO_2，含量 99%，细度 10μm，掺杂材料为 CuO、Sb_2O_3、Ni_2O_3、ZnO 等，成分含量要求大于 99%，细度小于 10μm。各组分的含量为 SnO_2 75%～95%、CuO 0～5%、Sb_2O_3 0～15%、ZnO 0～5%、Ni_2O_3 0～15%。隐身材料制备采用固相合成法，将所需的原料混合均匀后，置于实验电炉中 1300～1350℃高温合成。所用原料均为工业纯，具有原料易得、可批量制备、价格便宜的特点。

3. 吸波性能

(1) 掺杂量材料的光谱反射特性研究

对不同掺杂量合成的材料进行光谱反射特性的测试研究（图 6-7），掺杂量分别为 0%、2%、5%、10%、20%。

由光谱反射率曲线可以看出，随着外加剂含量的增加光谱反射率呈下降趋势，在 0.75～1.45μm 的近红外波段外加剂含量小于 10%时，随外加剂的含量增加光谱反射率减小，当含量为 10%时，反射率最低，1.06μm 波段的反射率为 3%，1.35μm 波段的反射率达到最低 2.22%，比常用的含钴黑色陶瓷颜料以及炭黑等高吸收材料在该波段的反射率（8%左右）还低，所以，制备的激光吸收材料具有优异的吸收性能。外加剂含量达到 20%时反射率有所提高，因此，外加剂的含量在 10%～20%可以制备近红外波段具有较低光谱反射率的材料。

(2) 不同合成温度对光谱反射特性的影响

在不同温度下对外加剂含量为 10%的材料合成，研磨后制成涂层进行可见光、近红外反射光谱的测试，测试结果如图 6-8 所示。从图中可以看出，合成温度在 1300～1320℃反射率较低，相应对 1.06μm 激光的吸收较高。温度低外加剂不能起掺杂作用，不能发挥二氧化锡的半导体性能，超过 1350℃，从合成材料的外观看，颜色由蓝灰色转变为土黄色，合成的组分在高温下发生分解，相应的反射率提高。

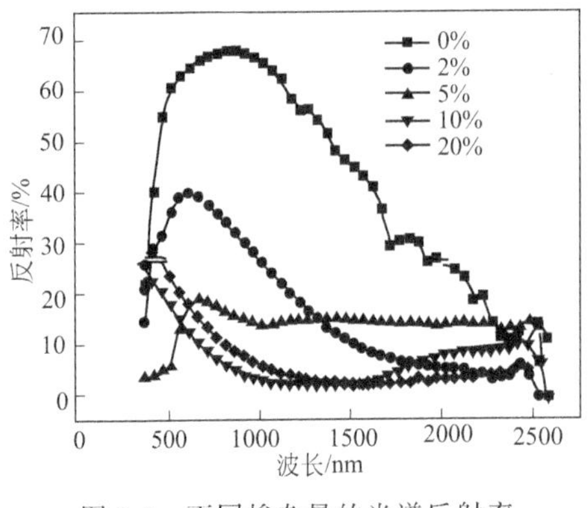

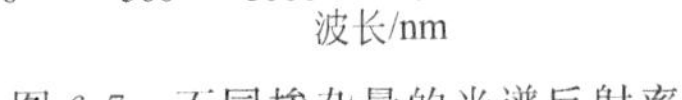

图 6-7 不同掺杂量的光谱反射率

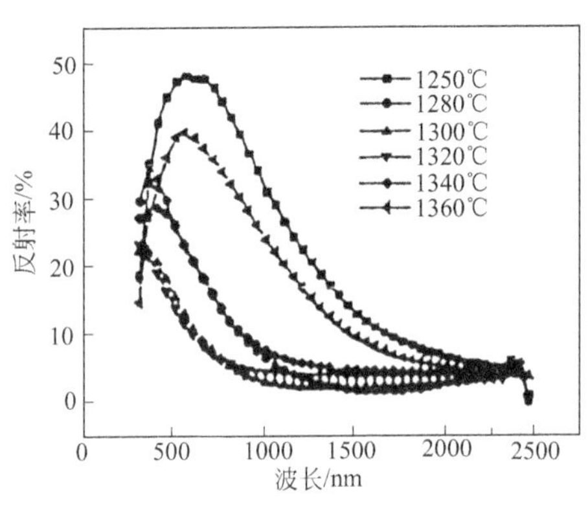

图 6-8 不同合成温度的光谱反射率

(3) 1.06μm 激光漫反射率测试

对合成的 SnO_2 制成样品进行 1.06μm 激光漫反射率的测试，测试结果如表 6-1所列。

表 6-1 材料 1.06μm 激光漫反射率

SnO_2 样品编号	1.06μm 漫反射率/%
1	3
2	2.8
3	2.4

(4) 激光隐身效果的评价

由表 6-2 可以看出，对 1.06μm 激光，常规的可见光伪装材料的反射率较高，在 29%以上，而 SnO_2 激光隐身涂层，土黄色图案的反射率为 5.2%，中绿图案在 1.06μm 反射系数约 0.5%，深绿图案的反射系数约 6.5%，由此可以看出该激光吸收材料具有良好的吸收性能。

表 6-2 消光实验数据

编号	靶　标	测距次数	衰减片值/dB	准测率/%	ΔS	ρ 值	激光能量衰减/dB
1	标准靶	301	16.361	98	—	0.23	−6.38
2	方舱左侧光学土色	303	23.195	95	−3.457	0.51	−2.92
3	方舱左侧光学中绿色	302	22.157	90	−2.419	0.40	−3.98
4	方舱左侧光学中深绿	300	20.776	83	−1.038	0.29	−5.38
5	方舱右侧激光土色	300	13.244	83	6.494	0.052	−12.84
6	方舱右侧激光中绿	300	3	95	16.738	0.005	−23.84
7	方舱右侧激光深绿	300	14.282	75	5.456	0.065	−11.87

四、电致变色激光吸收剂

1. 电致变色的原理

电致变色是指材料在外加电场的作用下，发生离子与电子的共注入与共抽出，使材料的价态与化学组分发生可逆变化，从而使材料的透射与反射性能发生改变的现象。电致变色的材料按其结构来源和电化学变色性能可分为两类：一类是无机变色材料，其光吸收变化是由离子和电子的双注入/抽取引起的，其性能优越稳定；另一类是有机变色材料，其光吸收变化来自氧化还原反应；因色彩丰富，易进行分子设计而受到重视。

在电场的作用下，电致变色材料的光学性质发生可逆变化，这为它可以根据背景的改变，在恰当的时机选用合适的电压来改变目标的物理光学特性，实现光电对抗的智能化奠定了基础。

电致变色材料在军事伪装中的应用开发，是依据下述的物理化学性能：高的电导率、可逆氧化还原性、不同氧化态下的光吸收特性、导电与非导电状态的可转换性等。

一般电致变色材料的颜色变化范围在可见光区，即其在 380～760nm 具有可逆变化的光谱性能。利用电致变色材料的光谱可逆变化特性，可按所需面积制成可见光反射特性控制器件覆在目标表面，通过施加不同的电压，使器件显示不同的颜色来模拟周围环境，或者改变目标的光学特征，使其模拟另一种性质完全不同的物体，从而欺骗敌方的光学成像系统，使其不能发现和识别己方目标。

若将在近红外波段具有强吸收能力的官能基团，接枝于导电聚合物的主链上形成侧链，获得在近红外区域也具有吸收能力的新型材料，就能够实现可见光-近红外多波段的伪装隐身。

在目前所使用的制导武器中，多采用复合寻的制导技术，其中激光侦察和制导所用的激光波长大多集中在近红外波段。如果采取适当的技术，使电致变色材料在近红外区具有较强的吸收能力，将意味着此材料还能够实现激光隐身。

2. 电致变色膜的制备

选用分析纯的聚合物单体，再筛选适当的化合物分解作为支持电解质、掺杂剂及添加剂，以不同的配比配制电解液。采用电化学循环伏安法，在工作电极上沉积得到电致变色膜。其组分、工作条件及成膜效果如表 6-3 所列。

表 6-3　电解体系、工作条件及成膜效果

聚合物单体	组分一	组分二	扫描电压/V	扫描速率/(mV/s)	工作电极	膜外观
物质的量浓度/(mol/L)						
0.15	0.2	0.1	−0.2～1.2	20	电极一	致密，均匀
				28	电极二	致密，均匀

随着外加电压的变化，膜表现出从淡黄—绿—深蓝—绿—淡黄的循环显色效果。取某一时刻作为扫描结束点，将电极漂洗、晾干，观察膜的颜色和外观，并测试其光谱反射性能。

3. 电致变色膜的光学特性

电致变色膜在可见光和近红外区域的漫反射率如图 6-9 所示。

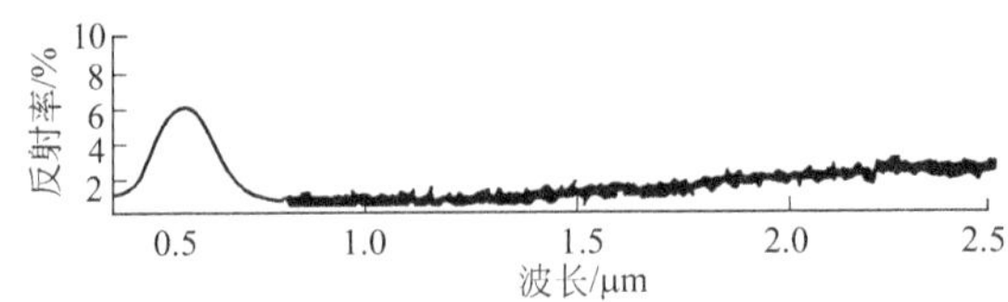

图 6-9 电致变色谱在可见光和近红外区域内的漫反射率

图 6-9 显示的结果表明，对漫反射表面而言，此电致变色膜在可见光区域有较大的反射率，但是在近红外光谱区，电致变色膜的反射率相当低，在 1% 左右。图中反射率在可见光与近红外区连接处（约 800nm 的地方）有一跳变，是测试时所用光谱仪自动更换探测器造成的。由于目前常用的激光测距机波长多为 1.06μm 和 1.54μm，因此，该电致变色膜的激光隐身性能值得进一步分析。

由表 6-4 结果可以看出，激光测距机对漫反射小目标和漫反射大目标，在使用电致变色膜之后的反射率为使用之前的 $\frac{1}{16.7}$。激光测距机作用距离减小，使目标的生存概率增大。因此，该电致变色膜对工作在近红外波段的激光测距机有一定的隐身效果。

表 6-4 目标在覆盖电致变色膜前后的变化

项目	漫反射小目标	漫反射大目标	项目	漫反射小目标	漫反射大目标
覆盖前反射率/%	25		覆盖前作用距离/m	1910	13160
覆盖后反射率/%	1.5		覆盖后作用距离/m	1030	8390
覆盖前、后反射率之比	16.7		覆盖前、后作用距离之差/m	880	4770

利用电致变色膜的光学特性可控性，可以使激光测距机、激光雷达的探测距离和激光半主动制导武器的作用距离减小，从而降低地面目标被各种激光制导导弹击中的概率。电致变色材料可望成为一种有效的复合激光隐身材料，它在光电隐身和伪装方面的应用有良好的发展前景。

五、$ErFeO_3$ 高强激光吸收剂

1. 简介

对 $ErFeO_3$ 材料的制备以及其对可见光和激光的隐身性能进行了研究。通过采用高温固相法，制得了不同煅烧温度下的材料样品。通过对 XRD 图、漫反射光谱的分析，发现对激光吸收起主要作用的成分是 $ErFeO_3$。煅烧温度为

1300℃、厚度约为 0.2mm 的材料样品在 1.55μm 处的吸收率达到了 37.5%。反射光束的空间分布近似于朗伯余弦分布，且当入射功率小于 80μW 时，材料样品对激光吸收良好，而当大于 80μW 时，吸收达到饱和。宏观上，材料样品呈现土红色，所研究的 $ErFeO_3$ 材料兼具可见光和激光隐身的效果。

2. 制备方法

采用高温固相反应法制备 $ErFeO_3$ 粉末材料，按物质摩尔比称取一定量的 Fe_2O_3 和 Er_2O_3。初步研磨均匀后将混合物置于尼龙罐中，加入一定量去离子水，以二氧化锆球作为研磨介质，球料比控制为 3∶1，以转速为 300r/min 在球磨机上研磨 2h，使原料充分混合均匀。

然后，将二者混合物置于电热恒温鼓风干燥箱内，在 80℃的实验温度下干燥 15h。将烘干后的混合粉体置于陶瓷坩埚中，在马弗炉内分别以 900℃、1000℃、1100℃、1200℃和 1300℃的温度进行高温煅烧，时间均为 2h。最后，将煅烧后的粉末分别进行研磨，装袋制成待测样品。

3. 结构

采用日立 DMAX-3A 型 X 射线衍射仪，$Co_{K\alpha}$ 靶（λ＝0.1789nm）进行材料样品的物相分析，扫描范围为 10°～80°。

图 6-10 是不同煅烧温度下材料样品的 XRD 图。标号为①②③的子图分别对应煅烧温度为 1100℃、1200℃和 1300℃样品的 XRD 图。将三张 XRD 图分别同子图④中 $ErFeO_3$ 标准 PDF 卡片（PDF No.47-0072）进行比较，可以看到，当煅烧温度为 1100℃和 1200℃时，XRD 图中的各峰值与 $ErFeO_3$ 标准 XRD 图中的峰值不相符，有几个杂峰；而当温度提高为 1300℃时，样品 XRD 图中的峰与 $ErFeO_3$ 标准 XRD 图中的峰从位置和相对强度上都高度一致，说明在此温度下所制备的材料为单一相的 $ErFeO_3$。

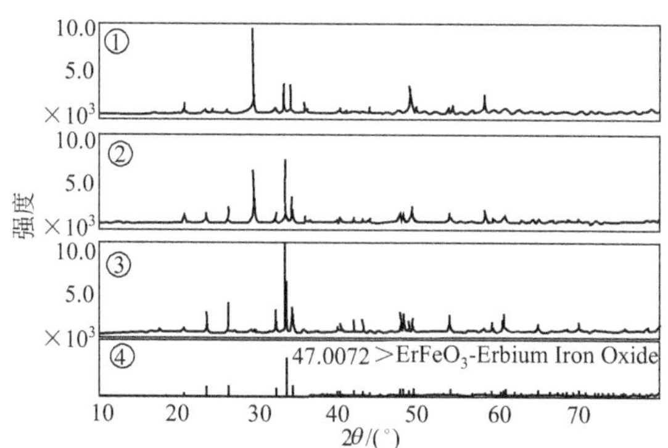

图 6-10 不同煅烧温度时样品的 XRD 图

煅烧阶段的化学反应是：

$$Er_2O_3 + Fe_2O_3 \longrightarrow 2ErFeO_3$$

经过进一步的分析，确定了子图①、②中的杂峰（约在衍射角29°和36°的位置上）分别对应于Er_2O_3和Fe_2O_3，说明在煅烧温度较低时，没有完全生成$ErFeO_3$。

六、稀土激光吸收剂

1. 简介

稀土元素的电子结构和化学性质相近，因4f层电子数的不同，每种稀土元素又有其不同的性质，同一结构或体系的稀土材料可具有多种不同的物理和化学特性。随着研究者对稀土元素的不断认识和研究，稀土元素已经在光学材料、磁性材料、电子材料、生物材料、核材料等方面有着独特的应用。稀土元素是目前功能材料领域不可或缺的重要组分，是对合成和发明新材料具有战略意义的资源。

三价稀土离子的组态能级数可达3400个以上，密集的能级间产生的跃迁可形成广阔范围的光谱，其吸收波段包含紫外以及红外区域；能级之间的跃迁除f-f组态和f-d组态的跃迁外，还有f-s、f-p电子跃迁。由于4f壳层受到外层$5s^2$、$5p^6$壳层的屏蔽作用，对场作用的反应不敏感，所以稀土离子能级的跃迁主要是f-f、f-d组态的跃迁。因为受外壳层的影响，f壳层到其他组态的跃迁以带状吸收为主。如$4f^n \rightarrow 4f^{n-1}5d$跃迁向高能方向移动，形成二价稀土离子的最低吸收带。二价钐离子（Sm^{2+}）在可见光区内有吸收带，二价铕离子和二价镱离子（Eu^{2+}和Yb^{2+}）在紫外区内有吸收带。有变成四价离子趋势的三价铈离子、三价镨离子、三价铽离子（Ce^{3+}、Pr^{3+}、Tb^{3+}），在紫外区有$4f \rightarrow 5d$跃迁吸收带。电荷迁移带吸收是由配体电荷迁移到稀土离子，稀土离子和配体空穴形成电荷迁移态的吸收行为，为宽带吸收光谱，如$4f^n \rightarrow 4f^{n+1}L^{-1}$，L为配体，电荷迁移带随氧化态增加向低能方向移动，形成四价稀土离子的最低吸收带，如Ce^{4+}、Pr^{4+}、Tb^{4+}。铽掺杂的氧化钇（Y_2O_3：Tb^{4+}）发橘黄色光就是因为电荷迁移吸收处于可见光区。有变成二价离子趋势的三价钐离子、三价铕离子、三价镱离子（Sm^{3+}、Eu^{3+}、Yb^{3+}），在紫外光区有电荷迁移吸收带。在电负性较小的硫化物中，三价钕离子、三价镝离子、三价钬离子、三价铒离子、三价铥离子（Nd^{3+}、Dy^{3+}、Ho^{3+}、Er^{3+}和Tm^{3+}）的吸收峰位于$30000cm^{-1}$附近。利用稀土离子具有丰富的能级，其4f电子层在f-f组态之内或者f-d组态之间的跃迁来达到对特定波长的激光强吸收的效果，实现对1.06μm激光隐身的同时兼容红外等其他波段的隐身。

2. 含钐体系的激光隐身材料

采用溶胶-凝胶燃烧法合成了前驱体，将前驱体在不同温度下煅烧，最终合成了硼酸钐（$SmBO_3$）粉体。$SmBO_3$粉体在1.05～1.15μm波长范围，由于

Sm^{3+}中的电子被激发，由$^6H_{5/2}$基态向$^6F_{9/2}$激发态发生跃迁，对光存在较强的吸收，在1.07μm波长附近反射率达最低值，约为0.41%，而在1.06μm波长处反射率约为0.6%，如图6-11所示。

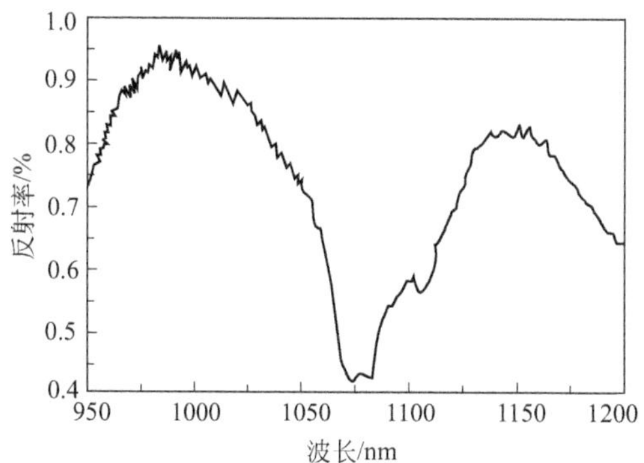

图6-11　前驱体经750℃煅烧2h后的$SmBO_3$粉体的反射率图谱

对轻、重稀土对$SmBO_3$的掺杂、$SmBO_3$不同的颗粒度、$SmBO_3$的晶型转变等对1.06μm波长激光的反射率的影响做了进一步的研究。图6-12表明4种掺杂的轻稀土离子中，Ce^{3+}对$SmBO_3$的反射率有微小的降低，且能使反射率的最低点蓝移和煅烧温度降低。重稀土掺杂对$SmBO_3$的反射率有不利的影响，虽会对反射率的最低点产生蓝移，但是因六方相的红移导致掺杂的蓝移效果减弱。图6-13为不同粒度尺寸的反射率谱图，表明当$SmBO_3$粉体的粒度尺寸为600nm左右时，$SmBO_3$对1.06μm激光的吸收率最低。由图6-14不同晶型的$SmBO_3$的反射率谱图可知，三斜晶型$SmBO_3$的反射率较六方晶型$SmBO_3$的反射率要低，其中三斜晶型的$SmBO_3$粉体在1.06μm激光波长处的反射率约为0.6%，而六方晶型的$SmBO_3$粉体在1.06μm激光波长处的反射率约为0.7%，晶型的不同使六方相$SmBO_3$的吸收峰位置向长波长方向红移约12nm，导致吸收峰的最低点更加偏离1.06μm。

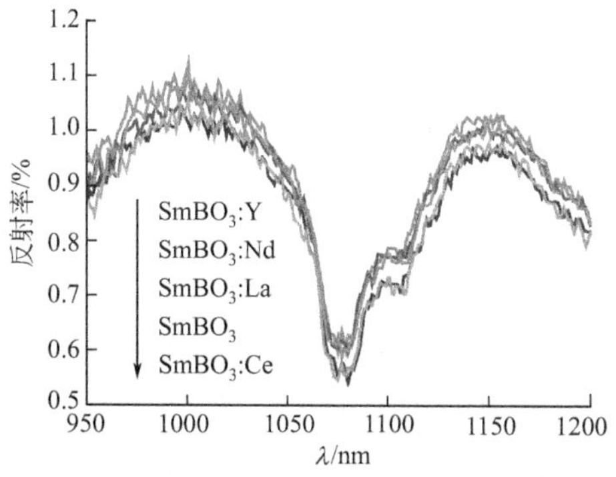

图6-12　轻稀土离子掺杂$SmBO_3$粉体的反射率图谱

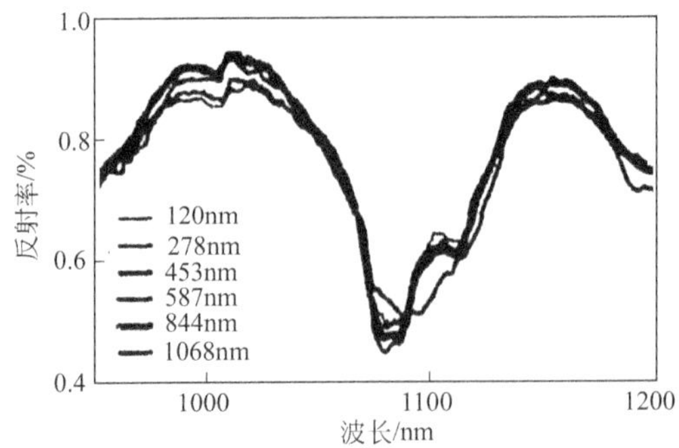

图 6-13 不同颗粒度 $SmBO_3$ 的反射率谱图

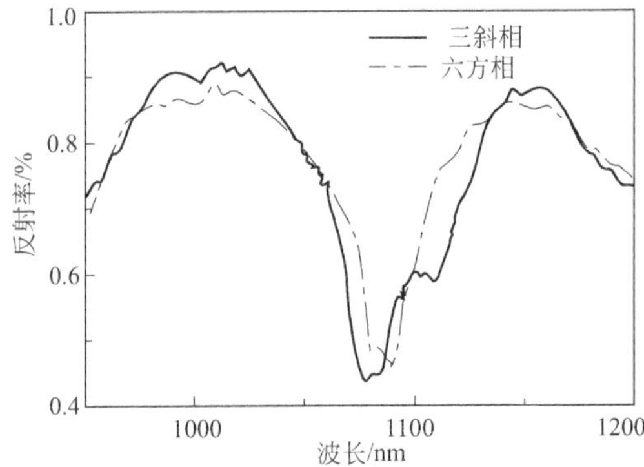

图 6-14 三斜、六方两种 $SmBO_3$ 晶型的反射率谱图

综合以上研究，要进一步提高 $SmBO_3$ 粉体对 1.06μm 激光的吸收性能，可以考虑对其进行轻稀土掺杂、保证其颗粒度在 600nm 左右、控制煅烧温度使其最终形成三斜相的晶型。

采用柠檬酸溶胶-凝胶法，并在不同温度下煅烧 2h 后成功制备了铝酸钐（$SmAlO_3$）粉体。对不同温度下粉体的 1.06μm 激光吸收性能进行了表征，发现在 900℃下煅烧的粉体的反射率最低，如图 6-15 所示。研究表明 $SmAlO_3$ 有望作为 1.06μm 激光防护的潜在材料。

采用固相法，在 1250℃时制得了颗粒尺寸为 2～4μm 的单一相橙红色铁酸钐（$SmFeO_3$）粉体。所得到的 $SmFeO_3$ 粉体在 1.06μm 波长处的反射率为 0.31%，具有较好的激光吸收性能。

3. 钇体系的激光隐身材料

采用湿化学法制备了氧化钇（Y_2O_3）为基质掺杂不同稀土元素的上转换纳米粉体材料。当控制掺杂量在一定范围时，所制备的粉体均为纯 Y_2O_3 立方相结构，粒径在 30～50nm 范围。Er^{3+} 掺杂的 Y_2O_3 纳米粉体在 1.06μm 激光激发下的发射光谱峰值位于 560nm 附近。随掺杂浓度的增加，Er 掺杂的 Y_2O_3 纳米粉

体材料在 1.06μm 附近的光谱反射系数也相应减小，最小的接近 0.1，表明对 1.06μm 激光具有良好的吸收效果，其光谱反射曲线如图 6-16 所示。

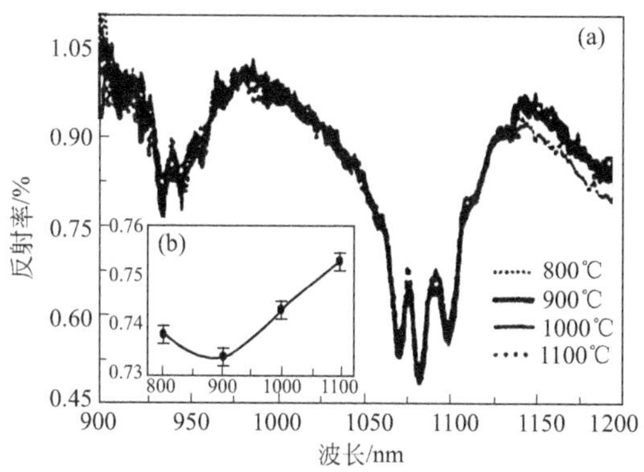

图 6-15 (a) 不同煅烧温度下煅烧 2h 后 $SmAlO_3$ 的光谱反射率；(b) 不同煅烧温度下的 $SmAlO_3$ 在 1.06μm 下的光谱反射率

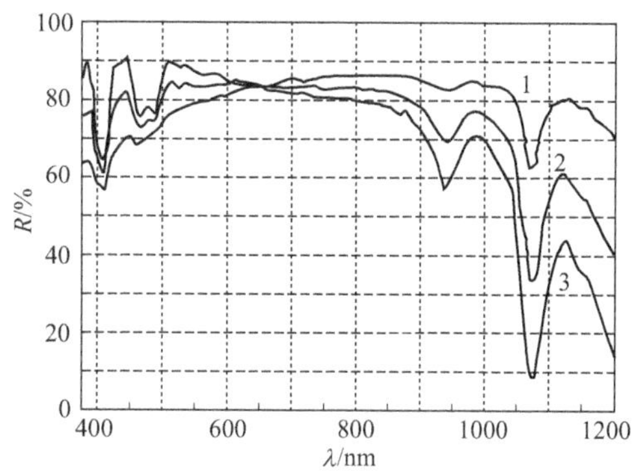

图 6-16 不同 Er 掺杂量（摩尔分数）的激光吸收上转换位移材料的反射光谱
曲线 1—掺杂量 0.3%；曲线 2—掺杂量 0.5%；曲线 3—掺杂量 0.8%

Y_2O_3 是一种上转换发光材料，上转换材料是能够把长波长的光（能量低）转换为短波长（能量高）的一种材料。上转换材料的发展历史并不是特别地长，Auzel 在研究稀土掺杂钨酸镱钠玻璃时，发现红外激发下发光效率提高了两个数量级，并对其进行系统的研究，提出了激发态吸收过程（excited state absorption，ESA）、能量传递上转换（energy transfer upconversion，ETU）、光子雪崩（photon avalanche，PA）三种上转换发光的机制。上转换材料在激光技术、光纤通信技术、纤维放大器、显示技术与防伪等方面应用广泛，近年来用上转换材料作为生物分子荧光标记探针引起了研究者们的研究热潮。上转换材料在激光隐身方面有着巨大的应用前景，通过加入不同的敏化剂，进行不同含量的掺杂，都可以对激光吸收性能产生影响。

4. 其他稀土的激光隐身材料

采用水热法通过改变反应条件成功合成了不同晶型、不同形貌和不同长径比的 $NaDyF_4$ 微纳米晶。利用 Dy^{3+} 中的 4f 电子被激发，由基态 $^6H_{15/2}$ 向激发态 $^6H_{5/2}$ 发生跃迁所对应的光学吸收位于 1.05～1.15μm 来实现对 1.06μm 激光的吸收。实验证实 $NaDyF_4$ 的立方相向六方相的转变使其吸收峰位置向 1.06μm 处蓝移（图 6-17），随着 $NaDyF_4$ 的形貌由六方短棒状变成六方棱柱状和六方类空心管状，Dy^{3+} 的特征吸收峰由 1.082μm 附近逐步向 1.06μm 波长处蓝移（图 6-18），六方相、长径比较大的 $NaDyF_4$ 微纳米晶对 1.06μm 激光起到较好的吸收效果。

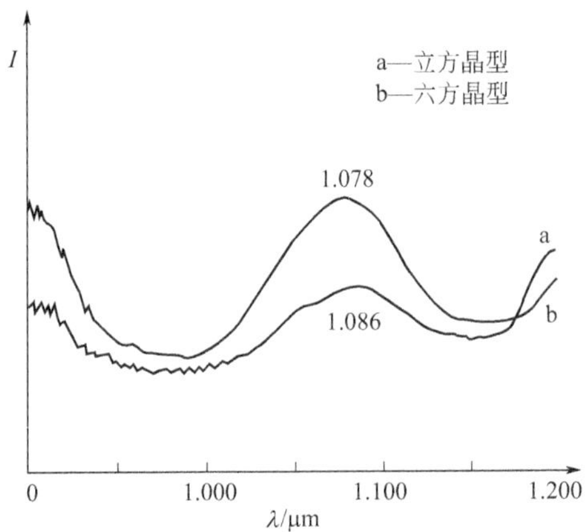

图 6-17 不同晶型 $NaDyF_4$ 的漫反射吸收光谱

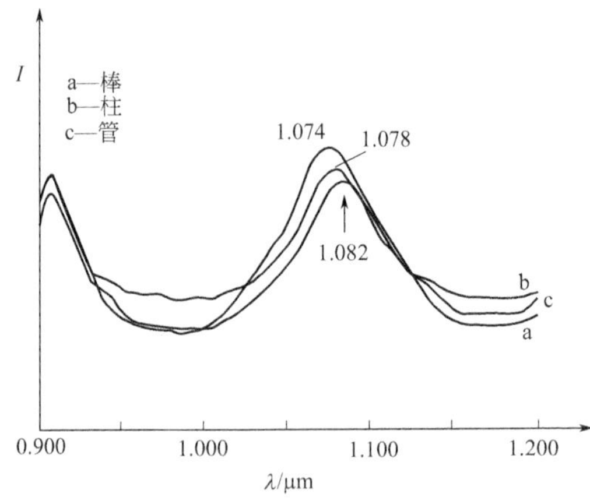

图 6-18 不同形貌的 $NaDyF_4$ 的漫反射吸收光谱

利用硬脂酸凝胶法分别制备了纳米氧化铈和氧化镧（CeO_2 和 La_2O_3），并控制反应条件得到不同形貌、粒径的纳米晶，测试结果表明纳米晶由于表面效应导致吸收峰宽化以及吸收峰的蓝移，在 1000～1700nm 具有良好的吸收，有可能作为激光隐身涂料的吸收剂。

第四节　激光隐身涂料

一、激光隐身涂料的设计

1. 激光隐身对涂料性能的要求

利用涂料实现激光隐身的基本要求是涂层具有低的激光反射率。根据激光测距原理，在测距机的类型及大气传输条件确定以后，测程和目标反射率直接有关，对于大型目标来说，如能使目标表面反射率比一般目标降低一个数量级，则其最大激光测程将减少到原来的1/3～1/2，即可实现激光隐身，这是利用涂层反射率大小作为激光隐身性能指标的依据。目前激光隐身主要是指1.06μm、1.54μm、10.6μm激光的隐身，其中1.06μm激光隐身最重要，因为目前的激光制导炸弹、导弹、炮弹等的激光工作波长主要是1.06μm，如果涂层在这些波长的漫反射率能够降低到5%以下，将大大降低激光测距机的最大测程，具有明显的激光隐身效果。激光隐身可用来对抗激光半主动制导武器、激光测距机、激光雷达等。

2. 激光隐身涂料性能设计

激光具有高的方向性、单色性和相干性。因此军事上常用向目标发射一定波长的激光，通过接收其反射回波来探知目标的距离。无论脉冲激光测距机或连续波激光测距机，都需要接收到一定强度的从目标反射的激光回波，才能正常工作，因此涂层激光反射率是激光隐身涂料的一个重要指标，要实现激光隐身，就要设法降低目标涂层激光反射率。

目前坦克装备的YAG激光测距机其测程为4000m的，在作战时，发现和跟踪目标是在1500～3000m以上，开始攻击距离一般在1200～1500m。要实现目标激光隐身，需测距机在1200m以上探测失灵才可达到。根据脉冲激光测距机的测距方程可知，对于大目标来说，激光测距机的最大测程与漫反射大目标反射率的平方根成正比，所以只有使目标表面反射率降低一个数量级以上，才能使最大测程减少到原来的1/3～1/2，从而实现激光隐身。表6-5列出了一些目标或背景材料的反射率。由表中可以看出，要使反射率降低一个数量级以上，需使涂层反射率保持在0.5以下。

表6-5　某些目标或背景材料的反射率

目标或背景	木材	红砖	水泥	树叶	铜板	玻璃	淡绿油漆	深绿油漆
反射率/%	3.5	4.0	1.8	2.0	14.5	10.9	9.1	8.0

目前，已研制出在波长 1.06μm 附近具有良好激光隐身效果的激光隐身涂料，其反射衰减达 23.25dB，并且能够和可见光伪装兼容。它是通过在黏合剂中添加强激光吸收材料，并通过特殊的工艺使涂层具有特定的微粒微孔结构来实现激光隐身的。

对激光隐身涂料的雷达透波性能进行了研究，结果表明，将激光隐身涂料涂覆在布上，测试其透波性能，发现激光隐身涂层在 8～12GHz 和 26.5～40GHz 两个波段透明性良好。

根据国军标，对涂覆在铝板上的激光隐身涂层在 8～18GHz 波段的雷达反射衰减进行了测试，其反射衰减很小，在 1dB 以内，如表 6-6 所列。

表 6-6　激光隐身涂层在 8～18GHz 波段的雷达反射率

f/GHz	L/dB	f/GHz	L/dB	f/GHz	L/dB	f/GHz	L/dB
8.00	0.01	10.60	0.01	13.20	0.00	15.80	0.07
8.20	0.01	10.80	0.01	13.40	0.00	16.00	0.09
8.40	0.01	11.00	0.01	13.60	0.02	16.20	0.09
8.60	0.02	11.20	0.01	13.80	0.03	16.40	0.10
8.80	0.02	11.40	0.00	14.00	0.04	16.60	0.09
9.00	0.01	11.60	0.01	11.20	0.00	16.80	0.07
9.20	0.02	11.80	0.01	14.40	0.03	17.00	0.05
9.40	0.03	12.00	0.02	14.60	0.03	17.20	0.05
9.60	0.03	12.20	0.03	14.80	0.04	17.40	0.07
9.80	0.02	12.40	0.02	15.00	0.05	17.60	0.00
10.00	0.02	12.60	0.00	15.20	0.04	17.80	0.02
10.20	0.01	12.80	0.00	15.40	0.02	18.00	0.01
10.40	0.01	13.00	0.00	15.60	0.01		

从中可知，激光隐身涂料对 8～12GHz、12～18GHz 和 26.5～0GHz 波段的雷达透波性能良好，并且厚度很小，约为 0.1mm，因而完全可以将其涂覆于雷达吸波材料表面，从而实现激光与雷达复合隐身。

3. 激光隐身涂料与雷达隐身涂层的相容性设计

在进行双层涂覆时，必须考虑激光隐身涂料与雷达隐身涂层的相容性问题。

首先，激光隐身涂料与雷达吸波涂料最好选用相同的黏合剂，以防止因为两种涂料不相容而引起起皮、脱落等现象。由于对激光隐身涂料而言，黏合剂的影响不大，它主要靠合适的吸收剂和使涂层具有散射激光的微粒微孔结构的特殊工艺来实现激光隐身，因此激光隐身涂料用黏合剂可根据雷达吸波涂料用黏合剂进行选择。

其次，为了进一步避免引起双层涂覆时两种涂料的不相容问题，可以先涂覆雷达隐身涂料，等雷达隐身涂层固化、成膜以后，再涂覆激光隐身涂料。

4. 激光隐身涂料兼容性

目前，常用激光探测器的探测频率主要集中在 1.06μm 和 10.6μm 两个频段。在此频段激光隐身涂料具有高的摩尔吸收率，其化学稳定性、热稳定性和力学性能等综合性能优良，所以其应用范围很广。然而，值得注意的是，对某种探测、制导手段具有单一隐身作用的材料，也可能对另一探测、制导手段毫无作用，甚至反而具有“显形”作用。激光隐身涂料应用还必须要考虑的一点是和其他隐身技术兼容的问题，如激光隐身涂料与可见光、红外以及雷达波隐身技术的兼容问题，需要通过复合技术将不同波段的吸波剂及低红外发射材料有效地耦合在一起，将其做成涂料等，以实现对多种探测手段的复合隐身。

(1) 激光隐身涂料与可见光隐身的兼容

可见光一般指波长为 0.4～0.78μm 的光线，可见光隐身涂料也称为迷彩涂料，它的作用是使目标与背景的颜色协调一致，使敌方难以辨识，故选用适当的迷彩颜料进行配色是可见光隐身涂料的关键。激光隐身涂料主要是以降低激光反射率为目标，其对光的作用范围和可见光隐身涂料不同，因此需要对激光隐身涂料进行适当的配色处理，以使得其同时实现可见光隐身的兼容。

(2) 激光隐身与雷达波隐身的兼容

雷达波长范围很宽，100MHz～3000GHz 都是雷达波的范畴，其中 2～18GHz 的雷达应用比较广泛，然而由于 30～300GHz 的毫米波雷达在大气中存在几个损耗较小的“窗口”(35GHz、94GHz、140GHz、220GHz)，所以其在军事上的应用正越来越受到重视。雷达波隐身技术主要有两个方面，一是外形技术，二是雷达隐身材料，目标通过合理的外观设计，并应用雷达波隐身材料便可达到目标对雷达波隐身的目的。

就雷达波隐身涂料来说，其目的就是降低目标表面的雷达波反射率。激光隐身涂料的目的是降低目标在 1.06μm 以及 10.6μm 处的反射率，因此激光隐身涂料与雷达波隐身涂料并不矛盾。可采用多频段吸收剂应用于涂料中解决，其难点在于寻求具有宽频带吸收的涂料用吸收剂，如能制得宽频带吸收剂，激光隐身与雷达隐身的问题就可迎刃而解。对于近红外激光隐身涂料，可利用近红外激光隐身涂料对毫米波的透明性，将激光隐身涂料涂敷到毫米波隐身涂层表面，制备毫米波与激光复合隐身涂层。

(3) 激光隐身与红外隐身的兼容

红外探测指的是利用波长在 3～15μm 的红外辐射特征进行探测的方法，考虑到大气层对红外线的吸收，红外探测器的实际工作波段为 3～5μm 和 8～14μm，其热成像技术在军事领域已经得到广泛的应用。随着红外侦察、探测、制导和热成像处理技术的发展，反红外探测隐身技术也越来越重要，它是通过抑制目标的红外辐射，或改变目标的热形状，从而达到目标与背景的红外辐射不可区分的一门技术。目前，反红外探测隐身技术的主要技术措施有：一是改变红外辐射特征，二是降低红外辐射强度。主要是通过降低辐射体的温度和目标的辐射功率，除目标的设计因素外，使用红外隐身涂料是应用最为广泛的红外隐身技术手段。

红外隐身涂料主要是针对红外热像仪的侦察，旨在降低武器在红外波段的亮度，掩盖或变形武器在红外热像仪中的形状，降低其被发现和识别的概率。红外隐身涂料根据其隐身机理可大致分为两个类别：一类是通过隔热的方式，使目标体表面温度降低以达到降低红外信号的目的；另一类，也是应用范围最广的是红外低辐射隐身涂料，即通过隐身涂料在目标表面的涂覆，使得目标体的红外辐射信号减弱从而达到红外隐身的目的。

根据平衡态辐射理论，对于非透明材料，相同波段范围内的发射率与反射率之和等于1。由于目前激光探测器工作波长绝大部分为1.06μm和10.6μm，正好处于红外波段，激光隐身要求材料有尽可能低的反射率，而同时红外隐身要求材料有尽可能低的发射率，这样激光隐身和红外隐身就不可避免地成为了一对矛盾体，故两者协调很重要。而且，采用多频谱隐身材料是无法协调此矛盾的。通常是在涂覆红外隐身涂料或多波段兼容隐身涂料的基础上对激光反射采取一些补救措施。如采用对抗激光的方法，如发射烟幕弹等；还有一种方法是牺牲局部范围的红外隐身，就是使涂料在1.06μm/10.6μm附近出现较窄的低反射率带，而其他波段均为低辐射，以此来达到对激光的隐身，同时又要对红外隐身的影响不大。这一方法要求低反射带尽可能窄，因而也成了该方法的难点。理想状态的激光/红外隐身涂层应在1.06μm和10.6μm具有极低的反射率，而在其他红外波段则具有尽可能高的反射率，如图6-19所示。然而这种材料实际上很难获取。

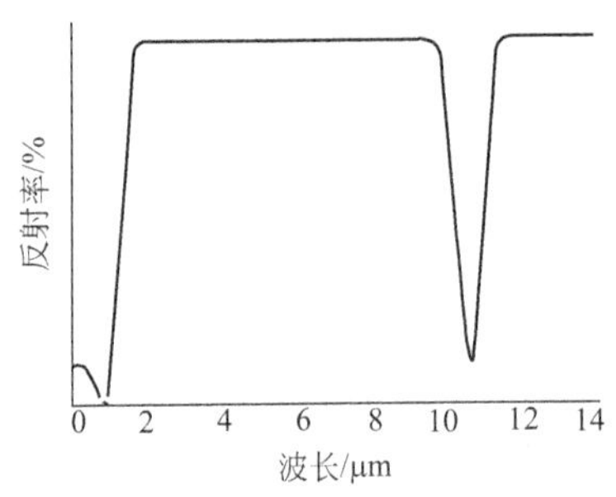

图6-19 理想状态下的激光/红外隐身兼容涂层示意图

近来，掺杂半导体成为激光隐身涂料的研究热点，掺杂半导体可作为涂料体系中的非着色颜料，经过适当选配半导体载流子参数可使涂料的红外和激光隐身性能都达到令人满意的结果，同时也不会妨碍涂层满足可见光伪装的要求。掺杂半导体一般选用 InO_3 或者 In_2O_3 和 SnO_2。通过掺杂使得等离子波长处于合适的范围，使材料在1.06μm处具有强吸收低反射，在热红外波段具有低吸收高反射，从而达到两者隐身兼容。图6-19所示为理想状态下的激光/红外隐身兼容涂层示意图。

二、聚氨酯基红外-激光兼容隐身涂层

1. 简介

为了实现红外-激光兼容隐身，必须同时降低涂层的红外发射率和激光反射率。兼容隐身涂层主要由填料和黏合剂组成。聚碳酸酯二醇为主要原料合成的水性聚氨酯具有良好的光学性能、力学性能、耐水解性、耐热性、耐氧化性和耐磨性。片状铝粉广泛运用于红外隐身涂层，但其在激光波段内高反射，且发射率会随着温度的上升动态增大，不符合激光隐身要求。Cr_2O_3 是一种耐高温，高强度物质，具有遮蔽激光，抵御激光照射的能力，有效保护涂层和目标物。把 Cr_2O_3 包覆在片状铝粉表面，由于 Cr_2O_3 在红外区没有强吸收，制得的 Cr_2O_3 包覆铝包覆粒子（Al/Cr_2O_3）具有低发射率的同时兼具有低激光反射率，实现红外-激光兼容隐身。

激光隐身的材料开发和应用多针对于 1.06μm 波段钇铝石榴石激光器，而 10.6μm 波段的二氧化碳激光器具有对人眼安全、大气传输性能好、兼容性好、较大的输出功率和能量转换效率等优点，应用越来越广泛。探究涂层在 10.6μm 波段的反射情况显得尤为重要。本研究采用 Al/Cr_2O_3 包覆粒子为填料，自制聚碳酸酯二醇型水性聚氨酯作为黏合剂，制备聚氨酯基红外-激光隐身涂层，并进行了 10.6μm 波段激光反射性能和 8～14μm 波段红外性能研究。

2. 主要原料

六水氯化铬，片状铝粉，聚碳酸酯二醇（PCDL），异佛尔酮二异氰酸酯（IPDI），三羟甲基丙烷（DMPA），三乙胺，二乙胺，市售普通水性聚氨酯，六偏磷酸钠，防老剂乳液 SD-1688，羧甲基纤维素钠，HP-855 聚醚改性聚有机硅氧烷，CP-02 硅烷高效消泡剂。

3. 涂层的制备

（1）乳液黏合剂的制备

装有机械搅拌器、温度计、氮气进气口和回流冷凝管的 250mL 四口烧瓶中，采用丙酮法进行乳液聚合。反应典型配方为：PCDL/IPDI 质量比为 2.5∶1，加入 DMPA 的量为单体总量的 6%，中和度为 100%，控制二次扩链剂乙二胺的加入量使得—NH_3 与—NCO 的物质的量比为 1.5∶1。

（2）填料 Al/Cr_2O_3 包覆粒子的制备

装有机械搅拌器、温度计的 250mL 三口烧瓶中，采用水热沉淀法制备包覆粒子中间体——氢氧化铬包覆铝，反应配方为：铝粉与 Cr_2O_3 的质量比为 1∶1.2，分散剂六偏磷酸钠为铝粉加入量的 8%，控制 pH 为 7。再将中间体干燥后 380℃煅烧。获得墨绿色的 Al/Cr_2O_3 片状包覆粒子。

（3）兼容隐身涂层的制备

将包覆粒子、水、助剂高速分散后联合其他助剂一起加入自制乳液黏合剂中，混合均匀，调节黏度，过滤，使其达到细度要求后，参照标准 GB/T 1727—1992 采用刷涂法制备涂层，室温下自然干燥，即可获得兼容隐身涂层。

4. 效果

以自制 Al/Cr_2O_3 包覆粒子为填料，自制聚碳酸酯基水性聚氨酯为黏合剂，加入抗老化剂、流平剂、消泡剂和增稠剂等助剂制备红外-激光兼容隐身涂料，涂覆于载体，自然干燥制得红外和激光兼容的隐身涂层。

自制的碳酸酯基水性聚氨酯和 Al/Cr_2O_3 包覆粒子进行了红外、XRD、SEM 分析，自制的碳酸酯基水性聚氨酯在大气窗口 8～14μm 透过性好，发射率低，Al/Cr_2O_3 包覆粒子包覆完整。

黏合剂和填料都是影响涂层红外发射率和激光反射性能的重要因素。固定黏合剂聚碳酸酯基水性聚氨酯的量，随着 Al/Cr_2O_3 包覆粒子增加，红外发射率和激光反射下降，在 8～14μm 波段内红外发射率可以低至 0.688，对于 10.6μm 波段激光的反射能量只占初始入射激光能量的 1%，且综合性能良好，能够基本达到兼容隐身的要求，是一种可以兼容红外和激光隐身的涂层。

三、纳米激光隐身涂料

纳米材料是指材料组分特征尺寸在 0.1～100nm 的材料。它具有极好的吸波特性，具有频带宽、兼容性好、质量小和厚度薄等特点，对电磁波的透射率及吸收率比微米粉要大得多。

1. 纳米材料应用于隐身涂料的优点

纳米材料是物理学上的理想黑体，如纳米氧化锌粉、羟基铁粉、镍粉、铁氧体粉以及 Y-(Re,Ni) 合金粉等是优良的电磁波吸收材料，不仅能吸收雷达波，而且能很好地吸收可见光和红外线，用此配制吸波涂料，可以显著改善飞机、坦克、舰艇、导弹、鱼雷等武器装备的隐身性能。由于纳米材料具有的小尺寸效应、表面与界面效应、量子效应、宏观量子隧道效应。因而有常规材料所没有的光、电、磁等特殊性能，在隐身材料方面具有如宽频吸波性能、高吸收以及优良的力学性能等。将纳米粉体应用于涂料制成纳米隐身涂料，由此制得的涂层在很宽的频带范围内可以躲避雷达波的侦察，同时能很好地吸收可见光、红外线，包括激光探测常用波段的吸收，使其具有红外隐身和激光隐身作用，可以显著改善目标的隐身性能。而且纳米粉体一般在涂料中的添加量较传统粉体少，易于实现高吸收、涂层薄、质量轻、吸收频带宽、红外微波吸收兼容等要求，是一种极具发展前景的隐身涂层材料。

2. 纳米隐身涂料能够隐身的原因

纳米材料能够实现隐身的主要原因有两个：一是由于纳米粒子尺寸远小于红

外及雷达波波长，因此纳米材料对这些范围的波的透过率比常规材料要强得多，这就很大程度上减小了对波的反射率，使得红外探测器和雷达接收到的反射信号变得很微弱，从而达到隐身的效果；二是由于纳米粒子的比表面积比常规粉体大3～4个数量级，因此对红外光和电磁波的吸收率也比常规材料大得多。这样入射到涂料内部的电磁波与隐身涂料相互发生电导损耗、高频介质损耗、磁滞损耗，并将电磁能转化成热能导致电磁波能量衰减，这就使得探测器得到的信号强度大大降低，因此很难被探测器发现，起到了隐身作用。

把纳米材料应用于涂料可以制得多波段隐身的纳米隐身涂料，这是因为：纳米粒子具有量子尺寸效应、宏观量子隧道效应、小尺寸和界面效应，使它对各种波长的吸收带有宽化现象。利用量子尺寸效应，使纳米粒子的电子能级发生分裂，分裂的能级间隔正处于要吸收的波段，如分裂的能级间隔处于微波的能量范围内，从而导致新的吸波通道产生。另外，由于纳米粒子尺寸小，比表面积大，表面原子比例高，悬挂键增多。大量悬挂键的存在使得界面极化，而高的比表面积造成多重散射，使得纳米材料制成的隐身涂料吸波性能良好。

3. 纳米隐身涂料的制备特点

纳米粒子由于其具有大的比表面积等特性，使得其制备的材料有很独特的性能，在隐身涂料方面的应用也逐渐成为一个热点。然而也正是因为纳米粒子的大比表面积有强烈自团聚的倾向，这就使得以它作为功能填料制备隐身涂料时和普通的涂料制备方法不同。目前，制备纳米涂料的方法主要有：溶胶-凝胶法、插层法、原位聚合法以及共混法。

溶胶-凝胶法制备纳米涂料一般是使用烷氧基金属或其金属盐等母体和有机聚合物的共溶剂，在聚合物存在的情况下，在共溶剂体系中使母体水解或缩合生成纳米级的粒子并形成溶胶，溶胶经蒸发干燥转变为凝胶进而得到涂层。该方法反应条件温和，分散均匀。其缺点是母体大多是硅酸烷基酯，价格昂贵，有毒，而且在干燥过程中，由于溶剂及小分子的挥发，使材料内部产生收缩应力容易导致材料脆裂，因此很难获得大面积或较厚的纳米复合涂层。

插层制法是利用许多无机物（如硅酸盐类黏土、磷酸盐类等）具有的层状结构，在层间嵌入有机物。通过合适的方法将单体或聚合物插入片层之间，再将厚1nm、宽100nm左右的片层结构基体单元剥离，使其均匀分散于聚合物中，从而实现聚合物与无机层状材料在纳米尺度上的复合。

原位聚合法是首先将纳米粒子分散在单体溶液中，然后使单体进行聚合，最后得到含有纳米粒子的涂层。

共混法的一般制备过程是把基料树脂熔融或溶解于适宜的溶剂中，然后加入纳米粒子的分散液以及其他助剂，充分搅拌得到纳米复合涂料。

综上所述四种纳米涂料的常用制备方法，溶胶-凝胶法难以制得大面积涂层，插层法则受限于所用纳米材料必须有层状结构，而原位聚合法和共混法制备纳米涂料最大的难点在于纳米粒子在溶剂或单体中的分散问题。纳米粒子在溶剂或单体中的分散是制备纳米涂料包括纳米隐身涂料的关键所在。

我们在制备纳米隐身涂料方面做了一些尝试，特别是在纳米粉体的分散方面取得重要突破，通过物理方法和化学方法相结合的手段，运用独特的分散方法、合适的分散剂已经制备出了一些应用于纳米隐身涂料的掺杂半导体的分散液。

这种掺杂型的纳米半导体粉末分散液其平均粒径小于 30nm，可以通过共混法或原位聚合法应用于纳米隐身涂料而充分发挥其纳米效应。

4. 激光隐身涂料的应用

从 20 世纪 90 年代以来，隐身兵器几乎应用在所有的海战武器装备和领域，并在实践中崭露头角。随着技术的进步，激光隐身术将在其他常规武器中得到越来越广泛的应用。目前美国的隐身兵器居世界领先地位，俄、英、法、德、日和瑞典等国也在积极发展。我国在此方面也已经开始了针对性的研究。国内激光隐身涂料对 1.06μm 波长的激光吸收率已高达 95%以上。

目前，可见光、红外、雷达、激光波段兼容，并且均能达到良好隐身性能的多功能材料是研究的重点，红外与激光复合隐身中红外隐身需要低发射率的材料，激光隐身需要低反射率的材料，这两者的复合隐身是矛盾的。据报道，通过对各种红外透明黏合剂如酚醛树脂、环氧树脂、醇酸树脂、Kiaton 树脂、改性乙丙橡胶的研究，以及一些金属颜料、半导体颜料如 ITO 的研究，已基本上研制出 1.06μm 激光与 8～14μm 红外波段的复合隐身涂料。此外采用双层乃至多层涂覆法也是复合隐身研究的一种比较容易的方法。由实验分析可知，激光隐身涂料对雷达波的透波性能良好，并且厚度很小，约为 0.1mm，可以将其涂覆于雷达吸波材料表面，从而实现激光与雷达复合隐身。

第七章　多频谱兼容隐身材料

07 Chapter

随着探测技术的迅猛发展，武器装备在战场上可能同时受到来自雷达、热红外、可见光及近红外、激光等多频谱、多波段侦察仪器的探测，因此适用于单一频段的隐身材料将很难获得进一步的实际应用，而多频谱兼容隐身材料有希望满足武器装备在战场复杂电磁环境中的需要。

实现材料多频谱兼容隐身，总体来说有两种思路：第一，将高性能微波吸收材料、红外低发射率材料以及可见光伪装材料形成夹层或多层膜等复合结构，如常考虑把红外低发射率层作为外层，雷达波高吸收层作为内层形成一种雷达与红外兼容的双层复合结构；第二，研制一种微波高吸收、红外低辐射，同时可见光近红外能伪装的一体化材料，如一些稀土纳米材料、掺杂氧化物半导体、掺杂光子晶体等。

美国、德国、瑞典研制的多波段隐身材料已达到可见光、近红外、中远红外和雷达毫米波四波段兼容的水平，所开发的隐身涂料可以吸收雷达、红外、毫米波，涂到被保护装备上之后，最终形成的涂层仅使装备厚度增加几个纳米，适用于任何材料和结构。我国在多频谱隐身材料的研究起步稍晚，目前的隐身技术路径仍以雷达隐身涂料为主，同国外有较大差距，尤其是在装备的隐身技术上。

目前国内外研究较多的多频谱隐身材料主要有：雷达与红外兼容隐身材料、红外与激光兼容隐身材料、红外与可见光兼容隐身材料，以及覆盖包括可见光、近红外、远红外和微波在内的多波段隐身材料。

第一节　雷达与红外兼容隐身材料

一、对多频谱兼容隐身技术的需求分析

地面防护工程用隐身材料，不同于空中应用的隐身材料，也不同于地面机动

装备使用的隐身材料，由于其是一静止的目标。其红外隐身和雷达隐身有其自身的要求和特点，如导弹应用，只要在飞行段有隐身性能，在加速段可能已经脱落失去效能，但导弹已经不能被拦截；美国隐身飞机每次执行任务后，要专门修补隐身材料。而防护工程要考虑长寿命等要求，并要至少满足以下特点：

① 电磁波吸收性能与周围背景匹配；

② 与工程兼容性好，便于施工；

③ 造价低，便于大面积应用；

④ 耐环境性能好，寿命长（最好野外恶劣环境十年以上）；

⑤ 与红外、可见光隐身兼容。

综合分析国内外隐身材料现状，结合目前防护工程多谱隐身急需，可以看出，目前国内在该领域的研究仍是空白。

1. 地面防护工程多频谱隐身兼容原理分析

多频谱隐身材料不是多个频谱隐身材料的简单相加。目前，国内外各个波段单一功能的隐身材料已达到应用阶段，但是能真正兼容可见光、近红外、热红外、厘米波、毫米波等多个波段的隐身材料还没有。有些兼容材料最多也仅仅能兼容 2～3 个波段，但兼容效果并不太理想，未进入实用阶段。对于能兼容三个波段的，其波段或战术技术指标不能满足地面防护工程上应用。因此，结合地面防护工程多频谱隐身应用背景特点，研究材料组成、结构与不同波段电磁波相互作用机理，掌握多频谱兼容技术，研制多频谱兼容隐身材料成为解决多频谱隐身的关键。特别是研制雷达、红外兼容性隐身材料是一个重要难点，也是一个突破点。

(1) 红外侦察探测与工程红外隐身途径

工程目标的红外辐射特征，是由其自身工作状态、所处环境等因素决定的。

热红外成像系统的一个重要性能参数是最小可分辨温差（MRTD），是指在一定的空间频率下能分辨出目标与背景的最小温差值。

对于一个工程目标，当在所处背景环境中处于热平衡时，表面有一定稳定的温度称为真实温度；而红外侦察器材测得的温度是辐射温度，辐射温度与真实温度，可由下式转换：

$$T_r = \sqrt[4]{\varepsilon}\, T \tag{7-1}$$

式中，T 为真实温度；T_r 为辐射温度；ε 为发射率。

即使物体各部分的真实温度相同，如果部分表面发射率不同也会产生辐射温差，如设目标的温度为 300K，那么温度降低 4K 将造成在 3～5μm 波段辐射减少 16%，在 8～14μm 波段减少 6.5%，这相当于在 3～5μm 波段发射率从 1 降低到 0.84，在 8～14μm 波段从 1 降低到 0.965，可得到同样的结果。

由于目标与探测系统间存在大气，大气对红外辐射有衰减作用，降低了探测

系统接收到的辐射能量，如果用相等辐射能量的黑体来等效，这时黑体温度可称为该目标的视在温度，如果只考虑大气的衰减作用（设透过率为 τ_α），则视在温度 T_v 与辐射温度 T_r、真实温度之间有如下关系：

$$T_v=\sqrt[4]{\tau_\alpha}T_r=\sqrt[4]{\tau_\alpha\varepsilon}T \tag{7-2}$$

在红外隐身中，通过使用红外隐身材料来减少红外特征。影响目标辐射温度的因素有两个：表面温度和发射率。通过降低其中一个即可降低辐射温度，使其显著下降。

（2）红外隐身材料要求

理想的防热（中远）红外隐身涂料应具备以下性能。

① 具有满意的热红外发射率 ε 或较强的温控能力。对飞行器等热目标，希望 ε 尽可能低。对无明显热源的其他目标则尽量使其 ε 与背景一致。

② 太阳吸收率低。大气中，96％太阳能通过 0.2～2.5μm 波长范围传输，能量分布大约为紫外线 5％、可见光 45％、近红外 50％；物体吸收近红外光和可见光后再以热（中远）红外的热辐射散发出来，故防热（中远）红外隐身涂料必须在可见光与近红外波段范围低吸收。

③ 具有可对热辐射进行漫反射的表面结构。

④ 能与其他波段的伪装相兼容，可与紫外、可见光、近红外和雷达波伪装兼容。

目前国外防热（中远）红外隐身材料的研究有隔热型、吸收型、反射型、控制反射率型、波谱转移型和太阳能反射型等。

① 隔热型。此类材料具有泡沫状多孔结构，以达到温控目的。如美军 1970 年涂装的 MIL-E-46081-1 涂料。

② 吸收型。采用电磁波辐射吸收剂为添加剂，通过分子内原子间价键的振动和旋转辐射出偏离“大气窗口”谱段的红外线，使隐蔽物呈现出失真和变形了的热辐射图像。

③ 反射型。这类材料的作用机理是通过高热辐射的反射颜料将目标内或目标一侧的热红外线全部或大部分反射回目标，这样就降低了热辐射发射率，从而起到隐身效果。如美国的一种涂料使用无机胶黏剂和片状铝粉，使反射率很高，发射率仅为 0.18～0.25。

④ 控制反射率型。这类材料研究得最多，降低其热发射率的方法有多种，如添加半导体材料和导电材料等。颜料作用机理有反射、吸收和传导等，目的主要是降低涂层的发射率。目前该类涂料的研究仍以寻找新聚合物和廉价而实用的颜料为主要方向。

⑤ 波谱转移型。这种涂料的作用机理是能吸收接近全谱的热红外，但只在热红外“大气窗口”以外的波段（如 2～3μm、5～8μm 和＞14μm 范围）将吸收

的能量释放出来。我国设计了一种具有转移波谱分布的聚邻苯二甲酸乙酯聚合物，特征吸收 9μm 左右，施放波长在 6μm 左右。

⑥ 太阳能反射型。这种材料主要是为减少涂层以及被伪装的目标因吸收太阳能而引起的热堆积。美国 1967～1968 年涂装的涂料就属于此类。

（3）地面防护工程发射率问题讨论

描述物体发射本领的物性参数为发射率 ε，又称为辐射率、黑度，应用光学中有时还称为热辐射效率、比辐射率等。它是以黑体作为比较标准来描述的，它等于物体的辐射力 E 与同温度黑体辐射力 E_b 之比，无量纲，表示物体的发射本领接近黑体的程度，其值小于 1，只有个别情况，如小粒子的 ε 会大于 1。

表示式为：

$$\varepsilon=\frac{E}{E_b} \tag{7-3}$$

为了描述物体发射本领随光谱及方向的分布性质，引入定向光谱发射率 $\varepsilon_\lambda(\theta\beta)$。定向光谱发射率是物体的定向光谱辐射能力与同温、同波长、同方向的黑体定向光谱辐射能量之比。

① 表面状态的影响。迄今为止还不能完全用微观机理定量地描述所有固体材料的热辐射特性。材料表面状态对它的发射率影响很大，往往超过材料组成成分本身的影响。主要有四个方面影响：a. 表面粗糙度的影响；b. 表面氧化的影响；c. 表面沾污及吸附的影响；d. 表面颜色的影响。

② 温度的影响。温度对材料辐射特性的影响比较复杂，影响有多种机理，并相互影响。在长波区金属的光谱发射率随温度的增加而增加。根据普朗克定律，温度升高峰值波长向短波方向移动，对选择性材料表面，如短波的光谱发射率比长波的大，则总发射率将随温度的升高而增大。

温度升高时，大部分金属表面在大气中会氧化，表面粗糙度随之也发生变化，吸附的气体、水分挥发，发射率发生变化。

③ 方向的影响。对于漫辐射体，辐射能量按方向分布的规律可用兰贝特定律表示，即辐射强度、定向发射率与方向无关。实际物体与此不同，定向发射率随方向变化。关于物体辐射的方向性，一般工程手册中给出的发射率有两种：一种是法向发射率 ε，另一种是半球发射率 ε'。在缺乏数据时，对非金属可取 $\varepsilon'\approx 0.95\varepsilon$，对于金属 $\varepsilon'\approx 1.2\varepsilon$。

④ 发射率值。实际物体的发射率分两种情况，一种物体的发射率在各波长处不同，即 $\varepsilon_\lambda=f(\lambda)$；另一种物体的发射率在各波长处基本不变，即 $\varepsilon_\lambda=\varepsilon$。按 ε_λ 的变化情况把物体分为以下几种类型：

a. 绝对黑体，$\varepsilon_\lambda=1$；

b. 灰体，$\varepsilon_\lambda=\varepsilon$，但 $0<\varepsilon<1$；

c. 选择性辐射体，$\varepsilon_\lambda=f(\lambda)$；

d. 理想反射体（绝对白体），$\varepsilon_\lambda=0$。

发射率对同一物体来讲也是一个变值，即在不同波段具有不同的 ε_λ，它与物体性质、表面光滑程度、温度等有关。一般常用平均发射率 ε 来表示它的发射能力：

$$\varepsilon=\frac{\int_0^\infty W'_\lambda\,\mathrm{d}\lambda}{\int_0^\infty W_\lambda\,\mathrm{d}\lambda}=\frac{1}{\sigma T^4}\int_0^\infty W'_\lambda\,\mathrm{d}\lambda \tag{7-4}$$

由以上发射率讨论可知，防护工程常年处于野外，风吹雨打，使用低发射率进行红外隐身将难以保持长久要求。考虑平战结合，仅在战时临时隐身时可采用低发射率型红外隐身材料。因此防护工程用的红外隐身材料的表征值选取，针对平时使用时应选取热抑制性能（涉及的参数有热容、传热系数、热惯量等）作为表征参数，针对战前临时使用的红外隐身材料用发射率作为表征参数。

2. 雷达红外隐身材料兼容机理分析

雷达隐身材料通常为吸收型。结合上述防护工程红外隐身材料原理分析，可以设计出并完成实验的适用于地面防护工程的太阳能反射降温吸波兼容型隐身材料。

该材料由空心微珠磁性金属化加高反射颜料组成。通过研究实验，该部分内容降温部分已取得5℃以上降温效果。葛凯勇在空心微珠磁性金属化后电磁波吸收方面已取得实效，目前主要要在结合上取得成果。在此基础上，对空心微珠镀钴、镍增加吸波效果或直接采用富铁空心微珠。粉煤灰微珠中的富铁微珠，Fe_2O_3 的含量约占这种微珠成分的4%～17%，但在华能南京电厂的常珠中还包含1.5%左右的富铁微珠，Fe_2O_3 的含量约占这种微珠成分的55%。这些微珠都具有一定的磁性，故常又称其为磁性微珠。在光学显微镜下，富铁微珠呈近球形颗粒，由于有磁性而互相粘连在一起。电镜下可看到富铁微珠表面析出的磁铁矿八面体雏晶。局部放大观察，可见富铁微珠的铁质主要构成颗粒的壳壁，颗粒内部也是空的，且包含了不等量更细小的玻璃微珠，或铁质在颗粒中心构成瓤状，其间有小的微珠充填。目前已对富铁微珠展开实验验证，并已初步取得实效。

二、红外雷达兼容隐身材料主要品种与特性

1. 掺杂氧化物半导体材料

目前采用的金属片状粒子在热红外波段吸收很少，但由于载流子浓度较高，在整个波段散射和反射很大。因此，首先可从载流子浓度设计的思路来考虑这一

问题。

掺杂氧化物材料可以成为具有较高自由电子气模式的半导体材料，其薄膜本身也可以是透明的，一般其禁带宽度为3.0eV左右。在红外波段，由于红外光波长较长，光子能量低于半导体禁带宽度，半导体对其没有本征吸收，对光子的吸收和反射起主要作用的是自由载流子。材料的反射率随着入射电磁波频率的变化而变化，当入射电磁波角频率接近某一数值（材料等离子频率 ω_p）时，反射率将发生突变（反射率趋于零）。半导体在重掺杂的情况下等离子波长都在红外区域，随着载流子浓度的增加，等离子波长也向短波方向移动。当入射光波长小于 λ_p 时，掺杂氧化物呈现高透射现象。当入射光波长大于 λ_p 时掺杂氧化物呈现高反射现象。

目前ITO（掺锡氧化铟）和ZAO（掺铝氧化锌）载流子浓度可达 10^{18} ～ $10^{21}cm^{-3}$，具有较高的可见光透过率和红外反射率，通过控制材料载流子波度等参数，实现在微波和毫米波段具有较高的吸收率，在红外/雷达复合隐身材料方面有着很好的应用前景。

2. 导电聚合物

导电聚合物具有大的共轭 π 电子的线性或平面形构型，其电导率可在绝缘体、半导体和金属态范围内变化，这为其导电性在相当宽的范围内调节提供了条件，使其在不同波段呈现不同的吸波性能。

导电高聚物具有类金属的特性，对其进行掺杂以后，对红外光有着较高的反射性能。国外通过选择合适的聚合物、掺杂剂、合成方法等，合成了一系列导电聚合物，可以控制其光学特性如色对比度、反射率、透射性等，有的导电聚合物在2.5～20μm的反射率在90%以上，因此，有望在红外隐身材料中得到应用。国外研究一种导电聚合物红外吸收剂，将聚噻吩与聚苯乙烯磺酸盐在水中混合成胶体悬浮液，将其与黏结剂混合应用喷涂或溶液浇铸等技术涂覆在热电感应器上，据称这样的红外吸收剂能将2～14μm范围内的红外辐射吸收90%以上。

国外研究表明，导电聚合物对微波也有较好的吸收性能，其吸收率依赖于材料电导率的变化和材料的介电损耗。当材料的电导率 σ 小于 10^{-4}S/cm时，无明显的微波吸收特性；当 σ 处于 10^{-3}S/cm和 10^{-1}S/cm时，材料呈半导体特性，有较好的微波吸收特性；当 σ 大于1S/cm时，材料呈金属特性，具有电磁屏蔽效应。目前导电聚合物尚处于实验室研究阶段，提高材料的吸收率和展宽频带是导电聚合物吸波材料的研究和发展重点。

目前研究较多的导电聚合物吸收材料主要有聚乙炔、聚吡咯、聚苯胺、聚噻吩等材料。

3. 视黄基席夫碱盐

视黄基席夫碱盐是一种聚合物，这种聚合物分子结构为多共轭烯烃结构并含有一群高氯酸抗衡离子。这些抗衡离子由 3 个氧原子和 1 个氯原子组成，并在两处松散地高挂在碳原子骨架上。这种电连接非常弱，一个光子都有可能把抗衡离子从一个位置位移到邻近一个位置。通过这种位移，使它能很快（几分之一秒）将电磁能转换成热能。芳香族席夫碱的吸波性能优于脂肪族的吸波性能，原因是芳香族大 π 键参与共轭，电子离域更大，使电损耗增大。

视黄基席夫碱式盐是一类非铁氧体系吸波材料，它的吸波性能相当或优于铁氧体系材料，而质量仅为它的 1/10。这类盐能吸收射频 80%的能量。

此外，通过对视黄基席夫碱盐在热红外波段隐身性能的研究，表明其在红外/雷达复合隐身材料方面也有很大的应用潜力。

4. 涂覆金属空心微球吸波材料

涂覆金属空心微球吸波材料是首先由美国波谱动力学系统公司（SDS）下属的 Hickory 公司研制的，将一定量的导电微球加入介电聚合物中，制成吸波涂料，可提高介电常数和透磁率，涂覆在战场上的各类目标，可以吸收雷达波和红外辐射。并且有金属膜的微球可以既反射、又吸收红外辐射，像红外镜一样映射周围的环境，如同变色龙一样与背景保持一致。如用这种材料制成的伪装网盖在坦克上，观察者只能看到融合进冷态天空背景下的冷点，而看不到热的坦克发动机。此外红外吸收涂层还可以干扰激光（长波段）的反射和散射，或涂在发动机喷口周围降低红外信号。

当这种空心微球填充体积分数为 50%时，涂层密度为 0.40～0.46g/cm^3，当层厚在 2mm 下时，8～18GHz 内电磁波吸收率可达 10dB。目前，美海军研究实验室已将这种空心微球发展为直径为 1.5μm、长 40μm 的空心微管，并对其进行金属化处理，与乙烯基混合后制成复合介电板，在 8～18GHz 内也具有较好的吸波效果。

5. 纳米吸波材料

纳米材料具有隐身功能，一方面是由于纳米微粒尺寸远小于红外及雷达波波长，因此纳米材料的透过率比常规材料要强得多，大大减小了波的反射率；另一方面纳米材料的表面积比常规材料大 3～4 个数量级，使得其对电磁波的吸收率大大优于常规材料。尤其在涂层厚度、面密度等方面，纳米材料有无可比拟的优势。美国研制出的“超黑粉”纳米材料，对雷达波吸收率达 99%。法国研制出一种宽频隐身涂层，这种涂层由黏结剂和纳米级微填充材料组成。这种由多层薄膜叠合而成的结构具有很好的磁导率和红外辐射率，在较宽的频带内有效。目前世界军事发达国家正在研究覆盖可见光、红外、厘米波和毫米波等波段隐身的纳米复合材料。

① 纳米磁性金属粉吸收剂。目前研究和使用的纳米磁性金属吸收剂包括两类，一类是包括羰基铁、羰基镍、羰基钴等在内的羰基金属粉吸收剂，其中羰基

铁粉是最为常用的一种；另一类磁性金属粉包括Co、Ni、CoNi、FeNi等。纳米金属微粉具有极大的活性，在微波能量照射下，会使分子、电子运动加剧，促进磁化、极化和传导运动，从而使电磁能转化为热能，所以其主要是通过磁滞损耗、涡流损耗等吸收损耗电磁波。金属微粉温度稳定性好，磁导率、介电常数大，电磁损耗大，μ''、μ'随频率上升而降低，而且可以通过调节微粉细度来调节电磁参数，有利于达到阻抗匹配和展宽吸收频带等，使其成为吸波材料的主要发展方向。

② 纳米磁性纤维。纳米铁纤维吸收剂是一维、磁性、多晶、丝状吸收剂，其粒径尺寸为10nm量级，直径为100nm量级，长度则为微米量级。纳米磁性铁纤维以其形状各向异性、多元损耗机制等优势成为满足“薄、轻、宽、强”吸波材料的理想吸收剂之一。

据报道，吸收剂体积占空比为25%、厚度为1mm的多晶铁纤维吸波涂层在3～18GHz宽频带内反射系数低于－5dB，在5～20GHz宽频带内反射系数低于－10dB。

③ 纳米碳管吸收剂。纳米碳管由于其结构和尺寸的特殊性使其具有导电性。导电碳管中空结构为碳管的管壁改性及管内掺杂提供了可能。据报道，目前国外研制的1mm厚纳米碳管吸收涂层的反射率小于10dB的频宽达3GHz。碳管本身没有铁磁性，但若经过碳管内部铁磁性材料的掺杂和管外铁磁性金属包覆后形成碳管-磁性链复合物，则既具有铁磁性，又具有良好的导电性能。

上述多种吸收机理使这种复合纳米碳管将在较宽的频段实现强衰减。纳米碳管还将提高树脂的拉伸及抗冲击强度，同时具有质量轻、高温抗氧化、介电参数可调变、稳定性好等特点，是一种理想的微波和红外吸收剂。

三、红外/雷达隐身结构材料设计

从功能上看，要实现雷达波段的隐身，必须要求材料对雷达波具有高吸收、低反射的特性，而红外隐身材料满足发射率等于吸收比，因此要实现红外隐身必须尽量降低目标表面的发射率，这与红外与雷达波段对目标的电磁特性要求是矛盾的。由于常规雷达吸波材料将电磁能损耗转化为热能，使温度升高对红外隐身不利；而红外隐身材料又常使用低发射率涂料，其中掺杂了金属片状粉末，增大了对雷达波的发射率，使雷达隐身能力降低。因此红外/雷达兼容隐身材料一直是研究的难点。近几年来，国内外关于红外/雷达隐身材料的研究很多，主要包括单一型和复合型两种。

1. 单一型红外/雷达隐身材料

目前国内外研究较多的单一型红外/雷达隐身复合材料主要有导电聚合物、纳米材料和掺杂氧化物半导体。

导电聚合物主要包括聚乙炔、聚吡咯、聚苯胺、聚噻吩等，具有密度小、可分子设计、结构多样化、电磁参量可调、易复合加工以及独特的物理化学特性等优点。导电聚合物的室温电导率可在金属态、半导体态和绝缘态范围内变化，研究表明：导电聚合物处于半导体态时具有良好的吸波性能，其吸波机理类似于电损耗型材料。该种材料作为兼具雷达与红外隐身功能的单一型材料，虽然前景较好，但目前仍处于实验室研究阶段。

纳米材料是 20 世纪 80 年代以来研究的热点，在隐身方面也具有良好的发展前景。纳米材料的吸波效应一方面是由于尺寸效应引起新的本征结构和物理化学机制，同时尺寸效应使纳米粒子的电子能级发生分裂，分裂的能级间隔正处于与微波对应的能量范围内，从而导致新的吸波效应。另一方面由于颗粒尺寸小，比表面积大，表面原子比例高，悬挂键多，从而界面极化和多重散射也为其重要的吸波机制。纳米吸波材料主要包括纳米晶粉体、纳米合金颗粒、纳米级六角晶系 M 型铁氧体、纳米稀土材料、纳米复合高分子、气凝胶纳米复合材料、纳米碳管、纳米陶瓷材料等。

纳米材料具有厚度薄、质量轻、吸收频带宽、兼容性好等特点，因此，添加纳米材料的复合隐身材料与常规隐身材料相比也具有质量轻、吸波能力强、可实现薄层涂装及力学性能好等优点，但成本投入大，制备工艺要求高。

20 世纪 80 年代中后期，兴起了对新型掺杂半导体的研究，也为研制一体化的红外/雷达隐身材料指出了新的方向。根据半导体连续光谱理论，可见光和红外波在半导体中的传播特性与等离子体频率 W_{P} 有关：

$$W_{\mathrm{P}}=\sqrt{\frac{Ne^2}{\varepsilon_0 m}} \quad 或 \quad \lambda_{\mathrm{P}}=\frac{2\pi c}{e}\sqrt{\frac{\varepsilon_0 m}{N}} \tag{7-5}$$

式中，m 为电子的有效质量；ε_0 为真空介电常数；N 为载流子浓度；e 为电子电荷；c 为光速。

半导体的等离子频率 W_{P} 主要取决于其载流子浓度 N。载流子浓度可以通过掺杂进行控制。当 $N=10^{21}\mathrm{cm}^{-3}$ 时，$\lambda_{\mathrm{P}}\approx 1\mu\mathrm{m}$，即掺杂半导体对可见光将有很高的透射率，而对中远红外则具有较高的反射率。根据 Hugan-Rubens 理论，半导体材料对电磁波的反射特性为：

$$R=1-\frac{\sqrt{8\varepsilon_0\omega}}{\sigma_0} \tag{7-6}$$

式中，ω 为入射电磁波的频率；σ_0 为半导体的直流电导率，它由式(7-7) 决定：

$$\sigma_0=\frac{Ne^2\tau}{m} \tag{7-7}$$

式中，τ 为载流子的平均自由时间。

保持 $N=10^{21}\mathrm{cm}^{-3}$ 不变，当 $\tau=2\times10^{-19}\mathrm{s}$ 时，对 $\lambda=8\mathrm{mm}$ 的毫米波反射率

为 0.45。进一步降低 τ 值还可以降低对雷达波的反射，因此掺杂半导体还具有雷达波隐身性能。

常见的掺杂半导体材料有掺锡氧化铟（ITO）、掺铝氧化锌（ZAO）等。国内外对 ITO 膜与陶瓷的光电性能研究较多，而对于以 ITO 粉末作为填料的涂料的隐身性能研究则较少。

2. 复合型红外/雷达隐身材料

复合型红外/雷达隐身材料是指将高性能的雷达吸波材料和红外隐身材料通过特殊工艺复合成一体所形成的材料，主要分为涂层型、夹层型和多层膜结构型 3 种。

涂层型复合隐身材料主要通过向低发射率涂料中添加吸波剂，并调整吸波剂的比例，使其具有吸波性能的同时又不影响原有的低发射率特性。通过控制涂层厚度使之处于雷达波中心频率介质波长的 1/4，从而利用谐振效应增强材料的吸波能力。该种材料的优点是制备工艺简单，便于工程化实施；主要缺点是涂层的厚度以及吸波剂的掺混比例对衰减能力和吸收带宽影响较大，吸波剂的性能要求较高，吸波剂对涂层的低发射率性能影响较大，因此红外和雷达的隐身兼容性有待进一步增强。

夹层型吸波材料由面板和芯材组成，面板选用具有良好透波性能的复合材料，使电磁波能够进入材料内部。芯材选用高强度的蜂窝或波纹形材料，使复合材料兼具良好的力学性能，芯材通过浸渍吸波剂或填充泡沫型吸波材料后，成为雷达波衰减层。浸渍吸波剂的芯材主要依靠壁面上的吸波剂及空腔效应吸收雷达波，而填充泡沫型吸波材料的芯材主要依靠泡沫吸波材料吸收雷达波。实验室研究表明：填充泡沫型吸波材料比浸渍吸波材料的吸波性能好，蜂窝结构比波纹板结构的吸波性能好。若在芯材中混以隔热材料或相变材料，控制材料的表面温度或实现红外分割，还可以起到良好的红外隐身作用。因此，该种复合材料的红外和雷达隐身兼容性较好，而且通过结构改进，合理选择红外隐身功能材料和雷达波吸收剂，还可以进一步加强材料整体的复合隐身性能。

除此之外，还有薄膜形式的多层复合材料。其各层依次为频率选择层、雷达波匹配层、过渡层、吸收层、反射层、增强织物层以及热屏蔽层。这种复合膜外层具有频率选择性（在红外波段具有高反射性，在雷达波段具有高透射性，它们提供了与背景协调的红外辐射，同时透过微波辐射），同时材料第三层是带网格图案的导电溅射薄膜或金属网格，网格图案一般为正方形或长方形，金属薄膜间涂有聚乙烯膜以防止膜层间电导通。该材料主要作为伪装网使用。

3. 新型红外/雷达隐身复合材料的结构设计

从材料功能角度出发，红外/雷达隐身复合材料设计的关键在于使红外/雷达两种材料有效复合的同时互不削弱各自功能。以此为原则，设计了一种多层结构的红外/雷达隐身复合结构型材料，该材料适于具有内热源的目标作为表面材料。

如图 7-1 所示，该种材料采用 8 层复合结构，面板层、蜂窝芯材层和隔热层以及风道控温层主要用于实现红外及可见光隐身。尖劈式波阻抗匹配层、衰减层、反射层和隔热吸声层主要用于实现雷达和声波隐身。

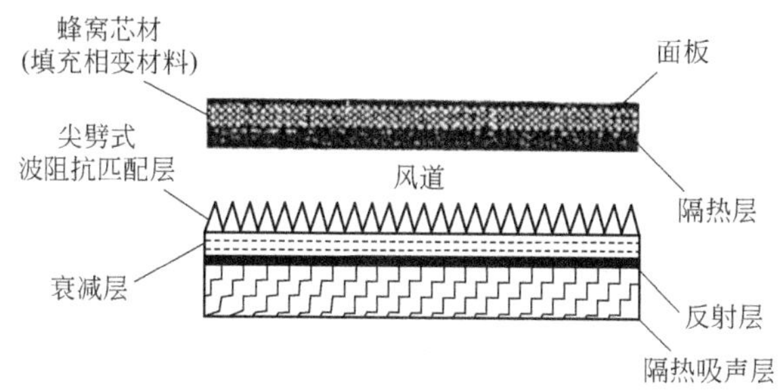

图 7-1　红外/雷达隐身复合材料结构

可见光及近红外隐身层采用环氧树脂混合有机颜料，按照表面迷彩设计图样并在玻璃纤维上逐层涂刷，制成环氧树脂/玻璃纤维复合材料面板。

红外分割功能层采用蜂窝结构作为红外分割功能材料载体，同时可提高复合材料的强度。红外隐身功能材料采用有机相变材料，通过将不同熔点的相变材料灌注于红外分割区域，使其在红外成像仪下呈现迷彩图样，可扭曲目标表面原有的红外热特征。该层底面采用环氧树脂/玻璃纤维复合材料并贴附聚氨酯绝热材料，密封蜂窝并起隔热作用，同时采用风道结构通过强制对流散热，可减少内热源对红外隐身层的影响，并降低红外隐身层的底面温度，延长相变材料的有效工作时间。采用高强度树脂基纤维增强复合材料作为风道壁板，并连接雷达与红外隐身层，由于可见光和红外隐身功能层全部采用透波性能良好的复合材料，可减少对复合材料雷达隐身功能的影响。

雷达隐身层采用三层复合结构，顶层为波阻抗匹配层，它是根据波阻抗匹配结构设计原理，以聚氨酯硬泡沫为基体材料，羰基铁粉和纳米镍粉作为吸波剂制成的具有尖劈外形的复合材料。该层对厘米波主要是通过调整介电常数实现阻抗匹配，而对毫米波则是通过外形和参数调整两种方式共同实现阻抗匹配，因此具有良好的阻抗匹配及吸波作用。中间层为衰减层，以纤维增强树脂基复合材料为基体并添加电磁型混合吸波剂，通过改变吸收剂混合比例或添加其他改性材料调整电磁参数，可增强吸波能力，拓宽频带。底层为反射层，采用金属板或树脂基全模碳纤维复合材料反射雷达波，实现雷达波在复合材料内部的二次衰减吸收，进一步增加损耗削弱回波。

隔热隔声层采用岩棉隔热吸声材料，用以屏蔽内部噪声和内热源热量。

4. 氧化铟锡（ITO）/乙烯基树脂红外/雷达兼容隐身结构材料

（1）结构形式

红外隐身功能在材料的表面层，雷达吸波材料结构常分为红外表面层、匹配层、吸收层和反射层。红外/雷达兼容隐身复合材料的结构形式一般如下所述。

图 7-2 中，红外层同时也是雷达波匹配层。对于红外层，要求材料具有尽可能低的发射率，而一般来说，材料的导电性越好，材料的发射率越低。雷达波匹配层则要求材料具有尽可能低的导电性，允许雷达波入射。因此对同一目标要同时达到红外与雷达波的隐身，就存在不同要求的导电性能的矛盾。有效解决这一矛盾是实现红外隐身、雷达隐身兼容的技术关键。

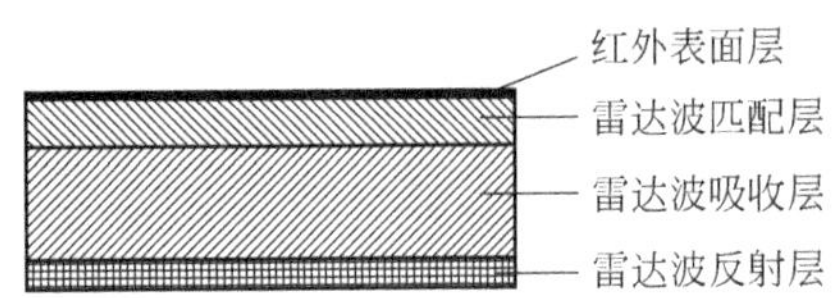

图 7-2 红外/雷达兼容隐身复合材料的一般结构形式

氧化铟锡（ITO）是一种重掺杂、高简并的 n 型半导体材料，目前在实际应用中多为薄膜形式。ITO 薄膜具有高的导电率、高的可见光透过率和红外反射率、高的机械硬度和化学稳定性。

（2）红外和雷达兼容材料制备

以乙烯基树脂 3201 为基体，高强玻璃纤维为增强材料，铁氧体为填料，根据电磁设计，采用模压成型工艺成型了 6 块 450mm×150mm×10mm 的具有多层结构的结构吸波复合材料，分别标注为 1＃、2＃、3＃、4＃、5＃和 6＃。

采用直流磁控溅射法在 2＃、3＃、4＃、5＃和 6＃五块结构吸波复合材料的匹配层表面镀不同厚度的 ITO 膜，其中 2＃镀膜时间为 25s，3＃镀膜时间为 50s，4＃镀膜时间为 75s，5＃镀膜时间为 100s，6＃镀膜时间为 200s。

（3）性能

① 电性能与红外发射率的关系。不同镀膜时间的红外与雷达兼容材料的表面电阻率测试结果如表 7-1 所列，不同镀膜时间的红外与雷达兼容材料的法向红外发射率如图 7-3 所示。

表 7-1 材料的镀膜时间及表面电阻率

编号	镀膜时间/s	表面电阻率/MΩ	编号	镀膜时间/s	表面电阻率/MΩ
1＃	0	>100	4＃	75	0.1
2＃	25	0.4	5＃	100	0.06
3＃	50	0.3	6＃	200	0.00103

由表 7-1 可知，随着镀膜时间的增加，镀膜厚度增加，材料的表面电阻率逐

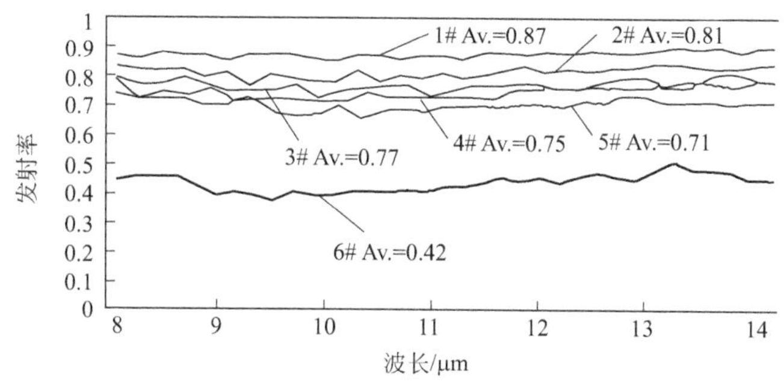

图 7-3 不同镀膜时间样品的红外发射率

渐减小。当镀膜时间为 200s 时，材料的表面电阻率约为 1Ω，已经与良导体相近，导电性能较好。综合表 7-1 和图 7-3 可以知道，材料的红外发射率随着表面电阻率的降低而减小，随着材料由半导体向导体转变，表面电阻率有明显的下降。这是因为 ITO 膜在红外区的反射遵从 Drude 理论（对金属的红外反射率），即随着薄膜电阻率的减小以及薄膜厚度的增大，红外反射率增大，相应的红外发射率则明显降低。另外，一些学者给出的有关低发射率材料的表面电阻率与红外发射率的经验公式也表明：随着电阻率的减小，红外发射率随之降低。如 J. Szczyrbowski 等给出的有关低发射率材料的经验公式 $\varepsilon_1=0.0129R_{\square}-6.7\times 10^{-5}R^2$。其中 ε_1 为发射率，$R_{\square}$ 为方块电阻。

方块电阻即为薄膜材料的表面电阻率。图 7-4 所示为不同镀膜时间的复合材料板方块电阻与红外发射率的关系曲线。

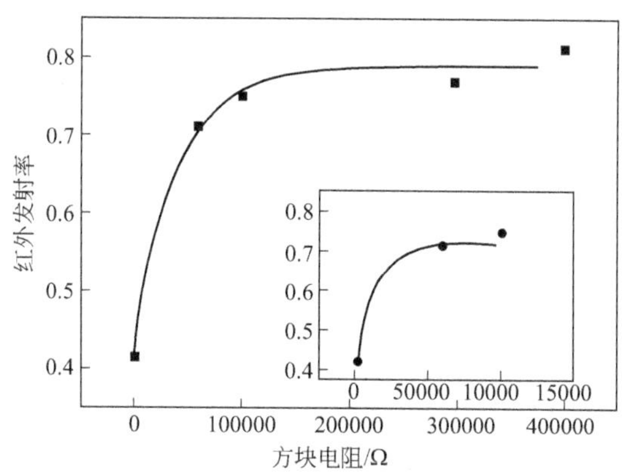

图 7-4 红外/雷达兼容复合材料的红外发射率与方块电阻的关系

由图 7-4 可知，当材料的方块电阻较小时，即与金属等良导体的电阻相近时，材料的红外发射率变化随方块电阻的变化灵敏；当材料的方块电阻高于 10^5 Ω 时，材料的红外发射率增大缓慢，趋于一定值。对方块电阻趋于饱和之前的结果进行拟合，得到镀 ITO 膜的复合材料的曲线方程（见图 7-4 内嵌图）为：

$$\varepsilon=0.4213+7.40293\times10^{-6}R_{\square}-4.13795\times10^{-11}R_{\square}^{2}$$

该拟合结果与 J. Szczyrbowski 等人给出的经验公式吻合。这说明当方块电阻较小时，镀 ITO 膜复合材料的红外辐射率随方块电阻的变化趋势遵循二阶函数变化规律。该影响可能与 ITO 薄膜的电子状态有关。当载流子浓度或迁移率增大，ITO 薄膜的方块电阻减小，而迁移率的大小直接与载流子所受到的晶格散射程度有关，同时红外辐射与晶格振动密切相关，因此方块电阻的减小与红外辐射的降低是一致的。当方块电阻较大时，实验结果显示该二阶函数的变化关系已不适用，薄膜的红外比辐射率受方块电阻的影响很小，趋近于一饱和值。

② 红外与雷达兼容性。图 7-5 所示为未镀有 ITO 膜的雷达隐身复合材料的 RCS 反射率测试曲线，图 7-6 为镀膜时间为 200s 的红外/雷达兼容复合材料的 RCS 反射率测试曲线。

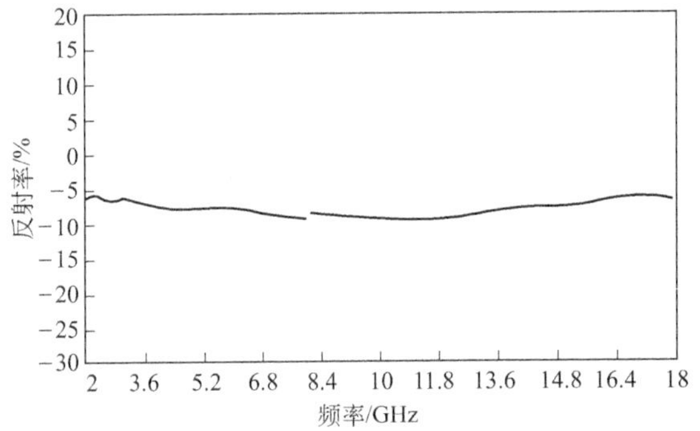

图 7-5 未镀有 ITO 膜的雷达波隐身复合材料的反射率测试曲线

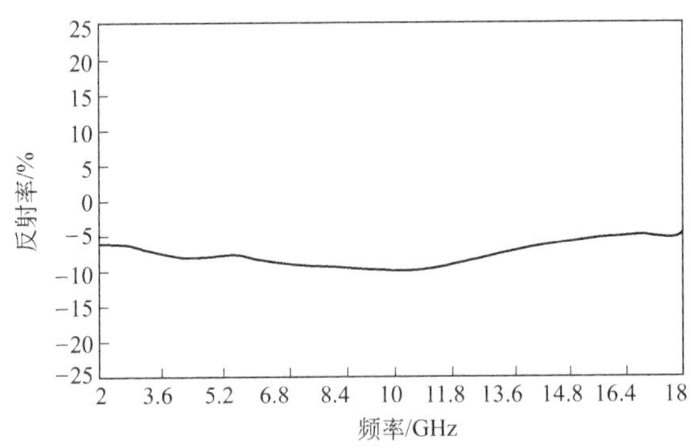

图 7-6 镀有 ITO 膜的红外/雷达兼容复合隐身材料的反射率测试曲线

由图 7-5 和图 7-6 可知，雷达隐身层在与 ITO 膜复合后，材料的雷达隐身性能几乎不受影响，测试曲线几乎相同，仅在中频波段存在测试误差。另外，通过计算平均反射率表明：在 2～18GHz 范围内，未镀有 ITO 膜的雷达波隐身复合

材料的平均反射率为－7.73dB，镀有 ITO 膜的红外/雷达兼容复合隐身材料的平均反射率为－7.70dB。说明红外与雷达的兼容性良好，雷达波通过红外层时的反射较小，几乎可以忽略不计。

5. 掺杂氯化物半导体的红外/雷达波隐身复合材料

红外隐身材料一般要求在大气窗口内有较低的发射率，较高的反射率，雷达隐身材料则要求在微波和毫米波有尽可能高的吸收率和较低的反射率，从而使其 RCS 尽可能减小。掺杂氧化物半导体材料在一定程度上可满足以上两方面的要求。

（1）掺杂氧化物半导体材料

① 红外高反射率的产生。掺杂氧化物材料可以成为具有较高浓度自由电子气模式的半导体材料，其薄膜本身也可以是透明的，如 In_2O_3、SnO_2、ZnO、$InSnO_3$(ITO) 等，禁带宽度一般在 3.0eV 左右。在红外波段，由于红外光波长较长，光子能量小于半导体禁带宽度，半导体对它没有本征吸收，对光子的吸收和反射起主要作用的是自由载流子。入射电磁波与材料中的自由载流子作用，并发生反常色散。

同时实验也证明了：半导体在重掺杂情况下等离子波长都在红外区域，随着载流子浓度的增加，等离子波长向短波方向移动。在等离子体振荡频率附近，由于入射光子与等离子体共振出现吸收峰，当载流子浓度增加时，共振吸收峰向短波方向移动，当入射光的波长比 λ_p 小时，掺杂氧化物半导体呈现高透射现象；当入射光的波长比 λ_p 大时，复介电常数的实部为负值，等离子体呈屏蔽效应，掺杂氧化物半导体在红外区呈现高反射现象，如图 7-7 所示。

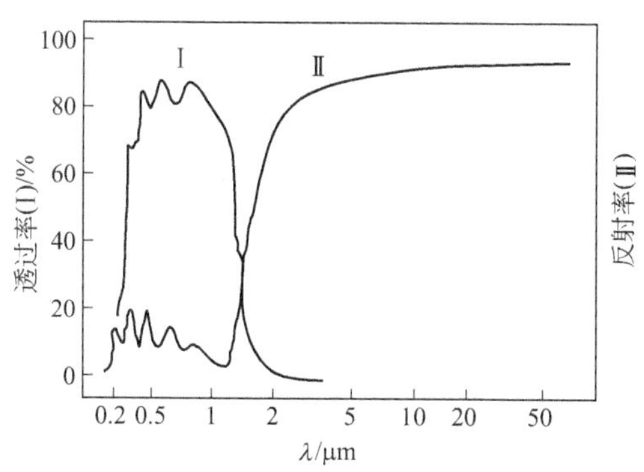

图 7-7　ITO 可见光透射率和中、远红外反射率的关系

当 SnO_2 掺杂含量在 5%（摩尔分数）左右时，ITO 涂料发射率最低，在此掺杂量下，涂层发射率随波长的变化波动不大；当 ITO 的用量为涂层的 25%（质量分数）时涂层发射率最低，可达到 0.624，并且颜色可调，将制得的 ITO 用于红外/激光复合隐身涂层中，取得了比较好的隐身效果。

② 微波、毫米波段高吸收率的实现。掺杂氧化物半导体的电磁辐射的吸收机理为介电损耗，包括电极化和传导损耗。

用高温烧结的ITO粉料为填料制备涂层，并对其光谱特性以及8～14μm波段的红外发射率等进行了较为详细的研究。发现以酚醛树脂为黏合剂制成的涂料在8～14μm波段，金属颜料的发射率一般较低，着色颜料的发射率一般都比较高，其中ITO最低。ITO等离子波长λ_p在近红外范围内，在λ_p附近一定范围内，反射率、发射率均由介电常数的虚部ε_2决定的。透明导电氧化物半导体在微波、毫米波作用下，将发生电极化，如电子极化、离子极化、固有偶极子的取向极化和界面极化等。

电子极化是由在外电场的作用下电子云的分布相对于原子核位移引起的。离子极化是由在外场的作用下离子间的相对位移引起的。由于电子和离子建立电荷位移极化所需的时间都很短，在10^{-15}～10^{-12}s，因此电子和离子极化均有较大的恢复力和较小的阻尼，其共振频率较高，均在紫外和红外区，故微波范围内的介电常数的虚部ε_2几乎为零。所以电子和离子极化对微波吸收的贡献可以不予考虑。而固有偶极子极化及界面极化的特征，是恢复力小，阻尼较大，它们的共振频率出现在射频区域以及微波区域，对材料在这一波段的吸收起主要作用，决定虚部ε_2的大小。固有偶极子极化及界面极化是弛豫型极化，吸波材料的弛豫时间比较长，又由于材料的微观结构不均匀性，使得材料弛豫时间不一致，而使虚部随频率变化不明显；随着掺杂量的增加，使得晶格空位及晶格格点上的正常价态的被不同价态离子所取代，使得离子数及电偶极子数增多。掺入相比例增加，介电常数的实部增大；同时由于热运动，不同价态离子间会出现电子转移，结果使电导率增大，这相当于掺杂氧化物半导体弥散有高导电率的相，掺入相的电导率越大、浓度越高，介电损耗越大，复介电常数的虚部ε_2越大。

(2) ZAO可以作为红外/雷达复合隐身材料

从前面的分析来看，掺杂氧化物半导体材料的等离子频率、红外反射率、雷达吸收系数和反射率均与掺杂氧化物半导体的主相、掺杂相、制备工艺等有关，通过适当的选择它们，可以获得载流子浓度、电导率、ε_1、ε_2等的最佳值。在环境气氛、制备方法、主相、掺杂相、掺杂限度一定的条件下，随着q的增加，载流子浓度增加，电导率增大，ε_1、ε_2增大。从前面来看，载流子浓度增大，等离子频率发生“蓝移”；电导率增大，红外波段反射率增大；ε_1、ε_2增大，雷达波段吸收率增大，反射率减小。因此，掺杂氧化物半导体材料在可见光段可以有高透过率；红外波段可以有高反射率、低发射率；雷达波段可以有高吸收率、低反射。因此利用掺杂氧化物半导体材料可以实现红外/雷达复合隐身。

ITO是掺杂高价锡离子Sn^{4+}的In_2O_3半导体材料，它的等离子波长$\lambda_p=1.124\mu m$，本征激发吸收波长$\lambda_g=0.34\mu m$，$\lambda_g-\lambda_p$正好与可见光带符合，目前

不同工艺沉积的 ITO 薄膜，一般电阻率在 $10^{-4}\Omega \cdot cm$，载流子浓度在 $10^{20}cm^{-3}$，其可见光透过率一般可达 80%以上，$R_S=5\Omega/cm$ 的 ITO 薄膜的红外反射率可达 80%以上，电磁波屏蔽能力可达－30dB。可见 ITO 可以作红外/雷达复合隐身材料。

目前人们利用不同工艺沉积的 ZAO 薄膜，电阻率可达 $10^{-4}\Omega \cdot cm$，载流子浓度达 $10^{20}cm^{-3}$，可见光透过率达 90%，红外反射率达 85%。可见 ZAO 具有与 ITO 可媲美的光、电性能。组成 ZAO 薄膜的主体 Zn、Al 在自然界储量丰富，生产成本低；而组成 ITO 的主要成分 In、Sn（特别是 In）自然资源很少，而且它们化学性质比较活泼，制备工艺条件不易控制，易渗入材料底部；ZAO 稳定性高，制备技术简单，易于实现掺杂。所以 ZAO 作为红外/雷达复合隐身材料，将是很有发展前景的。

四、红外雷达隐身复合涂层

1. 涂层设计

在新型宽频谱隐身材料研究的同时，国外还应将涂层设计和材料复合技术作为多频谱兼容性研究的重点，研究表层材料的频率选择特性，探求多频谱隐身涂层的优化组合设计方法和材料复合的结构与工艺。

雷达隐身涂层材料要吸收电磁波必须满足两个基本条件：

① 电磁波入射到材料上时，电磁波能量最大限度地进入材料内部（匹配特性）。

② 入材料内部的电磁波能尽可能全部衰减掉（衰减特性）。

实现第一个条件的方法是通过采用特殊的边界条件来达到；而第二个条件则要求材料的电磁参数满足一定的要求。研制的涂料型或结构型吸波材料就是利用上述两种原理，在有限材料厚度内吸收电磁波，同时用干涉的方法抵消雷达波在前界面上的反射。为了增加吸收频带宽度，应尽量增加吸收的分量，抑制反射分量。为了达到最佳的吸收效果，对材料的各项物理参数提出如下要求：

① 涂层厚度应为雷达波中心频率的介质波长的 1/4，该频率称为谐振点，具有最大吸收率。

② 涂层应有较高的电、磁损耗及适当的介电常数和磁导率。涂层的磁导率和磁损耗越大，吸收曲线的频宽也越大。

③ 电磁波在涂层界面上的反射波强度应满足干涉后完全抵消的条件，否则谐振点的吸收率将会下降，吸收曲线变得平坦。

要提高介质的吸波性能，必须提高 μ_r'' 和 ε_r''，增加极化损耗和磁化损耗，同时要满足阻抗匹配条件。对单一组元吸收介质，阻抗匹配和强吸收很难同时满足，满足 $\mu_r=\varepsilon_r$ 的材料很难找到。只有将多元材料复合，使电磁参数可调，才能在尽可能满足匹配条件下提高材料吸收损耗性能。尽管提高介质电导率是增大损耗的重要手段，但当电导率达到金属所具有的电导率时，反射系数接近1，将远离匹配。金属作为吸收剂一般以细粉状态复合到聚合物基体中，整体不呈现金属特性。据分析，存在一个合适的电导率，可使材料的回波率最低。而对于吸收剂和聚合物复合体系而言，通过调整吸波材料的成分、组成，结构及非均匀性等，可最大限度地进行电磁谱频率响应特性调控，实现阻抗匹配，从而设计宽频带隐身材料。

红外隐身涂层的存在无疑增加了涂层的厚度，使吸波材料的谐振点向低频方向移动。同时改变雷达波在红外隐身涂料表面的反射与原涂层的前界面的反射，破坏原吸波材料电磁干涉的能量条件，使部分反射有可能无法抵消。这些影响都与红外涂层的介电常数有关。此外，若红外低辐射涂层为非铁磁性，红外涂层过厚会造成雷达吸收频宽变窄。

以往实验表明，在雷达吸波材料的上面涂覆一层红外涂料，在一定的厚度范围内，可以同时兼顾两种性能，且雷达波吸收性能基本保持不变，只是随红外涂层厚度增加，谐振峰向低频平移，同时也能保证原涂层的红外辐射性能不变。一般只要红外低发射率涂层厚度达20μm，便能覆盖整个高辐射表面，而使法向总发射率值趋于一个稳定值，而涂层厚度在20～100μm时，法向总发射率基本没有什么变化。

兼顾红外雷达的复合隐身涂层现均为多层结构。一般可从3层涂层结构设计考虑：电磁损耗层为底层，中间层是阻抗匹配层1，面层是阻抗匹配层2，同时它也是红外隐身涂层。国外曾提出的一种由反热红外探测的面漆加反雷达探测的底漆构成的隐身材料就是一个简单而典型的例子。国外还有一种形式类似但结构更为复杂的7层复合材料。研制这类多频段兼容隐身材料的关键是运用传输线理论进行涂层复合设计使表层材料具有良好的频率选择特性。

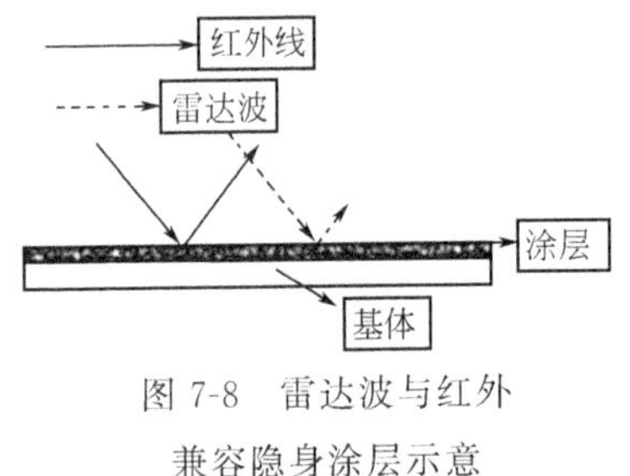

图7-8　雷达波与红外兼容隐身涂层示意

2. 改性羰基铁粉红外/雷达兼容涂层

(1) 结构形式

虽然国内外采用双层涂覆的方法来实现热红外的低发射和雷达波的高吸收取得了一定进展，但双层涂覆的涂层较厚，施工性较差以及复合隐身性能仍需改进。为此，寻求一种材料使其具有雷达波高吸收、热红外低发射的性能，实现单层红外/雷达兼容隐身具有重要意义（见图7-8)。

金属羰基铁微粉吸收剂由于居里温度高、温度稳定性好、磁导率和介电常数较大等特点在吸收材料领域得到了广泛应用，如美国的F/A-18C/D“大黄蜂”隐身飞机。将特殊形态的片状微米级的金属粉作为颜填料具有良好的红外隐身效

果。因此，将金属粉羰基铁进行球磨改性，制备了雷达/红外兼容隐身单涂层，并系统研究了羰基铁粉的含量、形态以及球磨时间对涂层红外低发射率以及雷达吸波性能的影响。

（2）原材料

羰基铁粉（沈阳市航达科技有限责任公司），聚氨酯（PU）及其固化剂（上海瑞洋橡胶化工有限公司，分析纯）。

（3）涂层制备

样品制备：将5g羰基铁粉放入不锈钢球磨罐中，无水乙醇为湿磨介质，硬脂酸为湿磨助剂，ZrO_2球为球磨介质，球料比为20：1，对球磨罐抽真空并充入Ar保护。然后在行星式球磨机上进行球磨，公转225r/min，自转400r/min。

将羰基铁粉分别球磨0h、8h、16h（分别编号为A、B、C）与石蜡以适当的比例混合均匀，制成内径3.04mm、外径7.00mm、厚3mm的同轴环状的吸波材料。

涂层的制备：首先进行马口铁基板（10cm×5cm，厚0.3mm）预处理，砂纸打磨→水洗→化学除油→水洗→烘干；然后选用聚氨酯为树脂基体，加入适量的填料（质量分数分别为30%、40%、50%、60%）和固化剂，混合搅拌并超声波振荡提高分散度，加入乙酸丁酯调节黏度，用压缩空气喷涂法制备涂层，控制厚为2mm。

（4）效果

① 随球磨时间的延长，羰基铁粉由球状变为片状。当球磨16h时，粒径增大为3～4μm，而且有明显的层状结构。

② 随羰基铁含量的增加，涂层的红外发射率从0.93降低至0.85，吸波材料吸波性能显著增强。质量分数为60%，涂层厚为2mm，在13～18GHz，其发射率均小于－6dB，在18GHz处其涂层反射率的最小值达－9.3dB，其涂层的红外发射率为0.85。

③ 当球磨时间为16h，羰基铁粉为片状，质量分数为60%时，其涂层的红外发射率降低至0.69，雷达吸波性能略有降低。羰基铁粉有望成为红外/雷达兼容隐身材料。

第二节　红外与激光兼容隐身材料

一、简介

红外隐身要求表面涂料对红外光具有较低的发射率，而激光隐身则要求涂料对激光有较大的吸收率，也就是说红外隐身材料是以降低目标表面红外发射率为目的，而激光隐身材料则应在尤其是 CO_2 激光入射的情况下具有低的激光反射率，二者截然相反，两种要求相互矛盾，即使用较为先进的“多频谱兼容隐身涂料”也无法对同一波段内的被动红外探测和主动激光测距同时具有隐身功能，二者对坦克的威胁都很大，不能偏废，因此，相互协调十分重要。由此可以看出，地面武器的隐身比飞机的隐身更为复杂。对于坦克需要材料同时具备红外隐身和激光隐身两种功能才可能得以广泛应用。理论研究认为，利用材料的非平衡辐射性能可以获得红外低发射率和低瞬态红外激光反射率材料，满足红外与激光复合隐身的需要。另外，由于激光隐身材料要求吸收激光信号，从而降低了激光反射信号，因此，对于同一目标要同时达到红外与激光的隐身，就必须同时降低材料的发射率和反射率，这就使得建立在高反射低吸收基础上的红外隐身材料和低反射高吸收基础上的激光隐身材料在工作原理上发生了矛盾。

而且解决这一矛盾时，比实现雷达与红外兼容更困难的是，激光工作的波段正好位于红外波段内，因为激光隐身的材料开发和应用多针对于 1.06μm 波段钇铝石榴石激光器以及具有对人眼安全、大气传输性能好、兼容性好、较大的输出功率和能量转换效率等优点的 10.6μm 波段的二氧化碳激光器。

解决的思路之一是研制一种材料，使其在激光工作波段如 1.06μm 附近出现较窄的低反射率带，而其他波段均为低辐射，以此来达到对激光的隐身，并且同时又要求它对红外隐身的影响不大。这一方法要求低发射带尽可能窄，因而也成了该方法的难点和关键点。

二、红外/激光隐身材料的设计原理

激光隐身要求材料具有低反射率，红外隐身的关键是寻找低发射率材料。从复合隐身角度考虑，原激光隐身涂料在具有低反射率的同时，一般具有高的发射率，可用于红外迷彩设计时的高发射率材料部分。问题是如何使材料在满足对红外隐身的低发射率要求的同时，还满足对激光隐身的低反射率要求。

通常，对于不透明物体，由能量守恒定律可知，在一定温度下，物体的吸收率 α 与反射率 R 之和为 1，即：

$$\alpha(\lambda, T) + R(\lambda, T) = 1 \tag{7-8}$$

再根据热平衡理论，在平衡热辐射状态下，物体的发射率 ε 等于它的吸收率 α，即：

$$\varepsilon(\lambda, T) = \alpha(\lambda, T) \tag{7-9}$$

涂料一般均为不透明的材料，对激光隐身涂料而言，要求反射率低，则发射率必高；对红外隐身而言，如要求发射率低，则反射率必高。这表明从寻找低发射率红外隐身材料角度而言，激光隐身和红外隐身对材料提出了相互矛盾的要求。

对于同一波段的激光与红外隐身，如 10.6μm 激光和 8～14μm 红外的复合隐身，可采用光谱挖孔等方法来实现；而对于 1.06μm 左右的激光和 8～14μm 波段红外的复合隐身，由于它们并不在同一波段，因而不存在矛盾。如果材料具有如图 7-9 所示的理想 R-λ 曲线或使某些材料经过掺杂改性以后具有图 7-9 所示的 R-λ 曲线，则均有可能解决 1.06μm 激光隐身材料低反射率与 8～14μm 波段红外隐身材料低发射率之间的矛盾，从而实现激光、红外隐身兼容。此外，还必须了解等离子共振原理。

三、等离子共振原理

某些杂质半导体具有图 7-9 所示的 R-λ 曲线，并且可以控制，因为杂质半导体的反射率与光的波长有关。波长比较短时，其反射率几乎不变，与载流子浓度无关，接近本征半导体的反射率。随着波长增大，反射率减小。在 λ_P 处出现极小点，此种现象称为等离子共振。当波长超过 λ_P 时，反射率很快增大。λ_P（称等离子共振波长）的位置与半导体中自由载流子浓度有关。

$$\lambda_P^2=\frac{2\pi c^2 m^* \varepsilon}{Nq^2} \tag{7-10}$$

式中，c 为光速；m^* 为自由载流子有效质量；ε 为低频介电常数；q 为电子电荷；N 为自由载流子浓度。

改变掺杂浓度以控制自由载流子浓度，即可控制等离子共振波长，使杂质半导体的 R-λ 曲线与要求相一致。图 7-10 为 n 型 InSb 半导体材料的理论反射率曲线，由图可以看出，在 $\lambda=\lambda_P$ 处，反射率最小，之后迅速趋近于 1。自由载流子浓度不同，等离子共振波长 λ_P 也不同，随着自由载流子浓度的增大，等离子共振波长 λ_P 也不同，随着自由载流子浓度的增大，等离子共振波长 λ_P 向短波方向移动。因此，通过对半导体材料的掺杂研究，完全可以找到符合激光和红外隐身兼容的材料。

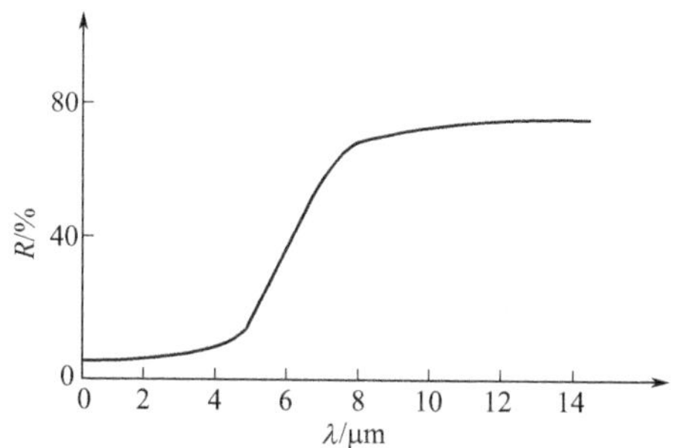

图 7-9　理想 1.06μm 激光与 8～14μm 红外复合隐身材料的 R-λ 曲线

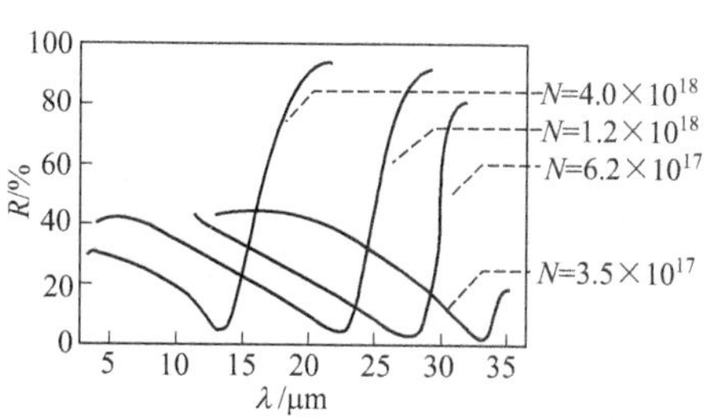

图 7-10　InSb 半导体材料的等离子反射

四、激光红外隐身材料的研制

许多半导体在掺杂情况下，其等离子波长都在红外区域。如随着掺杂浓度的不同，锗的等离子波长为8～10μm，硅的等离子波长为3～5μm，掺锡的三氧化二铟等离子波长为1～3μm等。对于掺杂半导体，通过对掺锡氧化铟半导体的研究取得了很好的结果。表7-2列出了几种复合隐身涂料的反射率和发射率数值，其中，1、4号涂料可以同时满足8～14μm低发射率和1.06μm低反射率的要求，基本符合 R-λ 曲线，其主要颜料是一种掺锡氧化铟半导体。

表 7-2　几种复合隐身涂料的反射率和发射率

类别 / 序号	涂层颜色		对应标准色卡	发射率 ε (8～14μm 平均值)	反射率 R (1.06μm)
	类名	种名			
1	绿色	深绿	DG0847	0.652	0.4%
2	绿色	中绿	EG1142	0.930	0.2%
3	土色	沙土	SE2034	0.870	0.3%
4	土色	沙土	SF4152	0.713	0.4%

目前已研制出多种1.06μm激光隐身涂料。对于10.6μm激光而言，由于它处于热红外波段，因此高热辐射率的热红外涂料，也会反射入射的10.6μm激光。显然，热红外隐身与10.6μm激光隐身是相互矛盾的，因此，必须通过其他途径解决激光隐身问题。

利用掺杂光子晶体的缺陷能级形成的光谱挖孔结构可以很好地解决这一难题。光子晶体是一种新型的人工结构功能材料，基于光子禁带的高反射特性，可以实现红外伪装；基于一维掺杂光子晶体，可以实现远红外与激光兼容伪装。这种晶体材料由于强弱振子介电耦合原因能够在某一波长如10.6μm处具有强吸收性能。从光谱曲线上看，就像在某一波长处挖了一个孔，利用这类材料实现10.6μm激光和8～14μm波段热红外隐身。

利用薄膜光学理论中的特征矩阵法计算了设计的掺杂ZnSe的 $CdSe/SiO_2$ 光子晶体薄膜的反射、透射和吸收光谱，计算结果表明掺杂光子晶体能够很好地满足热红外与1.06μm或10.6μm激光隐身兼容的要求。并指出掺杂光子晶体的缺陷能级是由高透射引起的低反射，并不满足激光隐身的实际要求，为了能将从缺陷能级透过的激光吸收掉，还需在光子晶体薄膜的基底中引入吸收材料。

基于分散布拉格反射微腔原则，选择了碲化铅（PbTe）和冰晶石（Na_3AlF_6）并设计了一种一维双层掺杂光子晶体缺陷膜，并用薄膜光学理论的传递矩阵法计算了它的反射和透过谱。计算结果表明这种多循环双杂结光子晶体在近、中、远红外波段有高的反射率。在1～5μm和8～14μm红外波段光谱反射率高于99%，在1.06μm和10.6μm光谱透过率高于96%。这能满足在近、

中、远红外波段的激光和红外兼容隐身。

清华大学将掺锡氧化铟（ITO）薄膜在近红外波段的低反射和红外波段的高反射特性和 SiO 薄膜在特定的红外波长处有很强的吸收特性结合，通过研究和计算，发现适当调整膜系的组合方式及选择膜层参量，用 SiO/ITO 膜系可以做成红外与激光兼容型低目标特征涂层。

安徽理工大学以三氧化二铬包覆片状铝粉粒子（Al/Cr_2O_3）为填料、聚碳酸酯基水性聚氨酯为黏合剂，涂覆于玻璃片上，自然干燥制得涂层，研究了黏合剂、填料及它们的加入量对涂层红外发射率和激光反射性能的影响。结果表明使用的黏合剂较普通水性聚氨酯发射率低，固定黏合剂量，改变填料加入量，涂层在 8～14μm 波段发射率和 10.6μm 激光的反射性能都随着包覆粒子的增加而减小，当加入量达到 30%时，涂层的红外发射率可以降低至 0.688，激光反射能量降至初始入射能量的 1%，且涂层综合物理性能良好，达到红外-激光兼容隐身的要求。

第三节　多频段兼容雷达隐身材料

一、简介

随着探测技术的迅速发展，单一功能的隐身材料已很难得到应用，取而代之的是多频谱兼容的多功能隐身材料。目前国内外研究的多功能隐身材料有：雷达与红外兼容隐身材料、红外与激光兼容隐身材料及可见光、近红外、远红外和微波等多波段隐身材料。国外先进多功能隐身材料在可见光、近红外、远红外、8mm 和 3mm 五波段一体化方面取得的进展较大。美国研制的多功能隐身涂层对 30～100kHz 毫米波的吸收率为 10～15dB，可见光的光谱特性与背景基本一致；德国研制的半导体多功能隐身材料在可见光范围发射率低，在热红外波段辐射率低，在毫米波段吸收率高，这种涂层可同时对抗可见光、近红外、热红外、激光和雷达的威胁。此外，国外对隐身织物（伪装网）的研究也方兴未艾。如美国研究厘米波、毫米波兼容可见光、近红外、热红外多频谱隐身伪装网。

随着隐身技术研究范围的日趋扩展，新型隐身材料的广泛应用，以及防御探测手段全波段立体化的发展趋势，隐身材料将向兼顾可见光、中远红外及雷达隐身等多频谱相兼容的方向发展；隐身技术研究将会在注重雷达隐身的研究与应用的基础上，展开对红外、视频、声隐身等技术的研制工作。隐身技术将会向各类作战武器系统渗透，向着宽隐身频段、全方位、全天候、智能化的方向发展。目前的隐身材料都是针对厘米波雷达（2～18GHz），而先进的红外探测器、米波雷达（如俄罗斯“高王”雷达）及毫米波雷达（如荷兰“翁鸟”雷达、瑞典“鹰”

雷达）等先进探测设备的相继问世，需要隐身材料在不久的将来发展成为能兼顾毫米波、厘米波、米波、可见光、红外及激光等多波段电磁隐身的多频谱隐身材料。在同一目标上使用的材料不应再是仅具有单一功能的多层结构，而是能采用多功能材料实现四个或五个波段以上的多功能一体化隐身材料的结构设计。

美国研制的一种“超黑粉”纳米吸波材料对雷达波的吸收率大于99%，该研究正向覆盖厘米波、毫米波、红外、可见光频段的纳米复合材料扩展。

国内在多频谱兼容的多功能隐身材料方面也作了一些研究。例如，研究了掺有锡的三氧化二铟隐身材料，用它来制作隐身涂料，该涂料具有宽波段红外隐身功能，其在3～5μm和8～14μm两个红外大气窗口波段的反射率大于80%，而在微波和毫米波波段具有较强的吸收能力。北京工业大学研究了以粉煤灰空心微珠为基核，在其表层沉积纳米金属（Cu、Ni）微粒及TiO_2微粒后制得复合材料，用它制成的涂层具有较好的吸波性能及隐身功能，其对波长为470～3500nm、389～415nm的红外光波和电磁波具有较强的吸收性能，吸收率可达85%以上。山东工业陶瓷研究设计院则研究了宽波段红外、雷达隐身涂层材料，其在8～14μm红外波段的红外反射率均大于0.6，在33GHz频率的衰减为7dB。

二、雷达/激光复合隐身材料

1. 基本特点

采用双层涂覆法，在雷达隐身材料表层喷涂薄层的激光隐身材料，制备了双层型雷达/激光复合隐身材料，并用紫外-可见-近红外分光光度计分别测试了涂覆激光涂层前、后的激光反射率以及在微波暗室内测试了涂覆激光涂层前、后的雷达波反射率。结果表明：涂覆激光涂层后，在1.06μm处的反射率由2.24%降低到0.13%，在8～15GHz范围内，对雷达波反射率没有不利影响，均小于－7.5dB，且有一定的改善，显示该材料在8～15GHz范围内可以很好地实现雷达与激光的复合隐身，在其他波段的兼容性有待于进一步研究。

2. 材料的制备

雷达隐身材料为一种雷达吸波贴片，主要由羰基铁粉、专用胶黏剂及其他一些添加剂混合制成，由南京大学自主研制。采用的激光隐身材料主要由铟锡金属氧化物（ITO）掺杂微量碳纳米管（MWCNTS）再加一些胶黏剂、添加剂混合制成，由南京工业大学自主研制。

将雷达吸波贴片贴覆在光滑铝板上，铝板尺寸分别为180mm×180mm×5mm和50mm×50mm×5mm，雷达吸波贴片（RAM）厚度为1mm。之后，在雷达吸波涂层表面喷涂薄层的激光隐身材料（厚度约为45μm），激光隐身材料的厚度主要由喷涂次数和增重控制，激光隐身材料完全固化后最终制得双层型雷达/激光复合隐身材料（RAM/LAM）。

3. 性能

（1）激光隐身性能

在分光光度计上测试 RAM 表面喷涂激光隐身涂层前、后的激光反射率。结果表明：雷达吸波贴片材料喷涂激光隐身材料前后在 1.06μm 波长处的激光反射率分别为 2.24％和 0.13％。可见，在增加了激光隐身涂层后材料的激光反射率至少降低了一个数量级。

根据脉冲激光测距机的测距方程可知，对于大目标来说，激光测距机的最大测程与漫反射大目标反射率的平方根成正比，所以如果目标表面反射率降低一个数量级，则能使最大测程减少到原来的 1/3～1/2，从而实现相对较好的激光隐身效果。

（2）雷达隐身性能

雷达波反射率测试结果如图 7-11 所示。

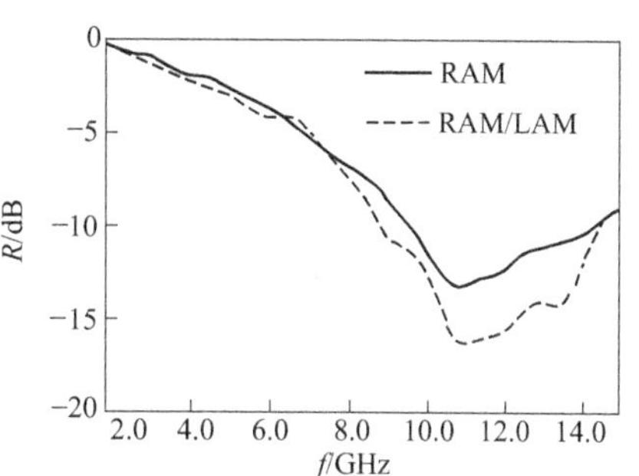

图 7-11　RAM 材料喷涂激光隐身涂层前后的雷达波反射率

由图 7-11 可看出，在8～15GHz 频段，雷达/激光复合隐身材料的雷达波反射率小于雷达吸波贴片材料，其雷达后向衰减量均小于－7.5dB，在 10.9GHz 附近出现峰值，反射率约为－16.8dB，达到了很好的雷达隐身效果。表明增加此种薄层激光隐身涂层，不仅未削弱原有雷达吸波贴片材料的雷达隐身性能，反而使雷达隐身性能在一定频率范围内略有提高。这是因为在激光材料 In_3O_3 中掺杂了高价锡离子 Sn^{4+} 和微量的 MWCNTS，使得原本不具有雷达波吸收性能的 In_2O_3 材料具备了一定的雷达波吸收性能。

（3）雷达/激光复合隐身材料制备方法讨论

① 利用某些激光隐身涂层对雷达波的透明性，将激光隐身材料喷涂到雷达隐身材料表面制备双层型雷达/激光复合隐身材料。当雷达波入射时，上层激光隐身材料基本透射，主要由下层雷达波隐身材料吸收；当激光入射时，主要依靠上层材料吸收。

就双层型结构而言，如果外层激光隐身涂层厚度不大，不会削弱雷达隐身材料的雷达波隐身性能，如果选择掺杂适当的材料（如 MWCNTs），甚至还可以提高 8～15GHz 雷达波吸收性能。这种材料对于毫米波段的影响有待进一步实验研究。就本书实验而言，双层型雷达/激光复合隐身材料完全可以做到激光与雷达 8～15GHz 的复合隐身。

② 通过掺杂半导体材料或者导电高聚物的方式可以吸收某一波长的激光，又能吸收某一波段的雷达波。目前证明具有此种性质且实验室实际使用的材料主

要包括半导体材料ITO和碳纳米管MWCNTs等。因此，兼容型雷达/激光复合隐身材料的研究也是实现激光与雷达复合隐身的一条途径。

③ 激光隐身要求目标表面具有的低反射率是平均低反射率，因为尽管激光波束很窄，但在远距离探测时，激光光斑也足够大。所以在保证目标表面具有低平均反射率的前提下，可以允许涂层斑块反射率有大有小，因此可以在雷达材料表面的一部分加覆激光隐身材料，这种分块型的材料也为实现激光与雷达的复合隐身留有很大设计余地。

4. 效果

In_2O_3 等金属氧化物为吸收剂的激光隐身涂层在2～18GHz波段对雷达波近似透明，如果掺杂高价锡离子 Sn^{4+} 和微量的MWCNTs能吸收一定的雷达波。利用这些特性，采用涂覆法制备了双层型雷达/激光复合隐身材料，在1.06μm处反射率仅为0.13%，比雷达吸波贴片材料的反射率降低了一个数量级，8～15GHz的雷达波反射率小于－7.5dB，不影响原雷达吸波贴片材料的雷达吸波性能，甚至有所改善。实验证明双层型雷达/激光复合隐身材料可以实现雷达与激光的复合隐身。此激光隐身涂层对毫米波段吸波性能的影响有待于进一步研究。

三、四段兼容隐身材料技术

国外多波段隐身材料技术的研究热点是能防可见光、近红外、中远红外和毫米波的四段兼容隐身材料技术以及红外、激光兼容隐身材料技术。坦克等目标在战场上可能同时面临可见光、红外、激光和雷达等多波段侦察观瞄仪器的威胁。因此，对抗单一频带的隐身材料是远远不够的，能够对抗多种仪器探测的多波段兼容隐身材料才是兵器综合隐身的需要，也是隐身技术发展的重要方向。

目前，美国、德国和瑞典等国正在积极研制多波段隐身材料，其水平已达到可见光、近红外、中远红外和雷达毫米波四段兼容。如瑞典巴拉库达公司最新研究开发的多波段超轻型伪装网（BMX-ULCAS）就具有防可见光、防近红外、防中远红外、防雷达侦察的性能。该伪装网由高强度基网材料加多波段吸收材料制成，且在设计思想上突破了以往各种伪装网的理论依据，采用新型吸收原理和双面料单层结构的设计，不但重量非常轻，而且架设方便，是目前世界上最具开拓性的先进伪装网。德国已取得专利权的多波段隐身材料是将半导体材料掺入热红外、微波、毫米波透明漆、塑料、合成树脂等黏合剂中的一种涂料。其可见光颜色及亮度取决于半导体材料和表面粗糙度。选择恰当的半导体材料特性参数，可以使该涂料具有可见光及近红外波段的低反射率、热红外波段低发射率、微波和毫米波高吸收率等特性。因此，这种多频谱隐身涂料能同时减小坦克等目标被可见光、近红外光、热红外光和雷达波探测器发现的距离和概率。

美国已在多波段隐身涂料技术领域取得重大进展。1998年2月，美国国防部防务贸易控制办公室做出一项决定：一种供军用车辆使用的“革命性”涂料技术被指定为“关键军用技术”，未经国防部批准不准出口。美国 Hickory 公司开发的这种隐身涂料的主要技术特征是，可吸收射频、雷达微波、毫米波的复合涂料，其成分中含有带金属覆层的微球。微球直径为 5～75μm，可均匀承受 280kg/cm^2 的压强。微球吸收能量的频率由其直径及金属膜的类型与厚度来确定，吸收射频能量的范围为 1～100GHz，在 100MHz～10GHz 频段的屏蔽衰减为 60dB。微球可以像色素一样加进溶剂基或水基的树脂系统中（如聚氨基甲酸乙酯及其混合物、环氧化物、丙烯酸化合物及硅化物），涂到被保护装置上之后，最终形成的涂层仅使装备的厚度增加几个毫米。这种微球涂料技术的另一大特点是适用于任何材料和任何结构。例如，Hickory 公司已用尼龙手套、泡沫材料及胶片进行了实验，实验取得了预期效果。Hickory 公司不但能够提供采用不同配方的多种微球浸透涂料，而且能够针对包括电磁干扰、雷达吸收、红外吸收在内的不同用途来制作所需的微球。此外，该微球涂料还具有价格低等优点，每平方米涂料重 240g，价格仅为 10～20 美元。

四、红外、激光兼容隐身材料技术

热红外隐身要求表面反射率要高，而 10.6μm 激光隐身要求尽可能低的反射率。两者所处的波段范围相同，因此两者严重对立。由于红外探测和激光测距等对坦克的威胁都很大，故两者协调很重要。而且，采用多频谱隐身材料是无法协调此矛盾的。通常是在涂红外隐身涂料或多波段兼容隐身涂料的基础上对激光反射采取一些补救措施。一是采用对抗激光的方法，如发射烟幕弹等；二是牺牲局部范围的红外隐身，具体说就是使涂料在 10.6μm 附近出现较窄的低反射率带，而其他波段均为低辐射，以此来达到对激光的隐身，同时又要对红外隐身的影响不大。这一方法要求低反射带尽可能窄，因而也成了该方法的难点。

五、智能型隐身材料

智能型隐身材料具有感知、信息处理及自适应功能，并能对信号做出最优响应。表面喷涂了智能型隐身材料膜层的飞行器具有自动检测并改变其表面温度、控制红外辐射等特征，它为雷达吸波材料的设计提供了一种全新的途径。目前这种新研制开发的智能型隐身材料和结构已在军事和航空航天领域内得到日益广泛的应用。现在已应用于飞行器与天线融合的智能蒙皮、用于潜艇的吸声智能蒙皮及可根据作战环境变化自动保持一致的光隐身蒙皮等。同时这种能根据作战环境变化自动地调节自身的结构与性能能对作战环境作出最优响应的设想，亦为隐身材料及其结构的设计提供了一种崭新的途径，使智能隐身目的得以实现。美国计划于 2005 年研制出可单独控制辐射率/反射率的涂层，2010 年研制出能自动地对作战背景及威胁作出及时反应的自适应涂层体系。其他世界军事强国亦不遗余力地进行各种有效的运作。美海军正在研究利用智能隐身材料抑制发电机噪声外传的智能结构发电机罩；美空军提出直升机旋翼采用智能隐身材料的方案，其隐身能力可提高20倍。目前开展的智能隐身材料的研究主要集中在智能蒙皮、雷达波智能隐身、红外及可见光智能隐身等几个方面。

六、纳米隐身涂料

自20世纪90年代初以来，纳米材料和纳米技术的兴起和发展，给隐身涂料带来了突破性进展，已成为当前隐身技术领域研究的热点之一。

从国内外隐身技术发展的现状看，“薄、宽、轻、强”是隐身技术的发展方向。因此，研制和发展宽频带兼容性好、成本低廉、多功能的纳米隐身涂料是必然趋势。就隐身涂料来说，对某种探测手段的隐身性能好，而对另一种探测手段的隐身性能就不好。为解决这一问题，研制了兼容性隐身涂料，或称多功能隐身涂料，即同时具备多种隐身功能的涂料。已经发展了红外/雷达、红外/激光雷达、可见光/红外等双功能隐身涂料和宽频带雷达隐身涂料，正在研究可见光/红外/雷达、红外/雷达/激光雷达等多功能隐身涂料。例如美国花3亿美元研制了一项顶级绝密技术——纳米雷达吸波涂料，每辆坦克只需花5000多美元，就可获得涂层薄、吸收率高和吸收波带宽的隐身涂层，有极高的军事利用价值。它采用金属、铁氧体等纳米微粒与聚合物形成的0-3型复合涂层和采用多层结构的2-3型复合涂层，能吸收和衰减电磁波和声波，减少反射和散射从而达到电磁隐身和声隐身的作用，这在潜艇等领域有广泛的应用前景。还有一种称为“活性伪装”系统的多色涂层，由美国盖恩斯维尔的佛罗里达大学某一研究小组开发。它将聚合物与光结合起来，而该聚合物在通电流时会改变颜色，这种先进的电致显色材料可能在21世纪对军用飞机极为重要。已报道基于聚苯胺或“有机金属”的导电聚合物正在美国内华达州的绝密养马人湖空军基地进行试验，据说这些材料几乎能同时改变亮度和颜色，因此它们能用计算机来控制与飞机周围环境相配的颜色和亮度，能在可见光和红外光区域迅速闪变，干扰雷达、红外线制导导弹。就目前来看，由于纳米材料是物理学上的理想黑体，纳米氧化锌粉、羰基铁粉、镍粉、铁氧体粉以及γ-(Fe,Ni)合金粉等都是优良的电磁波吸收材料。它们不仅能吸收雷达波，而且能很好地吸收可见光和红外线，用此配制吸波涂料和结构吸收材料可以显著改善飞机、坦克、舰艇、导弹、鱼雷等武器装备的隐身性能。如美国的B-2战略轰炸机都采用了隐身材料，而21世纪超低空新霸王“科曼奇”RAH-66隐身直升机，在设计上以“隐身杀手”创下四项世界“第一”，即对雷达探测隐身，对红外探测隐身，对目视隐身，对音响探测隐身。另外以俄罗斯为先的迷惑攻击武器造成虚假幻象的等离子隐身涂料也在研制开发之中。固然，为了实现多功能隐身，今后的趋势是采用多材料复合的隐身涂料，还可能利用各种超微结构。法国研制成功的一种宽频纳米隐身涂料，由黏合剂和纳米级微填充材料构成。这种涂层具有超薄电磁吸收夹层结构，有很好的微波磁导率和红外辐射率，吸波涂层在很宽的频率范围内有良好的吸波性能。

第四节　红外/可见光与多波段兼容隐身材料

一、红外与可见光兼容隐身材料

在可见光和近红外波段（波长范围为380～1200nm）伪装涂料的光谱特性应尽可能地与自然背景一致。特别是绿色伪装涂料，应能模拟自然植被的光谱特性，即要求涂料在此波段的反射光谱应尽量能与绿色植物的反射光谱相吻合。图7-12为常作为自然背景的几种绿色植物的反射光谱，曲线从上到下依次代表叶绿素的溶解液、浅草、树木以及普通军绿色漆的平均值。

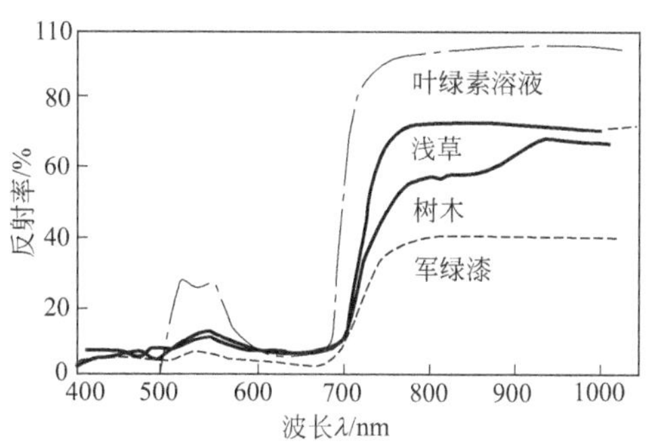

图7-12　不同植物或油漆光谱反射曲线

可见光隐身与红外隐身之间的不同之处是由可见光侦察与红外侦察方法的不同决定的。可见光侦察设备主要通过目标与背景间的亮度对比以及颜色对比来识别目标。可见光隐身技术主要是在目标表面涂覆迷彩涂料，使目标尽量与背景一致；而红外侦察通过测量分析目标的红外辐射率对目标进行探测和识别，它直接利用目标与背景红外辐射的差别来发现目标。目标与背景红外辐射的差别，主要是由目标与背景的温度差别来决定的。

北京航空航天大学采用多弧离子镀制备了多彩Al/TiNO（掺氮TiO_2）薄膜，利用SEM观察了薄膜的表面、断面形貌，并测量了其膜厚，利用紫外-可见分光光度计研究了TiNO膜的可见光谱特性，用红外比辐射率测量仪测量了样品的红外发射率，结果在不改变Al箔在8～14μm波段低红外发射率的情况下，实现了其物理着色。

可见光/红外兼容隐身材料通常由铝粉、着色颜料和有机黏结剂复合而成，或由掺杂的半导体材料构成。研究表明，在低发射率涂层中加入着色颜料可抑制低发射率金属粉末的高可见光反射率，降低明度和光泽度，同时保持其优异的红外高反射特性，可形成与背景颜色相匹配的迷彩图案，满足可见光隐身和红外隐身的要求，这是解决可见光/红外兼容的重要方法。

日本制备了 AlSiN/Ag 99.1Mg0.5Eu0.4 合金的透明低发射率涂层，发现当第二 Ag 合金层的厚度是第一 Ag 合金层厚度的 1.2～2.0 倍时，该薄膜的光学特性得到改善，它们在保持高的可见光透射率的同时在对太阳光的近红外线部分产生一个尖锐的分界线。玻璃/AlSiN（47nm）/AgMgEu（11BITI）/AlSiN（94nm）/AgMgEu（18nm）/AlSiN（47nm）多层膜在可见光波段透过功率大于80%，遮阳系数 0.45，在 850nm 反射功率达到了 77%。

南京工业大学采用固相法制得了 Bi_2O_3/ATO 混烧填料，具有较好的红外透明性；随着 Bi_2O_3 含量的增加，红外辐射率先减小后增大，当 Bi_2O_3 的含量为70%（质量分数）时红外辐射率值最低为 0.67。其粉体颜色可以根据 Bi_2O_3 含量的变化进行调节，适于制备多色红外迷彩填料，能够实现红外/可见光的兼容隐身，具有良好的发展前景。

二、可见光、红外、激光、雷达多波段兼容隐身材料

在红外隐身涂料中掺杂半导体材料及低发射率颜料，并恰当选择半导体载流参数，可以使涂料兼顾可见光、红外、激光复合隐身。目前效果较好的半导体材料为 InO_3、In_2O_3、SnO_2 等，对于掺锡氧化铟的研究正在深入进行中。

美国、德国都已研制成功覆盖可见光、红外、雷达和毫米波四波段兼容的隐身材料。德国研制成功的半导体兼容材料有效波段为可见光、热红外、微波、毫米波。加拿大国防部、英国 Heathcoat 公司通过控制材料的颜色和/或外层温度来达到隐身效果的方法，发明了能实现可见光、红外和雷达三波段智能隐身的装置或材料。

南京工业大学采用共沉淀法制得了 Cr_2O_3 包覆片状铝粉的 Al/Cr_2O_3 复合粒子。借助 XRD、IR、SEM 以及激光粒度仪对 Al/Cr_2O_3 粉末的相组成、形貌和粒径分布进行了表征。实验测得的 Al/Cr_2O_3 复合粒子厚度基本均匀，平均粒径较原始铝粉有所增加。其红外辐射率为 0.66，属于中低红外辐射率；1.06μm 波长处的反射率为 0.41%。其性能如图 7-13 和图 7-14 所示。达到使用一种填料就能实现可见光、红外、激光复合隐身的目的，同时，复合粒子本身的绿色还可以起到可见光隐身的效果。

军械工程学院研制了一种适用于地面军事目标的新型防光学、近红外、雷达侦察的伪装遮障材料，即雷达波衰减型红外迷彩伪装遮障材料。该伪装遮障外观形式为开孔的轻质毯状材料，伪装面为多层复合材料，其中包括红外迷彩层、基

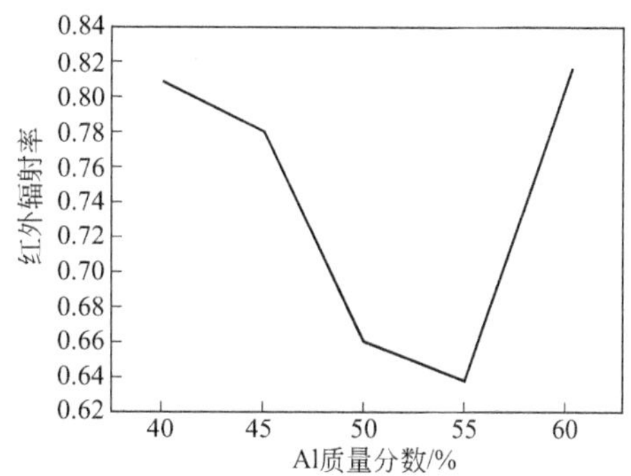

图 7-13 不同铝粉添加量复合粒子的红外辐射率

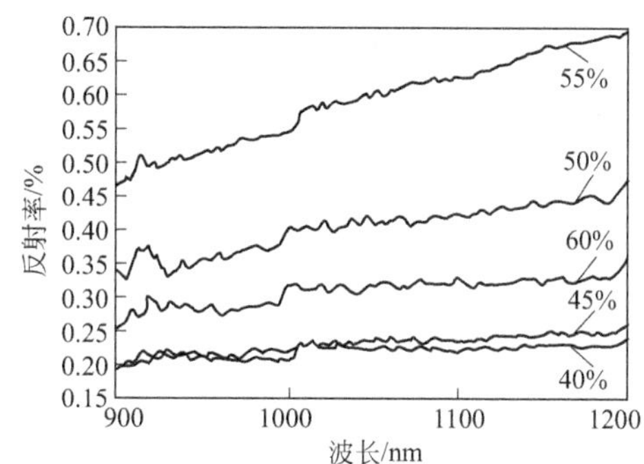

图 7-14 不同铝添加量的复合粒子的反射图谱

层、雷达波吸收层，涂覆涂料后的遮障材料对 700～2000nm 的红外线照射反射率在 10%以下，在 8～18GHz 波段的反射率大部分在 20dB 以下。另外，由于该材料使用的主体材料为树脂纤维，所以实现了材料的柔性、轻型，质量大约为 150g/m^2。该材料设计已获国防发明专利。

南京工业大学张静、黄啸谷等采用固相法在煅烧温度为 1250℃时制得了单一相的 $SmFeO_3$ 粉体，该粉体含有对 1.06μm 激光存在特征吸收的 Sm^{3+}。其宏观呈现橙红色，微观颗粒为 2～4μm 的不规则块状。当单层 $SmFeO_3$ 粉体材料的厚度为 2.0mm 时，反射损耗在 15.8GHz 左右出现约为－10dB 的峰值，同时在 14.3～16.8GHz 频率范围内反射损耗均达到－5dB。$SmFeO_3$ 粉体在 1.06μm 波长处的反射率为 0.31%，激光吸收性能强；红外辐射率为中低值 0.58。目前他们只是对 $SmFeO_3$ 粉体的隐身特性作了初步研究，但却基本验证了其作为雷达、激光和红外兼容隐身材料的可行性。

根据武器装备面对的复杂生存环境和隐身材料“薄、宽、轻、强”的发展方向要求，未来隐身材料应做到兼顾尽可能宽的电磁波频带，且其质量要尽量轻。多层化的隐身材料由于面密度及厚度大、施工不易等原因，其应用会继续受到一定限制，但结合复合材料技术进行新型多频谱隐身兼容材料的结构设计仍是一个重要的研究方向。研制一体化多频谱兼容隐身材料可能是今后的重点和趋势，其关键技术在于制备对可见光、红外具有高透过率的基体材料、对红外有较低发射率而对雷达波具有强吸收的半导体填料。掺杂氧化物半导体材料有满足这一要求的潜力，具有很大的研究价值，其研究目前还在不断深入中，新的氧化物半导体材料、新的掺杂工艺仍有待进一步发掘。

参考文献

[1] 张钰涵，姜文. 现代隐身技术的发展 [J]. 电子科技，2016，29 (3)：194-197.

[2] 樊威，孟家光，孙润军等. 混杂纤维增强结构隐身复合材料研究进展 [J]. 纺织导报，2017 (1)：66-68.

[3] 李晶晶，田启祥，邹南智，殷德飞. 结构型碳纤维吸波复合材料的研究与应用 [J]. 纤维复合材料，2012，(2)：7-10.

[4] 李俊燕，陈平. 结构吸波复合材料的研究进展 [J]. 纤维复合材料，2012，(2)：11-14.

[5] 徐剑盛，周万城，罗发等. 雷达波隐身技术及雷达波材料研究进展 [J]. 材料导报，2014，28 (5)：46-49.

[6] 徐洪敏，郑威，王小兵，齐燕燕. 雷达吸波结构材料及新型吸收剂的研究进展 [J]. 宇航材料工艺，2014 (6)：1-4.

[7] 李旺昌，周祥，应耀等. 雷达吸波隐身材料的进展及发展趋势 [J]. 材料导报，2015，29 (专辑)：354-357.

[8] 牟维琦，黄大庆. 浅谈雷达吸波材料的发展 [J]. 科技创新导报，2012，(24)：37-39.

[9] 来侃，陈美玉，孙润军，尹方方. 吸波材料在雷达隐身领域的应用 [J]. 西安工程大学学报，2015，29 (6)：655-665.

[10] 赵欣，郭一伟. 雷达吸波涂层的质量控制 [J]. 电镀与精饰，2012，34 (7)：35-37.

[11] 曹先觉，王汝敏，齐署华. 电磁双复微吸收轻质隐身材料的研究进展 [J]. 粘接，2016 (7)：68-71.

[12] 李波. 红外隐身技术的应用及发展趋势 [J]. 中国光学，2013，6 (6)：818-823.

[13] 叶圣天，刘朝辉，成声月，班国东. 国内红外隐身材料研究进展 [J]. 激光与红外，2015，45 (11)：1285-1291.

[14] 余慧娟，王丽伟，刘相新，韦学中. 车辆红外特征控制系统的研究 [J]. 红外技术，2015，37 (7)：608-612.

[15] 李文胜，张琴，付艳华，黄海铭. 一种基于光子晶体结构的军用车辆红外隐身涂料的设计 [J]. 红外与激光工程，2015，44 (11)：3299-3303.

[16] 叶圣天，成声月，刘朝辉等. 8～14μm 波段水性红外隐身涂料研究 [J]. 红外与激光工程，2016，45 (2)：0204004-1-6.

[17] 孟子晖，张连超，邱丽莉等. 基于光子晶体技术的红外隐身材料研究进展 [J]. 兵工学报，2016，37 (8)：1543-1552.

[18] 张继魁，时家明，苗雷等. 近中红外与 1.06μm 和 1.54μm 激光兼容隐身光子晶体研究 [J]. 发光学报，2016，37 (9)：1130-1134.

[19] 孙瑞，何效凯，高萌等. 金属颜料对涂层可见光隐身性能的影响 [J]. 涂料技术与文摘，2016，32 (9)：9-13.

[20] 高宠，张京国，李喆. 隐身目标激光近场散射特性研究 [J]. 航空兵器，2015，(6)：24-26.

[21] 贾增民，王有轩，刘永诗等. 稀土材料在激光隐身技术中的研究与发展 [J]. 激光与红外，2015，45 (2)：123-127.

[22] 邢宏光，郭文美，陶启宇等. 聚氨酯基红外-激光兼容隐身涂层性能研究 [J]. 激光与红外，2013，43 (7)：761-765.

[23] 李国柱. 激光隐身技术的应用与发展分析 [J]. 舰船电子工程，2013，33 (7)：12-13.

[24] 高颂. 国外激光隐身技术的发展 [J]. 舰船电子工程，2012. 32 (2)：14-16.

[25] 林文学. 材料激光隐身技术发展现状 [J]. 科技视野，2015 (1)：14.

[26] 任宣玮，吕勇，牛春晖等. $ErFeO_3$ 材料制备及激光隐身性能研究 [J]. 激光与红外，2016，46 (9)：1148-1151.

[27] 邓龙江，周佩珩，陆海鹏等. 多频谱隐身涂层材料研究进展 [J]. 中国材料进展，2013，32 (8)：449-462.

[28] 程红飞，黄大庆. 多频谱兼容隐身材料研究进展 [J]. 航空材料学报，2014，34 (5)：93-99.

[29] 曹小丽，葛红影，邢宏龙等. MWCNTs/ZnO 雷达-红外兼容隐身材料的制备及性能研究 [J]. 阜阳师范学院学报，2015，32 (2)：46-52.

[30] 天鹰. 从苏联到俄罗斯的水面舰艇隐身技术 [J]. 舰船天地，2013，(1)：41-47.